办公大师丛书

Microsoft Excel 365

学习手册

(第 11 版) (上册)

[美] 迈克尔·亚历山大(Michael Alexander)
迪克·库斯莱卡(Dick Kusleika)　　著

赵利通　王　敏　　　　　　　　　译

清华大学出版社
北　京

北京市版权局著作权合同登记号 图字：01-2023-2919

图书在版编目(CIP)数据

Microsoft Excel 365 学习手册：第 11 版 / (美) 迈克尔 • 亚历山大 (Michael Alexander)，(美) 迪克 • 库斯莱卡 (Dick Kusleika) 著；赵利通，王敏译. —北京：清华大学出版社，2024.2
(办公大师丛书)
书名原文：Microsoft Excel 365 Bible
ISBN 978-7-302-65575-6

I. ①M… II. ①迈… ②迪… ③赵… ④王… III. ①表处理软件 IV. ①TP391.13

中国国家版本馆 CIP 数据核字(2024)第 036294 号

责任编辑：王　军　韩宏志
装帧设计：孔祥峰
责任校对：成凤进
责任印制：沈　露

出版发行：清华大学出版社
　　　　网　　　址：https://www.tup.com.cn，https://www.wqxuetang.com
　　　　地　　　址：北京清华大学学研大厦 A 座　　　　邮　　编：100084
　　　　社 总 机：010-83470000　　　　　　　　　　邮　　购：010-62786544
　　　　投稿与读者服务：010-62776969，c-service@tup.tsinghua.edu.cn
　　　　质 量 反 馈：010-62772015，zhiliang@tup.tsinghua.edu.cn
印 装 者：定州启航印刷有限公司
经　　销：全国新华书店
开　　本：170mm×240mm　　　印　　张：47.75　　　字　　数：1216 千字
版　　次：2024 年 3 月第 1 版　　　印　　次：2024 年 3 月第 1 次印刷
定　　价：168.00 元(全二册)

产品编号：099237-01

作者简介

　　Michael Alexander 是 Slalom Consulting 的高级顾问，具有超过 15 年的数据管理和报表管理经验。他撰写了十几种使用 Microsoft Excel 进行商业分析的图书，并且由于对 Excel 社区做出的贡献，他获得了 Microsoft Excel MVP 称号。

　　Dick Kusleika 连续 12 年荣获 Microsoft Excel MVP 称号，使用 Microsoft Office 已经超过 20 年。Dick 为客户开发基于 Access 和基于 Excel 的解决方案，并且在美国和澳大利亚举办了关于 Office 产品的培训研讨会。Dick 在 www.dailydoseofexcel.com 上撰写一个很受欢迎的关于 Excel 的博客。

技术编辑简介

Joyce J. Nielsen 在出版行业已经有超过 30 年的经验，为业界领先的教育图书出版商、零售图书出版商和线上出版商做过技术作者/编辑、策划编辑和项目经理，专注于 Microsoft Office、Windows、Internet 和一般性技术。她独立撰写及与人合作撰写了超过 50 种计算机图书和 2100 篇在线文章。Joyce 在印第安纳大学伯明顿分校凯利商学院获得了计量商业分析理学士学位。她目前居住在亚利桑那州。

致谢

我们向 John Wiley & Sons 的专家们致以深深的谢意，感谢你们付出的辛勤劳动使本书得以问世。还要感谢 Joyce J. Nielsen 为本书的示例和正文提出的改进建议。特别感谢我们的家人们忍受我们关起门来全力完成这个项目。

序言

欢迎走进多姿多彩的 Excel 世界！Excel 是史上最流行的商业应用程序，Excel 无处不在。纵观商业、金融、制造以及你能想到的任何行业，都能看到人们在使用 Excel。Excel 已成为当代职场中的必备素养，是一个得力的助手；几乎任何行业，一旦你学会 Excel，不但做得又快又好，而且条理清晰。

你需要一种方法来加快学习进度，迅速掌握 Excel 的新功能。这就是本书的迷人魅力。

无论你在找一份新工作，还是要做考勤表或财务报表，或者只是为了记录家庭生活收支，本书都是你的理想选择。

本书囊括你需要知道的一切，以便你快速使用 Excel。本书包含许多有用的例子和技巧，涵盖 Excel 的所有基本方面——从基础知识乃至更高级的主题。

下面列出本书的各个部分。

第 I 部分
Excel 基础知识

第 II 部分
使用公式和函数

第 III 部分
创建图表和其他可视化

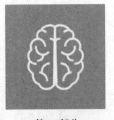

第 IV 部分
管理和分析数据

第 V 部分
了解 Power Pivot 和 Power Query

第 VI 部分
Excel 自动化

前言

欢迎来到 Excel 的世界！好吧，这么说有点刻意。但是，如果你看看商业界、金融界、制造业或你能想到的其他任何行业，都会发现有人在使用 Excel。Excel 无处不在，它是到现在为止商业应用历史上最流行的程序。因此，我们真的是生活在 Excel 的世界中，这也可能正是你拿起《中文版 Excel 365 学习手册(第 11 版)》的原因。你需要有一种方法来帮助你加快学习进度，使你能够快速上手。

亲爱的读者，你不用担心。无论你是在为新工作学习 Excel(顺便说一句，恭喜你了)，为学校课题学习 Excel，还是为了自己使用学习 Excel，本书都是最佳选择。

本书介绍了所有必要的知识，帮助你开始使用 Excel。我们确保本书包含许多有用的示例和大量技巧与提示，并让它们覆盖 Excel 的所有重要方面，既包括基础知识，也包括更高级的主题。

Excel 365 的新功能

下面概述截至 2021 年 10 月的 Microsoft 365 订阅用户，以及使用 Office/ Excel 2021 独立版(永久许可)的用户可以使用的新功能。

Excel 的计算引擎内置了动态数组：现在，动态数组行为已经成为 Excel 的计算引擎的基本组成部分。当任何函数使用了返回多个值的数组时，结果将被输出到一个溢出区域。这甚至包括没有被设计为输出数组的老函数。通过引入动态数组，Excel 进入了一个新时代，让并不精通公式的用户，也能够利用数组的强大能力。针对 Excel 计算引擎做出的底层修改，让旧的数组公式变得过时。

新的动态数组函数：引入动态数组的同时，Microsoft 发布了一些新的函数，它们通过利用动态数组，能够更加轻松地执行复杂的公式运算。这些新函数能够删除重复值、提取唯一值、筛选数据、动态排序数组以及执行复杂的查找。

公式变量：公式变量允许创建类似容器的东西，在其中保存某个函数或计算的结果，供后面在其他计算中使用。借助于新增的 LET 函数，可以简化公式，并可能提高性能。

Power Query 的自定义数据类型：Power Query 的自定义数据特性允许将多个列的数据

作为元数据存储在一个列中。可以把自定义数据类型想象为一种容器，它允许存储许多列的数据，然后在工作簿的其他地方使用该数据。

Power Query 从 PDF 导入：Power Query 现在允许从 PDF 文件直接导入和转换数据。

Power Query 数据分析器：Power Query 新增的数据分析功能可帮助你理解数据，并在使用数据前识别出潜在的问题。通过利用 Power Query 的数据分析能力，能够更好地理解数据，并在问题影响报告过程之前就解决它们。

导入自定义的 3D 模型：Excel 现在允许导入自己的 3D 模型图形，包括 3D 制造、Filmbox、二进制 GL 传输、Polygon 和立体光刻文件。

批注会话：批注会话允许贡献者在一个工作簿内直接进行讨论。它的外观和行为类似于博客或在线论坛中的评论，任何能够访问工作簿的人都可以输入自己的批注或者回复别人的批注。传统的批注现在被称为"注释"。

操作笔：新的操作笔功能允许直接在单元格中手写，Excel 会将写入的内容转换为数据！这个功能主要针对移动设备设计，使得在外出时能轻松编辑工作簿。

读者对象

本书旨在帮助各种级别的用户(初级、中级甚至高级用户)增强自己的技能。

如果你刚刚接触 Excel，则从开头读起。第 I 部分介绍的内容将帮助你熟悉如何输入数据、管理工作簿、设置工作表格式和打印等。之后可以阅读第 II 部分，了解 Excel 公式和函数的方方面面。

如果你是一位有经验的分析人员，希望增强自己的数据可视化和分析工具集，则可以阅读第 III 部分和第 IV 部分。我们针对分析数据和创建有视觉吸引力的 Excel 仪表板提供了许多示例和提示。

如果你一直在使用 Excel 的较早版本，本书同样适合你！第 V 部分介绍了 Power Pivot 和 Power Query 工具集。在过去，这些功能是免费的 Microsoft 加载项，只是作为辅助工具使用。现在，它们已经成为 Excel 管理数据和与外部数据源交互的重要方式。

如果你想学习 Visual Basic for Applications(VBA)编程的基础知识，则阅读第 VI 部分。这个部分提供的章节足以让你开始使用 VBA 来实现自动化和增强自己的 Excel 解决方案。

软件版本

本书介绍 Microsoft 365 在 2021 年 10 月发布的更新中包含的功能。使用 Microsoft 365 订阅或者使用独立的(永久许可)Office/Excel 2021 版本的用户可以使用本书介绍的功能。注意，本书不适用于 Mac 版的 Microsoft Office。

Excel 有多个版本，包括一个 Web 版本和一个针对平板电脑和手机的版本。虽然本书针对的是桌面版本的 Excel，但大部分信息也适用于 Web 版本和平板电脑版本。

在过去几年中，Microsoft 采取了敏捷发布周期，几乎每月都会发布 Microsoft 365 更新。对于喜欢看到 Excel 中增加新功能的人来说，这是个好消息，但对于想要在图书中了解这些工具功能的人来说，就是另外一回事了。

　　我们认为，在本书出版后，Microsoft 仍会继续快速地向 Excel 添加新功能。因此，你可能会遇到本书中没有讲到的新功能。虽然如此，Excel 具有丰富的功能集，其中大部分都很稳定，不会突然消失。所以，尽管 Excel 将会发生变化，但是变化不会大到让本书成为废纸。本书讨论的核心功能仍然会是重要的功能，即使其工作机制可能稍微有所改变。

本书中使用的约定

　　请花一点时间浏览本节的内容，你将了解本书在排版和组织结构方面使用的各种约定。

Excel 命令

　　Excel 使用上下文相关的功能区系统。顶部的文字(如"文件""插入""页面布局"等)称为选项卡。单击一个选项卡，功能区将显示此选项卡中的各种命令。每个命令都有自己的名称，这些名称通常显示在其图标的旁边或下方。这些命令分成了多个组，每个组的名称显示在功能区的底部。

　　本书使用的约定是先指出选项卡名称，然后是组名称，最后是命令名称。因此，用于切换单元格中的文本自动换行的命令将表示为：

"开始" | "对齐方式" | "自动换行"

第 1 章将介绍有关功能区用户界面的更多信息。

鼠标约定

　　本书将使用以下与鼠标相关的标准术语。

- **鼠标指针**：当移动鼠标时，在屏幕上移动的一个小图标。鼠标指针通常是一个箭头，但是当移动到屏幕的特定区域或者在执行某些操作时，它会改变形状。
- **指向**：移动鼠标，以便使鼠标指针停在特定项上。例如，"指向'开始'选项卡中的'粘贴'按钮"。
- **单击**：按一下鼠标左键并立即松开。
- **右击**：按一下鼠标右键并立即松开。在 Excel 中，使用鼠标右键可弹出与当前所选内容对应的快捷菜单。
- **双击**：快速地连续按下鼠标左键两次。
- **拖动**：在移动鼠标时一直按住鼠标左键不放。拖动操作通常用来选择一个单元格区域，或者更改对象的大小。

针对触摸屏用户

如果你正在使用触摸屏设备，则可能已经知道了基本的触控手势。

本书不介绍具体的触摸屏手势操作，但你在大部分时间里可遵循以下三个准则。

- 当本书提到"单击"时，触摸屏幕。快速触摸按钮并松开手指与用鼠标单击按钮可实现相同的操作。
- 当本书提到"双击"时，触摸两下。在短时间内连续两次触摸相当于执行双击操作。
- 当本书提到"右击"时，用手指按住屏幕上的项，直到显示一个菜单。触摸所弹出菜单上的项将执行相应命令。

请确保在快速访问工具栏中启用"触摸"模式。"触摸"模式可增大功能区命令之间的间距,以便降低触摸错误命令的概率。如果"触摸"模式命令未显示在快速访问工具栏上,请触摸最右侧的控件,并选择"触摸/鼠标模式"。该命令用于在正常模式和触摸模式之间进行切换。

本书的组织结构

请注意,本书包含 6 个主要部分。

第 I 部分:Excel 基础知识。第 I 部分包含 8 章,提供了 Excel 的背景知识。Excel 新用户必须学习这些章节的内容。有经验的用户也可以从中获取一些新信息,例如批注会话和在移动设备上使用 Excel。

第 II 部分:使用公式和函数。第 II 部分的章节中包含了在 Excel 中熟练地执行计算工作需要的所有内容。第 10 章是必读章,即使有经验的专业人员也需要阅读,因为该章介绍了 Excel 的计算引擎中新增的、内置的动态数组功能。

第 III 部分:创建图表和其他可视化。第 III 部分的各个章节介绍了如何创建有效的图表。此外,在一些章节中介绍了关于条件格式可视化功能、迷你图功能的信息,还在另一章中介绍了很多关于将图形集成到工作表的技巧。

第 IV 部分:管理和分析数据。第 IV 部分中各章的重点是数据分析,这些章节将介绍数据验证、数据透视表、条件分析等。

第 V 部分:了解 Power Pivot 和 Power Query。第 V 部分的章节深入介绍了 Power Pivot 和 Power Query 的功能。在这部分中将学习如何使用 Power Pivot 开发强大的报表解决方案,如何使用 Power Query 实现自动化,以及清理和转换数据的步骤。

第 VI 部分: Excel 自动化。第 VI 部分的内容适合需要对 Excel 进行自定义以满足自己特定需求的用户,或者需要设计工作簿或加载项以供他人使用的用户。此部分首先介绍录制宏和 VBA 编程,然后介绍用户窗体、事件和加载项。

如何使用本书

编写本书的初衷肯定不是要求你逐页阅读本书。推荐你在遇到以下情况时参考本书:

- 在尝试完成任务时遇到困难。
- 需要完成以前从未做过的操作。
- 有空闲时间,且有兴趣学习 Excel 新知识。

本书内容非常全面,通常每章会集中讲解一个较大的主题。如果在学习某些知识时遇到困难,不要气馁。多数用户只使用 Excel 所有功能中很小的一部分就能够满足自己的需要。实际上,这里也适用 80/20 规则:即 80%的 Excel 用户只需要使用 20%的 Excel 功能。然而,即使只使用这 20%的 Excel 功能也可以大大提高你的工作效率。

下载工作簿

本书包含许多示例，可扫描封底二维码，下载这些示例对应的工作簿。

注意，本书是单色印刷，无法显示彩图。对于正文描述中提到的个别图的彩色效果，读者可在下载相应章节的工作簿后查看。

目　　录

第 Ⅰ 部分

Excel 基础知识

　　本部分介绍有关使用 Excel 的重要背景知识。在这里，你将了解如何使用每个 Excel 用户都需要用到的基本功能。如果你以前已经使用过 Excel(或使用过其他电子表格程序)，那么也可通过这些章节回顾相关的基础知识，并且你会从中发现很多技巧和方法。

本部分内容

第 **1** 章

Excel 简介

本章要点

- 了解 Excel 的用途
- 了解 Excel 窗口组成部分
- 在工作表中导航
- 介绍功能区、快捷菜单、对话框和任务窗格
- 通过一个分步操作实践任务介绍 Excel

本章将对 Excel 2022 进行简要介绍。即使你已经熟悉以前版本的 Excel,阅读本章(至少是略读)仍然会受益匪浅。

1.1 了解 Excel 的用途

Excel 是全世界使用最广泛的电子表格软件,是 Microsoft Office 套件的一个组成部分。虽然也有其他一些电子表格软件可供用户使用,但是 Excel 是目前最流行的电子表格软件,并且很多年以来已成为世界标准。

Excel 的魅力很大程度体现在它的多才多艺上。当然,Excel 最擅长的是数值计算,但 Excel 在非数值应用方面也非常有用。下面列举 Excel 的几个用途。

- **数字运算**:建立预算、生成费用表、分析调查结果,并执行你可想到的任何类型的财务分析。
- **创建图表**:创建各种可高度自定义的图表。
- **组织列表**:使用"行-列"布局来高效地存储列表。
- **文本操作**:清理和规范基于文本的数据。
- **访问其他数据**:从多种数据源导入数据,如数据库、文本文件、Web 页面等。
- **创建图形化仪表板**:以简洁的形式汇总大量商业信息。
- **创建图形和图表**:使用形状和插图创建具有专业外观的图表。
- **自动执行复杂的任务**:通过 Excel 的宏功能,只需要单击一下鼠标即可完成原本令人感到乏味冗长的任务。

1.2 了解工作簿和工作表

Excel 文件被称为工作簿。可以根据需要创建很多工作簿，每个工作簿显示在自己的窗口中。默认情况下，Excel 工作簿使用.xlsx 作为文件扩展名。

> **注意**
>
> 在以前版本的 Excel 中，用户可以在一个窗口中使用多个工作簿，但是从 Excel 2013 开始，打开的每个工作簿都有自己的窗口。这种修改使得 Excel 的工作方式更接近其他 Office 应用，用户能够更加方便地在不同的监视器上显示不同的工作簿。

工作簿中的选项卡称为工作表。每个工作簿包含一个或多个工作表，每个工作表由一些单元格组成，每个单元格可包含数值、公式或文本。工作表也可包含不可见的绘制层，用于保存图表、图片和图形。绘制层的对象位于单元格之上，但是与数值或公式不同，它们没有包含在单元格中。可通过单击工作簿窗口底部的选项卡访问工作簿中的每个工作表。此外，工作簿还可以存储图表工作表。图表工作表显示为单个图表，同样可通过单击选项卡对其访问。

不要被 Excel 窗口中的不同元素吓倒。要有效使用 Excel，并不需要知道所有元素。当熟悉各个部分后，一切将开始变得有意义，你将能够自如地使用 Excel。

图 1-1 显示了 Excel 中比较重要的元素和部分。在查看该图时，请参考表 1-1 以了解对图中所示项的简要说明。

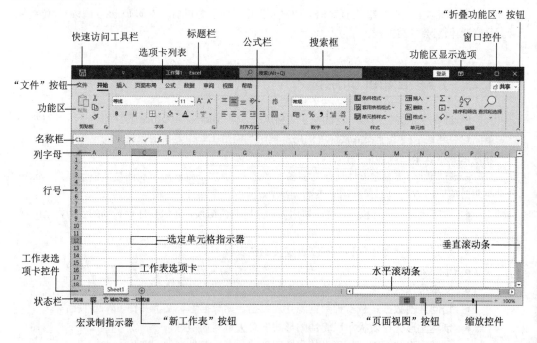

图 1-1 Excel 屏幕上提供了很多你会经常用到的元素

表 1-1　需要了解的 Excel 屏幕组成部分

名称	说明
"折叠功能区"按钮	单击此按钮可临时隐藏功能区。双击任意功能区选项卡可使功能区保持可见。按快捷键 Ctrl+F1 可实现相同的效果
列字母	从 A 到 XFD 范围内的字母，对应于工作表中 16 384 列中的每一列。可以单击列标题以选择一整列单元格，或在两列中间单击拖动来改变列宽
"文件"按钮	单击此按钮可打开后台视图，其中包含很多用于处理文档(包括打印)和设置 Excel 的选项
公式栏	在一个单元格中输入信息或公式时，将在此栏中出现所输入的内容
水平滚动条	可使用此工具水平滚动工作表
宏录制指示器	单击它即可开始录制 VBA 宏。在执行录制操作时，该图标将发生变化。再次单击它即可停止录制
名称框	该框显示活动单元格地址，或选定单元格、范围或对象的名称
"新工作表"按钮	通过单击"新工作表"按钮(显示在最后一个工作表选项卡后)，添加新的工作表
"页面视图"按钮	单击这些按钮可更改工作表的显示方式
快速访问工具栏	这个可自定义的工具栏用于保存常用的命令。无论选择的是哪个选项卡，快速访问工具栏都始终可见
功能区	这是各个 Excel 命令的主要位置。单击选项卡列表中的项可改变功能区所显示的内容
功能区显示选项	一个下拉控件，可提供 3 个与功能区显示相关的选项
行号	一个 1～1 048 576 的数字，对应于工作表中的每一行。可以单击行号以选择一整行的单元格，或在两行中间单击拖动来改变行高
搜索框	搜索框控件用于寻找命令，或让 Excel 自动执行命令。Alt+Q 键是访问搜索框的快捷方式
选定单元格指示器	深色的轮廓线指明当前选定的单元格或单元格区域(每个工作表中有 17 179 869 184 个单元格)
工作表选项卡	这些选项卡代表工作簿中的不同工作表。一个工作簿可以包含任意数量的工作表，每个工作表都有自己的名称，并显示在工作表选项卡中
工作表选项卡控件	使用这些按钮滚动工作表选项卡，以显示被隐藏的选项卡。可通过右击来获得工作表的列表
状态栏	此栏可显示各种信息以及选定单元格区域的汇总信息。右击状态栏可更改所显示的信息
选项卡列表	可使用这些命令显示不同的功能区
标题栏	显示了程序的名称和当前工作簿的名称，并包含快速访问工具栏(位于左侧)、搜索框和一些控制按钮，可以用这些按钮修改窗口(位于右侧)
垂直滚动条	用于垂直滚动工作表
窗口控件	窗口控件有 3 个，用于最小化当前窗口、最大化或还原当前窗口，以及关闭当前窗口，这是几乎所有 Windows 应用程序都具有的控件
缩放控件	可用于放大和缩小工作表

1.3　在工作表中导航

本节描述了用于浏览工作表中单元格的各种方法。

每个工作表由行(编号为 1～1 048 576)和列(标记为 A～XFD)组成。列字母按这种方式确定：Z 列之后是 AA 列，后跟 AB、AC，以此类推；AZ 列之后是 BA 列，后跟 BB 等，ZZ 列之后是 AAA、AAB 列，以此类推。

行和列交汇于一个单元格，并且每个单元格具有由其列字母和行号组成的唯一地址。例如，工作表左上角单元格的地址为 A1，右下角单元格的地址是 XFD1048576。

在任何时候，只能有一个单元格是活动单元格。活动单元格可接收键盘输入，并且其内容可以进行编辑。可以通过其深色边框来确定活动单元格，如图 1-2 所示。如果选择了多个单元格，则整个选区将具有一个深色边框，活动单元格为该边框内的浅色单元格。单元格的地址显示在"名称"框中。在浏览时，可能会(也可能不会)改变活动单元格，具体取决于所用的浏览工作簿的技术。

⊿	A	B	C	D
1		This Year	Last Year	
2	January	8,097	8,371	
3	February	7,985	7,567	
4	March	8,441	7,512	
5	April	8,088	7,453	
6	May	8,204	8,664	
7	June	7,114	7,466	
8	July	7,040	7,794	
9	August	7,265	7,018	
10	September	8,459	8,032	
11	October	8,982	8,637	
12	November	7,337	7,127	
13	December	7,799	7,331	
14				
15				

图 1-2　活动单元格是具有深色边框的单元格，在本示例中 C11 为活动单元格

请注意，活动单元格的行和列标题显示为不同的颜色，以便更容易识别活动单元格的行和列。

> **注意**
> Excel 也可用于使用触摸界面的设备。本书假定读者使用传统的键盘和鼠标，所以不包括与触摸界面相关的命令。注意，在快速访问工具栏的下拉控件中，有一个"触摸/鼠标模式"命令。在触摸模式下，功能区和快速访问工具栏的图标之间隔得更远。

1.3.1　用键盘导航

毫不奇怪，可以使用键盘上的标准导航键来导航工作表。这些键的工作方式就像期望的那样：向下箭头可将活动单元格向下移动一行，向右箭头可将其向右移动一列等。PgUp 和 PgDn 可将活动单元格向上或向下移动一个完整窗口(移动的实际行数取决于窗口中显示的行数)。

> **提示**
> 可以通过打开键盘上的 Scroll Lock 来使用键盘浏览工作表而不改变活动单元格，如果需要查看工作表的另一个区域，然后快速回到原位置，则该功能非常有用。只需要按下 Scroll Lock

键并使用导航键即可滚动浏览工作表。当需要返回到原来的位置(活动单元格)时，可按下 Ctrl+Backspace 键。然后，再次按下 Scroll Lock 键将其关闭。当 Scroll Lock 打开时，Excel 会在窗口底部的状态栏中显示"滚动"。

键盘上的 Num Lock 键可控制数字键盘上各键的行为。当打开 Num Lock 键时，数字键盘上的键将生成数字。许多键盘在数字键盘左侧提供了一组导航键(箭头)。Num Lock 键的状态不影响这些键。

表 1-2 总结了 Excel 中可用的所有工作表移动键。

表 1-2　Excel 工作表移动键

键	操作
上箭头(↑)或 Shift+Enter	将活动单元格向上移动一行
下箭头(↓)或 Enter	将活动单元格向下移动一行
左箭头(←)或 Shift+Tab	将活动单元格向左移动一列
右箭头(→)或 Tab	将活动单元格向右移动一列
PgUp	将活动单元格向上移动一屏
PgDn	将活动单元格向下移动一屏
Alt+PgDn	将活动单元格向右移动一屏
Alt+PgUp	将活动单元格向左移动一屏
Ctrl+Backspace	滚动屏幕，使活动单元格可见
Ctrl+Home	将活动单元格移动到 A1
Ctrl+End	将活动单元格移动到工作表中已使用区域最右下角的单元格
↑*	将屏幕向上滚动一行(活动单元格不改变)
↓*	将屏幕向下滚动一行(活动单元格不改变)
←*	将屏幕向左滚动一列(活动单元格不改变)
→*	将屏幕向右滚动一列(活动单元格不改变)

* 打开 Scroll Lock

1.3.2　用鼠标导航

要使用鼠标更改活动单元格，只需要单击另一个单元格，该单元格将成为活动单元格。如果要激活的单元格在工作簿窗口中不可见，那么可以使用滚动条在任意方向上滚动窗口。要滚动一个单元格，只需要单击滚动条上的任意箭头即可。要滚动一个完整的屏幕，只需要单击滚动条的滚动框的一端即可。要更快速地滚动，还可以拖动滚动框，或者在滚动条的任意位置右击，选择快捷菜单中的某个选项。

> **提示**
> 如果鼠标有滚轮，那么可以使用鼠标滚轮垂直地进行滚动。此外，如果按一下滚轮，并向任意方向移动鼠标，则工作表将自动沿该方向滚动。移动鼠标越多，滚动的速度就越快。

在使用鼠标滚轮时按住 Ctrl 键可缩放工作表。如果希望在不按住 Ctrl 键的情况下使用鼠标滚轮来缩放工作表，请选择"文件"|"选项"并选择"高级"区域。然后在其中选中"用智能鼠标缩放"旁边的复选框。

使用滚动条或者用鼠标滚动时不会更改活动单元格，这些操作只会滚动工作表。要更改活动单元格，必须在滚动后单击新的单元格。

1.4 使用功能区

除了在单元格中输入数据之外，功能区是与 Excel 进行交互的主要方式。图标上面的文字称为选项卡："开始"选项卡、"插入"选项卡等。"功能区"这个词有两种不同的含义：单击一个选项卡时，会说你打开了一个不同的功能区，但另一方面，包含选项卡、分组和控件的整体结构也被称为"功能区"。

你可以选择显示或隐藏功能区。要切换功能区的可见性，可按 Ctrl + F1 键(或双击顶部的选项卡)。如果功能区已隐藏，它将在单击选项卡时暂时出现，并在单击工作表时隐藏。标题栏中有一个名为"功能区显示选项"的控件(位于最小化按钮旁边)。单击该控件可选择以下 3 个功能区选项之一："自动隐藏功能区""显示选项卡"或"显示选项卡和命令"。

1.4.1 功能区选项卡

选择不同选项卡时，功能区中会显示不同的命令。功能区将相关命令进行了分组。以下是对各 Excel 选项卡的概述。

- **开始**：在大部分时间里，都可能需要在选择"开始"选项卡的情况下工作。此选项卡包含基本的剪贴板命令、格式命令、样式命令、插入和删除行或列的命令，以及各种工作表编辑命令。
- **插入**：选择此选项卡可在工作表中插入需要的任何内容——表格、图、图表、符号等。
- **页面布局**：此选项卡包含的命令可影响工作表的整体外观，包括一些与打印有关的设置。
- **公式**：使用此选项卡可插入公式、命名单元格或区域、访问公式审核工具，以及控制 Excel 执行计算的方式。
- **数据**：此选项卡提供了 Excel 中与数据相关的命令，包括数据验证和排序命令。
- **审阅**：此选项卡包含的工具用于检查拼写、翻译单词、添加批注，以及保护工作表。
- **视图**："视图"选项卡包含的命令用于控制有关工作表的显示的各个方面。此选项卡上的一些命令也在状态栏中提供。
- **开发工具**：默认情况下不会显示这个选项卡。它包含的命令对程序员有用。要显示"开发工具"选项卡，请选择"文件"|"选项"，然后选择"自定义功能区"。在"自定义功能区"的右侧区域，确保在下拉控件中选择"主选项卡"，然后选中"开发工具"复选框。
- **帮助**：此选项卡提供了一些选项来获取帮助、提供建议以及访问 Microsoft 社区的其他方面。

- **加载项**：如果加载了旧工作簿或者加载了会自定义菜单或工具栏的加载项，则会显示此选项卡。因为旧的菜单和工具栏已被功能区取代，所以这些用户界面自定义显示在"加载项"选项卡中。

以上所列内容中包含标准的功能区选项卡。选中某些内容后，或者在安装加载项后，Excel 可能显示其他一些功能区选项卡。

> **注意**
>
> 虽然"文件"按钮与各个选项卡在一起显示，但它实际上并不是一个选项卡。单击"文件"按钮会显示一个不同的屏幕(称为后台视图)，可在其中对文档执行操作。该屏幕的左侧包含一些命令。要退出后台视图，可单击左上角的返回箭头按钮。

功能区中的命令在外观显示上并非一成不变，具体视 Excel 窗口宽度而定。当 Excel 窗口太窄而无法显示所有内容时，所显示的命令将发生更改以适应窗口宽度；看上去有些命令丢失了，但实际上这些命令仍然可用。图 1-3 完整地显示了功能区的"开始"选项卡中的所有控件。图 1-4 显示了当 Excel 窗口变得较窄时的功能区。请注意，一些描述性文字已经消失，但图标仍然存在。图 1-5 显示了窗口变得非常窄时的极端情况。此时，某些命令组中仅显示一个图标。但是，如果单击该图标，则本组所有命令都可用。

图 1-3　功能区中的"开始"选项卡

图 1-4　Excel 窗口变得较窄时的"开始"选项卡

图 1-5　Excel 窗口变得非常窄时的"开始"选项卡

1.4.2　上下文选项卡

除了标准选项卡外，Excel 中还包含一些上下文选项卡。每当选择一个对象(如图表、表格或插图)时，将在功能区中提供用于处理该对象的特殊工具。

图 1-6 显示了在选中一个图表时出现的上下文选项卡。这种情况下，它有两个上下文选项卡："图表设计"和"格式"。当然，在出现上下文选项卡后可以继续使用所有其他选项卡。

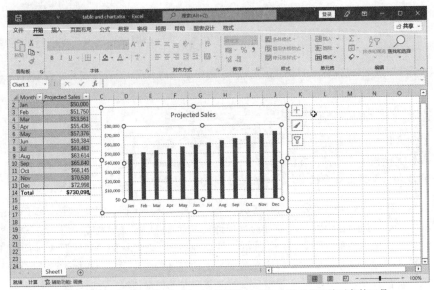

图 1-6 当选择一个对象时，上下文选项卡中将包含用于处理该对象的工具

1.4.3 功能区中的命令类型

当将鼠标悬停在功能区命令上时，将看到一个屏幕提示，其中包含该命令的名称以及简要说明。大多数情况下，功能区中的命令将按预期的方式工作。可在功能区上找到几种不同类型的命令。

- **简单按钮**：单击按钮，将执行其对应功能。简单按钮的一个示例是"开始"选项卡的"字体"分组中的"增大字号"按钮。单击某些按钮会立即执行相关的操作，而其他一些按钮则会显示一个对话框，以便可以输入其他信息。按钮控件可能带有，也可能不带描述性标签。

- **切换按钮**：切换按钮是可单击的，将通过显示两种不同的颜色来传达某些类型的信息。切换按钮的一个示例是"开始"选项卡"字体"分组中的"加粗"按钮。如果活动单元格不是加粗的，则"加粗"按钮将以其正常颜色显示。如果活动单元格已经是加粗的，则"加粗"按钮将显示不同的背景颜色。如果单击"加粗"按钮，那么它将切换选定内容的加粗属性。

- **简单下拉列表**：如果某个功能区命令具有一个小的向下箭头，则该命令是一个下拉控件。单击向下箭头，将在它下面出现其他命令。简单下拉列表的一个示例是"开始"选项卡的"样式"分组中的"条件格式"命令。当单击此控件时，会看到有关条件格式的几个选项。与"数据"选项卡的"数据类型"库相似，如果有更多样式可用，"样式"库也会显示下拉箭头。

- **拆分按钮**：拆分按钮控件结合了单击按钮和下拉列表控件。如果单击按钮部分，将执行相关的命令。如果单击下拉列表部分(向下箭头)，则可从一组相关命令的列表中进行选择。拆分按钮的一个示例是"开始"选项卡的"对齐方式"分组中的"合并后居中"命令(见图 1-7)。单击该控件的左侧部分将合并且居中显示选定单元格中的文本。如果单击该控件的箭头部分(右侧)，则会显示有关合并单元格的命令的列表。

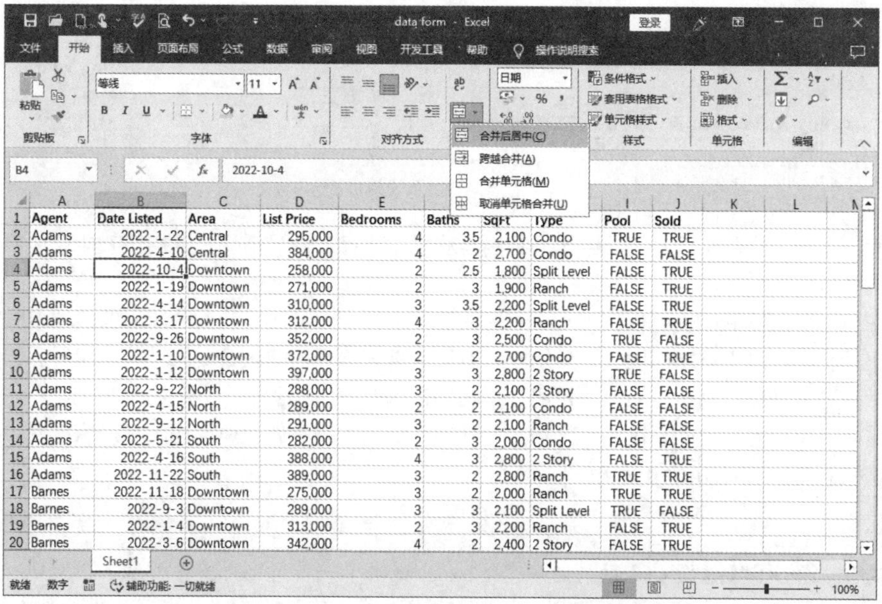

图 1-7　"合并后居中"命令是一个拆分按钮控件

- **复选框**：复选框控件可打开或关闭某项功能。复选框的一个示例是"视图"选项卡中"显示"分组中的"网格线"控件。当"网格线"复选框被选中时，工作表将显示网格线。当未选中该控件时，将不会出现网格线。
- **微调按钮**：Excel 的功能区只有一个微调按钮控件："页面布局"选项卡中的"调整为合适大小"分组。单击微调按钮的顶部可增大值，单击微调按钮的底部可减小值。

某些功能区分组在右下角包含一个小图标，称为"对话框启动器"。例如，如果检查"开始"选项卡中的分组，会发现"剪贴板""字体""对齐方式"和"数字"分组具有对话框启动器，而"样式""单元格"和"编辑"分组则没有对话框启动器。单击该图标，Excel 会显示一个对话框或任务窗格。对话框启动器通常用于提供未显示在功能区中的选项。

1.4.4　用键盘访问功能区

一开始看上去，可能认为功能区完全是通过鼠标操作的，因为这些命令都不会显示传统的下画线字母来指示 Alt+按键操作。但事实上，完全可以使用键盘访问功能区。方法是按下 Alt 键以显示弹出的快捷键提示。每个功能区控件都对应于一个字母(或一系列字母)，键入该字母即可执行相关的命令。

> **提示**
> 在键入快捷键提示的字母时不需要按住 Alt 键。

图 1-8 显示了在按 Alt 键以显示按键提示、然后按 H 键以显示"开始"选项卡按键提示之后显示的"开始"选项卡。如果按下其中一个快捷键提示，则将在屏幕上显示更多的快捷键提示。例如，要想使用键盘将单元格内容左对齐，可以按下 Alt 键，然后按下 H(用于"开始"选项卡)，再按下 AL(左对齐)。

图 1-8 按下 Alt 显示快捷键提示

没有人会记住所有这些键,但如果特别喜欢使用键盘,则只需要几遍操作就能记住常用命令的按键。

在按下 Alt 键后,也可以使用左、右箭头键在选项卡中导航。当到达所需的选项卡时,按向下箭头即可进入该功能区。然后用左、右箭头键来选择功能区命令。进入功能区后,如果保持按下 Ctrl 键,则按左右箭头键将分别跳到前一个分组和后一个分组的第一个命令。当到达需要的命令时,按回车键即可执行它。这种方法的效率不如快捷键提示高,但可使用该方法快速查看所有可用的命令。

提示

通常,对于需要重复执行的特定命令,Excel 提供了一种简化此操作的方法。例如,如果向一个单元格应用一种特定样式(通过选择"开始"|"样式"|"单元格样式"命令),则可以通过激活另一个单元格然后按 Ctrl+ Y 键(或 F4 键)来重复该命令。

搜索命令

Excel 在标题栏提供了一个搜索框,用来查找命令。如果不知道某个命令在什么地方,可以试着在这个搜索框中输入该命令。例如,如果想在当前工作表中插入一个超链接,则在搜索框中键入"hyperlink"(按 Alt+Q 键将把光标放到搜索框内)。Excel 将显示一个可能相关的命令的列表和一些帮助主题。如果看到了想要执行的命令,可以单击该命令(或者使用箭头按键选择命令,然后按 Enter 键),命令将会执行。在本例中,HYPERLINK()工作表函数是"最佳操作"。选择该选项将启动 HYPERLINK() 工作表函数的"函数参数"对话框,就像选择了"公式"|"函数库"|"查找与引用"|"HYPERLINK"一样。

搜索框不只对 Excel 的新手有帮助,对有 Excel 使用经验的用户来说也十分方便。功能区包括很多命令,即使 Excel 专家也难以记住每个命令都在什么地方。

1.5　使用快捷菜单

除了功能区之外，Excel 还支持很多快捷菜单，可通过在 Excel 内的几乎任何位置右击来访问这些快捷菜单。快捷菜单并不包含所有相关的命令，而只是包含对于选中内容而言最常用的命令。

作为一个示例，图 1-9 显示了当右击表格中的一个单元格时所显示的快捷菜单。快捷菜单将显示在鼠标指针的位置，从而可以快速高效地选择命令。所显示的快捷菜单取决于当前正在执行的操作。例如，如果正在处理图表，则快捷菜单中将包含有关选定图表元素的命令。

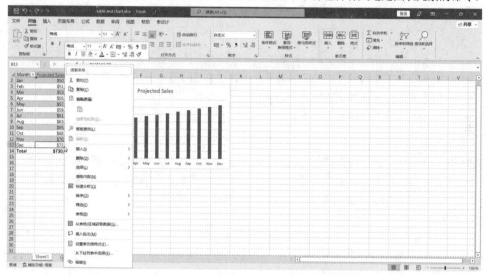

图 1-9　右击鼠标可显示最常用命令的快捷菜单

位于快捷菜单上方的框即浮动工具栏，其中包含"开始"选项卡中的常用工具。浮动工具栏旨在缩短鼠标在屏幕上移动的距离。只需要右击，就会在离鼠标指针很近的地方显示常用的格式工具。当显示的是除"开始"选项卡之外的其他选项卡时，浮动工具栏非常有用。如果使用浮动工具栏上的工具，该工具栏会一直保持显示，以便对所选内容执行其他格式操作。

1.6　自定义快速访问工具栏

功能区是相当高效的，但许多用户更喜欢在任何时候都能访问某些命令，而不必单击选项卡。解决这个问题的办法是自定义快速访问工具栏。通常情况下，快速访问工具栏出现在标题栏的左侧，功能区的上方。不过，也可选择在功能区下方显示快速访问工具栏，只需要右击快速访问工具栏，然后选择"在功能区下方显示快速访问工具栏"即可。

如果在功能区下方显示快速访问工具栏，则可提供更多空间用于显示图标，但也意味着会少显示一行工作表内容。

撤消操作

使用快速访问工具栏中的 "撤消" 命令几乎可以撤消在 Excel 中执行的每一个操作。在错误地执行命令后，单击 "撤消" (或按下 Ctrl+Z 键)即可撤消命令，就像未执行该命令一样。可以通过重复 "撤消" 命令撤消之前执行的 100 次操作。

如果单击 "撤消" 按钮右侧的箭头，则可以查看可撤消操作的列表。单击该列表中的某一项即可撤消所执行的该操作及其所有后续操作。

快速访问工具栏上还包含 "恢复" 按钮，该按钮将执行与 "撤消" 按钮相反的功能，可重新执行已被撤消的命令。如果没有撤消任何操作，则此命令不可用。

警告

并不总是能撤消每一个操作。一般来说，不能撤消通过 "文件" 按钮执行的操作。例如，如果在保存文件后发现使用有问题的副本覆盖了没问题的副本，则无法撤消该覆盖操作。如果没有备份原文件，就只好自认倒霉了。另外，不能撤消宏执行的更改。事实上，执行一个修改工作簿的宏会清空 "撤消" 列表。

默认情况下，快速访问工具栏包含 3 个工具："保存""撤消"和"重做"。可以通过添加其他常用命令或移除默认控件来自定义快速访问工具栏。要从功能区向快速访问工具栏添加一个命令，可右击该命令，然后选择 "添加到快速访问工具栏"。如果单击快速访问工具栏右侧的向下箭头，则会看到一个下拉菜单，其中包含一些可能想要放置到快速访问工具栏中的命令。

Excel 中的很多命令(主要是晦涩难懂的命令)未显示在功能区中。大多数情况下，只有通过将它们添加到快速访问工具栏，才能访问这些命令。右击快速访问工具栏，然后选择"自定义快速访问工具栏"，会看到 "Excel 选项" 对话框，如图 1-10 所示。可以在 "Excel 选项" 对话框的 "快速访问工具栏" 部分集中地对快速访问工具栏进行自定义。

图 1-10 使用 "Excel 选项" 对话框的 "快速访问工具栏" 部分向快速访问工具栏添加新图标

交叉引用

有关自定义快速访问工具栏的更多信息，请参见第 8 章。

1.7　使用对话框

　　许多 Excel 命令会显示一个对话框，以便使你能够提供更多信息。例如，选择"审阅"|"保护"|"保护工作表"命令后，必须告诉 Excel 需要保护工作表的哪些部分，否则 Excel 将无法执行该命令。然后，它将显示"保护工作表"对话框，如图 1-11 所示。

图 1-11　Excel 使用对话框获取有关命令的其他信息

Excel 中不同的对话框的工作方式有所不同。有以下两种类型的对话框。

- **典型对话框**：这是一种模式对话框。操作焦点将从工作表移到对话框。当显示这种类型的对话框时，在关闭对话框前不能对工作表执行任何操作。单击"确定"按钮执行指定的操作，或者单击"取消"按钮(或按 Esc 键)关闭对话框而不执行任何操作。Excel 中的大多数对话框都属于这种类型。
- **顶层对话框**：这是一种非模式对话框，其工作方式类似于工具栏。当显示非模式对话框时，可以继续在 Excel 中工作，并且对话框仍然会保持打开状态。在非模式对话框中执行的更改将会立即生效。非模式对话框的一个示例是"查找和替换"对话框。可将此对话框保持打开状态并继续使用工作表。非模式对话框中有"关闭"按钮，但没有"确定"按钮。

　　大多数人会发现使用对话框是相当简单和自然的。如果使用过其他程序，则会感到对话框使用起来轻松自在。你既可以使用鼠标，也可以直接使用键盘操作对话框中的控件。

1.7.1　导航对话框

　　通常情况下，很容易导航对话框——只需要单击要激活的控件即可。

　　虽然对话框被设计为主要针对鼠标用户，但也可以使用键盘操作对话框。每一个对话框控件都有与之相关的文本，而这个文本始终有一个带下画线的字母(称为热键或加速键)。可以通过在键盘上按下 Alt 键，再按下带下画线的字母来访问控件，还可以通过按下 Tab 键来循环选择对话框中的所有控件。按下 Shift+Tab 键可以按相反顺序循环选择控件。

提示

　　当选中接受文本输入的控件时，控件中将显示一个光标。对于下拉控件和微调按钮控件，将突出显示默认文本。使用 Alt+下箭头可展开下拉列表，使用上下箭头可改变微调按钮的值。对于其他所有控件，将显示一个虚线轮廓，指示该控件已被选中。可使用空格键来激活所选中的控件。

1.7.2　使用选项卡式对话框

一些 Excel 对话框是选项卡式对话框，即它们包含笔记簿式的选项卡，其中每个选项卡都关联一个不同的面板。

当选择一个选项卡时，对话框将更改为显示一个含有新控件集的面板。"设置单元格格式"对话框就是一个很好的示例，如图 1-12 所示。该对话框有 6 个选项卡，从而使其功能相当于 6 个不同的对话框。

图 1-12　使用对话框中的选项卡选择对话框中的不同功能区域

选项卡式对话框十分方便，因为可以在一个对话框中进行多处更改。在完成所有设置更改后，单击"确定"按钮或按 Enter 键即可。

> **提示**
>
> 要使用键盘来选择选项卡，请按 Ctrl+PgUp 键或 Ctrl+PgDn 键，或按下要激活的选项卡的第一个字母。

1.8　使用任务窗格

另一种用户界面元素是任务窗格。在执行一些操作时，会自动出现任务窗格。例如，为了处理插入的图片，右击图片并选择"设置图片格式"。Excel 将显示"设置图片格式"任务窗格，如图 1-13 所示。任务窗格类似于对话框，不同之处在于可根据需要使其一直可见。

许多任务窗格非常复杂。"设置图片格式"任务窗格的顶部有 4 个图标。单击一个图标将更改在下面显示的命令列表。单击命令列表中的一个项目将展开该项目以显示各个选项。

任务窗格中不包含"确定"按钮。当完成使用任务窗格后，可单击右上角的"关闭"按钮(X)。

默认情况下，任务窗格显示在 Excel 窗口的右侧，但可以将其移到任何位置，方法是单击其标题栏，然后拖动任务窗格。Excel 会记住最后的位置，这样当下次使用该任务窗格时，它会处于上次使用它时的位置。要重新停靠任务窗格，可双击任务窗格的标题栏。

提示

如果更喜欢在任务窗格中使用键盘工作，可能会发现一些常用对话框键(如 Tab、空格键、方向键和 Alt 键组合)似乎不起作用。解决该问题的技巧是按 F6 键。之后，会发现只需要一个键盘就可以在任务窗格中很好地工作。例如，可使用 Tab 键激活节标题，然后按 Enter 键展开该节。

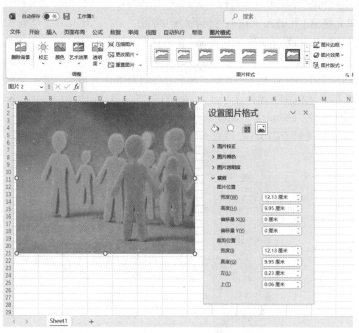

图 1-13 位于窗口右侧的"设置图片格式"任务窗格

1.9 创建第一个 Excel 工作簿

本节将介绍一个引导性 Excel 操作实践任务。如果未使用过 Excel，则应该在计算机上完成该操作过程，以了解 Excel 软件是如何工作的。

在这个示例中，将创建一个含有图表的简单的每月销售预测表。

1.9.1 开始创建工作表

启动 Excel，并确保在软件中显示一个空工作簿。要创建新的空白工作簿，可按 Ctrl+N 键(这是"文件"|"新建"|"空白工作簿"的快捷键)。在新工作簿中输入一些销售预测数据。

该销售预测表将包含两个信息列：A 列包含月份名称，B 列存储预测销售数字。首先，在工作表中输入具有描述性的标题。以下内容介绍了如何开始操作：

(1) 使用导航(箭头)键将单元格指针移动到单元格 A1(工作表的左上角单元格)。"名称"框中将显示单元格的地址。

(2) 在单元格 A1 中键入 Month，然后按 Enter 键。根据设置的不同，Excel 会将单元格指针移动到其他单元格，或将单元格指针保持在单元格 A1 中。

(3) **选择单元格 B1，键入 Projected Sales，然后按 Enter 键**。文本会超出单元格宽度，但目前还不要担心这一点。

1.9.2 填充月份名称

在这一步中，将在 A 列中输入月份名称。

(1) **选择单元格 A2 并键入 Jan(一月份名称的缩写)**。此时，既可以手动输入其他月份名称的缩写，也可以利用自动填充功能让 Excel 完成这项工作。

(2) **确保选中单元格 A2**。请注意，活动单元格的边框将会以粗线的形式显示。在边框的右下角，会显示一个小方块，称为填充柄。将鼠标指针移到填充柄上，单击并向下拖动，直到从 A2 到 A13 的单元格都突出显示。

(3) **释放鼠标按钮，Excel 会自动填充月份名称**。

此时，工作表将类似于图 1-14。

图 1-14 输入列标题和月份名称后的工作表

1.9.3 输入销售数据

接下来，在 B 列中提供销售预测数字。假定一月份的销售预测数字是 50 000 美元，以后每个月的销售额将增长 3.5%。

(1) **选择单元格 B2，键入一月份的预计销售额 50000**。可以键入美元符号和逗号，使数字更清晰，但本例将在稍后对数字执行格式操作。

(2) **要想输入公式来计算二月份的预计销售额，需要移动到单元格 B3，并键入以下内容：**

$$=B2*103.5\%。$$

当按下 Enter 键时，单元格将显示 51750。该公式返回单元格 B2 的内容，并乘以 103.5%。换言之，二月份销售额预计为一月份销售额的 103.5%，即增长 3.5%。

(3) **后续月份的预计销售额使用类似的公式。但是，不必为 B 列中的每个单元格重新输入公式，而可以利用自动填充功能**。确保选中单元格 B3，然后单击该单元格的填充柄，向下拖到单元格 B13，并释放鼠标按钮。

此时，工作表应该类似于图 1-15 所示。请记住，除了单元格 B2 之外，B 列中其余的值都是通过公式计算得出的。为了进行演示，可尝试改变一月份的预计销售额(在单元格 B2 中)，此时你将发现，Excel 会重新计算公式并返回不同的值。但是，这些公式都依赖于单元格 B2 中的初始值。

图 1-15　创建公式后的工作表

1.9.4　设置数字的格式

目前，工作表中的数字难以阅读，因为还没有为它们设置格式。在接下来的步骤中，将应用数字格式，以使数字更易于阅读，并在外观上保持一致。

(1) 单击单元格 B2 并拖放到单元格 B13 以选中数字。在这里，不要拖动填充柄，因为要执行的操作是选择单元格，而不是填充一个区域。

(2) 访问功能区，并选择"开始"。在"数字"组中，单击"数字格式"下拉控件(该控件初始状态会显示"常规")，并从列表中选择"货币"。现在，B 列的单元格中将随数字一起显示货币符号，并显示两位小数。这样看上去好多了！但是，小数位对于这类预测不是必要的。

(3) 确保选中区域 B2:B13，选择"开始" | "数字"命令，然后单击"减少小数位数"按钮。其中一个小数位将消失，再次单击该按钮，显示的值将不带小数位。

1.9.5　让工作表看上去更有吸引力

此时，你已拥有一个具有相应功能的工作表，但是还可以在外观方面再美化一些。将此区域转换为一个"正式"(富有吸引力)的 Excel 表格是极其方便的：

(1) 激活区域 A1:B13 内的任意单元格。

(2) 选择"插入" | "表格" | "表格"命令，Excel 将显示"创建表"对话框，以确保它正确地确定了区域。

(3) 单击"确定"按钮关闭"创建表"对话框，Excel 将应用其默认的表格格式，并显示其"表设计"上下文选项卡。

此时，工作表如图 1-16 所示。

	A	B	C
1	Month	Projected Sales	
2	Jan	$50,000	
3	Feb	$51,750	
4	Mar	$53,561	
5	Apr	$55,436	
6	May	$57,376	
7	Jun	$59,384	
8	Jul	$61,463	
9	Aug	$63,614	
10	Sep	$65,840	
11	Oct	$68,145	
12	Nov	$70,530	
13	Dec	$72,998	
14			

图 1-16　将区域转换成表格后的工作表

如果你不喜欢默认的表格样式，可从“表设计”|“表格样式”分组中选择其他表格样式。请注意，可以通过将鼠标移动到功能区上来预览其他表格样式。找到喜欢的表格样式后，单击它，就会将样式应用到表格。

> **交叉引用**
> 可以在第 4 章找到关于 Excel 表格的更多信息。

1.9.6　对值求和

工作表显示了每月的预计销售额，但是，预计的全年总销售额是多少？因为这个区域是一个表格，所以很容易知道全年的总销售额。

(1) **激活表格中的任意单元格。**

(2) **选择“表设计”|“表格样式选项”|“汇总行”命令，**Excel 将自动在表格底部添加一行，其中包含用于对 Projected Sales 列中各单元格进行求和的公式。

(3) **如果要使用其他汇总公式(例如，求平均值)，可单击单元格 B14，然后从下拉列表中选择不同的汇总公式。**

1.9.7　创建图表

如何创建一个可显示每月预计销售额的图表？

(1) **激活表格中的任意单元格。**

(2) **选择“插入”|“图表”|“推荐的图表”命令，**Excel 会显示一些推荐的图表类型选项。

(3) 在“插入图表”对话框中，单击第二个推荐的图表(柱形图)，然后单击“确定”按钮。Excel 将在窗口的中央插入图表。要将图表移动到其他位置，可单击图表边框并拖动。

(4) 单击图表并选择一个样式，方法是使用“图表设计”|“图表样式”选项。

图 1-17 显示了包含一个柱形图的工作表。你的图表可能有所不同，具体取决于你选择的图表样式。

图 1-17　表格和图表

1.9.8　打印工作表

打印工作表的任务很容易完成(前提是有一台打印机，而且打印机工作正常)。

(1) **确保未选择图表**。如果选择了图表，则会在单独一页中打印图表。要取消选择图表，只需要按下 Esc 键或单击任意单元格即可。

(2) **要使用 Excel 的方便的 "页面布局" 视图**，可单击状态栏右侧的"页面布局"按钮。然后，Excel 将按页显示工作表页面，这样就可以很容易地查看要打印的工作表。在"页面布局"视图中，可以很快地了解图表是否太宽而无法打印在同一页上。如果图表太宽，可以单击并拖动一角来调整其大小。或者，也可以将图表移动到数字表格下面。单击"普通"按钮可返回默认视图。

(3) **当准备好打印时**，选择"文件"|"打印"命令。此时，可以改变一些打印设置。例如，可以选择横向打印而不是纵向打印。在进行更改时，可在预览窗口中看到结果。

(4) **当满意之后，单击左上角的"打印"按钮**。这样将会打印页面，并返回到工作簿。

1.9.9　保存工作簿

到现在为止，所做的一切工作都保存在计算机内存中。如果发生电源故障，将丢失所有工作内容，除非当时 Excel 的自动恢复功能正好生效。因此，应将工作保存到硬盘上的文件中。

(1) **单击快速访问工具栏上的"保存"按钮**(此按钮看起来就像在 20 世纪普遍使用的老式软盘)。由于工作簿尚未保存，且仍具有默认名称，因此 Excel 会显示后台屏幕，可在其中选择工作簿文件的位置。通过该后台屏幕，可将文件保存到计算机上的任何位置。

(2) **单击"浏览"**。Excel 会显示"另存为"对话框。

(3) **在"文件名"框中输入名称**(如"每月销售预测")，也可以指定另一个保存位置。

(4) **单击"保存"按钮或按 Enter 键**，Excel 会将工作簿保存为一个文件。工作簿将保持打开状态，以便对它执行更多操作。

> **注意:**
>
> 默认情况下，Excel 会每 10 分钟自动保存工作的备份副本。要调整(或关闭)自动恢复设置，请选择"文件"|"选项"，然后单击"Excel 选项"对话框中的"保存"选项卡。但是，不应该依赖 Excel 的自动恢复功能，而应经常保存你的工作。

如果你完成了上述任务，可能已经意识到创建工作簿的任务并不难。但是，这仅触及了 Excel 软件的表面。本书的其余部分将继续介绍这些任务(以及更多任务)，但详细程度将远远超过本章。

> **注意:**
>
> Excel 的后台视图在最近访问文件列表的旁边，有一个"已固定"选项卡。如果你经常使用某个文件，就可以把它固定到这个选项卡中，从而能够方便地访问它。要固定一个文件，可以在"最近"选项卡下找到该文件，在该文件上方悬停鼠标指针，然后单击出现的图钉图表。

第2章

输入和编辑工作表数据

本章要点

- 了解可以使用的数据类型
- 向工作表输入文本和值
- 向工作表输入日期和时间
- 修改和编辑信息
- 使用内置的和自定义的数字格式
- 在平板电脑上使用 Excel

本章将介绍有关输入和修改工作表数据的知识。正如你将会看到的,Excel 不会以一成不变的方式处理所有数据。因此,需要了解可在 Excel 工作表中使用的各种不同的数据类型。

2.1 了解数据类型

Excel 工作簿文件可以包含任意数量的工作表,每个工作表由超过 170 亿个单元格组成。单元格中可包含以下四种基本数据类型:

- 数值
- 文本
- 公式
- 错误

工作表还可以包含图、图表、图片、按钮和其他对象。这些对象不是包含在单元格中,而是包含在工作表的绘图层中,绘图层是每个工作表上方的一个不可见的层。

> **交叉引用**
> 第 II 部分将讨论错误值。

2.1.1 数值

数值表示某种对象类型的数量,例如销售额、员工人数、原子量、考试成绩等。数值也可以是日期(如 2022 年 2 月 26 日)或时间(如上午 3:24)。

交叉引用

Excel 可以按许多不同格式显示值。在本章后面的 2.5 节"应用数字格式"中，将讨论各种不同的格式选项对数值显示形式的影响。

Excel 中的数值限制

你可能希望知道 Excel 可处理的值类型，换句话说，就是它能处理多大的数字，在处理大数值时的准确性如何？

Excel 中的数字可精确到 15 位数。例如，如果输入很大的值，如 123 456 789 123 456 789(18 位)，则 Excel 实际上只会存储 15 位精度的数字。该 18 位数字将显示为 123 456 789 123 456 000。这种精度似乎是一种很大的限制，但在实践中，几乎不会引起任何问题。

15 位数字精度可导致发生问题的一种情况是在输入信用卡号码时发生的。由于大多数信用卡号码是 16 位，但 Excel 只能处理 15 位数字，因此它会将信用卡号码的最后一位数字替换为零。更糟的是，你可能甚至不会意识到 Excel 会使卡号无效。那么有什么解决方案吗？有，只需要将信用卡号码作为文本输入即可。最简单的方法是将单元格的格式预设为文本(选择"开始" | "数字"，然后从"数字格式"下拉列表中选择"文本")。或者，也可以在信用卡号码前面放置一个撇号。这两种方法都可阻止 Excel 将输入内容解释为数字。

下面是 Excel 的其他一些数值限制。

- 最大正数：9.9E+307
- 最小负数：-9.9E+307
- 最小正数：2.2251E-308
- 最大负数：-2.2251E-308

这些数字是以科学记数法表示的。例如，最大正数是"9.9 乘以 10 的 307 次幂"——即，在 99 后加 306 个零。但请记住，这个数字只有 15 位精度。

2.1.2　文本输入

大多数工作表还会在一些单元格中包含文本。文本可以用作数据(例如，员工姓名列表)、值的标签、列的标题或对工作表的说明。文本内容通常用于说明工作表中值的意义，或者数字的来源。

以数字开头的文本仍然被视为文本。例如，如果在一个单元格中键入"12 Employees"，则 Excel 会将该项视为文本，而不是一个数值。因此，不能将该单元格用于数值计算。如果需要指明 12 表示员工数，那么可在单元格中输入 12，然后在其右边的单元格中键入 Employees。

2.1.3　公式

公式使电子表格成为真正意义上的电子表格。在 Excel 中，可以输入各种灵活的公式，从而使用单元格中的值(甚至是文本)来计算结果。将公式输入一个单元格中时，该公式的结果将显示在该单元格中。如果更改公式中所使用的任何单元格，则公式都会重新计算并显示新的结果。

公式既可以是简单的数学表达式，也可以使用 Excel 中内置的功能强大的函数。图 2-1 显示了一个 Excel 工作表，该工作表被设置为计算每月偿还的贷款。该工作表中包含数值、文本和公式。A 列的单元格包含文本，B 列包含 4 个数值和两个公式。公式位于单元格 B6 和 B10 中。D 列显示了 B 列单元格中的实际内容，以供参考。

	A	B	C	D	E
1	Loan Payment Calculator				
2					
3				Column B Contents	
4	Purchase Amount:	$475,000		475000	
5	Down Payment Pct:	20%		0.2	
6	Loan Amount:	$380,000		=B4*(1-B5)	
7	Term (months):	360		360	
8	Interest Rate (APR):	6.25%		0.0625	
9					
10	Monthly Payment:	$2,339.73		=PMT(B8/12,B7,-B6)	
11					
12					

图 2-1　可使用值、文本和公式创建有用的 Excel 工作表

配套学习资源网站

配套资源网站 www.wiley.com/go/excel365bible 中提供了此工作簿，文件名为 loan payment calculator.xlsx。

交叉引用

可以在第 II 部分中找到关于公式的更多信息。

2.1.4　错误值

单元格能够保存的第 4 种数据类型是错误值。错误值是包含错误的公式的计算结果，例如对文本进行加法运算会得到#VALUE!错误。错误值主要由 Excel 的计算引擎使用，以便使用其他公式的结果的公式继续显示错误。

2.2　在工作表中输入文本和值

如果你使用过 Windows 应用程序，就会发现在工作表单元格中输入数据很简单。虽然 Excel 在存储和显示不同数据类型的方式上有区别，但是大多数情况下直接输入数据就能工作。

2.2.1　输入数值

要向单元格中输入数值，只需要选择相应的单元格，键入值，然后按 Enter 键、Tab 键或箭头导航键之一即可。该值将显示在单元格中，并在单元格被选中时显示在编辑栏中。在输入值时，可以包含小数点和货币符号以及加号、减号、百分号和逗号(用于分隔千位)。如果在值前面加上减号或将值括在括号中，则 Excel 会认为此值是一个负数。

2.2.2　输入文本

在单元格中输入文本与输入值一样简单：只需要激活单元格，键入文本，然后按 Enter 键或导航键即可。一个单元格最多可以包含大约 32 000 个字符，这足以包含本书中典型一章

的内容了。虽然单元格可以容纳大量字符，但会发现它实际上不能显示所有字符。

> **提示**
>
> 如果在单元格中键入特别长的文本，则编辑栏可能不会显示所有文本。要在编辑栏中显示更多文本，请单击编辑栏的底部，并向下拖动，以增大其高度(参见图 2-2)。此外，也可使用 Ctrl+Shift+U 快捷键。按下该组合键可切换编辑栏高度以显示一行，或显示原来的大小。

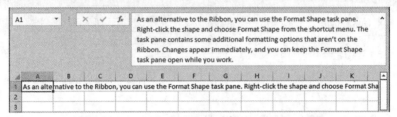

图 2-2 已扩展高度以便显示单元格中更多信息的编辑栏

当输入的文本长度大于列的当前宽度时会发生什么情况？如果紧邻当前单元格右侧的单元格为空，则 Excel 会显示全部文本，似乎占用了相邻单元格。如果相邻的单元格不为空，则 Excel 会显示尽可能多的文本(单元格包含所有文本，只是未显示出来)。如果需要在相邻单元格非空的单元格中显示长文本字符串，可以选择以下操作之一：

- 编辑文本使之缩短。
- 增大列宽(拖动列字母显示的边框)。
- 使用较小的字体。
- 在单元格内换行文本，以使它占用多行。选择"开始" | "对齐方式" | "自动换行"可为所选的单元格或区域打开和关闭换行功能。

2.2.3 使用输入模式

Excel 状态栏的左端通常显示"就绪"，表示 Excel 等待用户输入或编辑工作表。如果开始在单元格中键入数值或文本，状态栏将改为显示"输入"，表示进入了"输入模式"。Excel 最常见的模式是"就绪""输入"和"编辑"。关于"编辑模式"的更多信息，请阅读本章后面的 2.4 节"修改单元格内容"。

在输入模式中，你正在单元格中输入内容。键入内容时，文本将显示在单元格和编辑栏中。在退出输入模式前，并不会实际修改单元格的内容，退出输入模式则会将值提交给单元格。要退出输入模式，可以按 Enter 键、Tab 键或者键盘上的任何导航键(如 PageUp 或 Home)。此时，键入的值将提交给单元格，状态栏则重新显示"就绪"。

按 Esc 键也会退出输入模式，但按 Esc 键时，将无视之前做出的修改，使单元格回到原来的值。

2.3 在工作表中输入日期和时间

Excel 将日期和时间视为特殊的数值类型。日期和时间是值，只是经过格式设置后，显示为日期或时间。如果要使用日期和时间，就需要了解 Excel 中的日期和时间系统。

2.3.1　输入日期值

Excel 通过使用一个序号系统来处理日期。Excel 可理解的最早日期是 1900 年 1 月 1 日，该日期的序号是 1。1900 年 1 月 2 日的序号是 2，以此类推。该系统可以方便地处理公式中的日期。例如，可以输入一个公式来计算两个日期之间的天数。

大多数时候，你不必关心 Excel 的序号日期系统。只需要输入常用日期格式的日期即可，Excel 会处理幕后的细节。例如，如果要输入 2022 年 6 月 1 日，只需要键入 June 1, 2022(或使用其他任意一种不同的日期格式)即可。Excel 将转换输入并存储值 44713，这是该日期的序号。

> **注意**
> 本书中的日期示例使用的是美国英语系统。Windows 区域设置将影响 Excel 对输入的日期的解释方式。例如，根据区域日期设置，June 1, 2022 可能会被解释为文本而不是日期。这种情况下，需要输入对应于区域日期设置的日期格式，例如"1 June，2022"。

> **交叉引用**
> 有关日期使用的详细信息，请参阅第 13 章。

2.3.2　输入时间值

在处理有关时间的工作时，可扩展 Excel 的日期序号系统以包括小数位。换言之，Excel 使用小数形式的天来处理时间。例如，日期 2022 年 6 月 1 日的序号为 44713。而 2022 年 6 月 1 日中午(半天)在 Excel 内部表示为 44713.5，因为时间部分是通过向日期的序号添加小数时间来获取完整的日期/时间序号的。

同样，通常不必关心时间的这些序号或小数序号。只需要在单元格中输入可识别的时间格式即可。在此示例中，键入"June 1, 2022 12:00"。

> **交叉引用**
> 有关时间值使用的详细信息，请参阅第 13 章。

2.4　修改单元格内容

在单元格中输入值或文本后，可以使用下列方法修改这些值或文本：
- 删除单元格的内容。
- 将单元格内容替换为其他内容。
- 编辑单元格内容。

> **注意**
> 还可以通过更改单元格的格式来修改单元格。但是，格式设置只会影响单元格的外观，而不影响其内容。本章后面几节将介绍格式设置。

2.4.1　删除单元格内容

要删除单元格的内容，只需要单击该单元格，然后按 Delete 键即可。要删除多个单元格，可以选择要删除的所有单元格，然后按 Delete 键。按 Delete 键时会删除单元格的内容，但不会删除应用于单元格的任何格式(如粗体、斜体或其他数字格式)。

要更好地控制删除什么内容，可以选择"开始"|"编辑"|"清除"。该命令的下拉列表中有六个选项，如下所示。

- **全部清除**：清除单元格中的一切内容，包括其内容、格式和批注(如果有)。
- **清除格式**：仅清除格式，保留值、文本或公式。
- **清除内容**：仅清除单元格的内容，保留格式。效果与按 Delete 键相同。
- **清除批注**：清除为单元格附加的批注(如果有的话)。
- **清除超链接**：删除选定单元格中的超链接。文本和格式将仍然存在，所以单元格看上去仍然像是有一个超链接，但不再作为超链接工作。
- **删除超链接**：删除选定单元格中的超链接，包括单元格格式。

> **注意**
> 清除格式并不会清除已指定为表格的区域的背景色，但有两种例外情况：你选择了整个表，或者已经手动更换了表格样式的背景色，此时会清除表格的格式。有关表格的更多信息，请参阅第 4 章。

2.4.2　替换单元格内容

要将单元格的内容替换为别的内容，只需要激活单元格，键入新内容，然后按 Enter 键或导航键。应用于单元格的任何格式仍将应用到新的内容。

还可以通过拖放或者从另一个单元格复制粘贴数据来替换单元格的内容。这两种情况下，单元格的格式将被替换为新数据的格式。要避免粘贴格式，可选择"开始"|"剪贴板"|"粘贴"|"值"，或选择"开始"|"剪贴板"|"粘贴"|"公式"。

2.4.3　编辑单元格内容

如果单元格只包含几个字符，则通常情况下，输入新数据以代替其内容是很容易的，但如果单元格中包含复杂冗长的文本或公式，并且只希望做出少许修改，则这种情况下可能就需要编辑单元格，而不是重新输入信息。

在需要编辑单元格内容时，可以使用下列方法之一进入单元格编辑模式。

- 双击单元格，可直接编辑单元格中的内容。
- 选择单元格并按 F2，可直接编辑单元格中的内容。
- 选择要编辑的单元格，然后在编辑栏中单击，可在编辑栏中编辑单元格的内容。

可以使用任何喜欢的方法。一些人觉得直接在单元格中编辑更容易，而另一些人则更喜欢在编辑栏中编辑单元格。

> **注意**
> 在"Excel 选项"对话框的"高级"选项卡中包含"编辑选项"部分。这些设置会影响

到编辑方式(要访问此对话框，请选择"文件"|"选项")。如果未启用"允许直接在单元格内编辑"，就不能通过双击单元格来执行编辑。此时，通过按 F2 键，可以在编辑栏中(而不是直接在单元格中)编辑单元格。

所有这些方法都可使 Excel 进入编辑模式(在屏幕底部的状态栏的左端显示"编辑"一词)。当 Excel 处于编辑模式时，编辑栏中将启用两个图标：取消(X)和输入(复选标记)。图 2-3 显示了这两个图标。单击"取消"图标，可以取消编辑而不更改单元格内容(按 Esc 键具有相同的效果)。单击"输入"图标可以完成编辑，并在单元格中输入修改之后的内容(按 Enter 键具有相同的效果，但是单击"输入"图标不会改变活动单元格)。

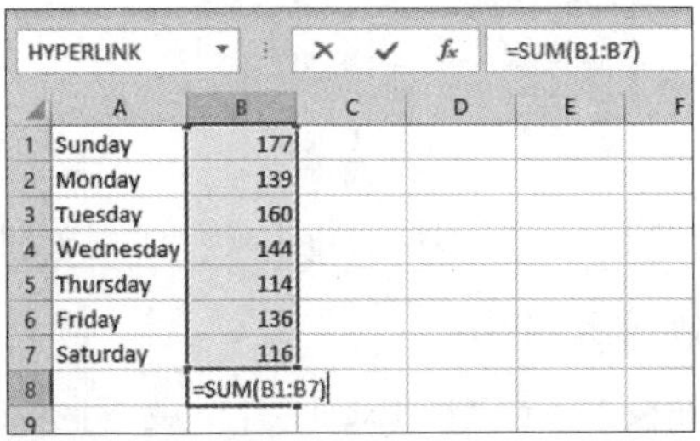

图 2-3　在编辑单元格时，编辑栏显示两个新图标：取消(X)和输入(复选标记)

当开始编辑单元格时，会将插入点显示为一个竖线，此时可以执行以下任务。

- **在插入点位置添加字符**。可以通过以下方法移动插入点：

  使用导航键在单元格内移动

  按 Home 键将插入点移到单元格的开头

  按 End 键将插入点移到单元格的结尾

- **选择多个字符**。在使用导航键时按住 Shift 键。

- **在编辑单元格时选择字符**。使用鼠标选择。只需要单击并在需要选择的字符上拖动鼠标指针即可。

- **删除插入点左侧的字符**。按 Backspace 键会删除选中的文本；如果没有选中任何字符，则删除插入点左侧的字符。

- **删除插入点右侧的字符**。按 Delete 键也会删除选中的文本；如果没有选中文本，则删除插入点右侧的字符。

2.4.4　学习一些实用的数据输入方法

可以通过使用以下描述的实用技巧，来简化在 Excel 工作表中输入信息的过程，从而使工作更加快捷。

1. 在输入数据后自动移动所选内容

默认情况下，在单元格中输入数据后按 Enter 键时，Excel 会选择下一个单元格。若要更改此设置，请选择"文件"|"选项"，单击"高级"选项卡(参见图 2-4)。用于控制该行为的复选框为"按 Enter 键后移动所选内容"。如果启用此选项，则可以选择移动方向(向下、向左、向上、向右)。

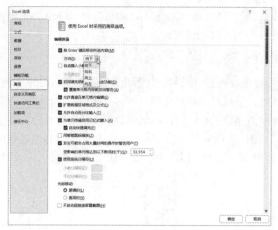

图 2-4　可以使用"Excel 选项"中的"高级"选项卡选择有用的输入选项设置

2. 在输入数据前选择输入单元格区域

在选中单元格区域后，在按 Enter 键时 Excel 会自动选择区域内的下一单元格，即使禁用了"按 Enter 键后移动所选内容"选项。如果选择了多行，则 Excel 将会移动到下一列，当到达列中选定内容的结尾时，它将移动到下一列中的第一个选定的单元格。

要跳过一个单元格，只需要按 Enter 键而不输入任何内容即可。要向后移动，可按 Shift+Enter 键。如果要按行而不是按列输入数据，可按 Tab 键而不是 Enter 键。Excel 会继续在选定区域中循环，直到选择区域外的一个单元格为止。按任何导航键(如箭头键或 Home 键)都将改变选定区域。如果想在选定区域内移动，就只能使用 Enter 键和 Tab 键。

3. 使用 Ctrl+Enter 键同时在多个单元格中输入信息

如果需要在多个单元格中输入相同的数据，那么可以使用 Excel 提供的一个便捷方法。选择要包含数据的所有单元格，输入值、文本或公式，然后按 Ctrl+Enter 键，这样就会将相同的信息插入选定的每个单元格中。

4. 改变模式

按 F2 键可在输入模式和编辑模式之间切换。例如，如果在输入模式下键入一个长句子，但发现某个单词拼写错误，则可以按 F2 键切换到编辑模式。在编辑模式下，可以使用箭头键在句子中移动到错误单词的位置进行修改。还可以按 Ctrl+箭头键，一次移动一个单词，而不是一次移动一个字母。之后，可以在编辑模式下继续输入文本，也可以再次按 F2 键返回输入模式。如果再次按下 F2 键，导航键将只能用来移动到其他单元格。

5. 自动插入小数点

如果要输入许多具有固定小数位数的数字，那么可以使用 Excel 提供的一个实用工具，该工具类似于某些旧式计算器。访问"Excel 选项"对话框，单击"高级"选项卡。选中"自动插入小数点"复选框，并确保在"位数"框中为要输入的数据正确设置小数位数。

设置此选项后，Excel 会自动提供小数点。例如，如果指定了两个小数位，则如果在单元格中输入 12345，那么该数字将被解释为 123.45。要恢复到正常设置，只需要取消选中"Excel 选项"对话框中的"自动插入小数点"复选框即可。更改此设置不会影响已经输入的任何值。

> **警告**
> 固定小数位选项是一个全局设置，适用于所有工作簿(而不只是活动工作簿)。如果忘记已打开此选项，则很容易输入错误的值，或者在别人使用你的电脑时产生严重的混乱。

6. 使用自动填充功能输入一系列值

通过 Excel 的自动填充功能，可以很方便地在一组单元格中插入一系列值或文本项。Excel 将使用填充柄(位于活动单元格或区域右下角的小方块)来实现自动填充功能。可以拖动填充柄来复制单元格或自动完成一个系列。

图 2-5 展示了一个示例。在单元格 A1 中输入 1，在单元格 A2 中输入 3。然后选中这两个单元格，并向下拖动填充柄以创建一个奇数线性系列。该图中还显示了一个图标，单击该图标可显示其他一些自动填充选项。只有当选择了"Excel 选项"对话框的"高级"选项卡中的"粘贴内容时显示粘贴选项按钮"时，这个图标才会显示。

Excel 使用单元格中的数据来猜测模式。如果单元格中一开始包含的数据为 1 和 2，则 Excel 猜测你想让每个单元格递增 1。如果像刚才的示例那样，单元格中一开始包含 1 和 3，则 Excel 猜测你想让递增量为 2。Excel 也能够很好地猜测日期模式。如果单元格中一开始包含 1/31/2022 和 2/28/2022，则 Excel 将在单元格中填充连续月份的最后一天。

> **提示**
> 如果在按住鼠标右键的同时拖动填充柄，则 Excel 将显示一个快捷菜单，其中包含其他一些填充选项。还可以使用"开始"|"编辑"|"填充"，对自动填充进行更多控制。

图 2-5　使用自动填充功能创建的系列

7. 使用记忆式键入功能自动完成数据输入

通过 Excel 的记忆式键入功能，可以很方便地在多个单元格中输入相同的文本。使用记忆式键入功能，只需要在单元格中键入文本项的前几个字母，Excel 就会根据你已在列中输入的内容自动完成文本输入。除减少键入操作外，此功能还可确保你的输入拼写正确且一致。

下面说明该功能的工作方式。假设要在一列中输入产品信息，其中一个产品名为 Widgets。当第一次在单元格中输入 Widgets 时，Excel 会记住它。之后，当在同一列中输入 Widgets 时，Excel 就可以通过最初几个字母识别它，并完成输入操作。只需要按 Enter 键即可完成输入。如果要覆盖 Excel 提供的建议，则只需要继续输入即可。

记忆式键入功能也会自动更改字母大小写。如果第二次输入 widget(带有小写 w)，则 Excel 会将 w 变为大写的 W，使其与列中以前的输入保持一致。

> **提示**
>
> 还可以通过右击单元格，然后从快捷菜单中选择"从下拉列表中选择"，来访问记忆式键入功能的鼠标版本。Excel 会显示一个下拉框，其中列出了当前列中的所有文本条目，只需要单击所需的条目即可。

请记住，记忆式键入功能只在一列连续的单元格中有效。例如，如果有一个空白行，则记忆式键入功能只能识别空白行下方的单元格内容。

有时 Excel 会使用记忆式键入功能试图完成某个词的输入，但这可能并不是你想要的。例如，如果在一个单元格中键入 canister，然后在下面的单元格中键入 can，Excel 会试图将 can 记忆式键入为 canister。当想要键入的单词与记忆式键入条目的前几个字母相同，但是键入的单词更短的时候，只需要在键入完成后按 Delete 键，然后按 Enter 键或导航键即可。

如果不需要记忆式键入功能，则可在"Excel 选项"对话框的"高级"选项卡中将其关闭。只需要取消选中"为单元格值启用记忆式键入"复选框即可。

8. 强制在单元格内的新行中显示文本

如果在一个单元格中有很长的文本，那么可以强制 Excel 在单元格内以多行的方式显示文本：按 Alt+Enter 键即可在单元格中插入一个新行。

当添加换行符时，Excel 会自动将单元格的格式更改为自动换行。但不同于普通的文本换行，手动换行可以强制 Excel 在文本中的特定位置换行，从而可以比自动文本换行更精确地控制文本外观。

> **提示**
>
> 要删除手动换行符，可编辑单元格，然后当插入点位于包含手动换行符的行的结束位置时按 Delete 键。Excel 不会显示任何符号来指示手动换行符的位置，但当换行符被删除时，它后面的文本将向上移动。

9. 使用自动更正功能进行速记数据输入

可以使用自动更正功能来创建常用词或短语的快捷方式。例如，如果你为名为 Consolidated Data Processing Corporation 的公司工作，那么可以为其创建一个缩写为 cdp 的自动更正项。然后，当输入 cdp 并执行某个触发自动更正的操作(如键入空格、按 Enter 键或选择另一个单元格)时，Excel 会自动将文本改为 Consolidated Data Processing Corporation。

Excel 包含很多内置(主要用于更正常见的错误拼写)的自动更正术语，但也可以添加自己的自动更正术语。要设置自定义的自动更正项，可访问"Excel 选项"对话框(选择"文件" |"选项")，并单击"校对"选项卡，然后单击"自动更正选项"按钮，将显示"自动更正"对话框。在该对话框中，单击"自动更正"选项卡，选中"键入时自动替换"选项，然后输入自定义项即可(图 2-6 显示了一个示例)。可以根据需要设置任意数量的自定义项。但是请注意，不要使用可能会在文本中正常使用的缩写。

图 2-6　自动更正功能允许为经常输入的文本创建速记缩写

> **提示**
> Excel 会与其他 Microsoft Office 应用程序共享自动更正列表。例如，在 Word 中创建的任何自动更正项也可在 Excel 中使用。

10. 输入含有分数的数字

大部分情况下，我们都想带小数点的形式来显示非整数值。不过 Excel 也可以显示分数值。要在单元格中输入分数值，需要在整数和分数之间留一个空格。例如，要输入 6 7/8，可输入 6 7/8，然后按 Enter 键。当选择该单元格时，编辑栏中将显示 6.875，而单元格中的项将显示为分数。如果只想输入分数(例如，1/8)，则必须首先输入零(如 0 1/8)，否则 Excel 可能认为输入的是一个日期。当选择该单元格时，可在编辑栏中看到 0.125，而在该单元格中将显示为 1/8。

11. 使用记录单简化数据输入

许多人喜欢使用 Excel 来管理由包含信息的行组成的列表。Excel 提供了一种简单方法来处理这类数据，这种方法是通过使用可由 Excel 自动创建的数据输入记录单来实现的。这些数据记录单既可与普通数据区域一起使用，也可与已经指定为表格(选择"插入"|"表格"|"表格"命令)的数据区域一起使用。图 2-7 显示了一个示例。

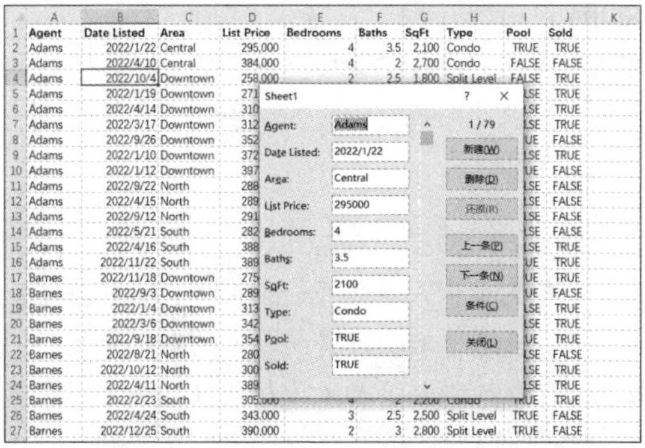

图 2-7　Excel 的内置数据记录单可以简化许多数据输入工作

不过令人遗憾的是，功能区中并没有提供用来访问数据记录单的命令。要使用数据记录单，必须将其添加到快速访问工具栏或功能区，或者在搜索框中搜索 Form。下面的内容描述了如何将这个命令添加到快速访问工具栏。

(1) **右击快速访问工具栏，并选择"自定义快速访问工具栏"。** 此时将显示"Excel 选项"对话框的"快速访问工具栏"面板。

(2) 从"从下列位置选择命令"下拉列表中，选择"不在功能区中的命令"。

(3) 在左侧列表框中选择"记录单"。

(4) 单击"添加"按钮将选择的命令添加到快速访问工具栏。

(5) 单击"确定"按钮以关闭"Excel 选项"对话框。

执行这些步骤后，将在快速访问工具栏中出现一个新图标。

要使用数据输入记录单，请执行下列步骤：

(1) **在数据输入区域的第一行中为各列输入标题，以排列数据，使 Excel 可将数据识别为表格。**

(2) **选择表格中的任意单元格，并单击快速访问工具栏上的"记录单"按钮。** Excel 会显示一个已根据你的数据定制的对话框(参见图 2-7)。

(3) **填写信息。** 按 Tab 键在各文本框之间移动。如果单元格包含公式，那么公式的结果将显示为文本(而不是编辑框)。换句话说，不能使用数据输入记录单修改公式。

(4) **完成数据记录单后，单击"新建"按钮。** Excel 会在工作表中的一行中输入数据，并清除对话框，以便输入下一行数据。

还可以使用记录单编辑现有数据。

配套学习资源网站

配套资源网站 www.wiley.com/go/excel365bible 中提供了此工作簿，文件名为 data form.xlsx。

12. 在单元格中输入当前日期或时间

如果需要为工作表生成日期戳或时间戳，可以使用 Excel 提供的两个快捷键来完成这个任务。

● **当前日期：** Ctrl+;(分号)

● **当前时间：** Ctrl+Shift+;(分号)

要同时输入日期和时间，可按 Ctrl+;，键入一个空格，然后按 Ctrl+Shift+;。

日期和时间来自于当前计算机的系统时间。如果 Excel 中的日期或时间不正确，那么可以使用 Windows 设置来对其进行调整。

注意

当使用这些快捷方式在工作表中输入日期或时间时，Excel 会在工作表中输入一个静态值。也就是说，在重新计算工作表时，不会改变所输入的日期或时间。大多数情况下，这种设置可能是你需要的，但也应了解此限制。如果你想使日期或时间能够更新，请使用下列公式之一：

```
=TODAY()
=NOW()
```

2.5 应用数字格式

设置数字格式是指更改单元格中值的外观的过程。Excel 提供了丰富的数字格式选项。在下面的各节中，你将了解如何使用 Excel 的众多格式选项来快速改进工作表的外观和易读性。

> **提示**
>
> 所应用的格式将对选定的单元格有效。因此，需要在应用格式之前选择单元格(或单元格区域)。此外，还应注意，更改数字格式不会影响底层的值，设置数字格式只会影响外观。

输入单元格中的值通常都未经过格式化。换句话说，它们只是由一串数字组成。通常情况下，都需要设置数字的格式，从而使它们更易于阅读，或者显示的小数位更加一致。

图 2-8 显示了一个工作表，其中包含两列值。第 1 列由未设置格式的值组成，第 2 列中的单元格已设置了格式，所以更易于阅读，第 3 列描述了所应用的格式类型。

	A	B	C	D
1				
2	Unformatted	Formatted	Type	
3	1200	$1,200.00	Currency	
4	0.231	23.1%	Percentage	
5	44703	5/22/2022	Short Date	
6	44703	Sunday, May 22, 2022	Long Date	
7	123439832	$ 123,439,832.00	Accounting	
8	5559832	555-9832	Phone Number	
9	434988723	434-98-8723	Social Security Number	
10	0.552	1:14:53 PM	Time	
11	0.25	1/4	Fraction	
12	12332354090	1.23E+10	Scientific	
13				

图 2-8 使用数字格式使工作表中的值更易于理解

> **配套学习资源网站**
>
> 配套学习资源网站 www.wiley.com/go/excel365bible 中提供了此工作簿，文件名为 number formatting.xlsx。

> **提示**
>
> 如果选择的单元格中包含了已格式化的值，则编辑栏中会显示未设置格式状态下的值，因为格式设置只会影响值在单元格中的显示，而不会影响单元格中所包含的实际值。但是也有一些例外。当输入日期或时间时，Excel 总是会将值显示为日期或时间，即使它在内部被存储为值。此外，采用百分比格式的值将在编辑栏中显示一个百分号。

2.5.1 使用自动数字格式

Excel 可以自动帮助执行一些格式操作。例如，如果在单元格中输入 12.2%，那么 Excel 就会知道想要使用百分比格式，并自动应用该格式。如果使用逗号分隔千位(如 123,456)，那么 Excel 就会为你应用逗号格式。如果在值前面加上美元符号，则 Excel 就会为单元格设置货币格式(假定美元符号是当前系统的货币符号)。

输入任何可能被解释为日期的内容，都会被当成日期处理。根据输入内容的方式不同，Excel 会选择相应的日期格式。如果输入 1/31/2022，Excel 将把它解释为日期，并将单元格设置为日期格式 1/31/2022(和输入的格式一样)。如果输入 Jan 31, 2022，Excel 将把单元格设置为日期格式 31-Jan-22(如果没有输入逗号，Excel 不会将其识别为日期)。尽管不太明显，但是输入 1-31 会被解释为日期，Excel 将显示 31-Jan。如果需要在单元格中输入 1-31，但并不想让它被解释为日期，则需要先输入撇号(')。

> **提示**
>
> Excel 中有一项实用的默认功能可以帮助你方便地在单元格中输入百分比值。如果已将单元格格式设置为显示百分比，则可以简单地输入普通值(例如，对于 12.5%而言，只需要输入 12.5)。要输入小于 1%的值，可在值前面加上零(例如，对于 0.52%而言，只需要输入 0.52)。如果该百分比自动输入功能不能正常工作(或者如果需要输入实际的百分比值)，可访问"Excel 选项"对话框，并单击"高级"选项卡。在"编辑选项"部分中，找到"允许自动百分比输入"复选框并添加或删除其复选标记。

2.5.2　通过功能区设置数字格式

功能区的"开始"|"数字"分组中包含的一些控件可用于快速应用常用的数字格式。

"数字格式"下拉列表中包含 11 种常见的数字格式(参见图 2-9)。其他选项包括一个"会计数字格式"下拉列表(用于选择货币格式)、"百分比样式"按钮、"千位分隔样式"按钮。此分组还包含一个用于增加小数位数的按钮，以及一个用于减少小数位数的按钮。

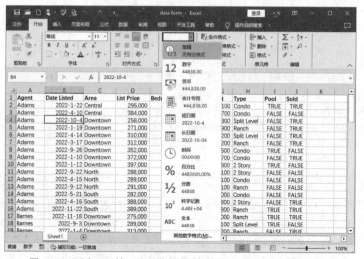

图 2-9　可以在"开始"选项卡中的"数字"分组中找到数字格式命令

当选择这些控件之一时，活动单元格将采用指定的数字格式。也可以在单击这些按钮之前选择一个单元格区域(甚至整行或整列)。如果选择了多个单元格，那么 Excel 会将数字格式应用到所有选定的单元格。

2.5.3　使用快捷键设置数字格式

另一种应用数字格式的方法是采用快捷键。表 2-1 总结了这些快捷键组合，可以使用它们向选定的单元格或区域应用常用的数字格式。注意 Ctrl 和 Shift 键在键盘上的位置接近，都在左下角。

表 2-1　数字格式快捷键组合

键组合	应用的格式
Ctrl+Shift+~	常规数字格式(即未应用格式的值)
Ctrl+Shift+$	带两位小数位的货币格式(负数显示在括号中，并显示为红色)
Ctrl+Shift+%	不带小数位的百分比格式
Ctrl+Shift+^	带两位小数位的科学记数法数字格式
Ctrl+Shift+#	带日、月和年的日期格式
Ctrl+Shift+@	带小时、分钟和 AM 或 PM 的时间格式
Ctrl+Shift+!	带两位小数、千位分隔符，并为负值显示负号

2.5.4　使用"设置单元格格式"对话框设置数字格式

大多数情况下，只需要使用"开始"选项卡中的"数字"分组中所提供的数字格式即可完成格式设置。然而，有时可能需要更好地控制数值的显示。通过使用 Excel 中的"设置单元格格式"对话框，可以访问丰富的用于控制数字格式的选项，如图 2-10 所示。要设置数字格式，需要使用"数字"选项卡。

图 2-10　如果需要更好地控制数字格式，请使用"设置单元格格式"对话框的"数字"选项卡

可以通过几种方式访问"设置单元格格式"对话框。首先，选择要设置格式的单元格，然后执行下列操作之一。

- 选择"开始"|"数字"命令，然后单击对话框启动器小图标(在"数字"分组的右下角)。
- 选择"开始"|"数字"命令，单击"数字格式"下拉列表，然后从下拉列表中选择"其他数字格式"。
- 右击单元格，然后从快捷菜单中选择"设置单元格格式"命令。
- 按 Ctrl+1 键。

"设置单元格格式"对话框的"数字"选项卡显示了 12 类数字格式。当从列表框中选择一个类别时，选项卡的右侧就会发生变化以显示适用于该类别的选项。

可以控制"数字"分类中的 3 个选项：显示的小数位数、是否使用千位分隔符以及负数值的显示方式。请注意，"负数"列表框中有 4 个选项(其中两个选项以红色显示负值)，根据小数位数以及是否选择千位分隔符，选项会发生相应的改变。

选项卡顶部将显示当使用选定的数字格式时活动单元格的外观示例(仅在选中包含值的单元格时才会显示)。完成选择后，单击"确定"按钮即可为所有选中的单元格应用数字格式。

看似数字相加结果错误的情形

为单元格应用数字格式时不会改变值，只会改变值在工作表中的显示形式。例如，如果单元格包含 0.874543，那么可通过设置格式使之显示为 87%。但是，如果在公式中使用该单元格，则公式会使用完整值(0.874543)，而不是显示的值(87%)。

某些情况下，设置格式后可能会导致 Excel 显示看似错误的计算结果，例如，在合计有小数位的数字时就会出现这种情况。例如，如果将值的格式设置为显示两位小数位，则可能看不到在计算中所使用的实际数值。但是，由于 Excel 在其公式中使用的是完整精度的值，因此这两个值的总和看上去可能不正确。

可以使用几种解决方法来解决这个问题：可以设置单元格的格式以显示更多小数位；可以对数字使用 ROUND 函数并指定 Excel 要四舍五入到的小数位数；或者，可以指示 Excel 改变工作表值以匹配其显示格式。要进行上述设置，请访问"Excel 选项"对话框，单击"高级"选项卡。选中"将精度设为所显示的精度"复选框(位于"计算此工作簿时"部分中)。

警告

选择"将精度设为所显示的精度"选项会更改工作表中的数字，从而永久匹配它在屏幕上的显示。此设置将应用于活动工作簿中的所有工作表。大多数情况下，这个选项并不是你所需要的。因此，务必了解使用"将精度设为所显示的精度"选项所导致的后果。

下面介绍了数字格式的分类，并做了一些常规性的说明。

- **常规**：默认格式，将数字显示为整数、小数，或以科学记数法显示(如果值过长而超出单元格)。
- **数值**：可以指定小数位数、是否使用逗号分隔千位，以及如何显示负数(减号、以红色显示、位于括号中、以红色显示且位于括号中)。
- **货币**：可以指定小数位数、选择货币符号以及指定如何显示负数(减号、以红色显示、位于括号中、以红色显示且位于括号中)。这种格式总是使用逗号作为千位分隔符。
- **会计专用**：与货币格式的不同之处在于，货币符号始终会在单元格左侧垂直对齐。
- **日期**：可以选择几种不同的日期格式。
- **时间**：可以选择几种不同的时间格式。
- **百分比**：可以选择小数位数，并始终显示一个百分号。
- **分数**：可以选择 9 种不同的分数格式。
- **科学记数**：以指数方式(使用 E)显示数值：2.00E+05 = 200 000；2.05E+05 = 205 000。可以选择在 E 的左侧显示的小数位数。第二个示例可理解为"2.05 乘以 10 的 5 次方"。
- **文本**：当应用到值时，Excel 会将该值作为文本进行处理(即使它看起来像一个数字)。此功能对零件编号和信用卡号等很有用。
- **特殊**：包含其他数字格式。在美国版本的 Excel 中，其他数字格式包括邮编、邮编+4、电话号码和社会保险号码。
- **自定义**：可以定义不包括在任何其他分类中的自定义数字格式。

> **提示**
>
> 如果单元格显示一组井号(如########)，这通常意味着该列不够宽，无法以所选择的数字格式显示值。此时，既可以使列变宽，也可更改数字格式。井号也可指示负时间值或无效的日期(即早于 1900 年 1 月 1 日的日期)。

2.5.5　添加自定义数字格式

有时可能需要以未包含在任何其他分类中的格式显示数值。如果是这样，就需要创建自己的自定义格式。基本的自定义数字格式包含四节，节之间用分号隔开。这四节决定了当数字是正值、负值、0 或文本时，如何设置数字的格式。

2.6　在平板电脑上使用 Excel

近年来，Microsoft 发布了 Office 的一个移动应用，供在 iOS 和 Android 设备上使用。这款应用将 Excel、Word 和 PowerPoint 应用合并到一起。可以免费下载这些应用，并使用它们来查看文件，但如果想保存更改，就需要有一个 Microsoft 365 账户。

平板电脑上的 Excel 会给你相当熟悉的感觉。你会看到单元格构成的网格，在底部有工作表选项卡，在顶部有一个功能区。但它也有一些区别(如功能区更小)，让 Excel 在小屏幕上能够更好地工作，节省屏幕空间，另一方面，当使用手指作为指向设备时，功能区和菜单上的触摸目标会更大。

2.6.1　探索 Excel 的平板电脑界面

图 2-11 显示了平板电脑上的一个空白的 Excel 工作簿。功能区选项卡与 Excel 的桌面版类似，但控件变成了选项卡下的一个更窄的长条。当要显示的控件太多时，可以通过左右滑动来查看更多控件。

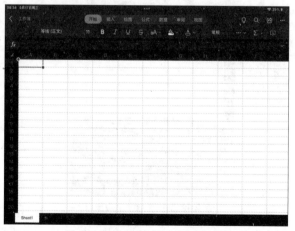

图 2-11　平板电脑上的一个空白工作簿

选中的单元格(在图 2-11 中是单元格 A1)的左上角和右下角有手柄。要选中一个单元格，只需要触摸它。要扩展区域，可以拖动两个手柄中的任何一个。当展开区域时，Excel 会在选中区域的上方或下方显示一个上下文菜单，其中包含常用的命令。要查看单个单元格的上下文菜单，可以长按该单元格。

要编辑一个单元格，可以触摸该单元格两次，进入编辑模式。可以在该单元格中直接编辑，也可以触摸"编辑"栏，在编辑栏中进行修改。进入编辑模式时，会在屏幕上显示一个键盘。编辑单元格的另外一种方式是长按单元格，打开上下文菜单，然后触摸"编辑"控件。

要将编辑结果提交到单元格，可以触摸屏幕键盘的返回按钮，触摸另一个单元格，或者触摸"编辑"栏右侧的对钩控件。"编辑"栏的右侧还有一个红色的 x 控件，触摸它可以退出编辑模式，但不提交修改。

2.6.2　在平板电脑上输入公式

功能区的"公式"选项卡为桌面 Excel 中提供的每个公式类别包含一个控件。触摸其中一个控件，将显示一个可滚动的菜单，其中包含该类别中的所有函数。"公式"选项卡还有一个"自动求和"控件，它会显示一个常用函数菜单，另外还有一个"最近"控件，显示了你最近使用过的函数的菜单。

输入公式的另外一种方式是触摸"编辑"栏左侧的 fx 控件。这会在顶部显示最近用过的函数，还会显示一个函数类别菜单，其工作方式与功能区的"公式"选项卡中的按钮相似。

输入公式还有第三种方式：简单地键入一个等号。使用这种方法时，可以键入想要使用的工作表函数的第一个字母，此时将显示一个菜单，其中包含以该字母开头的所有函数。或者，也可以键入完整的工作表函数，但你可能会觉得这种方法有些麻烦。当键入等号或者选择一个函数后，Excel 将进入指向模式，此时触摸单元格将把它们的地址添加到公式中，就像在桌面 Excel 中那样。

图 2-12 显示了包含 INDEX 工作表函数的一个单元格。当从菜单中选择一个函数时，其参数将被显示为按钮。可以触摸这些按钮来选择单元格，或者为对应的参数输入值。

图 2-12 函数参数显示为按钮

在本例中，第一个参数通过触摸 B3，然后将填充柄向下拖动到 B7 来完成。然后，选择了第二个参数按钮，它比未选择的参数按钮更暗一些。尽管你不会想要使用这些方法来构建一个大电子表格，但 Excel 提供的界面能够用来方便地输入一两个公式。

2.6.3 "绘图"功能区简介

在移动设备上，默认会显示"绘图"选项卡。它包含一些绘图控件，如钢笔、铅笔和荧光笔，用于在 Excel 中进行绘图。与形状和插图类似，绘制的对象位于单元格上方的绘图层中，并没有包含在特定的单元格内。

可以绘制一个形状，然后使用"绘图" | "转换" | "将墨迹转换为形状"将其转换为实际的形状。使用选择工具选择绘图，然后单击"将墨迹转换为形状"控件或形状旁边显示的闪电图标。图 2-13 显示了将一个草绘的圆形转换为椭圆形的结果。

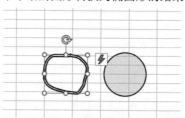

图 2-13 将绘制的形状转换为原生的形状

> **注意：**
> 要在桌面版的 Excel 中使用"绘图"选项卡，需要首先把它显示出来。如果它还没有显示，则可以右击任意功能区选项卡，然后从快捷菜单中选择"自定义功能区"。这将打开"Excel 选项"对话框的"自定义功能区"选项卡。在右侧的列表框中，勾选"绘图"。单击"确定"按钮返回 Excel。桌面版 Excel 的"绘图"选项卡中不显示操作笔控件。

功能区的"绘图"选项卡包含一个特殊的钢笔，称为操作笔。操作笔允许在 Excel 中手写文本和公式，并在短暂等待后转换它们。要使用操作笔输入公式，需要首先选择单元格，然后触摸操作笔，并开始写入。图 2-14 显示了在一个单元格中使用操作笔手写公式=1+2，图 2-15 显示了在短暂等待后的结果。

图 2-14 使用操作笔手写公式

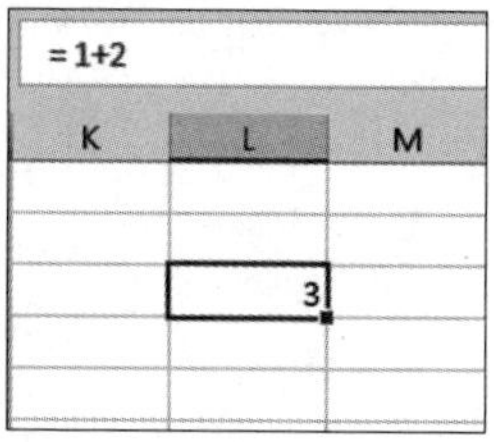

图 2-15 Excel 将手写的公式转换为实际公式

第**3**章

基本工作表操作

本章要点

- 了解 Excel 工作表的基础知识
- 控制视图
- 处理行和列

本章将介绍一些有关工作簿、工作表和窗口的基本信息，还将讨论一些可以帮助控制工作表、提高工作效率的技巧和方法。

3.1 学习 Excel 工作表基本原理

在 Excel 中，文件被称为工作簿，每个工作簿可以包含一个或多个工作表。可将一个 Excel 工作簿视为一个活页夹，将工作表视为活页夹中的页面。就像活页夹一样，可以查看特定工作表、添加新工作表、删除工作表、重新排列工作表以及复制工作表。

一个工作簿可以包含任意数量的工作表，这些工作表可以是普通工作表(由行和列组成)或图表工作表(由一个图表组成)。人们在谈到电子表格时，通常指的是普通工作表。

以下各节描述了可以对窗口和工作表执行的操作。

3.1.1 使用 Excel 窗口

打开的每个 Excel 工作簿文件都将显示在一个窗口中。窗口是操作系统为该工作簿提供的容器。可以根据需要在同一时间打开许多 Excel 工作簿。

在每个 Excel 窗口中的标题栏右侧位置提供了 5 个图标，从左至右分别是"账户""功能区显示选项""最小化""最大化"(或"向下还原")和"关闭"。

Excel 窗口可以处于下列状态之一。

- **最大化**：填充整个屏幕。要最大化某个窗口，只需要单击其"最大化"按钮即可。
- **最小化**：窗口将隐藏，但仍处于打开状态。要最小化某个窗口，只需要单击其"最小化"按钮即可。

● **还原**：可见，但没有填充每个屏幕。要还原最大化的窗口，只需要单击其"向下还原"
按钮即可。要还原已最小化的窗口，请在 Windows 任务栏上单击其图标。可以对此
状态下的窗口执行大小调整和移动操作。

> **提示**
>
> 要增加在工作表中看到的信息量，单击"功能区显示选项"按钮，然后选择"自动隐藏
> 功能区"。这将使窗口达到最大，并隐藏功能区和状态栏。在这种模式下，单击标题栏可获
> 得对功能区命令的临时访问。要返回默认的功能区视图，可单击"功能区显示选项"，然后
> 选择"显示选项卡和命令"。

如果要同时使用多个工作簿(这是相当常见的情形)，则需要知道如何移动、调整大小和
关闭窗口，以及如何在各工作簿窗口之间进行切换。

1. 移动窗口和调整窗口大小

要移动窗口，可以单击并拖动其标题栏。如果窗口已最大化，则单击拖动标题栏将使窗
口改为还原状态。如果窗口已经是还原状态，则其当前大小保持不变。

要调整某个窗口的大小，可以单击并拖动它的任一边框，直到它的大小满足需要为止。
当将鼠标指针置于窗口的边框时，鼠标指针将变为双箭头，表明现在可以单击并拖动以调整
窗口的大小。要同时在水平和垂直方向上调整窗口大小，可以单击并拖动窗口的任一角点。

如果要使所有工作簿窗口都可见(即，没有被其他窗口遮挡)，那么既可以手动移动窗口
并调整窗口大小，也可以让 Excel 执行这些操作。选择"视图"|"窗口"|"全部重排"命令
可以显示"重排窗口"对话框，如图 3-1 所示。该对话框包含 4 个窗口排列选项。选择所需
的选项，单击"确定"按钮即可。最小化的窗口不受此命令的影响。

图 3-1　使用"重排窗口"对话框快速排列所有打开的非最小化工作簿窗口

2. 在窗口之间切换

在任何时刻，有且只有一个工作簿窗口是活动窗口。可以在活动窗口中输入内容，或者
对其执行命令。活动窗口的标题栏比其他窗口的标题栏更亮。若要在其他某个窗口的工作簿
中进行操作，则需要激活该窗口。可以通过多种方法将不同的窗口激活为活动窗口：

● **单击另一个窗口**(如果该窗口可见)。所单击的窗口将移动到顶层，并成为活动窗口。
如果当前窗口已最大化，则除非其他窗口在另一个显示器上，否则无法使用这种方法。

● **按 Ctrl+Tab 键以循环显示所有打开的窗口，直到要处理的窗口出现在顶层并成为活
动窗口。** 按 Shift+Ctrl+Tab 键可按相反方向循环显示各个窗口。

● **按 Alt +Tab 或 Alt+Shift+Tab 键，以循环显示所有正在运行的程序的所有打开的窗口。**
因为较新版本的 Excel 在单独的 Windows 窗口中显示每个 Excel 窗口，所以可以使用
这种快捷键组合在它们之间切换，就像在两个程序(如 Excel 和 word)之间切换那样。

- 选择"视图"|"窗口"|"切换窗口"命令，并从下拉列表中选择所需的窗口(活动窗口旁边有一个复选标记)。此菜单最多可以显示 9 个窗口。如果打开的工作簿窗口超过 9 个，可以选择"其他窗口"(显示在 9 个窗口的名称下面)。
- 单击 Windows 任务栏上的 Excel 图标。

许多人更愿意在最大化的工作簿窗口中工作，因为这样可以查看更多的单元格，并消除其他打开的工作簿窗口所产生的干扰。然而，有时可能需要同时查看多个窗口。例如，如果需要比较两个工作簿中的信息，或者需要从一个工作簿复制数据到另一个工作簿，则显示两个窗口将更高效。

> **提示**
>
> 还可以在多个窗口中显示一个工作簿。例如，工作簿包含两个工作表，并且想要在单独的窗口中显示每个工作表以比较这它们。前面介绍的所有窗口操作步骤仍然适用，更多信息请参阅本章后面的 3.2.2 节"在多个窗口中查看工作表"。

3. 关闭窗口

如果打开了多个窗口，可能希望关闭不再需要的窗口。Excel 提供了几种方法关闭活动窗口。

- 选择"文件"|"关闭"命令。
- 单击工作簿窗口标题栏上的"关闭"按钮(X 图标)。
- 按 Alt+F4 键。
- 按 Ctrl+W 键。

当关闭工作簿窗口时，Excel 会检查自上次保存文件以来是否执行了任何更改。如果已执行更改，那么 Excel 将在关闭窗口之前提示保存文件。如果没有执行更改，将关闭窗口，Excel 不显示提示。

有时，即使没有修改工作簿，Excel 也会提示保存工作簿。如果工作簿中包含任何"易变的"函数，就会发生这种情况。每次工作簿重新计算时，易变函数就会重新计算。例如，如果某个单元格包含=NOW()，Excel 就会提示保存工作簿，因为 NOW 函数会用当前的日期和时间更新单元格。

3.1.2 激活工作表

在任何时刻，只有一个工作簿是活动工作簿，同时，活动工作簿中只有一个工作表是活动工作表。要激活其他工作表，只需要单击工作簿窗口底部的工作表选项卡即可，也可以使用以下快捷键来激活不同的工作表。

- **Ctrl+PgUp**：激活上一个工作表(如果存在)。
- **Ctrl+PgDn**：激活下一个工作表(如果存在)。

如果工作簿中有很多工作表，则可能并不是所有的选项卡都可见。使用工作表选项卡控件(见图 3-2)可以滚动工作表选项卡。单击工作表选项卡控件一次滚动一个选项卡，而按下 Ctrl 键单击，则会滚动到第一个或最后一个工作表。工作表选项卡与工作表的水平滚动条共享水平空间。还可以拖动选项卡拆分控件(在水平滚动条左侧)，以显示更多或更少的选项卡。拖动选项卡拆分控件会同时改变可见选项卡的数量和水平滚动条的大小。

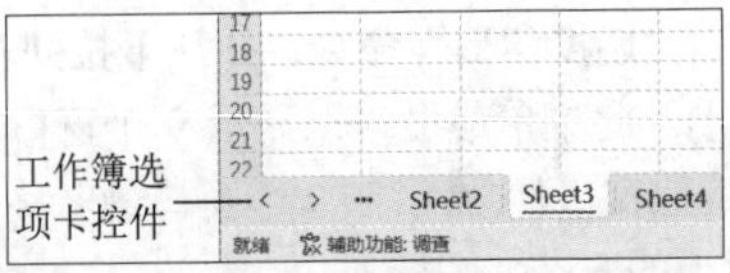

图 3-2　使用工作簿选项卡控件来激活不同的工作表，或者查看其他工作表选项卡

> **提示**
> 当右击任意工作表选项卡控件时，Excel 会显示工作簿中所有工作表的列表。可从该列表中双击某个工作表，来快速激活该工作表。

3.1.3　向工作簿添加新工作表

工作表可以作为一个优秀的组织工具。不同于在单个工作表中放置所有信息，可以在一个工作簿中使用额外的工作表在逻辑上分离各种工作簿元素。例如，如果有几个需要单独追踪其销售额的产品，则可能需要将每个产品分配到一个单独的工作表中，然后使用另一个工作表来整合结果。

可使用以下 4 种方法来向工作簿添加新工作表。

- 单击"新工作表"控件，该控件显示为一个加号，位于最后一个可见工作表选项卡的右侧。将在活动工作表之后添加新工作表。
- 按 Shift+F11 键。将在活动工作表之前添加新工作表。
- 在功能区中，选择"开始"|"单元格"|"插入"|"插入工作表"命令，将在活动工作表之前添加新工作表。
- 右击工作表选项卡，然后从快捷菜单中选择"插入"命令，在打开的"插入"对话框中选择"常用"选项卡。然后，选择"工作表"图标，单击"确定"按钮。将在活动工作表之前添加新工作表。

3.1.4　删除不再需要的工作表

如果不再需要某个工作表，或者要删除工作簿中的空工作表，可以通过以下两种方式删除工作表。

- 右击其工作表选项卡，从快捷菜单中选择"删除"命令。
- 激活不需要的工作表，选择"开始"|"单元格"|"删除"|"删除工作表"命令。

如果工作表包含任何数据，那么 Excel 会要求你确认是否要删除工作表(见图 3-3)。

图 3-3　Excel 警告可能会丢失数据

> **提示**
> 选择要删除的多个工作表之后，使用单个命令即可删除这些工作表。要选择多个工作表，请在按住 Ctrl 键的同时单击要删除的工作表选项卡。要选择一组连续的工作表，请单击第一个工作表选项卡，然后按住 Shift 键，再单击最后一个工作表选项卡(Excel 会将选定的工作表名称显示为带下画线的粗体形式)。然后，可使用上述两种方法删除选定的工作表。

警告

工作表被删除后，将永久消失。工作表删除是 Excel 中无法撤消的少数几个操作之一。

3.1.5　更改工作表名称

Excel 中使用的默认工作表名称是 Sheet1、Sheet2 等，这些名称不具有说明性。为了更容易在包含多个工作表的工作簿中找到数据，需要使工作表名称更具说明性。

有 3 种方式可更改工作表的名称。

- 在功能区中，选择"开始"|"单元格"|"格式"|"重命名工作表"命令。
- 双击"工作表"选项卡。
- 右击工作表选项卡，从快捷菜单中选择"重命名"命令。

Excel 会突出显示工作表选项卡中的名称，以便对该名称进行编辑或者替换为新名称。在编辑工作表名称时，所有常用的文本选择技巧都可以工作，如 Home 键、End 键、箭头键和 Shift+箭头键。完成编辑后，按 Enter 键，焦点将回到活动单元格。

工作表名称最多可包含 31 个字符，并且可以包含空格。但是，不能在工作表名称中使用下列字符。

:	冒号
/	斜线
\	反斜线
[ ]	方括号
?	问号
*	星号

请记住，较长的工作表名称会导致选项卡变宽，这会占用更多屏幕空间。因此，如果使用冗长的工作表名称，则在不滚动工作表选项卡列表的情况下，无法看到很多工作表选项卡。

3.1.6　更改工作表选项卡颜色

Excel 允许更改工作表选项卡的背景色。例如，你可能更喜欢用不同颜色来标记工作表选项卡，以便更容易地识别工作表的内容。

要改变工作表选项卡的颜色，可以选择"开始"|"单元格"|"格式"|"工作表标签颜色"命令，或者右击选项卡，然后从快捷菜单中选择"工作表标签颜色"命令，从颜色选择器中选择颜色。不能改变文字的颜色，但是 Excel 会选择一种对比色，使文本可见。例如，如果使工作表选项卡显示为黑色，则 Excel 会将文本显示为白色。

更改了工作表选项卡的颜色后，当该选项卡是活动选项卡时，将显示从选定颜色到白色的渐变色。当其他工作表成为活动工作表时，整个工作表将显示为选定的颜色。

3.1.7　重新排列工作表

你可能需要重新安排工作簿中各个工作表的顺序。如果一个单独的工作表对应一个销售区域，则按字母顺序排列工作表可能就会有所帮助。也可以将工作表从一个工作簿移到另一个工作簿，以及建立工作表的副本(无论是在相同工作簿还是在不同工作簿中)。

可以通过以下方法移动工作表。

- 右击工作表选项卡，然后选择"移动或复制"命令，从而显示"移动或复制工作表"对话框(参见图3-4)。可以使用此对话框指定工作表位置。

图 3-4 使用"移动或复制工作表"对话框在相同或不同工作簿中移动或复制工作表

- 在功能区中，选择"开始"|"单元格"|"格式"|"移动或复制工作表"命令，将显示与前一种方法相同的对话框。
- 可以单击工作表选项卡，并将其拖动到所需位置。拖动时，鼠标指针会变为一个缩小的工作表，并会使用一个小箭头来指示释放鼠标时，工作表将位于什么位置。要通过拖动方式将工作表移到一个不同的工作簿，两个工作簿都必须是可见的。

复制工作表与移动工作表类似。如果使用上述选项打开"移动或复制工作表"对话框，则选中"建立副本"复选框。要通过拖动方式创建一个副本，则在拖动工作表选项卡的同时按下 Ctrl 键。鼠标指针会变为一个缩小的工作表，其中包含一个加号。

> **提示**
> 可同时移动或复制多个工作表。首先，在按住 Ctrl 键的同时，单击工作表选项卡，选择这些工作表。然后，可以使用上述方法移动或复制选中的工作表集合。

如果在将工作表移动或复制到某个工作簿时，其中已经包含同名的工作表，那么 Excel 会更改名称，使其唯一。例如，Sheet1 会变为 Sheet1(2)。需要重新命名所复制的工作表，使其名称更有意义(请参见本章前面的"更改工作表名称"一节)。

> **注意**
> 当将工作表移动或复制到其他工作簿时，也会将任何已定义的名称和自定义格式复制到新工作簿。

3.1.8 隐藏和取消隐藏工作表

某些情况下，可能希望隐藏一个或多个工作表。如果不希望别人看到工作表，或者只是不想让工作表影响自己工作，则可以隐藏工作表。当工作表被隐藏时，其工作表选项卡也将隐藏。不能隐藏工作簿中的所有工作表，必须至少使一个工作表保持可见。

要隐藏某个工作表，可选择"开始"|"单元格"|"格式"|"隐藏和取消隐藏"|"隐藏工作表"命令，或者右击工作表选项卡，选择"隐藏"命令。此时将隐藏活动工作表(或选定的工作表)。

要取消隐藏已隐藏的工作表，可以选择"开始"|"单元格"|"格式"|"隐藏和取消隐藏"|"取消隐藏工作表"命令，或者右击任意工作表选项卡，然后选择"取消隐藏"命令。Excel 将打开"取消隐藏"对话框，其中列出所有已隐藏的工作表。选择要重新显示的工作表并单击"确定"按钮即可。通过按住 Ctrl 键并单击要取消隐藏的工作表，可以在此对话框中选择多个工作表。按住 Shift 键并单击工作表，可以选择连续的工作表。当取消隐藏工作表后，它将出现在工作表选项卡以前所在的位置。

> **禁止工作表操作**
>
> 要防止其他人取消隐藏工作表、插入新工作表，或者重命名、复制或删除工作表，可以保护工作簿的结构。
>
> (1) 选择"审阅"|"保护"|"保护工作簿"命令。
>
> (2) 在"保护结构和窗口"对话框中选择"结构"选项。
>
> (3) 提供密码(可选)并单击"确定"按钮。
>
> 执行这些步骤之后，在功能区中，或者右击工作表选项卡时，以下几个命令将不再可用："插入""删除工作表""重命名""移动或复制""工作表标签颜色""隐藏"和"取消隐藏"。但是请注意，这是一种非常薄弱的安全措施。破解这种保护功能还是比较容易的，在没有指定密码时更是如此。

3.2　控制工作表视图

向工作表中添加了更多信息后，可能会发现导航和定位需要的信息变得更困难。Excel 包含的一些选项可以更高效地查看一个或多个工作表。本节将讨论其他一些工作表选项。

3.2.1　放大或缩小视图以便更好地查看工作表

通常情况下，Excel 会在屏幕上以原大小显示对象。可以将显示比例更改为 10%(非常小)到 400%(非常大)的范围。使用小的显示比例可以帮助你得到工作表鸟瞰图，以查看其布局。如果难以看清很小的信息，那么可以放大显示比例。缩放操作不会改变为单元格指定的字号，因此不会影响打印输出效果。

> **交叉引用**
>
> Excel 包含用于更改打印输出大小的单独选项(使用位于"页面布局"|"调整为合适大小"功能区分组中的控件)。详见第 7 章。

可以通过以下方法之一更改活动工作表的缩放系数。

- 使用状态栏右侧的"缩放"滑块。单击并拖动滑块，即可立即转换屏幕。也可以在"缩放"滑动条的任意位置单击，将滑块直接移动到该位置；或者使用滑动条两端的放大(+)和缩小(-)按钮，按 10%修改缩放比例。
- 按住 Ctrl 键，然后使用鼠标上的滚轮放大或缩小。
- 选择"视图"|"缩放"|"缩放"命令，会显示一个对话框，其中包含一些缩放选项。

在"缩放"功能区组中,还有一个 100%按钮,可以快速返回原大小;一个"缩放到选定区域"按钮,可以改变显示比例,使得选定单元格占据整个屏幕(但缩放范围仍为 10%~400%)。

> **提示**
> 缩放操作只影响活动工作表窗口,因此可以对不同的工作表使用不同的缩放系数。此外,如果在两个不同的窗口中显示一个工作表,则可以为每一个窗口设置不同的缩放系数。

> **交叉引用**
> 如果工作表使用命名区域(参见第 4 章),将工作表缩小到 39%或更小时,会在单元格上显示区域名称。在以这种方式查看命名区域时,可以获知工作表的总体布局。

3.2.2 在多个窗口中查看工作表

有时,可能需要同时查看一个工作表的两个不同部分,这样可能会使得在公式中引用较远的单元格变得更为容易。或者,可能需要同时检查一个工作簿中的多个工作表。此时,通过使用一个或多个其他窗口来打开新工作簿视图,可以实现这些操作。

要创建并显示活动工作簿的新视图,请选择"视图"|"窗口"|"新建窗口"命令。

Excel 将为活动工作簿显示一个类似于图 3-5 所示的新窗口。在该图中,每个窗口将显示工作簿中的一个不同的工作表。为帮助你跟踪这些窗口,Excel 会为每个窗口附加一个连字符和一个数字。

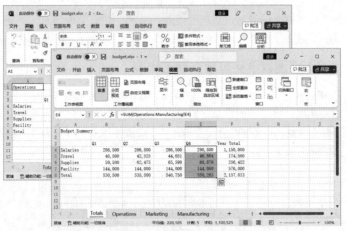

图 3-5 使用多个窗口同时查看工作簿的不同部分

> **提示**
> 如果在创建新窗口时工作簿已最大化,则可能不会注意到 Excel 中已创建的新窗口。但是,如果查看 Excel 标题栏,则会看到工作簿标题已在名称中附加了"-2"。选择"视图"|"窗口"|"全部重排"命令,然后在"重排窗口"对话框中选择一个排列选项,即可显示所有打开的窗口。如果选中"当前活动工作簿的窗口"复选框,则只排列活动工作簿的窗口。

可以根据需要，使单个工作簿有很多视图(即单独的窗口)。每个窗口都是独立的。换句话说，在一个窗口中滚动到新位置不会导致在其他窗口中滚动。然而，如果对特定窗口中显示的工作表执行更改，也会在该工作表中的所有视图中执行这些更改。

可以在不再需要这些额外窗口时关闭它们。例如，单击活动窗口标题栏上的"关闭"按钮即可关闭活动窗口，但不会关闭该工作簿的其他窗口。如果尚未保存修改，Excel 只会在关闭最后一个窗口时提示保存。

> **提示**
> 通过使用多个窗口，可以更容易地将信息从一个工作表复制或移动到另一个工作表。可以使用 Excel 的拖放过程来复制或移动区域。

3.2.3　并排比较工作表

在某些情况下，可能需要比较位于不同窗口中的两个工作表。"并排查看"功能可以更容易地执行这项工作。

首先，确保在不同的窗口中显示两个工作表(这些工作表可以位于同一个工作簿或不同的工作簿中)。如果要比较同一个工作簿中的两个工作表，可以选择"视图"|"窗口"|"新建窗口"命令为活动工作簿创建一个新窗口。激活第一个窗口，然后选择"视图"|"窗口"|"并排查看"命令。如果打开了超过两个窗口，那么将看到一个对话框，用于选择要比较的窗口。两个窗口将平铺以填满整个屏幕。

当使用"并排比较"功能时，在其中一个窗口中进行滚动时也会导致在其他窗口中滚动。如果不想使用这个同步滚动功能，请选择"视图"|"窗口"|"同步滚动"命令(这是一个切换按钮)。如果已经重新排列或移动了窗口，则选择"视图"|"窗口"|"重设窗口位置"命令可将各窗口还原为初始的窗口并排排列方式。要关闭并排查看，则只需要再次选择"视图"|"窗口"|"并排查看"命令即可。

请记住，此功能仅用于手动比较。令人遗憾的是，Excel 尚未提供一种方法用于自动识别两个工作表之间的差异。

3.2.4　将工作表窗口拆分成窗格

如果不喜欢在屏幕中显示过多窗口以免产生混乱，可以使用 Excel 提供的另一个用于查看同一工作表的多个部分的选项。选择"视图"|"窗口"|"拆分"命令可将活动工作表拆分为两个或 4 个单独的窗格。Excel 将从活动单元格所处的位置处进行拆分。如果活动单元格指针位于第 1 行或列 A，则此命令可导致拆分为两个窗格。否则，将拆分为四个窗格。可以使用鼠标拖动窗格的方式来调整它们的大小。

图 3-6 显示了一个拆分为 4 个窗格的工作表。注意，行号不是连续的。上部窗格显示了7~9 行，而下部窗格显示了 40~57 行。换句话说，通过拆分窗格，可以在一个窗口中显示工作表中分隔很远的区域。要删除已拆分的窗格，只需要重新选择"视图"|"窗口"|"拆分"命令(或双击拆分条)即可。

	A	B	C	D	E	F	G
7	Other Long-term Assets	50,243	40,668	59,527	48,066	60,330	53,006
8	Accounts Payable	(2,836,512)	(2,929,327)	(3,018,834)	(2,914,237)	(2,891,749)	(2,985,140)
9	Accrued expenses	(200,148)	(230,845)	(220,480)	(182,498)	(182,284)	(183,294)
40							
41							
42	Debt-to-equity		0.982109893	0.75924756	0.637722947	0.527408438	0.423740945
43	Days in inventory		20.74269355	22.17958774	21.14420167	22.17274726	21.21260649
44	Days sales		28.90	29.83	29.58	30.61	31.17
45	Days payables		38.68	41.25	38.75	40.32	39.69
46	CCC		10.97	10.76	11.97	12.46	12.69
47	Current Ratio		1.90	1.86	2.21	2.44	2.61
48	Quick Ratio		1.21	1.16	1.50	1.73	1.92
49	Return on Equity		0.402644179	0.328682049	0.405086336	0.273459176	0.283311968
50	Return on Assets		0.14	0.13	0.18	0.13	0.15
51							
52	Gross Margin		30.70%	32.30%	30.20%	33.70%	32.50%
53	Operating Margin		3.89%	3.80%	5.43%	4.25%	4.93%
54	Net Margin		3.50%	3.40%	5.00%	3.90%	4.60%
55	Budgeted Revenue			(41,224,000)	(40,812,000)	(42,036,000)	(41,616,000)
56							
57							

图 3-6 将工作表窗口拆分成两个或 4 个窗格,以便同时查看同一工作表中的不同区域

3.2.5 通过冻结窗格来保持显示标题

如果为工作表设置了列标题,或在第一列中设置了描述性文本,那么当向下或向右滚动时,这些标识信息将不显示。Excel 提供了一种用于解决此问题的简单方法:冻结窗格。冻结窗格功能可使你在滚动工作表时仍然能够查看行和列标题。

要冻结窗格,首先要将活动单元格移动到要在垂直滚动时保持可见的行的下面,并移动到要在水平滚动时保持可见的列的右侧。然后,选择“视图”|“窗口”|“冻结窗格”命令,并从下拉列表中选择“冻结窗格”选项。Excel 将插入深色线以指示冻结的行和列。此时,当在整个工作表中滚动时,冻结的行和列仍然可见。要删除冻结窗格,请选择“视图”|“窗口”|“冻结窗格”命令,并从下拉列表中选择“取消冻结窗格”选项。

图 3-7 显示了一个包含冻结窗格的工作表。在该示例中,冻结了第 1 行和 A 列(在使用“视图”|“窗口”|“冻结窗格”命令时,单元格 B2 是活动单元格)。通过这种操作,可以在向下和向右滚动以查找所需信息时,保持显示列标题和 A 列中的条目。

	A	D	E	F	G	H
1		2017	2018	2019	2020	
8	Accounts Payable	(2,707,529)	(2,828,555)	(2,841,051)	(2,965,245)	
9	Accrued Expenses	(202,490)	(237,866)	(252,016)	(247,640)	
10	Debt	(3,916,585)	(3,600,261)	(3,558,208)	(3,394,742)	
11	Common Stock	(100,000)	(100,000)	(100,000)	(100,000)	
12	Additional Paid-in Capital	(1,547,889)	(1,547,889)	(1,547,889)	(1,547,889)	
13	Retained Earnings	(2,610,338)	(3,430,074)	(4,230,292)	(4,974,105)	
14						
15						
16	Sales	(39,653,640)	(42,429,395)	(42,429,395)	(43,702,277)	
17	COGS	27,123,090	29,530,859	29,530,859	29,236,823	
18	Margin	(12,530,550)	(12,898,536)	(12,898,536)	(14,465,454)	
19	Overhead	10,745,050	10,933,248	10,984,935	12,681,788	
20	Operating Profit	(1,785,500)	(1,965,288)	(1,913,601)	(1,783,666)	
21	Interest Expense	199,354	183,253	173,996	166,682	
22	Net Income	(1,586,146)	(1,782,035)	(1,739,605)	(1,616,984)	

图 3-7 冻结特定的行和列,以便在滚动工作表时使它们保持可见

绝大多数情况下,可能需要冻结第一行或第一列。“视图”|“窗口”|“冻结窗格”下拉列表中有两个附加选项:“冻结首行”和“冻结首列”。通过使用这些命令,则不需要在冻结窗格之前定位活动单元格。

提示
如果将区域指定为表格(通过选择“插入”|“表格”|“表格”命令),则甚至不需要冻结窗格。当向下滚动时,Excel 会在列字母的位置显示表格的列标题,图 3-8 显示了一个示例。只有当选择表格中的某个单元格后,才会将列字母替换为表格的列标题。

Agent	Date Listed	Area	List Price	Bedrooms	Baths	SqFt	Type	Pool	Sold
37 Hamilton	12/12/2022	South	334,000	3	2	2,400	Split Level	TRUE	TRUE
38 Jenkins	2/19/2022	South	433,000	4	3	3,100	Split Level	TRUE	FALSE
39 Lang	1/3/2022	Downtown	215,000	3	2.5	1,500	2 Story	FALSE	TRUE
40 Peterson	7/27/2022	North	344,000	3	2.5	2,500	Ranch	TRUE	FALSE
41 Randolph	3/15/2022	North	286,000	4	3	2,000	2 Story	TRUE	TRUE
42 Robinson	2/20/2022	Downtown	372,000	2	2.5	2,700	Split Level	FALSE	FALSE
43 Romero	4/28/2022	South	252,000	4	2	1,800	Split Level	TRUE	FALSE
44 Shasta	9/10/2022	South	232,000	3	3	1,700	Condo	TRUE	FALSE
45 Chung	8/15/2022	North	341,000	3	3	2,400	2 Story	TRUE	FALSE
46 Daily	1/20/2022	North	399,000	4	3	2,900	Ranch	TRUE	FALSE
47 Kelly	12/4/2022	Downtown	251,000	3	2.5	1,800	Split Level	TRUE	FALSE
48 Hamilton	3/9/2022	South	264,000	3	3	1,900	Ranch	TRUE	FALSE
49 Jenkins	10/11/2022	South	244,000	3	2	1,700	Ranch	TRUE	FALSE
50 Lang	2/2/2022	Downtown	413,000	4	4	3,000	2 Story	FALSE	FALSE
51 Peterson	3/2/2022	North	337,000	4	2	2,400	Split Level	TRUE	TRUE
52 Randolph	11/23/2022	Central	323,000	2	3	2,300	Ranch	FALSE	FALSE
53 Robinson	11/19/2022	North	366,000	4	3	2,400	Ranch	FALSE	TRUE

图3-8　在使用表格的过程中，向下滚动时将在通常显示列字母的位置显示表格的列标题

3.2.6　使用监视窗口监视单元格

某些情况下，可能希望在工作时监视特定单元格中的值。当滚动工作表时，该单元格可能会从视图中消失。一个名为"监视窗口"的功能可以提供帮助。"监视窗口"可以在一个总是可见的方便窗口中显示任意数量单元格的值。

要显示"监视窗口"，请选择"公式"|"公式审核"|"监视窗口"命令。监视窗口实际上是一个任务窗格，可以将其置于窗口的一侧，也可以拖动它以使其浮在工作表上。

要添加单元格进行监视，请单击"添加监视"命令，并指定要监视的单元格。"监视窗口"将显示该单元格中的值。可以在"监视窗口"中添加任意数量的单元格。图3-9显示了正在监视不同工作表中的4个单元格的监视窗口。

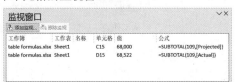

图3-9　使用"监视窗口"监视一个或多个单元格中的值

> **提示**
> 双击"监视窗口"中的某个单元格即可立即选中该单元格。但是，只有当被监视的单元格是活动工作簿的单元格时，这种方法才有效。

3.3　使用行和列

本节讨论涉及完整行和列(而不是单个单元格)的工作表操作。每个工作表包含 1 048 576 行和 16 384 列，而且不能改变这些值。

> **注意**
> 如果打开的是通过 Excel 2007 之前的 Excel 版本创建的工作簿，则该工作簿将在兼容模式中打开。这类工作簿包含 65 536 行和 256 列。要增加行数和列数，可将该工作簿另存为.xlsx 文件，然后重新打开。

3.3.1　选择行和列

通过单击行标题，或者使用 Shift+空格键盘快捷键，可以选择整行。通过单击列标题，或者使用 Ctrl+空格键盘快捷键，可以选择整列。

如果需要选择多个连续的行或列，可以单击行或列标题，然后通过拖选的方式扩展选择的行或列。也可以单击行或列标题，然后按住 Shift 键，单击另一个行或列，通过这种方式扩展选择的行或列。要选择不连续的行或列，可以在单击每个行或列标题的时候按住 Ctrl 键。

3.3.2　插入行和列

虽然工作表中的行数和列数是固定的，但仍然可以插入和删除行和列，以便为其他信息留出空间。这些操作不会改变行数或列数。相反，当插入一个新行时，会向下移动其他行，以容纳新行，并从工作表中删除最后一行(如果为空)。插入新列时会将各列向右移动，最后一列将被删除(如果为空)。

> **注意**
> 如果最后一行不为空，则不能插入新行。同样，如果最后一列包含信息，则 Excel 不允许插入新列。在这两种情况下，尝试添加行或列时，会显示一个对话框，如图 3-10 所示。

图 3-10　如果添加新行或新列的操作将导致从工作表中删除非空单元格，则不能执行该添加操作

要插入一个或多个新行，可以使用下列方法之一。
- 通过单击工作表边框中的行号选择一整行或多行。右击并从快捷菜单中选择"插入"命令。
- 将活动单元格移动到要插入的行，然后选择"开始"│"单元格"│"插入"│"插入工作表行"命令。如果选择列中的多个单元格，则 Excel 会插入对应于在列中选定的单元格数的额外行，并向下移动插入行下面的行。

要插入一个或多个新列，请使用下列方法之一。
- 通过单击工作表边框中的列字母选择整列或多列。右击，然后从快捷菜单中选择"插入"命令。
- 将活动单元格移动到要插入的列，然后选择"开始"│"单元格"│"插入"│"插入工作表列"命令。如果选择了行中的多个单元格，则 Excel 会插入对应于在行中选定的单元格数的额外列。

除了行或列之外，还可以插入单元格。选择要在其中增加新单元格的区域，然后选择"开始"│"单元格"│"插入"│"插入单元格"命令(或右击选中内容，然后选择"插入"命令)。要插入单元格，必须向右或向下移动现有的单元格。因此，Excel 会显示"插入"对话框，如图 3-11 所示，以便指定所需的单元格移动方向。注意，此对话框中，还可以插入整行或整列。

图 3-11　使用"插入"对话框插入部分行或列

3.3.3　删除行和列

你可能还需要在工作表中删除行或列，例如，当工作表可能包含不再需要的旧数据时，或者希望删除空行或空列时。

要删除一行或多行，请使用下列方法之一。

- 通过单击工作表边框中的行号选择一整行或多行。右击鼠标，然后从快捷菜单中选择"删除"命令。
- 将活动单元格移动到要删除的行，然后选择"开始"|"单元格"|"删除"|"删除工作表行"命令。如果选择了列中的多个单元格，则 Excel 会删除选定区域中的所有行。

要删除一列或多列，请使用下列方法之一：

- 通过单击工作表边框中的列字母选择一整列或多列。右击鼠标，然后从快捷菜单中选择"删除"命令。
- 将活动单元格移动到要删除的列，然后选择"开始"|"单元格"|"删除"|"删除工作表列"命令。如果选择了行中的多个单元格，则 Excel 会删除选定区域中的所有列。

如果意外地删除了行或列，可以从快速访问工具栏中选择"撤消"按钮(或按 Ctrl+Z 键)来撤消操作。

> **提示：**
> 可以使用快捷键 Ctrl+(加号)和 Ctrl-(减号)来插入和删除行、列或单元格。如果选中了整行或整列，则使用上述快捷键将插入或删除整行或整列。如果选中区域不是整行或整列，则使用上述快捷键将打开"插入"或"删除"对话框。

3.3.4　更改列宽和行高

许多情况下需要更改列宽或行高。例如，可以使列变窄，以便在打印的页面中显示更多信息。或者，可能需要增加行高，以获得"双倍行距"效果。

Excel 提供了几种更改列宽和行高的方法。

1. 更改列宽

列宽是以符合单元格宽度的等宽字体字符的数量来衡量的。默认情况下，每列的宽度是8.43 个单位，相当于 64 像素。

> **提示**
> 如果包含数值的单元格中填充的是井号(#)，则表示列宽不足以容纳该单元格中的信息。可通过加宽该列来解决该问题。

在更改列宽前，可以选择多列，以便使所有选择的列具有相同的宽度。要选择多列，既可以单击并在列边框中拖动，也可以在按住 **Ctrl** 键的同时选择各列。要选择所有列，可以单击行和列标题相交处的按钮。可以使用下列任意一种技术来更改列宽。

- 用鼠标拖动列的右边框，直到达到所需的宽度为止。
- 选择"开始"|"单元格"|"格式"|"列宽"命令，并在"列宽"对话框中输入一个值。
- 选择"开始"|"单元格"|"格式"|"自动调整列宽"命令，以调整所选列的宽度，使列适合最宽的条目。这里并不需要选择一整列，可以只选择列中的一些单元格，该方法将根据所选单元格中最宽的条目调整列宽。
- 双击列标题的右边框即可将列宽自动设置为列中最宽条目的宽度。

提示
要改变所有列的默认宽度，可以选择"开始"|"单元格"|"格式"|"默认列宽"命令。此命令会显示一个对话框，可在其中输入新的默认列宽。未调整过列宽的所有列将采用新列宽。

警告
手动调整列宽后，Excel 将不再自动调整列宽，以适应更长的数字条目。如果输入了显示为井号(#)的很长的数字，则需要手动更改列宽。

2. 更改行高

行高以点数衡量(pt，是印刷行业中的标准度量单位。72pt 等于 1 英寸)。使用默认字体的默认行高为 15pt 或 20 像素。

默认行高可能会有所不同，具体取决于在"正文样式"中定义的字体。此外，Excel 会自动调整行高以容纳行中的最高字体。例如，如果将单元格的字体大小改为 20 pt，那么 Excel 将增大行高，从而使所有文本可见。

但是，可以通过以下任意一种方法手动设置行高。与列一样，可以选择多行。

- 用鼠标拖动行的下边框，直到达到所需的高度为止。
- 选择"开始"|"单元格"|"格式"|"行高"命令，并在"行高"对话框中输入一个值(以点为单位)。
- 双击行的下边框即可将行高自动设置为行中最高条目的高度，也可以选择"开始"|"单元格"|"格式"|"自动调整行高"命令来完成该任务。

更改行高对于隔开各行而言非常有用，几乎总是比在数据行之间插入空行的方法更好。

3.3.5　隐藏行和列

某些情况下，可能需要隐藏特定的行或列。当不希望用户看到特定的信息，或者需要打印工作表汇总信息而非所有详细信息的报告时，隐藏行和列的功能可能非常有用。

交叉引用
第 24 章讨论了另一种用于汇总工作表数据而不显示所有细节的方法，即工作表分级显示。

要隐藏工作表中的行，请单击左侧的行标题以选择要隐藏的行。然后右击鼠标，并从快捷菜单中选择"隐藏"命令。另外，也可使用"开始"|"单元格"|"格式"|"隐藏和取消

隐藏"菜单中的命令。

要隐藏列，请选择要隐藏的列。然后，右击鼠标，并从快捷菜单中选择"隐藏"命令。
另外，也可以使用"开始"|"单元格"|"格式"|"隐藏和取消隐藏"菜单中的命令。

提示

还可以拖动行或列的边框以隐藏行或列。必须拖动行或列标题的边框才能实现该目的，
向上拖动行的底部边框或向左拖动列的右边框即可将其隐藏。

隐藏的行实际上是高度设为零的行。同样，隐藏的列是宽度为零的列。当使用导航键移
动活动单元格时，隐藏的行或列中的单元格将被跳过。换句话说，不能使用导航键移动到隐
藏行或列中的单元格。

但是请注意，Excel 会为隐藏的列显示非常窄的列标题，为隐藏的行显示非常窄的行标
题。可以单击并拖动列标题，使列变宽并重新可见。对于隐藏的行，单击并拖动很小的行标
题可使行可见。

另一种取消隐藏行或列的方法是选择"开始"|"编辑"|"查找和选择"|"转到"命令(或
使用其两个快捷键之一：按 F5 键或 Ctrl+G 键)来选择隐藏行或列中的单元格。例如，如果 A
列是隐藏的，那么可以按 F5 键，并指定单元格 A1(或 A 列中的任何其他单元格)，以便将活
动单元格移动到隐藏列。然后，选择"开始"|"单元格"|"格式"|"隐藏和取消隐藏"|"取
消隐藏列"命令即可。

第 4 章

使用 Excel 区域和表格

本章要点

- Excel 单元格和区域简介
- 选择单元格和区域
- 复制或移动区域
- 使用名称处理区域
- 为单元格添加批注
- 为单元格添加注释
- 使用表格

在 Excel 中执行的大部分工作都涉及单元格和区域。理解如何更好地处理单元格和区域将为你节省大量时间和精力。本章将讨论各种重要的 Excel 技巧。

4.1 单元格和区域简介

单元格是工作表中的单个元素，可容纳数值、文本或公式。单元格是通过其地址进行识别的，该地址由列字母和行号组成。例如，单元格 D9 位于第 4 列、第 9 行。

一组单元格称为一个区域。可以通过指定区域左上角和右下角单元格的地址(用冒号分隔)来指定其地址。

下面是一些区域地址的示例：

C24	由一个单元格组成的区域
A1:B1	分布在一行和两列中的两个单元格
A1:A100	A 列中的 100 个单元格
A1:D4	16 个单元格(4 行 4 列)
C1:C1048576	整列的单元格，该区域也可表示为 C:C
A6:XFD6	整行的单元格，该区域也可表示为 6:6
A1:XFD1048576	工作表中的所有单元格，该区域也可表示为 A:XFD 或 1:1048576

4.1.1 选择区域

要对工作表中的一个区域的单元格执行操作，必须首先选择该区域。例如，如果要将一个区域的单元格中的文本加粗，则必须先选择此区域，然后选择"开始"|"字体"|"加粗"命令(或按 Ctrl+B 键)。

当选择区域后，将突出显示其中的单元格。唯一的例外是活动单元格，该单元格仍将显示为正常的颜色。图 4-1 显示了工作表中选定区域的一个示例(A4:D8)。其中的活动单元格 A4 虽被选中，却没有突出显示。

	A	B	C	D	E	F	G
1	Budget Summary						
2							
3		Q1	Q2	Q3	Q4	Year Total	
4	Salaries	286,500	286,500	286,500	290,500	1,150,000	
5	Travel	40,500	42,525	44,651	46,884	174,560	
6	Supplies	59,500	62,475	65,599	68,879	256,452	
7	Facility	144,000	144,000	144,000	144,000	576,000	
8	Total	530,500	535,500	540,750	550,263	2,157,013	
9							
10							
11							

图 4-1 选择一个区域后，将突出显示该区域，但该区域内的活动单元格不会突出显示

可以通过以下几种方式选择区域：

- 按下鼠标左键并拖动。如果拖动到窗口的一端，则工作表将会滚动。
- 按住 Shift 键，同时使用导航键或鼠标选择一个区域。
- 按一下 F8 键，进入"扩展式选定"模式(状态栏将显示"扩展式选定")。这种模式下，单击区域右下角的单元格或者使用导航键来扩展区域。再次按 F8 键可退出"扩展式选定"模式。
- 在"名称"框(位于编辑栏的左侧)中键入单元格或区域的地址，然后按 Enter 键。Excel 将选中所指定的单元格或区域。
- 选择"开始"|"编辑"|"查找和选择"|"转到"命令(或者按 F5 键或 Ctrl+G 键)，并在"定位"对话框中手动输入区域的地址。当单击"确定"按钮时，Excel 将选中所指定的区域中的单元格。

> **提示**
> 在选择包含多个单元格的区域时，Excel 会在"名称"框(位于编辑栏的左侧)中显示选定的行数和列数。完成选择后，"名称"框将恢复为显示活动单元格的地址。

4.1.2 选择完整的行和列

我们常常需要选择一整行或一整列，例如可能需要为一整行或列应用相同的数字格式或对齐方式选项。可以使用下面介绍的方法来选择整行和整列：

- 单击行或列标题以选择一行或一列，或者单击标题并拖动来选择多行或多列。
- 要选择不相邻的多行或列，可以单击第一行或第一列的标题，然后按住 Ctrl 键并单击其他想要选择的行或列的标题。
- 按 Ctrl+空格键可以选择当前选中单元格所在的一列或多列。按 Shift+空格键可以选择当前选中单元格所在的一行或多行。

提示

按 Ctrl+A 键可选择工作表中的所有单元格，这相当于选择所有行和列。如果活动单元格位于连续区域中，则按 Ctrl+A 键只会选中该区域。这种情况下，再次按 Ctrl+A 键可选中工作表中的所有单元格。也可通过单击行和列标题相交的区域来选择所有单元格。

4.1.3　选择非连续的区域

大多数情况下，你选择的区域是连续的，即一个矩形范围内的单元格。不过，也可以在 Excel 中使用非连续的区域，包括彼此不相邻的两个或多个区域(或单独的单元格)。选择非连续区域的操作也称为多重选择。如果要为工作表不同区域中的单元格应用相同的格式，那么可以执行多重选择操作。当选中相应的单元格或区域后，你选择的格式将应用于它们。图 4-2 显示了在工作表中选定的非连续区域。图中选择了两个区域：B4:C8 和 F15:F17。

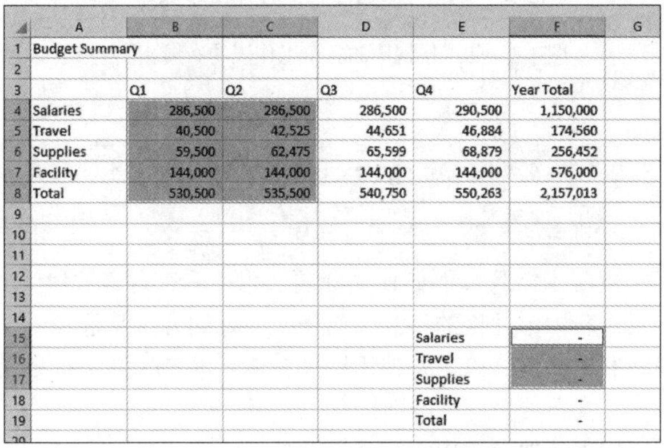

图 4-2　在 Excel 中选择非连续的区域

可按照选择连续区域的相同方法来选择非连续区域，但有一些小区别。不能像选择连续区域那样，简单地单击并拖动鼠标，而需要在选择第一个区域后，按住 Ctrl 键，然后通过单击拖动来选择额外区域。如果使用箭头键选择区域，则选择第一个区域，然后按 Shift+F8 键来进入"添加或删除所选内容"模式(状态栏将显示该名称)。再次按 Shift+F8 键可退出"添加或删除所选内容"模式。在手动输入区域的地方，例如"名称"框或者"定位"框，只需要用逗号分隔非连续区域。例如，键入 A1:A10,C5:C6 将选择这两个非连续区域。

注意

非连续区域与连续区域在几个重要方面有所不同。一个明显区别在于，不能使用拖放方法(稍后将介绍)来移动或复制非连续区域。

4.1.4　选择多工作表区域

除单个工作表中的二维区域之外，还可以将其扩展为多个工作表中的三维区域。

假设使用一个用于跟踪预算的工作簿。一种常用方法是为每个部门使用一个单独的工作表，以便于组织数据。可以单击工作表选项卡来查看某个特定部门的信息。

图 4-3 显示了一个简单示例。该工作簿有 4 个工作表：Totals、Operations、Marketing 和 Manufacturing。这些工作表的布局相同，唯一不同的是值。Totals 工作表中包含的公式用于

计算 3 个部门工作表中相应项目的总和。

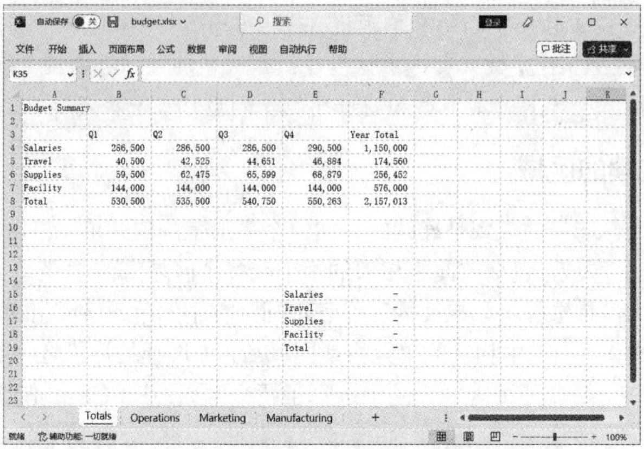

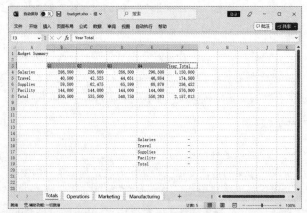

图4-3　此工作簿中的各个工作表的布局相同

配套学习资源网站

配套学习资源网站 www.wiley.com/go/excel365bible 中提供了此工作簿，文件名为 budget.xlsx。

假设要为各个工作表应用格式，例如使列标题加粗并具有背景底纹。一个(不太高效的)方法是分别设置每个工作表中单元格的格式。而一个更好的方法是选择一个多表区域，然后同时设置所有工作表中的单元格。以下是使用图 4-3 所示的工作簿执行多工作表格式设置的分步示例。

(1) 单击 Totals 工作表的选项卡以激活该工作表。

(2) 选择区域 B3:F3。

(3) 按住 Shift 键并单击 Manufacturing 工作表选项卡。这一步骤将选择活动工作表(Totals)与所单击的工作表选项卡之间的所有工作表——本质上是一个三维区域内的单元格(参见图 4-4)。注意，工作簿窗口的标题栏会显示"[组]"以提醒你已经选择了一组工作表，并且处于"组"模式下。

图4-4　在"组"模式下，可处理跨多个工作表的三维区域内的单元格

(4) **选择"开始" | "字体" | "加粗"命令，然后选择"开始" | "字体" | "填充颜色"命令以应用彩色背景。**Excel 将为选定的工作表中的选定单元格区域应用格式。

(5) **单击其他工作表选项卡之一。**这一步骤将选择工作表，并取消"组"模式；"[组]"将不再显示在标题栏中。

当工作簿处于"组"模式下时，对其中一个工作表的单元格所做的任何更改也将应用于组中所有其他工作表中的对应单元格。可以使用此功能设置格式完全相同的一组工作表，因为在单元格中输入的任何标签、数据、格式或公式将自动添加到组中所有工作表的相同单元格中。

> **注意**
> 当 Excel 处于"组"模式时，一些命令将会被禁用，导致无法使用。例如，在前面的示例中，不能通过"插入" | "表格" | "表格"命令将所有区域转换为表格。

一般情况下，选择多工作表区域的过程很简单，通常包含两个步骤：在一个工作表中选择区域，然后选择要包含在该区域中的工作表。要选择一组相邻的工作表，可以选择组中的第一个工作表，然后按住 Shift 键并单击要包括在该区域中的最后一个工作表的选项卡。要选择多个单独的工作表，可以选择该组中的一个工作表，然后按住 Ctrl 键并单击要选择的每个工作表的选项卡。如果工作簿中的所有工作表并不都具有相同的布局，则可以跳过不想设置其格式的工作表。做出选择后，选定工作表的选项卡将显示为带下画线的粗体文本，同时 Excel 会在标题栏中显示"[组]"。

> **提示**
> 要选择一个工作簿中的所有工作表，可右击任意工作表选项卡，然后从快捷菜单中选择"选定全部工作表"命令。

> **警告**
> 选择一组工作表后，将对看不到的工作表做出修改。因此，在选择一组工作表之前，一定要了解自己要做什么修改，以及这些修改将对组中的所有工作表产生怎样的影响。当完成修改后，不要忘记取消工作表组，方法是选择组外的一个工作表，或者从选项卡的快捷菜单中选择"取消组合工作表"命令。否则，如果在"组"模式下开始在活动工作表中键入内容，那可能会重写其他工作表中的数据。

4.1.5　选择特殊类型的单元格

当使用 Excel 时，可能需要定位到工作表中的特定类型的单元格。例如，要是能够找到其中包含公式的每个单元格，或者依赖于活动单元格的所有公式单元格，不是很方便吗？Excel 提供了一种用于找到这些单元格和许多其他特殊类型单元格的简单方法：选择一个区域，然后选择"开始" | "编辑" | "查找和选择" | "定位条件"命令以显示"定位条件"对话框即可，如图 4-5 所示。

图 4-5　使用"定位条件"对话框选择特定类型的单元格

当在该对话框中做出选择后，Excel 将选择当前选定内容中符合条件的单元格子集。通常，该单元格子集是多重选择。如果没有符合条件的单元格，则 Excel 将显示消息"未找到单元格"。

提示

如果在显示"定位条件"对话框之前只选择了一个单元格，则 Excel 将基于所使用的整个工作表区域进行选择。除这种情况外，选择的内容将基于选定的区域。

表 4-1 对"定位条件"对话框中的选项进行了说明。

表 4-1　"定位条件"对话框中的选项

选项	功能
注释	选择含有单元格注释的单元格
常量	选择所有不包含公式的非空单元格。可以使用"公式"选项下的复选框选择要包含的非公式单元格类型
公式	选择含有公式的单元格。可以通过选择结果类型来限定此选项：数字、文本、逻辑值(true 或 false)或者错误
空值	选择所有空单元格。如果在对话框显示时只选中了一个单元格，此选项将选择工作表的已使用区域中的空单元格
当前区域	选择活动单元格周围矩形区域内的单元格。这个区域由周围的空白行和列确定。也可按 Ctrl+Shift+*组合键来选择该区域
当前数组	选择整个数组(关于数组的更多信息，请参见第 10 章)
对象	选择工作表中的所有嵌入对象，包括图表和图形
行内容差异单元格	分析选定的内容，并选择每行中不同于其他单元格的单元格
列内容差异单元格	分析选定的内容，并选择每列中不同于其他单元格的单元格
引用单元格	选择在活动单元格或选定单元格(限于活动工作表)的公式中引用的单元格。可以选择直属单元格，也可以选择任何级别的引用单元格(相关的更多信息，请参见第 17 章)
从属单元格	选择其中含有引用了活动单元格或选定单元格(限于活动工作表)的公式的单元格。可以选择直属单元格，也可以选择任何级别的从属单元格(相关的更多信息，请参见第 17 章)

(续表)

选项	功能
最后一个单元格	选择工作表中右下角含有数据或格式的单元格。使用此选项时，将对整个工作表进行检查，即使已在对话框显示时选择了区域
可见单元格	只选择选定单元格中的可见单元格。此选项在处理筛选后的列表或表格时很有用
条件格式	选择应用了条件格式的单元格(通过选择"开始"｜"样式"｜"条件格式"命令)。"全部"选项将选择所有此类单元格。"相同"选项只会选择与活动单元格具有相同条件格式的单元格
数据验证	选择被设置为用于验证数据输入有效性的单元格(通过选择"数据"｜"数据工具"｜"数据验证"命令)。"全部"选项将选择所有此类单元格。"相同"选项只会选择与活动单元格具有相同验证规则的单元格

提示

当选择"定位条件"对话框中的一个选项时，应注意哪些子选项会变得可用。这些子选项的位置可能会产生误解。例如，当选择"常量"选项时，"公式"选项下面的子选项会变为可用状态，以帮助更进一步定位结果。同样，"从属单元格"选项下的子选项也可应用于"引用单元格"选项，"数据验证"选项下的子选项也可应用于"条件格式"选项。

4.1.6　通过搜索选择单元格

另一种用于选择单元格的方式是选择"开始"｜"编辑"｜"查找和选择"｜"查找"命令(或按 Ctrl+F 键)，该方法允许用户根据单元格内容来选择单元格。"查找和替换"对话框如图 4-6 所示。此图显示了在单击"选项"按钮之后出现的附加选项。

图 4-6　显示了可用选项的"查找和替换"对话框

输入要查找的文本；然后单击"查找全部"按钮。此时，对话框将扩展，以显示所有满足搜索条件的单元格。例如，图 4-7 显示了在 Excel 中定位所有包含文本 travel 的单元格后出现的对话框。用户可以单击列表中的某一项，此时屏幕将滚动，从而使用户能看到该单元格的上下文。要选择列表中的全部单元格，可以首先在列表中选择任意一项，然后按 Ctrl+A 键。使用这种方法只能选择活动工作表中的单元格。

图 4-7　列出了结果的"查找和替换"对话框

"查找和替换"对话框支持两种通配符：

? 匹配任意单个字符

* 匹配任意数量的字符

如果已选中"单元格匹配"选项，通配符还可与值一起使用。例如，搜索 3*将定位到含有以 3 开头的值的所有单元格。搜索 1?9 将定位到所有以 1 开头并以 9 结束的三位数。搜索*00 将查找以两个零结尾的值。

如果搜索没有正确工作，请仔细检查以下 3 个选项。

- **区分大小写**：如果选中此复选框，则文本的大小写必须完全匹配。例如，搜索 smith 时，不会搜索出 Smith。
- **单元格匹配**：如果选中此复选框，则只有在单元格中只包含搜索字符串(而不包含其他内容)时才满足匹配条件。例如，搜索 Excel 时不会搜索出包含 Microsoft Excel 的单元格。当使用通配符时，不需要精确匹配。
- **查找范围**：此下拉列表中有 3 个选项：值、公式和批注。"公式"选项只查看组成公式的文本，或者如果没有公式，则只查看单元格的内容。"值"选项只查看单元格的值和公式的结果，而不查看公式的文本。例如，如果选择"公式"选项，则搜索 900 不会找到包含公式"=899+1"的单元格，但会找到包含值 900 的单元格。如果选择"值"选项，则这两个单元格都会被找到。

4.2 复制或移动区域

当创建工作表时，有时需要将信息从一个位置复制或移动到另一个位置。在 Excel 中，复制或移动单元格区域的操作非常简单。下面是一些经常要做的工作：

- 将一个单元格复制到另一个位置。
- 将一个单元格复制到一个单元格区域，源单元格将被复制到目标区域内的每一个单元格。
- 将一个区域复制到另一个区域。
- 将一个单元格或区域移动到另一个位置。

复制区域和移动区域的主要区别在于操作对源区域产生的影响。复制区域时，源区域不会受到影响；而在移动区域时，将移走源区域中的内容。

> **注意**
> 在复制一个单元格时，通常会复制该单元格的内容、应用于该单元格的任何格式(包括条件格式和数据验证)、单元格注释(如果有) 和单元格批注(如果有)。当复制含有公式的单元格时，被复制的公式中的单元格引用会自动改为相对于新目标区域。

复制或移动过程由两个步骤组成(但存在更快捷的方法)：

(1) 选择需要复制的单元格或区域(源区域)，并将其复制到剪贴板。如果要移动而不是复制区域，则可剪切而不是复制它。

(2) 选择用于保存所复制内容的单元格或区域(目标区域)，并粘贴"剪贴板"中的内容。

> **警告**
> 当粘贴信息时，Excel 将覆盖所涉及单元格的内容而不发出警告。如果发现粘贴操作覆盖了一些重要的单元格，那么可从快速访问工具栏中选择"撤消"命令(或按 Ctrl+Z 键)。

> **警告**
> 在复制单元格或区域时，Excel 会使用动态虚线边框将复制区域框住。只要边框仍然保持为动态，则复制的信息就可用于粘贴。如果按下 Esc 键取消了动态边框，则 Excel 会从剪贴板中移除信息。

由于复制(或移动)操作用得十分频繁，因此 Excel 提供了许多不同的方法来实现这些操作。以下各节中将讨论每种方法。因为复制和移动操作是类似的，所以下面将只指出它们之间的一些重要区别。

4.2.1 使用功能区中的命令进行复制

选择"开始"|"剪贴板"|"复制"命令将选定单元格或区域的副本移动到 Windows 剪贴板和 Office 剪贴板。进行上述复制操作以后，选择要粘贴到的单元格，然后选择"开始"|"剪贴板"|"粘贴"命令即可。

也可以不使用"开始"|"剪贴板"|"粘贴"命令，而只需要激活目标单元格并按 Enter 键。如果使用该方法，则 Excel 将从剪贴板中移除所复制的信息，而不能再次粘贴此信息。

如果要复制区域，则不必在单击"粘贴"按钮前选择完全相同尺寸的区域，而只需要激活目标区域内左上角的单元格即可。

提示

"开始"|"剪贴板"|"粘贴"控件包含一个下拉箭头，单击此箭头后，将显示更多粘贴选项图标。本章后面将解释这些粘贴预览图标(参见 4.2.8 节)。

关于 Office 剪贴板

当用户从 Windows 程序中剪切或复制信息时，Windows 操作系统会将这些信息保存到 Windows 剪贴板中。剪贴板是计算机内存中的一个区域。当每次剪切或复制信息时，Windows 将原先存储在剪贴板中的信息替换为用户所剪切或复制的新信息。Windows 剪贴板能够存储很多格式的数据。因为 Windows 会管理剪贴板中的信息，所以这些信息可以被粘贴到其他 Windows 应用程序中，而不管其来自何处。

Microsoft Office 有自己的剪贴板，即 Office 剪贴板，此剪贴板只能在 Office 应用程序中使用。要查看或隐藏 Office 剪贴板，可以单击"开始"|"剪贴板"分组的右下角的对话框启动器图标。

无论何时在 Office 程序(如 Excel 或者 Word)中剪切或者复制信息，程序都会同时将这些信息放到 Windows 剪贴板和 Office 剪贴板中。然而，程序对 Office 剪贴板中信息的处理方法与对 Windows 剪贴板中信息的处理方法有所不同。程序会将信息附加在 Office 剪贴板中，而不是替代其中的信息。由于在剪贴板中保存了多个条目，因此可对这些条目进行单独粘贴或成组粘贴。

可以在本章后面的 4.2.7 节中进一步了解有关此功能的详细信息(包括一个重要限制)。

4.2.2　使用快捷菜单命令进行复制

如果愿意，可以使用下面的快捷菜单命令执行复制和粘贴操作：

- 右击区域，然后从快捷菜单中选择"复制"(或"剪切")命令，将选定的单元格复制到剪贴板。
- 右击并从显示的快捷菜单中选择"粘贴"命令，将剪贴板内容粘贴到选定的单元格或区域。

要更好地控制所粘贴信息的显示方式，可以右击目标单元格并使用快捷菜单中的粘贴图标(参见图 4-8)。

如果不使用"粘贴"命令，则用户可以激活目标单元格，然后按 Enter 键。如果使用这种方法，则 Excel 将从剪贴板中删除所复制的信息，使其无法再用于粘贴。

图 4-8　快捷菜单上的粘贴图标为所粘贴信息的显示方式提供了更多的控制

4.2.3　使用快捷键进行复制

也可以使用相关的快捷键来执行复制和粘贴操作：

- Ctrl+C 快捷键可将所选单元格复制到 Windows 剪贴板和 Office 剪贴板中。
- Ctrl+X 快捷键可将所选单元格剪切到 Windows 剪贴板和 Office 剪贴板中。
- Ctrl+V 快捷键可将 Windows 剪贴板中的内容粘贴到所选单元格或区域中。

> **提示**
> 其他许多 Windows 应用程序也使用这些标准键组合。

在插入和粘贴时使用"粘贴选项"按钮

　　一些单元格和区域操作(特别是通过拖放来插入、粘贴和填充单元格时)会导致显示"粘贴选项"按钮。例如，如果复制一个区域，然后使用"开始"|"剪贴板"|"粘贴"命令将其粘贴到其他位置，将在粘贴区域的右下角显示一个下拉选项列表。单击此列表(或按 Ctrl 键)，会看到如下图所示的选项。这些选项允许指定数据的粘贴方式，例如只粘贴格式或者只粘贴数值。在这个示例中，使用"粘贴选项"按钮的操作等效于使用"选择性粘贴"对话框中的选项(有关选择性粘贴的更多信息，请参见 4.2.9 节)。

要禁用此功能，请选择"文件"｜"选项"命令，然后单击"高级"选项卡。取消选中
"粘贴内容时显示粘贴选项按钮"及"显示插入选项按钮"选项所对应的复选框。

4.2.4　使用拖放方法进行复制或移动

Excel 也允许用户通过拖放操作来复制或移动单元格或区域。不同于其他复制和移动方法，拖放操作不会将任何信息保存到 Windows 剪贴板或 Office 剪贴板中。

警告

与剪切-粘贴方法相比，用于移动内容的拖放方法有一个优势：如果拖放移动操作将覆盖现有的单元格内容，则 Excel 会发出警告。然而，如果拖放复制操作将覆盖现有的单元格内容，Excel 并不会发出警告。

要使用拖放操作进行复制，首先需要选择要复制的单元格或区域，然后按住 Ctrl 键并将鼠标移动到选择项的一个边框上(鼠标指针旁边将显示一个小加号)。然后，继续按住 Ctrl 键并将选择项拖至新位置。原始选择项仍然位于原位置。释放鼠标按键时，Excel 就会复制一份新内容。

要使用拖放操作移动区域，只需要在拖放边框时不按 Ctrl 键即可。

提示

如果将鼠标指向单元格或区域的边框时指针没有变成箭头，则需要更改设置。选择"文件"｜"选项"命令以显示"Excel 选项"对话框，从中选择"高级"选项卡，然后选中"启用填充柄和单元格拖放功能"选项的复选框。

4.2.5　复制到相邻的单元格

用户常常会发现需要将一个单元格复制到相邻的单元格或区域。在使用公式时，该类复制操作非常常见。例如，在处理预算时，可能需要建立一个公式将 B 列中的数值相加。可以使用相同的公式将其他列中的数值相加。此时，并不需要重新输入公式，而只需要将其复制到相邻单元格即可。

Excel 提供了一些用于复制到相邻单元格的额外选项。要使用这些命令，需要选中要复制的单元格，并扩展单元格的选择范围以包含要复制到的目标单元格，然后选择下面合适的命令进行"一步复制"。

- "开始"｜"编辑"｜"填充"｜"向下"命令(或按 Ctrl+D 键)可将单元格复制到下面所选区域。
- "开始"｜"编辑"｜"填充"｜"向右"命令(或按 Ctrl+R 键)可将单元格复制到右边所选区域。
- "开始"｜"编辑"｜"填充"｜"向上"命令可将单元格复制到上面所选区域。
- "开始"｜"编辑"｜"填充"｜"向左"命令可将单元格复制到左边所选区域。

以上这些命令不会在 Windows 剪贴板或 Office 剪贴板中存储信息。

提示

也可以使用"自动填充"功能，通过拖动所选内容的填充柄(所选单元格或区域右下角的小方块)来复制到相邻的单元格。Excel 会将原始选择项复制到在拖放时突出显示的单元格中。要想更好地控制"自动填充"操作，可以单击在释放鼠标按键后显示的"自动填充选项"按钮，或者使用鼠标右键拖放填充柄。这两种方法都将显示一个带附加选项的快捷菜单，只是菜单选项有所不同。

4.2.6　向其他工作表复制区域

可以使用前面描述的复制过程将单元格或区域复制到另一个工作表中，即使此工作表位于不同的工作簿中也是如此。当然，必须在选择要复制到的目标位置之前激活此工作表。

Excel 提供了一个快速方法，可用于将单元格或区域复制并粘贴到同一工作簿中的其他工作表。

(1) 选择要复制的区域。

(2) 按住 Ctrl 键并单击要将信息复制到的工作表的选项卡(Excel 会在工作簿的标题栏中显示"[组]"字样)。

(3) 选择"开始"|"编辑"|"填充"|"至同组工作表"命令。此时将显示一个对话框，询问要复制的内容("全部"、"内容"或"格式")。

(4) 做出选择后单击"确定"按钮。Excel 会将所选区域复制到选定的工作表中。新副本在所选工作表中占据的单元格与初始内容在初始工作表中占据的单元格相同。

警告

应谨慎使用"开始"|"编辑"|"填充"|"至同组工作表"命令，因为当目标区域单元格中含有信息时，Excel并不会发出警告。因此在使用这个命令时，可能会在没有意识到的情况下快速覆盖许多单元格。所以一定要对所完成的工作进行检查，如果发现得到的结果不是所期望的，可以使用撤消操作。

4.2.7　使用 Office 剪贴板进行粘贴

无论何时在 Office 程序(如 Excel)中剪切或者复制信息，都可以将数据存储在 Windows 剪贴板和 Office 剪贴板中。当将信息复制到 Office 剪贴板中时，会将这些信息附加到 Office 剪贴板中，而不是覆盖 Office 剪贴板中的已有内容。由于 Office 剪贴板中可以存储多个条目，因此用户既可以粘贴个别条目，也可以成组粘贴条目。

要使用 Office 剪贴板，首先需要打开它。然后，使用"开始"|"剪贴板"分组右下角的对话框启动器，以开启和关闭"剪贴板"任务窗格。

提示

如果需要自动打开"剪贴板"任务窗格，可单击任务窗格底部附近的"选项"按钮，并选择"自动显示Office 剪贴板"选项。

打开"剪贴板"任务窗格后，选择需要复制到Office 剪贴板的第一个单元格或区域，并使用前面描述的任何一种方法进行复制。接着，选择下一个要复制的单元格或区域，重复该过程。在复制信息后，Office 剪贴板的任务窗格中会显示已经复制的信息项数量(最多可保存 24 项)和简述。图 4-9 显示了含有 5 个复制项的 Office 剪贴板。

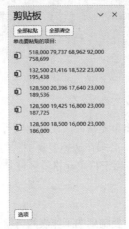

图 4-9　使用"剪贴板"任务窗格复制和粘贴多项

当准备好粘贴信息时，选择要将信息粘贴到的单元格。如果要粘贴单个项目，只需要在"剪贴板"任务窗格中单击该项即可。如果要粘贴已复制的所有项，则可单击"全部粘贴"按钮(位于"剪贴板"任务窗格顶部)。此时将逐个粘贴这些项。"全部粘贴"按钮在 Word 中可能更有用，可用于从多个来源复制文本，然后一次性粘贴所有这些文本。

如果要清空 Office 剪贴板中的所有内容，可单击"全部清空"按钮。

请注意以下关于 Office 剪贴板及其功能的说明：

● 在粘贴时，可通过选择"开始"|"剪贴板"|"粘贴"命令或按 Ctrl+V 键，或者右击并从快捷菜单中选择"粘贴"命令，来粘贴 Windows 剪贴板中的内容(最后复制到 Office 剪贴板的项)。

● 最后剪切或复制的项会同时出现在 Office 剪贴板和 Windows 剪贴板中。

● 清空 Office 剪贴板将同时清空 Windows 剪贴板。

> **警告**
> Office 剪贴板存在一个严重问题，限制了其对于 Excel 用户的有用性：在复制含有公式的区域时，所含的公式并不会在从剪贴板任务窗格粘贴到不同区域时一同转移，而只会粘贴值。而且，Excel 不会就此发出警告。

4.2.8　使用特殊方法进行粘贴

你可能并不总是想把所有内容都从源区域复制到目标区域内。例如，可能只需要复制公式所生成的结果而非公式本身；或者只需要将数字格式从一个区域复制到另一个区域，而不覆盖任何现有的数据或公式。

要控制复制到目标区域的内容，可选择"开始"|"剪贴板"|"粘贴"命令，并使用图 4-10 中所示的下拉菜单。当将鼠标指针悬停在图标上时，将会在目标区域内看到粘贴信息的预览。单击图标即可使用选定的粘贴选项。

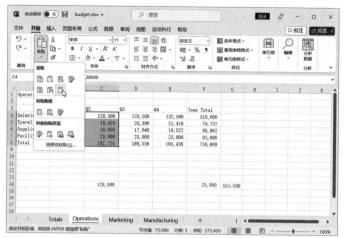

图 4-10　Excel 提供了几个粘贴选项，具有预览功能。在此示例中，从 C4:C8
复制信息并使用"转置"选项粘贴到以 C14 开始的单元格

粘贴选项包括以下这些。

- **粘贴(P)**：从 Windows 剪贴板粘贴单元格内容、公式、格式和数据验证。
- **公式(F)**：粘贴公式而不粘贴格式。
- **公式和数字格式(O)**：只粘贴公式和数字格式。
- **保留源格式(K)**：粘贴公式以及所有格式。
- **无边框(B)**：粘贴源区域中除边框以外的全部内容。
- **保留源列宽(W)**：粘贴公式并复制所复制单元格的列宽。
- **转置(T)**：改变所复制区域的方向，行变列，列变行。复制区域中的任何公式都会进行相关的调整，以便在转置后可正常工作。
- **合并条件格式(G)**：只有当复制的单元格中包含条件格式时，才会显示此图标。当单击该图标时，它会将复制的条件格式与目标区域内的任何条件格式进行合并。
- **值(V)**：粘贴公式的结果。副本的目标可以是新的区域或原始区域。如果是后一种情况，则 Excel 会使用公式的当前值替换原来的公式。
- **值和数字格式(A)**：粘贴公式的结果以及数字格式。
- **值和源格式(E)**：粘贴公式的结果以及所有格式。
- **格式(R)**：只粘贴源区域的格式。
- **粘贴链接(N)**：在目标区域内创建将引用被复制区域中的单元格的公式。
- **图片(U)**：将复制的信息粘贴为图片。
- **链接图片(I)**：将复制的信息粘贴为一个"实时"图片，此图片会在源区域发生更改时更新。
- **选择性粘贴**：显示"选择性粘贴"对话框(在下一节中描述)。

注意

粘贴后，用户还可以选择更改自己的操作。粘贴区域的右下角会显示"粘贴选项"下拉控件。单击该下拉控件(或按 Ctrl 键)，将重新显示粘贴选项的图标。

4.2.9　使用"选择性粘贴"对话框

如果要使用其他粘贴方法，可选择"开始"|"剪贴板"|"粘贴"|"选择性粘贴"命令，这样将显示"选择性粘贴"对话框(见图 4-11)。也可以通过右击并从快捷菜单中选择"选择性粘贴"命令来显示该对话框。这个对话框中包含了几个选项，其中一些与"粘贴"下拉菜单中的按钮相同。

图 4-11　"选择性粘贴"对话框

注意
Excel 实际上有几个不同的"选择性粘贴"对话框，每个都提供了不同的选项。所显示的对话框取决于复制的内容。本节描述的是在复制区域或单元格时出现的"选择性粘贴"对话框。

提示
要使"选择性粘贴"命令可用，必须复制一个单元格或区域(而不能选择"开始"|"剪贴板"|"剪切"命令)。

下面的列表对不同的选项进行了说明。

- **批注和注释**：只复制单元格或区域的单元格批注和注释，而不复制单元格内容或格式。
- **验证**：复制验证条件，以便应用相同的数据验证。可通过选择"数据"|"数据工具"|"数据验证"命令应用数据验证。
- **所有使用源主题的单元**：粘贴所有内容，但将使用源文档主题中的格式。只有在从不同工作簿粘贴信息并且此工作簿与活动工作簿使用不同的文档主题时，该选项才适用。
- **列宽**：只粘贴列宽信息。
- **所有合并条件格式**：将复制的条件格式与目标区域中的任何条件格式进行合并。只有在复制含有条件格式的区域时，才会启用此选项。

此外，可以使用"选择性粘贴"对话框执行其他一些操作，如下文所述。

1. 在不使用公式的情况下完成数学运算

使用"选择性粘贴"对话框中"运算"部分的选项按钮可以对目标区域内的值和公式执行数值运算操作。例如，可将一个区域复制到另一个区域，然后选择"乘"运算，Excel 将把源区域和目标区域中的相应数值相乘，然后使用计算出的新值替换目标区域的数值。

该功能也可用于将复制的单个单元格粘贴到一个多单元格区域中。假设有一个值区域，并希望将每个值增大 5%。此时，可在任意空白单元格中输入 105%，并将该单元格复制到剪贴板。然后，选择值区域并打开"选择性粘贴"对话框。选择"乘"选项，则区域中的每个值都将乘以 105%。

> **警告**
> 如果目标区域含有公式，那么公式也会被修改。许多情况下，这并非是期望的结果。

2. 粘贴时跳过空单元

"选择性粘贴"对话框中的"跳过空单元"选项可以防止 Excel 用复制区域的空单元格覆盖粘贴区域中的单元格内容。如果要将一个区域复制到另一个区域，又不希望复制区域内的空单元格覆盖粘贴区域中的现有数据，那么此选项非常有用。

3. 转置区域

"选择性粘贴"对话框中的"转置"选项可以改变复制区域的方向：行变成列，列变成行。复制区域中的所有公式会被调整，以便使它们在转置后能够正常运行。请注意，可将此复选框与"选择性粘贴"对话框中的其他选项结合在一起使用。在图 4-12 所示的示例中，水平区域(A3:F8)被转置成一个不同区域(A11:F16)。

⊿	A	B	C	D	E	F
1	Operations					
2						
3		Q1	Q2	Q3	Q4	Year Total
4	Salaries	128,500	128,500	128,500	132,500	518,000
5	Travel	18,500	19,425	20,396	21,416	79,737
6	Supplies	16,000	16,800	17,640	18,522	68,962
7	Facility	23,000	23,000	23,000	23,000	92,000
8	Total	186,000	187,725	189,536	195,438	758,699
9						
10						
11		Salaries	Travel	Supplies	Facility	Total
12	Q1	128500	18500	16000	23000	186000
13	Q2	128500	19425	16800	23000	187725
14	Q3	128500	20396.25	17640	23000	189536.25
15	Q4	132500	21416.0625	18522	23000	195438.0625
16	Year Total	518000	79737.3125	68962	92000	758699.3125
17						

图 4-12　转置区域操作在将信息粘贴到工作表时会改变信息的方向

> **提示**
> 如果单击"选择性粘贴"对话框中的"粘贴链接"按钮，则可以创建链接到源区域的公式。此时，目标区域将可以自动反映出源区域中发生的变化。

4.3　对区域使用名称

在处理含义不清的单元格和区域地址时，有时可能会造成混淆，在处理公式时尤其如此。相关内容将在第 9 章中进行介绍。幸运的是，Excel 允许用户为单元格和区域分配具有描述性的名称。例如，可将一个单元格命名为 Interest_Rate，或将一个区域命名为 JulySales。使用类似这样的名称(而不是单元格或区域的地址)具有以下几个优点：

- 有意义的区域名称(如 Total_Income)比单元格地址(如 AC21)更易于记忆。

- 相对于输入单元格或单元格区域的地址，输入名称更不易出错。如果在公式中错误地键入名称，Excel 会显示#NAME?错误。
- 通过使用位于编辑栏左侧的"名称"框(单击下拉箭头可显示已定义的名称列表)，或者通过选择"开始"|"编辑"|"查找和选择"|"转到"命令(或者按 F5 键或 Ctrl+G 键)并指定区域名称，可以快速移动到工作表中的不同区域。
- 公式更易于创建。可以使用"公式记忆式键入"功能将单元格或区域名称粘贴到公式中。

交叉引用

有关公式记忆式键入的信息，请参见第 9 章。

- 名称使得公式更好理解、更易使用。类似"=Income-Taxes"的公式比类似"=D20-D40"的内容更直观。

4.3.1　在工作簿中创建区域名称

Excel 提供了可用于创建区域名称的几种不同方法。但是，在开始之前，有必要先了解几个规则：

- 名称不能含有空格。可以使用下画线字符来模拟空格(如 Annual_Total)。
- 可以使用字母和数字的任意组合。名称必须以字母、下画线或反斜线开头，而不能以数字开头(如 3rdQuarter)，也不能看起来像单元格地址(如 QTR3)。如果确实需要使用这些名称，可在名称前加上下画线或反斜线(如 _3rdQuarter 和\QTR3)。
- 不允许使用除下画线、反斜线和句点以外的符号。
- 名称最多可以包含 255 个字符，但是应尽量使名称简短并具有意义。

注意

在系统内部，有几个名称是供 Excel 自己使用的。尽管用户创建的名称可以覆盖 Excel 的内部名称，但还是应该避免此类情况。为安全起见，应避免使用下列名称：Print_Area、Print_Titles、Consolidate_Area 和 Sheet_Title。有关删除区域名称或重新命名区域的信息，请参见本章后面的 4.3.2 节。

1. 使用"名称"框

创建名称最快捷的方法是使用"名称"框(位于编辑栏的左侧)。选择要命名的单元格或区域，单击"名称"框，然后输入名称。按 Enter 键即可创建名称(必须按下 Enter 键才能实际记录名称。如果在输入名称后又在工作表中单击，则 Excel 不会创建名称)。

如果键入无效的名称(如 May21，它正好是一个单元格地址 MAY21)，Excel 会激活该地址(并且不会警告你该名称无效)。如果输入的名称包含无效字符，Excel 会显示一条错误消息。如果某个名称已存在，则不能使用"名称"框来更改该名称所指的区域。尝试这么做只会选择该区域。

"名称"框是一个下拉列表，其中显示了工作簿中的所有名称。要选择已命名的单元格或区域，可单击"名称"框右侧的箭头并选择名称。名称会显示在"名称"框中，Excel 将选择工作表中已命名的单元格或区域。

2. 使用"新建名称"对话框

为更好地控制对单元格和区域的命名，可使用"新建名称"对话框。首先，选择要命名的单元格或区域。然后选择"公式"|"定义的名称"|"定义名称"命令。Excel 将显示"新建名称"对话框，如图 4-13 所示。请注意，此对话框可调整大小，单击并拖动边框即可改变其大小。

图 4-13　使用"新建名称"对话框为单元格或区域创建名称

在"名称"文本框中输入名称或者使用 Excel 建议的名称(如果有)。选择的单元格或区域的地址会显示在"引用位置"文本框中。可使用"范围"下拉列表指出名称的范围。该范围指出了名称有效的位置，该位置既可以是整个工作簿，也可以是包含定义的名称的工作表。如果愿意，可以添加批注以描述所命名的区域或单元格。单击"确定"按钮可将名称添加到工作簿中并关闭对话框。

3. 使用"根据所选内容创建名称"对话框

你可能有一个包含文本的工作表，并且需要用这些文本来为相邻的单元格或区域命名。例如，要使用 A 列中的文本为 B 列中的相应值创建名称。在 Excel 中，该项工作执行起来非常简单。

要使用相邻的文本创建名称，可首先选择名称文本和要命名的单元格(可以是单独的单元格或单元格区域)。名称必须与要命名的单元格相邻(允许多重选择)。然后选择"公式"|"定义的名称"|"根据所选内容创建"命令。此时 Excel 会显示"根据所选内容创建名称"对话框，如图 4-14 所示。

图 4-14　通过"根据所选内容创建名称"对话框使用工作表中的文本标签创建单元格名称

"根据所选内容创建名称"对话框中的复选标记取决于 Excel 对所选区域的分析。例如，如果 Excel 在选定区域的第一行中发现文本，则会建议用户基于首行创建名称。如果 Excel 猜测不正确，那么用户可以更改复选框。单击"确定"按钮，Excel 将创建名称。使用图 4-14 中的数据，Excel 将创建 7 个命名区域，如图 4-15 所示。

图 4-15　使用"名称管理器"窗口处理区域名称

注意

如果包含在一个单元格中的文本将导致无效的名称,那么 Excel 会对名称进行修改以使其有效。例如,如果一个单元格中包含文本 Net Income(由于含有空格,因此该名称无效),则 Excel 会将空格转换为一个下画线字符。然而,如果 Excel 在应该是文本的地方遇到一个数值或数值公式,并不会将其转换为有效名称,也根本不会创建名称,而且不告诉用户这一点。

警告

如果选定区域左上角的单元格包含文本,并选择"首行"和"最左列"选项,那么 Excel 将使用此文本作为不包括首行和最左列在内的整个区域的名称。因此,在 Excel 创建名称后,最好花一点时间确认所引用的区域是否正确。如果 Excel 创建的名称错误,则可以使用"名称管理器"窗口删除它或对其进行修改(如下所述)。

4.3.2　管理名称

一个工作簿可以具有任意数量的已命名的单元格和区域。如果拥有很多名称,则应了解有关名称管理器的内容,如图 4-15 所示。

当选择"公式"|"定义的名称"|"名称管理器"命令(或按 Ctrl+F3 键)时,将显示"名称管理器"对话框。名称管理器具有以下功能:

- **显示工作簿中每个名称的信息。**可以调整"名称管理器"对话框的大小,并且增大列宽以显示更多信息,甚至可以重新排列各列的顺序。此外,可单击列标题按列对信息进行排序。
- **允许筛选所显示的名称。**单击"筛选"按钮可以仅显示符合特定条件的名称。例如,可以只查看工作表级别名称。
- **快速访问"新建名称"对话框。**单击"新建"按钮可以创建新名称,而不必关闭"名称管理器"对话框。
- **编辑名称。**要编辑某个名称,可以在列表中选择此名称,然后单击"编辑"按钮或双击该名称。用户可更改名称自身、修改引用位置或者编辑批注。
- **快速删除不需要的名称。**要删除某个名称,只需要在列表中选择此名称并单击"删除"按钮即可。

警告

在删除名称时要特别小心。如果在公式中使用了名称，则删除此名称会导致公式变得无效(显示#NAME?)。虽然从逻辑上看，Excel 应使用实际地址替换名称，但是这并不会发生。不过，可以撤消名称删除操作，因此如果在删除名称后发现公式返回#NAME?，则可从快速访问工具栏中选择"撤消"命令(或按 Ctrl+Z 键)恢复名称。

如果删除的行或列中包括已定义名称的单元格或区域，则这些名称会包含无效的引用。例如，如果 Sheetl 上的单元格 Al 被命名为 Interest，并且删除了第 1 行或 A 列，则名称 Interest 将会引用"=Sheet1!#REF!"(即错误的引用)。如果在公式中使用 Interest，则公式会显示#REF!。

提示

要在工作表中创建名称列表，首先在工作表中的空白区域选择一个单元格。Excel 将在活动单元格位置创建列表，而且会覆盖该位置上的任何信息。按 F3 键显示"粘贴名称"对话框，该对话框列出了已定义的所有名称。然后单击"粘贴列表"按钮，Excel 就会创建含有工作簿中所有名称及其相应地址的列表。

4.4　向单元格添加批注

在最近几个版本的 Excel 中，Microsoft 提供了一种新的为单元格添加注释的方式。在那之前，可以为单元格添加批注，但它只是一个简单的文本框，其中包含你想要添加的文本。那时候的批注，现在被叫做"注释"，下一节将讨论注释。Microsoft 现在将提供的新方式叫做"批注"。这是一个包含评论的列表，用于方便用户之间进行交流。

要为单元格添加批注，可以选择单元格，然后执行下面的任意命令：

- 选择"审阅" | "批注" | "新建批注"。
- 右击单元格，然后从快捷菜单中选择"新建批注"命令。
- 按 Ctrl+Shift+F2 键。

Excel 会在单元格中附加一个新的空白批注，如图 4-16 所示。要完成批注，可以在"开始对话"文本框中进行输入，然后单击"发布评论"按钮。如果什么也没有输入，就直接单击"发布评论"按钮，则不会创建批注。当提交批注时，Excel 会创建批注，并在其中包含提交批注的用户，以及提交的日期和时间。图 4-17 显示了一个完成后的批注。

提示:

要提交批注或回复，除了单击"发布回复"按钮，也可以按 Ctrl+Enter 键。

图 4-16　创建批注会向单元格附加一个新的空白批注

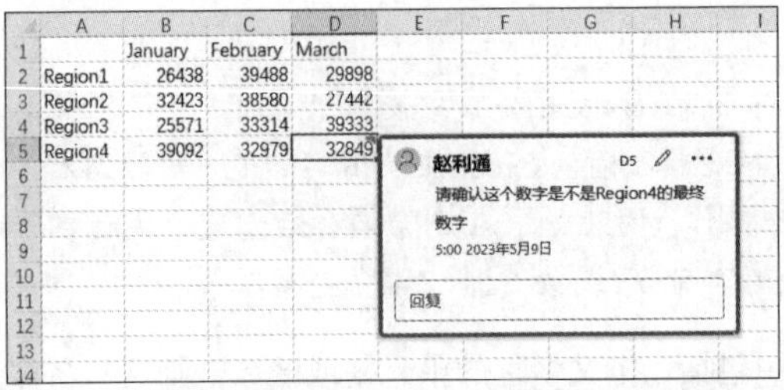

图 4-17 输入批注并单击 "发布评论" 按钮将完成创建批注的过程

> **提示:**
> 要将单元格注释转换为单元格批注，可以选择一个已经包含注释的单元格，然后选择 "审阅" | "注释" | "转换为批注" 命令。但是，与新建的批注不同，Excel 不会为转换的批注添加时间戳。

4.4.1 显示批注

包含批注的单元格在右上角有一个小标记。要查看一个单元格的批注会话，需要选择该单元格。在该单元格上悬停鼠标，将显示批注，但当移开鼠标时，批注将消失。在显示批注时单击批注，将选择该单元格。也可右击单元格，然后从快捷菜单中选择 "回复批注" 来查看批注。

要查看工作表中的全部批注，可选择 "审阅" | "批注" | "显示批注"。此操作将打开 "批注" 任务窗格，其中列出了活动工作表中的全部批注。图 4-18 显示了两个批注会话，一个在单元格 B3 中，一个在单元格 D5 中，后者还包含一个回复。

图 4-18 在 "批注" 任务窗格中显示全部批注

在 "批注" 任务窗格中可以创建新批注和回复现有的批注。如果活动单元格还不包含批注，则单击 "新建" 按钮将创建一个新批注，而如果活动单元格已经包含批注，则单击 "新建" 按钮将把光标放到该批注的回复框中。

功能区中有两个命令可以循环遍历工作表中的所有批注：选择“审阅”|“批注”|“上一条批注”或“审阅”|“批注”|“下一条批注”在批注之间移动。如果“批注”任务窗格可见，则这些操作将选择任务窗格中的批注。如果“批注”任务窗格不可见，则将在包含批注的单元格旁边显示批注。

4.4.2　回复批注

每个批注的下方都有一个“回复”框，用于输入额外的文本。当开始输入回复时，批注框会显示“发布回复”和“取消”按钮，用于完成回复。只能回复批注会话中的最后一条批注。

4.4.3　编辑批注和回复

批注框包含一个“编辑批注”按钮。如果你是批注的创建者，则可以使用该按钮来修改批注的文本。编辑批注并不会更新其日期和时间。如果你是回复的创建者，则回复也将包含一个“编辑批注”按钮。只有当批注或回复处于活动状态，或者在它们上方悬停鼠标时，才会显示“编辑批注”按钮。

在编辑批注时，将显示“发布评论”和“取消”按钮，用于确认编辑或者返回原文本。

4.4.4　删除批注和回复

批注会话中第一条批注的右上角有省略号。这个菜单包含两个命令：“删除会话”和“关闭会话”(下一节将讨论)，如图 4-19 所示。单击“删除会话”命令将删除该批注及其下方的所有批注。也可以右击单元格，然后从快捷菜单中选择“删除批注”命令，或者选择“审阅”|“批注”|“删除”来删除整个批注会话。如果误删了批注会话，可以在快速访问工具栏中选择“撤消”命令，或者按 Ctrl+Z。

图 4-19　批注会话中的第一条批注有一个省略号菜单，可以使用其中的选项来删除批注会话

批注的回复有一个“删除评论”按钮，而不是省略号菜单。当单击一个回复的“删除评论”按钮时，只会删除该回复。被删除的回复下方的任何回复将留在批注会话中。

4.4.5　关闭批注会话

省略号菜单中的另外一个菜单项是“关闭会话”。当使用该选项关闭一个批注会话时，可以阻止向该批注会话提交新的回复。关闭的批注会话会显示成灰色，并显示两个新的按钮：“重新打开”和“删除会话”。图 4-20 显示了已被关闭的一个批注。

图 4-20　关闭的批注显示成灰色，并显示用于重新打开会话和删除会话的按钮

重新打开会话会将其改回被关闭之前的状态。即它不再显示为灰色，并且用户可以向它发布回复。任何具有工作簿写权限的用户都可以关闭或重新打开批注会话，这并不是只有创建该工作簿的用户才能执行的操作。删除关闭的会话与删除打开的会话没有区别。关闭会话的优点，是能够告诉其他用户所有问题已被处理，但仍然保留批注会话以供参考。关闭的批注会话仍会在"批注"任务窗格中显示，并且在循环遍历所有批注时，也仍然会显示。

4.5　添加单元格注释

注释是附加到单元格的简单文本框。虽然很简单，但它们支持调整大小和设置一些格式。与新增的批注功能不同，你无法回复注释，但可以在注释的下方添加一些额外的文本。当需要对特定的值进行描述或对公式的运算方式进行解释时，此功能非常有用。

要向单元格添加注释，可选择单元格，然后执行以下任意一种操作：

- 选择"审阅"|"注释"|"新建注释"命令。
- 右击单元格，并从快捷菜单中选择"新建注释"命令。
- 按 Shift+F2 键。

Excel 将向活动单元格插入一个注释。最初，注释中包含你的姓名，该姓名在"Excel 选项"对话框(可选择"文件"|"选项"命令来显示此对话框)的"常规"选项卡中指定。如果愿意，可以从注释中删除你的姓名。为单元格注释输入文本，然后单击工作表中的任意位置，即可隐藏注释。可以通过单击并拖动注释的任一手柄来改变注释的大小。图 4-21 显示了一个带有注释的单元格。

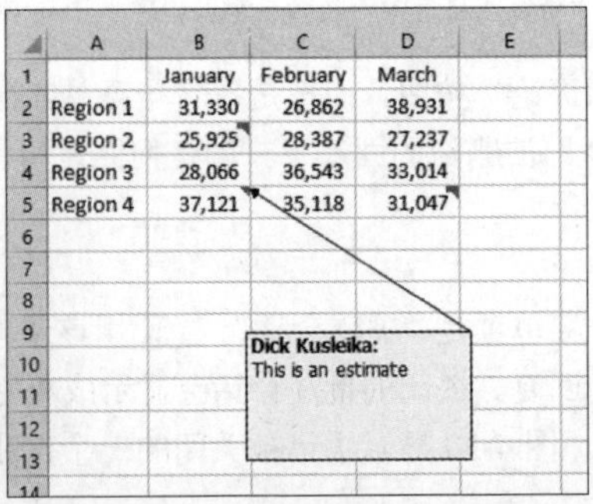

图 4-21　向单元格添加注释以帮助指出工作表中的特定条目

含有注释的单元格会在其右上角显示一个红色的小三角。将鼠标指针移到含有注释的单元格上时，就会显示注释。

可以强制显示注释，即使鼠标指针并未悬停在相应单元格上。方法是右击该单元格，然后选择"显示/隐藏注释"命令。这个菜单项会在两个状态之间切换：总是显示注释，以及只显示红色三角形，并在鼠标悬停在单元格上时才显示注释。

> **提示**
>
> 可以控制批注和注释的显示方式。方法是选择"文件"|"选项"命令，然后选择"Excel 选项"对话框的"高级"选项卡。在"显示"部分，可以选择下面的 3 个选项之一：
> - "无批注、注释或标记"：这个选项会隐藏所有东西。要在隐藏注释后重新显示注释，可以在功能区中选择"审阅"|"注释"|"注释"|"显示所有注释"。这个功能区命令也会把 Excel 选项设置为"标记和注释，鼠标悬停时显示批注"(第三个选项)。或者，可以选择"审阅"|"注释"|"注释"，然后选择"编辑注释"、"下一条注释"或"上一条注释"来只显示一条注释。选择这些命令不会改变"文件"|"选项"中的设置。
> - "仅限标记，鼠标悬停时显示批注和注释"：这是默认选项。
> - "标记和注释，鼠标悬停时显示批注"：此选项总是显示注释。没有总是显示批注的选项，但如上一节所述，你可以保持"批注"任务窗格打开。

4.5.1　显示注释

如果需要显示所有单元格注释(而无论鼠标指针的位置位于何处)，可选择"审阅"|"注释"|"显示所有注释"命令。该命令是可切换命令：再次选择它即可隐藏所有单元格注释。

要切换显示单个注释，首先需要选择单元格，然后选择"审阅"|"注释"|"注释"|"显示/隐藏注释"命令。功能区的"注释"分组中的"注释"按钮还包含"下一条注释"和"上一条注释"命令。选择它们将显示下一条或上一条注释(如果有的话)，并隐藏当前注释。

> **交叉引用：**
> 有关在打印输出中包含批注和注释的更多信息，请参考第 7 章。

4.5.2　设置注释格式

如果不喜欢单元格注释的默认外观，则可对注释的外观进行更改。为此，可右击单元格，然后选择"编辑注释"命令。选择注释中的文本，然后使用"字体"和"对齐方式"分组中的命令(位于"开始"选项卡)对注释外观进行更改。

要使用更多的格式选项，可选择"开始"|"单元格"|"格式"|"设置批注格式"，或右击注释边框并从快捷菜单中选择"设置批注格式"命令。此时 Excel 将显示"设置批注格式"对话框，可使用该对话框更改外观显示的各个方面，包括颜色、边框和边距。

> **警告：**
> "设置批注格式"对话框会根据你是否正在编辑注释，显示不同的选项卡。在编辑注释时，即当光标是注释文本中的一个插入点时，"设置批注格式"对话框只显示"字体"选项卡。当选择了注释、但没有编辑注释时，将显示全部可用的选项卡。

> **提示**
>
> 也可在注释内部显示图片。右击单元格并选择"编辑注释"命令。然后右击注释的边框(而不是注释自身),并选择"设置注释格式"命令。在"设置注释格式"对话框中选择"颜色与线条"选项卡。单击"颜色"下拉列表并选择"填充效果"选项。在"填充效果"对话框中,单击"图片"选项卡,然后单击"选择图片"按钮指定图片文件。图 4-22 显示了一个含有一幅图片的注释。

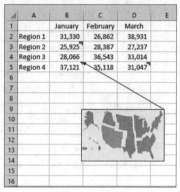

图 4-22　含有一幅图片的注释

单元格注释的替代形式

可利用 Excel 的"数据验证"(参见第 23 章)功能来为单元格添加其他类型的注释。当选中单元格时,这种类型的注释会自动显示。要实现上述功能,需要执行下列步骤:

(1) 选择将要包含注释的单元格。

(2) 选择"数据"|"数据工具"|"数据验证"命令。这将显示"数据验证"对话框。

(3) 单击"输入信息"选项卡。

(4) 确保选中"选定单元格时显示输入信息"复选框。

(5) 在"输入信息"框中输入注释。

(6) (可选)在"标题"框中输入标题。此文本将以粗体形式出现在信息顶部。

(7) 单击"确定"按钮关闭"数据验证"对话框。

执行上述步骤后,将在激活单元格时出现信息,并在激活其他任意单元格时隐藏信息。

注意,此信息并非"真正"的注释。例如,含有此类信息的单元格不会显示注释标记,也不会受用于处理单元格注释的任何命令的影响。此外,不能以任何方式设置这些信息的格式,并且不能打印这些信息。

4.5.3　编辑注释

要编辑注释中的文本,首先需要激活单元格,接着右击单元格,然后从快捷菜单中选择"编辑注释"命令。或者先选中单元格,然后按 Shift+F2 键。完成更改后,单击任意单元格即可。

4.5.4　删除注释

要删除单元格注释，首先需要激活含有注释的单元格，然后选择"审阅"|"批注"|"删除"命令。或者也可以右击该单元格，然后从快捷菜单中选择"删除注释"命令。

4.6　使用表格

表格是工作表中专门指定的一个区域。当指定一个区域作为表格时，Excel 将赋予其特殊的属性，使得更便于执行特定的操作，并且可帮助避免发生错误。

表格的目的是强制数据具有某种结构。如果你熟悉数据库(如 Microsoft Access)表的概念，那么肯定已经理解了结构化数据的概念。不熟悉也没有关系，这个概念并不难。

在表格中，每一行包含关于一个实体的信息。在一个包含员工信息的表格中，每一行将包含一个员工的信息(如姓名、部门和聘用日期)。每一列包含每个员工都有的一条信息。包含第一个员工的聘用日期的一列也包含其他所有员工的聘用日期。

4.6.1　理解表格的结构

图 4-23 显示了一个简单表格。

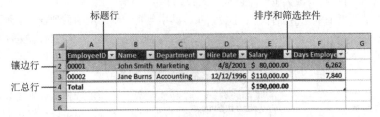

图 4-23　组成表格的各个部分

配套学习资源网站

配套资源网站 www.wiley.com/go/excel365bible 中提供了此工作簿，文件名为 EmployeeTable.xlsx。

下面将介绍表格的各个组成部分。

1. 标题行

标题行的颜色一般与其他行不同。标题中的名称标识了列。如果在公式中引用了表格，则标题行将决定如何引用表格的列。例如，Days Employed 列(列 F)包含的公式引用了 Hire Date 列(列 D)。该公式为"=NOW()–[@[Hire Date]]"。如果表格的长度超过一个屏幕，那么向下滚动时，标题行将代替列标题显示出来。

交叉引用

有关特殊的在公式中引用表格的介绍，请参考第 16 章。

标题还包含筛选按钮。这些下拉控件的工作方式与 Excel 的自动筛选功能相同。可以使用它们对表格的数据进行排序和筛选。

2. 数据体

数据体是一行或多行数据。默认情况下，行是镶边的，即使用交替颜色显示。向表格添加新数据时，将自动对新数据应用现有数据的格式。例如，如果列的格式被设置为文本，则在新行中，该列的格式也是文本。对于条件格式，这一点也适用。

不只是格式会应用到新数据。如果列中包含公式，该公式将自动插入新行中。数据验证也会被转移。你可以创建一个相当健壮的数据录入区域，并且知道这个表格结构会应用到新数据。

表格最好的特性之一是，当数据体增长时，引用该表格的任何内容也将自动增长。如果让一个数据透视表或者图表基于表格，那么当在表格中添加或删除行时，数据透视表或图表将会调整。

3. 汇总行

创建表格时，默认情况下汇总行是不可见的。要显示汇总行，可在功能区的"表设计"选项卡的"表格样式选项"分组中选中"汇总行"复选框。显示汇总行时，第一列中将显示文本"汇总"。可以将其改为另一个值或一个公式。

汇总行中的每个单元格都有一个下拉箭头，其中包含一个常用函数列表。这个函数列表与 SUBTOTAL 函数的参数相近，这并非偶然。从该列表中选择一个函数时，Excel 将在该单元格中插入一个 SUBTOTAL 函数。SUBTOTAL 函数将忽略筛选掉的单元格，所以如果对表格进行筛选，汇总值将会发生变化。

除了函数列表，下拉列表的底部还有一个"其他函数"选项。选择该选项将显示"插入函数"对话框，在其中可选择使用 Excel 的所有函数。除此之外，也可以直接在汇总行中输入自己想要使用的公式。

4. 大小调整手柄

在表格中最后一个单元格的右下角有一个大小调整手柄。通过拖动这个手柄，可以改变表格的大小。增加表格的长度将添加空行，向下复制格式、公式和数据验证。增加表格的宽度将添加新列，并且这些列具有一般性名称，如列 1、列 2 等。可以将这些名称改为更有意义的名称。

减小表格的大小只会改变被视为表格的一部分的数据，而不会删除任何数据、格式、公式或数据验证。如果想要改变表格中的内容，更好的方法是删除表格的行和列，就像删除区域的内容一样，而不是试图使用大小调整手柄来完成此目的。

4.6.2　创建表格

大部分情况下，都通过现有数据区域创建表格。不过，Excel 也允许从空白区域创建表格，然后填写表格数据。当存在适合于转换为表格的数据区域时，可按以下步骤进行操作：

(1) 首先，确保区域内不包含任何完全空白的行或列。否则，Excel 将不能正确地猜测出表格区域。

(2) 选择区域内的任一单元格。

(3) 选择 "插入" | "表格" | "表格" 命令(或按 Ctrl+T 键)。Excel 将弹出 "创建表" 对话框，如图 4-24 所示。Excel 会尝试猜测区域，以及表格是否包含标题行。一般情况下，它可以正确地猜测出这些内容。如果不正确，可对其进行纠正，然后单击 "确定" 按钮。

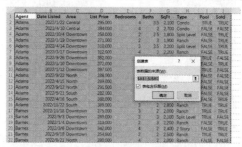

图 4-24　使用 "创建表" 对话框验证 Excel 是否正确地猜出了表维数

完成上述操作后，区域将转换为表格(具有默认的表格样式)，并在功能区内出现 "表设计" 选项卡。

> **注意**
>
> 如果未通过至少一个空行或空列将表格与其他信息分隔开，则 Excel 可能无法正确猜测出表格维数。如果 Excel 猜测错误，可在 "创建表" 对话框中为表格指定正确的区域。更好的方法是，单击 "取消" 按钮重新组织工作表，使表格通过至少一个空行和空列与其他数据分隔开。

要从空白区域创建表格，只需要选择区域，然后选择 "插入" | "表格" | "表格" 命令。这样，Excel 将创建表格，添加一般性的列标题(如列 1 和列 2)，并向区域应用表格格式。几乎在所有情况下，都希望用更有意义的文本替换一般性列标题。

4.6.3　向表格添加数据

如果表格没有汇总行，那么要输入数据，最简单的方法是在紧跟着表格下方的行中开始输入。当你在单元格中输入内容时，Excel 将自动扩展表格，并对新行应用格式、公式和数据验证。也可以把值粘贴到下一行中。事实上，可以粘贴多行数据，表格将自动扩展来包含这些数据。

如果表格有汇总行，就不能使用这种方法。此时，可在表格中插入行，就像在任何区域中插入行一样。要插入行，可选择一个单元格或者一整行，然后选择 "开始" | "单元格" | "插入" 命令。当选中区域位于一个表格中时，将在 "插入" 菜单中看到一些新菜单项，专门用来处理表格。当使用这些菜单项时，表格将被修改，但是表格外部的数据不受影响。

当选中的单元格位于表格中时，快捷键 Ctrl−(减号)和 Ctrl+(加号)只作用于表格，而不作用于表格外部的数据。但是，不同于在表格外部的情况，无论是否选中整行或整列，这些快捷键都会作用于整个表行或表列。

4.6.4　排序和筛选表格数据

表格的标题行中的每项包含一个下拉箭头，称为筛选按钮。单击筛选按钮时，会显示用于排序和筛选的选项(参见图 4-25)。

图 4-25　表格中的每一列都具有排序和筛选选项

> **提示**
> 如果不打算排序或者筛选表格中的数据，可以关闭表格标题行中的筛选按钮。选择"表设计"|"表格样式选项"|"筛选按钮"选项，可显示或隐藏下拉箭头。

1. 排序表格

排序表格时会根据某个特定列的内容来重新排列各行。可能需要按名字的字母顺序对表格进行排序。或者，可能需要按销售情况对销售人员进行排序。

要根据特定列来排序表格，可单击列标题中的筛选按钮，然后选择其中一个排序命令。根据列中数据类型的不同，所显示的命令也有所不同。

也可选择"按颜色排序"命令以便根据数据的背景或文本颜色对行进行排序。只有当使用自定义颜色覆盖表样式颜色之后，这个选项才有意义。

可以对任意数量的列进行排序。此时，可使用以下技巧：首先对最不重要的列进行排序，然后以此类推，最后对最重要的列进行排序。例如，在房产表中，可首先按 Agent 进行排序。然后在 Agent 组内，按 Area 对行进行排序。最后在 Area 组内，对行按 List Price 进行降序排序。对于这种类型的排序，首先按 Agent 列进行排序，然后按 Area 列进行排序，接着按 List Price 列进行排序。图 4-26 显示了一个按该方式进行排序的表格。

Agent	Date Listed	Area	List Price	Bedrooms	Baths	SqFt	Type	Pool	Sold
Adams	4/10/2022	Central	384,000	4	2	2,700	Condo	FALSE	FALSE
Adams	1/22/2022	Central	295,000	4	3.5	2,100	Condo	TRUE	TRUE
Adams	1/12/2022	Downtown	397,000	3	3	2,800	2 Story	TRUE	FALSE
Adams	1/10/2022	Downtown	372,000	2	2	2,700	Condo	FALSE	TRUE
Adams	9/26/2022	Downtown	352,000	2	2	2,500	Condo	TRUE	TRUE
Adams	3/17/2022	Downtown	312,000	4	3	2,200	Ranch	FALSE	TRUE
Adams	4/14/2022	Downtown	310,000	3	3.5	2,200	Split Level	FALSE	FALSE
Adams	1/19/2022	Downtown	271,000	2	2	1,900	Ranch	FALSE	TRUE
Adams	10/4/2022	Downtown	258,000	2	2.5	1,800	Split Level	FALSE	TRUE
Adams	9/12/2022	North	291,000	3	2	2,100	Ranch	FALSE	FALSE
Adams	4/15/2022	North	289,000	3	2	2,100	Condo	FALSE	FALSE
Adams	9/22/2022	North	288,000	3	2	2,100	2 Story	FALSE	FALSE
Adams	11/22/2022	South	389,000	3	2	2,800	Ranch	TRUE	TRUE
Adams	4/16/2022	South	388,000	4	3	2,800	2 Story	FALSE	TRUE
Adams	5/21/2022	South	282,000	2	2	2,000	Condo	FALSE	TRUE
Barnes	9/18/2022	Downtown	354,000	2	2	2,500	Ranch	TRUE	TRUE
Barnes	3/6/2022	Downtown	342,000	4	2	2,400	2 Story	FALSE	TRUE
Barnes	1/4/2022	Downtown	313,000	2	2	2,200	Ranch	FALSE	TRUE
Barnes	9/3/2022	Downtown	289,000	3	3	2,100	Split Level	TRUE	FALSE
Barnes	11/18/2022	Downtown	275,000	2	2	2,000	Ranch	TRUE	TRUE
Barnes	4/11/2022	North	389,000	3	2	2,800	2 Story	TRUE	TRUE
Barnes	10/12/2022	North	300,000	2	2.5	2,100	Condo	FALSE	TRUE
Barnes	8/21/2022	North	280,000	2	2	2,000	Ranch	FALSE	FALSE
Barnes	12/25/2022	South	390,000	2	3	2,800	Split Level	TRUE	FALSE
Barnes	4/24/2022	South	343,000	2	2.5	2,500	Split Level	TRUE	FALSE

图 4-26　一个按 3 列执行排序的表格

注意

对某一列进行排序后，标题行中的筛选按钮将显示一个不同的图形，表明已经按此列对表格进行了排序。

另一种用于执行多列排序的方法是使用"排序"对话框(选择"开始"|"编辑"|"排序和筛选"|"自定义排序"命令)。此外，也可右击表格中的任一单元格，然后从快捷菜单中选择"排序"|"自定义排序"命令。

在"排序"对话框中，使用下拉列表指定排序规范。在本示例中，从 Agent 开始排序，然后单击"添加条件"按钮插入另一组搜索控件。在新的控件组中，为 Area 列指定排序规范。然后添加另一个条件，并为 List Price 列输入排序规范。图 4-27 显示了一个为 3 列排序输入排序规范后的对话框。这种方法的效果与之前段落中所述方法的效果完全相同。

图 4-27　使用"排序"对话框指定 3 列排序

2. 筛选表格

筛选表格是指只显示满足特定条件的行(隐藏其他行)的过程。

请注意，将隐藏整行。因此，如果在表格的左侧或右侧存储了其他数据，那么在筛选表格时这些数据也将被隐藏。如果计划对列表进行筛选，请不要在表格左侧或右侧包含任何其他数据。

对于前面的房产表，假设只对 Downtown 地区的数据感兴趣。此时，可单击 Area 行标题中的筛选按钮，并删除"全选"中的选中标记，这将取消选择全部内容。然后选中 Downtown 旁边的复选框并单击"确定"按钮。表格筛选后，将只显示 Downtown 地区的数据，如图 4-28 所示。请注意，有些行号会失踪。这些行包含不符合指定条件的数据，所以被隐藏起来。

	A	B	C	D	E	F	G	H	I	J
1	Agent	Date Listed	Area	List Price	Bedrooms	Baths	SqFt	Type	Pool	Sold
4	Adams	1/12/2022	Downtown	397,000	3	3	2,800	2 Story	TRUE	FALSE
5	Adams	1/10/2022	Downtown	372,000	2	2	2,700	Condo	FALSE	TRUE
6	Adams	9/26/2022	Downtown	352,000	3	2	2,500	Condo	TRUE	FALSE
7	Adams	3/17/2022	Downtown	312,000	4	3	2,200	Ranch	FALSE	TRUE
8	Adams	4/14/2022	Downtown	310,000	3	3.5	2,200	Split Level	FALSE	TRUE
9	Adams	1/19/2022	Downtown	271,000	2	3	1,900	Ranch	FALSE	TRUE
10	Adams	10/4/2022	Downtown	258,000	2	2.5	1,800	Split Level	FALSE	TRUE
17	Barnes	9/18/2022	Downtown	354,000	3	2	2,500	Ranch	TRUE	TRUE
18	Barnes	3/6/2022	Downtown	342,000	4	2	2,400	2 Story	FALSE	FALSE
19	Barnes	1/4/2022	Downtown	313,000	2	2	2,200	Ranch	FALSE	TRUE
20	Barnes	9/3/2022	Downtown	289,000	3	3	2,100	Split Level	TRUE	FALSE
21	Barnes	11/18/2022	Downtown	275,000	3	2	2,000	Ranch	TRUE	TRUE
30	Bennet	3/19/2022	Downtown	385,000	4	3.5	2,800	2 Story	TRUE	FALSE
31	Bennet	5/15/2022	Downtown	379,000	2	3	2,700	Condo	TRUE	FALSE
32	Bennet	7/8/2022	Downtown	343,000	2	2	2,500	2 Story	FALSE	FALSE
37	Chung	8/6/2022	Downtown	336,000	3	2	2,400	Split Level	TRUE	TRUE
41	Daily	1/20/2022	Downtown	399,000	4	3	2,900	Ranch	TRUE	FALSE
42	Daily	12/5/2022	Downtown	281,000	2	2	2,000	2 Story	TRUE	FALSE
45	Hamilton	2/2/2022	Downtown	447,000	4	2	3,200	Condo	TRUE	FALSE
49	Jenkins	12/21/2022	Downtown	225,000	3	2.5	1,600	Ranch	TRUE	FALSE
53	Kelly	2/18/2022	Downtown	403,000	3	3	2,900	Split Level	FALSE	TRUE
54	Kelly	12/4/2022	Downtown	251,000	2	3	1,800	Split Level	FALSE	FALSE
57	Lang	2/2/2022	Downtown	413,000	4	3	3,000	2 Story	FALSE	FALSE

图 4-28　经筛选的表格只显示一个地区的信息

此外，请注意此时 Area 列中的筛选按钮将显示一个不同的图形，此图形表明该列已经筛选过。

可通过使用多个复选标记按照一列中的多个值进行筛选。例如，如果要对表格进行筛选，以便只显示 Downtown 和 Central，则可在 Area 行标题的下拉列表中，选中这两个值旁边的复选框。

可以使用任意数量的列对表格进行筛选。例如，如果只查看 Downtown 中 Type 为 Condo 的列表，则只需要对 Type 列重复以上操作即可。然后，该表格将只显示 Area 为 Downtown 且 Type 为 Condo 的行。

如果要使用其他筛选选项，请选择"文本筛选"或"数字筛选"(如果列中包含数值) 命令。这些选项很容易理解，可以灵活地使用它们来显示自己所需的行。例如，可以显示其中的 List Price 大于或等于 20 万美元但少于 30 万美元的行(见图 4-29)。

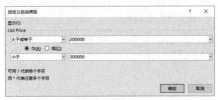

图 4-29　指定比较复杂的数字筛选器

另外，可右击单元格，使用快捷菜单中的"筛选"命令。这个菜单项包含几个筛选选项，可以基于选定单元格的内容筛选数据，还可以根据格式进行筛选。

> **注意**
> 如你预期的那样，在使用筛选功能时，汇总行将更新，仅显示可见行的汇总。

从经过筛选的表格中复制数据时，只会复制可见的数据。也就是说，通过筛选操作而隐藏的行不会被复制。通过筛选，可以很容易地将较大表格的子集复制和粘贴到工作表的其他区域。需要注意，所粘贴的数据并不是一个表格，只是一个普通区域。但是，可将所复制的区域转换为一个表格。

要移除对列所执行的筛选，可单击行标题中的下拉箭头并选择"清除筛选"命令。如果已使用多列进行了筛选，那么通过选择"数据" | "排序和筛选" | "清除"命令移除所有筛选可能是更快的方法。

3. 使用切片器筛选表格

另一种表格筛选方法是使用一个或多个切片器。这种方法不够灵活，但具有更高的视觉友好度。当表格由新手或那些认为标准筛选方法太过复杂的用户查看时，切片器特别有用。切片器非常直观，并且可以很容易地看出实际生效的筛选类型。切片器的一个缺点是，它们会占用大量的屏幕空间。

要添加一个或多个切片器，可激活表格中的任意单元格，然后选择"表设计" | "工具" | "插入切片器"命令。Excel 将打开一个对话框，其中显示了表格中的每个标题(见图 4-30)。

图 4-30　使用"插入切片器"对话框指定要创建的切片器

在要筛选的字段旁放置一个复选标记。可以为每列创建一个切片器，但是很少需要这样做。大多数情况下，只需要通过几个字段筛选表格。单击"确定"按钮，Excel 会为指定的每个字段创建一个切片器。

切片器为字段中的每一个独特项包含一个按钮。在前面的房产表示例中，Agent 字段的切片器包含 14 个按钮，因为该表中包含对应于 14 个不同中介的记录。

> **注意**
> 切片器可能不适合包含数值数据的列。例如，房产表的 List Price 列中有 78 个不同的值。因此，该列的切片器将有 78 个按钮。用户无法将值分组到数字区域。这个例子说明切片器不如采用筛选按钮的标准筛选操作灵活。

要使用切片器，只需要单击其中一个按钮。表格将只显示与该按钮对应的行。也可以按 Ctrl 键以选择多个按钮，按 Shift 键选择一组连续的按钮，这对于选择一组 List Price 值而言很有用。切片器的顶部还有一个多选按钮。单击该按钮可以切换多选模式，此时不需要按住 Ctrl 键就可以进行多选。

如果表格中包含多个切片器，将使用每个切片器中选定的按钮筛选表格。要删除切片器对应的筛选，可单击切片器右上角的"清除筛选器"图标。

可使用 "切片器"选项卡中的工具更改切片器的外观或布局。这里的选项非常灵活。

图 4-31 显示了具有两个切片器的表格。该表格已进行筛选，仅显示对应于 Downtown 地区的 Adams、Barnes 和 Chung 的记录。

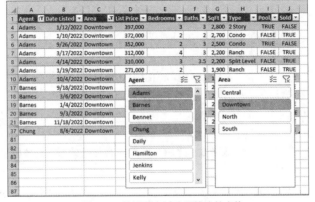

图 4-31　使用两个切片器筛选的表格

4.6.5 更改表格外观

当创建表格时，Excel 会使用默认的表格样式。实际外观取决于在工作簿中使用的文档主题(参见第 5 章)。如果希望使用其他表格外观，则可以很轻松地应用不同的表格样式。

选择表格内的任一单元格，然后选择"表设计"|"表格样式"命令。此时，功能区中将显示一行样式。如果单击右侧滚动条底部的"其他"按钮，会展开表格样式库，如图4-32所示。这些表格样式分为3类：浅色、中等色和深色。请注意，当在这些表格样式之间移动鼠标时，会显示实时的预览。如果发现喜欢的样式，只需要单击就可以使之成为实际应用的样式。当然，其中一些样式不好看，并且难以辨认。

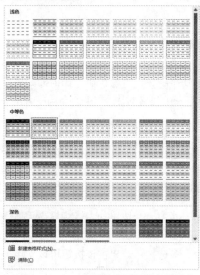

图 4-32 Excel 提供许多不同的表格样式

> **提示**
> 要更改工作簿的默认表格样式，可在表格样式组中右击某个样式，然后从上下文菜单中选择"设为默认值"命令。以后在该工作簿中创建的表格将使用此样式。

要采用其他颜色选项，可选择"页面布局"|"主题"|"主题"命令以选择不同的文档主题。

> **交叉引用**
> 有关主题的更多信息，请参见第 5 章。

可以通过使用"表设计"|"表格样式选项"组中的复选框控件更改一些样式元素。这些控件将决定是否显示表格的各种元素，以及某些格式选项是否有效。

- **标题行**：切换标题行的显示方式。
- **汇总行**：切换汇总行的显示方式。
- **第一列**：切换第一列的特殊格式。此命令可能没有任何效果，具体取决于所使用的表格样式。
- **最后一列**：切换最后一列的特殊格式。此命令可能没有任何效果，具体取决于所使用的表格样式。

- **镶边行**：切换镶边(交替颜色)行的显示方式。
- **镶边列**：切换镶边列的显示方式。
- **筛选按钮**：切换表格标题行中的下拉按钮的显示方式。

> **提示**
>
> 如果应用表格样式的操作不起作用，则可能是因为在将区域转换为表格之前已进行了格式设置。表格格式不会覆盖普通格式。要清除现有的背景填充颜色，可选中整个表格，然后选择 "开始" | "字体" | "填充颜色" | "无填充颜色" 命令。要清除现有的字体颜色，可选择 "开始" | "字体" | "字体颜色" | "自动" 命令。要清除现有的边框，可选择 "开始" | "字体" | "边框" | "无框线" 命令。执行这些命令后，表格样式将会呈现出预期的效果。

如果要创建自定义的表格样式，可选择 "表设计" | "表格样式" | "新建表格样式" 命令。此时将弹出如图 4-33 所示的 "新建表样式" 对话框。可以自定义 12 种表格元素中的任一或所有元素。从列表中选择一种元素，单击 "格式" 按钮，然后为选中元素指定格式。完成以上操作后，为表格样式命名并单击 "确定" 按钮。自定义表格样式将出现在 "自定义" 分类中的表格样式库中。

图 4-33 使用此对话框创建新的表格样式

自定义表格样式只能用于创建它们的工作簿中。但是，如果将使用了自定义样式的一个表格复制到另一个工作簿，那么在后面这个工作簿中也将可以使用该自定义样式。

> **提示**
>
> 如果要更改某个现有表格样式，可在功能区中找到并右击此样式，从快捷菜单中选择 "复制" 命令，Excel 将弹出 "修改表样式" 对话框，其中含有指定表格样式的所有设置。执行更改之后，给样式提供一个新名称，然后单击 "确定" 按钮，将其保存为自定义表格样式。

第 **5** 章

设置工作表格式

本章要点

- 了解格式设置如何改进工作表
- 了解格式设置工具
- 在工作表中使用格式
- 使用条件格式
- 使用命名样式更方便地设置格式
- 了解文档主题

设置工作表格式不只是能够让工作表更加美观。正确地设置格式后能让用户更容易理解工作表的用途，并有助于避免数据录入错误。

用户不必为自己的每个工作簿都设置样式格式，特别是当工作簿只由用户自己使用时更是如此。而另一方面，只要花很少的时间就可以应用一些简单格式。而且在应用格式之后，用户不必再花费更多精力，格式将一直有效。

5.1 了解格式设置工具

图 5-1 表明即使简单的格式设置也可以显著提高工作表的可读性。在此图中，左侧是未设置格式的工作表，虽然其功能正常，但是与右侧经过格式设置的表相比，其可读性大大逊色。

配套学习资源网站

本例中使用的工作簿可在配套学习资源网站 www.wiley.com/go/excel365bible 中找到，文件名为 loan payments.xlsx。

Excel 单元格格式工具可在以下 3 个位置获取：

- 功能区中的"开始"选项卡；
- 右击选定区域或单元格时出现的浮动工具栏；
- "设置单元格格式"对话框。

此外，还可以通过快捷键使用许多常用的格式命令。

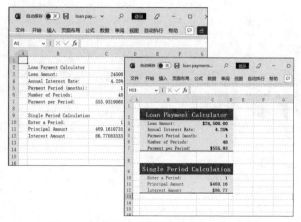

图 5-1　简单的格式设置可大大改善工作表外观

5.1.1　使用"开始"选项卡中的格式设置工具

用户可以从功能区的"开始"选项卡中快速访问最常用的格式设置选项。为此，请首先选择要设置格式的单元格或区域，然后即可使用"字体""对齐方式"或"数字"分组中的合适工具。

这些工具的使用方式非常直观，只需要亲自操作一下即可熟悉它们的用法。输入数据，选择某些单元格，然后单击控件以更改外观。注意，其中一些控件实际上是下拉列表。单击按钮上的小箭头可以展开选项。

5.1.2　使用浮动工具栏

右击单元格或选中的区域时，会显示快捷菜单。此外，会在快捷菜单的上方或者下方出现一个浮动工具栏。图 5-2 显示了该工具栏的外观。用于设置单元格格式的浮动工具栏中包含了功能区"开始"选项卡中最常用的控件。

图 5-2　出现在右键快捷菜单上方或下方的浮动工具栏

如果使用浮动工具栏上的工具，则快捷菜单会消失，但此工具栏仍保持显示，以便用户根据需要对选中单元格应用其他格式。要隐藏浮动工具栏，只需要单击任一单元格或按 Esc 键。

5.1.3　使用"设置单元格格式"对话框

大部分情况下，功能区"开始"选项卡上的格式控件已经足够满足常用的格式设置，但是在设置某些类型的格式时，需要使用"设置单元格格式"对话框。通过这个选项卡式对话框，几乎可以应用任何类型的样式格式及数字格式。在"设置单元格格式"对话框中选择的格式将应用到当时选定的单元格。本章后面几节将介绍"设置单元格格式"对话框中的各个选项卡。

在选择要设置格式的单元格或区域后，可通过以下任何一种方法显示"设置单元格格式"对话框：

- 按 Ctrl+1 键。
- 单击"开始"|"字体"，或单击"开始"|"对齐方式"或"开始"|"数字"分组中的对话框启动器(对话框启动器是显示在功能区组名右侧的一个向下的小箭头图标)。在使用对话框启动器显示"设置单元格格式"对话框时，该对话框会打开相应的选项卡。
- 右击选中的单元格或区域，然后从快捷菜单中选择"设置单元格格式"命令。
- 单击功能区的某些下拉控件中的"其他"命令。例如，"开始"|"字体"|"边框"命令的下拉箭头包含一个名为"其他边框"的项。

"设置单元格格式"对话框包含 6 个选项卡："数字""对齐""字体""边框""填充"和"保护"。下面将介绍有关此对话框中的各格式选项的更多信息。

5.2　设置工作表格式

Excel 提供的大部分格式设置选项与其他 Office 应用程序(如 Word 或 PowerPoint)相同。可以预料到，与单元格有关的格式设置(如填充颜色和边框)在 Excel 中要比在其他应用程序中重要得多。

5.2.1　使用字体来设置工作表的格式

可以在工作表中使用不同的字体、字号或文本属性来突出显示工作表的不同部分，如表格标题。用户还可以调整字号。例如，通过使用较小的字体，可在一个屏幕或打印页面中显示更多信息。

默认情况下，Excel 使用 11 点的等线字体。字体由其字型(Calibri、Cambria、Arial、Times New Roman、Courier New 等)及字号(以点作为度量单位，72 点等于 1 英寸)进行描述。Excel 中行的默认高度为 15 点。因此，在 15 点行高的行中输入 11 点字号的字体后，相邻行的字符之间会留下很小的空白空间。

提示
如果没有手动更改行高，那么 Excel 会根据在行中输入的最高文本来自动调整行高。

提示

　　如果打算将工作簿分发给其他用户，请注意 Excel 未嵌入字体。因此，应坚持使用 Windows 或 Microsoft Office 中的标准字体。如果打开工作簿，但系统中没有该工作簿所使用的字体，则 Windows 会尝试使用一种类似的字体。这有时效果还可以，但有时效果很不好。

　　可以使用功能区的"开始"选项卡的"字体"分组，或使用浮动工具栏中的"字体"和"字号"工具更改所选单元格的字体或字号。

　　此外，也可使用"设置单元格格式"对话框中的"字体"选项卡来选择字体，如图 5-3 所示。使用该选项卡可以控制其他一些字体属性(无法在其他位置控制这些属性)。除选择字体和字号之外，还可以更改字体样式(粗体、斜体)、下画线、颜色及效果(删除线、上标或下标)。如果选中"普通字体"复选框，则 Excel 会将所选内容显示为常规样式定义的字体选项。本章后面将讨论各种样式，详情请参见 5.4 节。

图 5-3　"设置单元格格式"对话框中的"字体"选项卡提供了其他许多字体属性选项

　　图 5-4 显示了几个不同的字体格式示例。在该图中，已隐藏网格线以方便看清下画线。注意，在该图中，Excel 提供了 4 种不同的下画线样式。在两种非会计用下画线样式中，只有单元格内容才有下画线。而在两种会计用下画线样式中，单元格的整个宽度都有下画线。

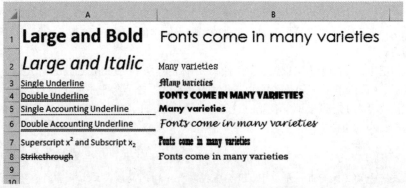

图 5-4　可为工作表选择许多不同的字体格式选项

如果你更愿意使用键盘进行操作，则可以使用以下快捷键快速地设置选中区域的格式。

- Ctrl+B：加粗。
- Ctrl+I：倾斜。
- Ctrl+U：下画线。
- Ctrl+5：删除线。

这些快捷键可以实现切换功能。例如，可通过反复按 Ctrl+B 键打开和关闭加粗功能。

在单个单元格中使用多种格式样式

如果一个单元格包含文本(而不是值或公式)，则可以向单元格中的单个字符应用格式设置。为此，请切换到"编辑"模式(按 F2 键或双击单元格)，然后选择要设置格式的字符。可以通过在字符上拖动鼠标或者在按住 Shift 键时按向左或向右的箭头键来选中字符。

如果需要向单元格中的几个字符应用上标或下标格式，此方法非常有用(参见图 5-4 了解示例)。

当选择要设置格式的字符后，可使用任何一种标准的格式设置方法，包括"设置单元格格式"对话框中的选项。要在编辑单元格时显示"设置单元格格式"对话框，请按 Ctrl +1 键。所做的修改只应用于单元格中的选定字符。此方法对于包含数值或公式的单元格不起作用。

5.2.2 更改文本对齐方式

单元格中的内容可以在水平和垂直方向对齐。默认情况下，Excel 会将数字向右对齐，而将文本向左对齐。所有单元格默认为使用底端对齐。

覆盖默认值的操作很简单。最常用的对齐命令位于功能区的"开始"选项卡的"对齐方式"分组中。"设置单元格格式"对话框中的"对齐"选项卡提供了更多的选项(参见图 5-5)。

图 5-5 "设置单元格格式"对话框的"对齐"选项卡中提供了所有对齐选项

1. 选择水平对齐选项

水平对齐选项用于控制单元格内容在水平宽度上的分布。可从"设置单元格格式"对话框中获取这些选项。

- **常规**：将数字向右对齐，文本向左对齐，逻辑及错误值居中分布。该选项为默认的水平对齐选项。

- **靠左**：将单元格内容向单元格左侧对齐。如果文本宽于单元格，则文本将向右超出该单元格。如果右侧的单元格不为空，则文本将被截断而不完全显示。也可以在功能区中找到该选项。
- **居中**：将单元格内容向单元格中心对齐。如果文本宽于单元格，则文本将向两侧的空单元格延伸。如果两侧的单元格不为空，则文本将被截断而不完全显示。也可以在功能区中找到该选项。
- **靠右**：将单元格内容向单元格右侧对齐。如果文本宽于单元格，则文本将向左超出该单元格。如果左侧的单元格不为空，则文本将被截断而不完全显示。也可以在功能区中找到该选项。
- **填充**：重复单元格内容直到单元格被填满。如果右侧的单元格也使用"填充"对齐的方式设置格式，则它们也将被填满。
- **两端对齐**：将文本向单元格的左侧和右侧两端对齐。只有在将单元格格式设置为自动换行并使用多行时，该选项才适用。
- **跨列居中**：将文本跨选中列居中对齐。该选项适合于将标题跨越多列居中。
- **分散对齐**：均匀地将文本在单元格中分散对齐，必要的时候会在单词之间添加额外的空白。

> **注意**
> 如果选择"靠左""靠右"或"分散对齐"，则也可以调整"缩进"设置。此设置可以在单元格边框和文本之间添加水平空间。

图 5-6 显示了 3 种类型的文本水平对齐方式的示例：Left、Justify 和 Distributed(with indent)，即靠左对齐、两端对齐和分散对齐(带有缩进)。

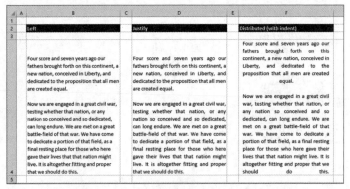

图 5-6   以 3 种水平对齐方式显示的相同文本

> **配套学习资源网站**
> 如果需要尝试文本对齐方式设置，可在配套学习资源网站 www.wiley.com/go/excel365bible 中获得此工作簿。文件名为 text alignment.xlsx。

2. 选择垂直对齐选项

通常，垂直对齐选项的使用不如水平对齐选项那样频繁。实际上，只有当调整行高使其远高于正常行高时，该设置才有用。

"设置单元格格式"对话框中提供了以下垂直对齐选项。

- **靠上**：将单元格内容向单元格顶端对齐。也可以在功能区中找到该选项。
- **居中**：在单元格中将单元格内容在垂直方向上居中。也可以在功能区中找到该选项。
- **靠下**：将单元格内容向单元格底端对齐。也可以在功能区中找到该选项。这是默认的垂直对齐选项。
- **两端对齐**：在单元格中将文本在垂直方向上两端对齐。只有在将单元格格式设置为自动换行并使用多行时，该选项才适用。此设置可用于增加行距。
- **分散对齐**：在单元格中将文本在垂直方向上均匀分散对齐，必要的时候会在单词之间添加额外的空白。如果单元格中只有一行文本，则它的效果与"居中"选项相同。

3. 自动换行或缩小字体以填充单元格

如果文本太长，超出了列宽，但又不想让它们溢入相邻的单元格，那么可以使用"自动换行"选项或"缩小字体填充"选项来容纳文本。"自动换行"选项也位于功能区中。

如有必要，"自动换行"选项可以在单元格中以多行显示文本。使用该选项可以显示很长的标题，而不会使列宽过大，也不必缩小文本字号。

"缩小字体填充"选项可以缩小文本字号从而使之适合单元格，而不溢入相邻单元格中。这个命令似乎并不是很有用。除非文本仅是略微过长，否则结果几乎总是难以辨认。

> **注意**
> 如果向单元格应用"自动换行"格式，则不能使用"缩小字体填充"格式。

4. 合并工作表单元格以创建更多文本空间

通过一个方便的格式设置选项，可以在 Excel 中合并两个或多个单元格。当合并单元格时，并不会合并单元格内容。可以将一组单元格合并为一个占有相同空间的单元格。图 5-7 所示的工作表中包含 4 组合并的单元格。区域 C2:I2 已合并成一个单元格，J2:P2、B4:B8 和 B9:B13 区域也是如此。在后面的两个区域中，文字的方向也已发生更改(参见本章后面的"以某个角度显示文本"一节)。

	1	2	3	4	5	6	7	8	9	10	11	12	13	14
	Week 1							Week 2						
Group 1	49	37	45	36	88	45	45	23	98	93	29	93	50	64
	86	14	85	49	56	54	95	44	13	97	2	23	46	75
	55	40	31	55	37	89	66	59	86	65	36	2	80	88
	90	100	69	97	17	67	59	32	60	64	92	81	19	1
	28	56	65	25	31	84	37	77	28	95	100	46	54	20
Group 2	85	100	71	72	18	37	58	60	88	58	49	30	17	42
	85	53	90	22	20	28	51	90	7	38	53	8	54	16
	74	12	66	89	81	7	3	7	75	13	67	69	93	68
	11	99	5	46	46	46	32	68	82	40	69	61	49	20
	79	66	69	21	33	75	72	22	13	7	54	21	82	91

图 5-7　合并工作表单元格可使它们看起来就像一个单元格

可以合并任意行和列上的任意数量的单元格。事实上，可以将工作表中的所有 170 亿个单元格合并为一个单元格。不过，除非要捉弄一下同事，否则实在找不到这么做的理由。

除左上角的单元格之外，要合并的其他区域必须为空。如果要合并的其他任一单元格不为空，则 Excel 将显示警告。如果要继续合并，将删除所有数据(左上角的单元格除外)。

可以使用"设置单元格格式"对话框中的"对齐"选项卡来合并单元格，但功能区的"对齐方式"分组(或浮动工具栏)上的"合并后居中"控件使用起来更简单。要合并单元格，请选中要合并的单元格，然后单击"合并后居中"按钮。这样，这些单元格将被合并，并且左上角单元格的内容将会被水平居中。"合并后居中"按钮是一个切换按钮。要取消单元格合并，可以选中已合并的单元格，然后再次单击"合并后居中"按钮。

合并单元格后，可以将对齐方式更改为除"居中"外的其他选项(通过使用"开始"|"对齐方式"分组)。

"开始"|"对齐方式"|"合并后居中"控件包含一个下拉列表，其中有以下其他选项。

- **跨越合并**：当选中一个含有多行的区域时，该命令将创建多个合并的单元格——每行一个单元格。
- **合并单元格**：在不应用"居中"属性的情况下合并选定的单元格。
- **取消单元格合并**：取消对选定单元格的合并操作。

5. 以某个角度显示文本

某些情况下，用户可能需要在单元格中以特定的角度显示文本，以便实现更好的视觉效果。既可以在水平、垂直方向显示文本，也可以在+90°和-90°之间的任一角度上显示文本。

通过"开始"|"对齐方式"|"方向"命令的下拉列表，可以应用最常用的文本角度。如果要进行更详细的控制，请转到"设置单元格格式"对话框中的"对齐"选项卡。在"设置单元格格式"对话框(参见图 5-5)中，可以使用"度"微调控件或拖动仪表中的红色指针。可以指定-90°和+90°之间的文本角度。

图 5-8 显示了一个以 45°显示的文本示例。

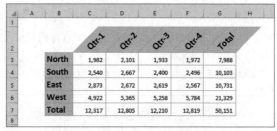

图 5-8　旋转文本以实现更多视觉效果

> **注意**
> 旋转后的文本从屏幕上看可能有点扭曲，但打印出来之后的效果比较好。

5.2.3　使用颜色和阴影

Excel 提供了一些工具，用于创建丰富色彩的工作表。既可以更改文本颜色，也可以向工作表单元格添加背景颜色。在 Excel 2007 之前的 Excel 早期版本中，只能对工作簿使用不超过 56 种颜色。在后续版本中，Microsoft 将颜色数量增加到超过 1600 万种。

可以通过选择"开始"|"字体"|"字体颜色"命令来控制单元格文本的颜色。可以通过选择"开始"|"字体"|"填充颜色"命令来控制单元格的背景颜色。也可以在浮动工具栏(右

击单元格或区域时会出现该工具栏)上控制这两种颜色。

> **提示**
>
> 要隐藏单元格内容，可以使背景颜色与字体文本颜色相同。当选中单元格时，单元格内容仍将显示在编辑栏中。但请注意，某些打印机可能会覆盖此设置，打印时可能会显示文本。

尽管可以使用许多种颜色，但你可能仍应该坚持使用显示在各颜色选择控件中的 10 种主题颜色(以及它们的浅色/深色变体)。这意味着，需要避免使用"其他颜色"选项(该选项用于选择颜色)。这是为什么呢？首先，这 10 种颜色很协调(至少有一些人这么认为)。另一个原因涉及文档主题。如果为工作簿选择另一种不同的文档主题，将不会更改非主题颜色。某些情况下，从美学角度看，此操作的结果可能无法令人满意。有关各种主题的更多信息，请参见本章后面的 5.5 节。

5.2.4　添加边框和线条

另一种用于增强视觉效果的方法是在单元格组中添加边框(以及边框内的线条)。边框通常用于分组含有类似单元格的区域，或者确定行或列的边界。Excel 提供了 13 种预置的边框样式，可以在"开始"|"字体"|"边框"下拉列表中看到这些边框样式，如图 5-9 所示。该控件对选中的单元格或区域起作用，并且允许用户指定要对所选单元格的每一条边框使用的边框样式。

图 5-9　使用"边框"下拉列表在工作表单元格周围添加线条

用户可能更喜欢绘制边框，而不是选择一种预置的边框样式。为此，可以使用"开始"|"字体"|"边框"下拉列表中的"绘制边框"或"绘制边框网格"命令。选择其中一个命令后，可以通过拖动鼠标的方式来创建边框。可以使用"线条颜色"或"线型"命令更改颜色或样式。当完成绘制边框后，可按 Esc 键取消边框绘制模式。

另一种应用边框的方式是使用"设置单元格格式"对话框中的"边框"选项卡，如图 5-10 所示。可从"边框"下拉列表中选择"其他边框"命令来显示该对话框。

图 5-10   使用"设置单元格格式"对话框中的"边框"选项卡可以更好地控制单元格边框

在显示"设置单元格格式"对话框之前，选择要为其添加边框的单元格或区域。然后，在"设置单元格格式"对话框中，选择一种线型，然后单击其中一个或多个"边框"图标(这些图标是开关图标)，为线型选择边框位置。

请注意，"边框"选项卡中有 3 个预置图标，可以使用它们减少一些单击操作。要删除所选内容的所有边框，请单击"无"图标。要在所选内容的周围添加边框，请单击"外边框"图标。要在所选内容的内部添加边框，则单击"内部"图标。

Excel 将在对话框中显示所选中的边框样式(无实时预览)。可以为不同的边框位置选择不同的样式，也可以为边框选择颜色。使用该对话框可能需要进行一些尝试，但你很快就可以掌握其中的窍门。

当应用两条对角线时，单元格看起来就像被划掉一样。

提示

如果在工作表中使用边框格式，那么可能需要去掉网格线以使边框显示得更清楚。为此，请选择"视图"|"显示"|"网格线"命令来切换网格线的显示。

使用格式刷复制格式

将格式从一个单元格或区域复制到另一个单元格或区域的最快捷方法是使用"开始"|"剪贴板"分组中的"格式刷"按钮(此按钮包含一个画刷图像)。

(1) 选中具有要复制的格式属性的单元格或区域。

(2) 单击"格式刷"按钮。鼠标指针会变为包含一支画刷。

(3) 选中要应用格式的单元格。

(4) 释放鼠标按钮。Excel 将应用与原始区域中相同的格式选项集。

如果双击"格式刷"按钮，则可以将相同格式应用到工作表的多个区域中。Excel 会将复制的格式应用到所选的每个单元格或区域。要退出"格式刷"模式，可再次单击"格式刷"按钮(或按 Esc 键)。

5.3　使用条件格式

通过对单元格应用条件格式，可以使单元格在包含不同的内容时显示不同的外观。条件格式是用于可视化数值型数据的有用工具。在某些情况下，可将条件格式功能用作创建图表的一种替代方法。

条件格式功能允许以单元格的内容为基础，选择性地或自动地应用单元格格式。例如，可应用条件格式以将区域中所有负值的背景颜色设为浅黄色。当输入或修改此区域中的数值时，Excel 会对数值进行检查并检查该单元格的条件格式规则。如果数值为负，那么将使用背景色；如果为正，则不应用格式。

5.3.1　指定条件格式

要对单元格或区域应用条件格式规则，可首先选定单元格，然后使用"开始"|"样式"|"条件格式"下拉列表中的其中一个命令来指定某个规则。可以选择的选项如下所示。

- **突出显示单元格规则**：例如突出显示大于某值、介于两个值之间、包含特定文本字符串、包含日期的单元格或重复的单元格。
- **最前/最后规则**：例如突出显示前 10 项、后 20%的项，以及高于平均值的项。
- **数据条**：按照单元格值的比例直接在单元格中应用图形条。
- **色阶**：按照单元格值的比例应用背景色。
- **图标集**：在单元格中直接显示图标。具体所显示的图标取决于单元格的值。
- **新建规则**：允许指定其他条件格式规则，包括基于逻辑公式的规则。
- **清除规则**：对选定单元格删除所有条件格式规则。
- **管理规则**：显示"条件格式规则管理器"对话框。可以使用该对话框新建条件格式规则、编辑规则或删除规则。

5.3.2　使用图形条件格式

本节将介绍用于显示图形的 3 个条件格式选项：数据条、色阶和图标集。这些条件格式类型有助于更好地可视化区域内的数值。

1. 使用数据条

数据条条件格式可直接在单元格中显示水平条。水平条的长度取决于单元格中的值与该区域内其他单元格的值的相对比例。

图 5-11 显示了一个简单的数据条示例。这是 Bob Dylan 唱片的乐曲清单。D 列中的数值是每首乐曲的长度。图中对 D 列中的值应用了数据条条件格式，大致一看就可以发现较长的乐曲。

配套学习资源网站

本节的示例可以在配套学习资源网站 www.wiley.com/go/excel365bible 中找到。工作簿名为 data bars examples.xlsx。

提示

当调整列宽时，数据条长度将相应地调整。列变宽时，数据条长度之间的差异将变得更明显。

	A	B	C	D
1	Artist	Album	Title	Length
2	Bob Dylan	Infidels	Jokerman	0:06:19
3	Bob Dylan	Modern Times	When The Deal Goes Down	0:05:04
4	Bob Dylan	Infidels	Don't Fall Apart On Me Tonight	0:05:56
5	Bob Dylan	Blonde On Blonde	Leopard-Skin Pill-Box Hat	0:04:00
6	Bob Dylan	Under the Red Sky	2 X 2	0:03:36
7	Bob Dylan	Highway 61 Revisited	Just Like Tom Thumb's Blues	0:05:32
8	Bob Dylan	Self Portrait	She Belongs to Me	0:02:43
9	Bob Dylan	New Morning	New Morning	0:03:59
10	Bob Dylan	Planet Waves	Forever young	0:04:57
11	Bob Dylan	30th Anniversary Concert	Emotionally Yours	0:05:43
12	Bob Dylan	Good As I Been to You	Canadee-I-O	0:04:23
13	Bob Dylan	Down in the Groove	When Did You Leave Heaven	0:02:13
14	Bob Dylan	Street Legal	We Better Talk This Over	0:04:04
15	Bob Dylan	The Times They Are A-Changin'	North Country Blues	0:04:33
16	Bob Dylan	30th Anniversary Concert	Foot Of Pride	0:08:47
17	Bob Dylan	Time Out of Mind	Til I Fell In Love with You	0:05:17
18	Bob Dylan	Knocked Out Loaded	Under Your Spell	0:03:56
19	Bob Dylan	Another Side of Bob Dylan	To Ramona	0:03:52
20	Bob Dylan	Time Out of Mind	Million Miles	0:05:52
21	Bob Dylan	Another Side of Bob Dylan	I Don't Believe You	0:04:22

图 5-11　数据条的长度与 D 列单元格中的乐曲长度成正比

在 Excel 中，可以通过“开始”|“样式”|“条件格式”|“数据条”命令快速访问 12 种数据条样式。要获取更多选项，可以单击“其他规则”选项，这样将弹出“新建格式规则”对话框。可以使用该对话框实现以下功能：

- 仅显示数据条(隐藏数字)。
- 指定比例的最小值和最大值。
- 更改数据条的外观。
- 指定负值和坐标轴的处理方式。
- 指定数据条的方向。

注意

奇怪的是，如果使用 12 个数据条样式之一添加数据条，对数据条使用的颜色并不是主题颜色。因此当使用新的文档主题时，数据条的颜色不会改变。但是，如果通过使用“新建格式规则”对话框添加数据条，则选择的颜色是主题颜色。

2. 使用色阶

色阶条件格式选项可以根据单元格的值与该区域内其他单元格的值的相对比例改变单元格的背景色。

图 5-12 显示了色阶条件格式示例。左边的示例描述了 3 个地区的每月销售情况。已向区域 B4:D15 应用条件格式。条件格式功能使用了三色刻度：最小值使用红色，中间值使用黄色，最大值使用绿色，介于这 3 个值之间的值则使用渐变色(本书是黑白印刷，读者可下载示例文件来查看颜色)。很明显，中部地区的销量始终较低，但是条件格式功能无法确定特定地区的每月差异。

Month	Western	Central	Eastern		Month	Western	Central	Eastern
A single conditional formatting rule					A separate rule for each region			
January	214,030	103,832	225,732		January	214,030	103,832	225,732
February	204,476	105,777	239,316		February	204,476	105,777	239,316
March	195,555	102,221	230,848		March	195,555	102,221	230,848
April	191,417	102,222	233,342		April	191,417	102,222	233,342
May	184,896	100,034	221,743		May	184,896	100,034	221,743
June	181,829	94,401	212,820		June	181,829	94,401	212,820
July	182,288	90,825	208,116		July	182,288	90,825	208,116
August	187,710	93,860	221,596		August	187,710	93,860	221,596
September	193,884	92,300	228,499		September	193,884	92,300	228,499
October	184,089	88,193	214,495		October	184,089	88,193	214,495
November	186,954	92,654	227,823		November	186,954	92,654	227,823
December	185,778	95,806	237,911		December	185,778	95,806	237,911

图 5-12　两个色阶条件格式示例

右侧的示例显示了相同的数据，但分别向每个地区应用了条件格式。此方法可帮助在地区中执行比较操作，还可以帮助确定销售量高或低的月。

这些方法都不一定是更好的方法。条件格式的设置完全取决于你尝试可视化的内容。

配套学习资源网站

可以在配套学习资源网站 www.wiley.com/go/excel365bible 中找到此工作簿，名为 color scale example.xlsx。

Excel 提供了 6 个双色刻度预设选项和 6 个三色刻度预设选项，可以通过选择"开始" | "样式" | "条件格式" | "色阶"命令将这些选项应用于所选区域。

要自定义颜色和其他选项，可选择"开始" | "样式" | "条件格式" | "色阶" | "其他规则"命令。该命令将显示"新建格式规则"对话框，如图 5-13 所示。可以在其中调整设置，并查看"预览"框以了解所做更改的效果。

图 5-13　使用"新建格式规则"对话框自定义色阶

3. 使用图标集

另一个条件格式选项是在单元格中显示图标。所显示的图标取决于单元格的值。

要为一个区域分配图标集，可先选定单元格，然后选择"开始" | "样式" | "条件格式" | "图标集"命令。Excel 提供了 20 个图标集供选择。各图标集中都有 3～5 个图标。用户无法创建自定义图标集。

图 5-14 展示了一个使用图标集的示例。其中的符号基于 C 列中的值图形化地描述了每个项目的状态。

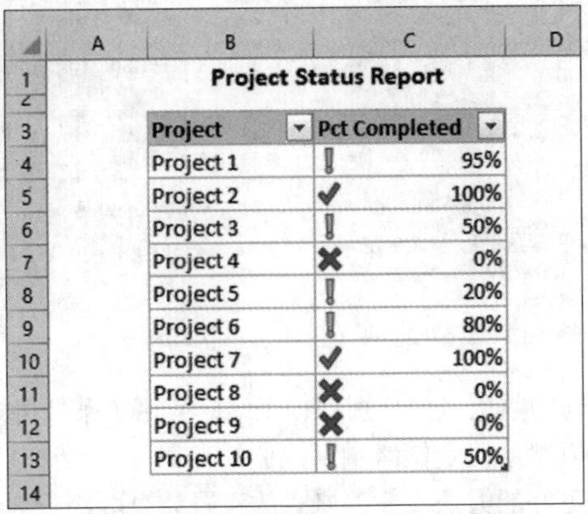

图 5-14　使用图标集来表示项目的状态

默认情况下，将使用百分位分配这些符号。对于含有 3 个符号的图标集，各项将分组成 3 个百分位；对于含有 4 个符号的图标集，各项将分组成 4 个百分位；对于含有 5 个符号的图标集，各项将分组成 5 个百分位。

如果要对图标的分配进行更多的控制，可以选择"开始"|"样式"|"条件格式"|"图标集"|"其他规则"命令以打开"新建格式规则"对话框。要修改现有规则，可以选择"开始"|"样式"|"条件格式"|"管理规则"命令。然后选择要修改的规则，并单击"编辑规则"按钮。

图 5-15 显示了如何修改图标集规则，从而使得只为 100% 完成的项目打上 ✔图标，为完成 0% 的项目打上 ✖图标，其他项目则无图标。

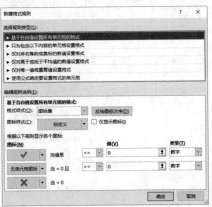

图 5-15　更改图标分配规则

图 5-16 显示的是经过该修改后的项目状态列表。

Project Status Report

Project	Pct Completed	
Project 1		95%
Project 2	✔	100%
Project 3		50%
Project 4	✖	0%
Project 5		20%
Project 6		80%
Project 7	✔	100%
Project 8	✖	0%
Project 9	✖	0%
Project 10		50%

图 5-16　使用经过修改的规则并减少一个图标可使表格更具可读性

5.3.3　创建基于公式的规则

图形条件格式一般用来根据某个单元格与其临近单元格的关系来显示该单元格。基于公式的规则一般单独用于一个单元格。相同的规则可能用于多个单元格，但是会独立考虑每个单元格。

“条件格式”功能区控件下的“突出显示单元格规则”和“最前/最后规则”选项是基于公式的规则的常用快捷方式。如果选择“开始”|“样式”|“条件格式”|“新建规则”命令，将显示“新建格式规则”对话框。前一节在调整内置的图形条件格式时，看到过该对话框。规则类型“只为包含以下内容的单元格设置格式”是基于公式的规则的另一种快捷方式。

“新建格式规则”对话框中的最后一个规则类型是“使用公式确定要设置格式的单元格”。如果其他快捷方式无法满足你的要求，就可以使用这个规则类型。它为创建规则提供了最大程度的灵活性。

注意

所使用的公式必须是可返回 true 或 false 的逻辑公式。如果公式的值为 true，则说明满足条件，因此将应用条件格式；如果公式的结果为 false，则不应用条件格式。

配套学习资源网站

本节中的图标集示例可以在配套学习资源网站 www.wiley.com/go/excel365bible 中找到。工作簿名为 conditional formatting formulas.xlsx。

理解相对引用和绝对引用

如果在“新建格式规则”或“编辑格式规则”对话框中输入的公式包含单元格引用，则该引用将被视为基于所选区域左上角单元格的相对引用。

例如，假定需要设立一个条件格式条件，以对区域 A1:B10 中包含文本的单元格应用底纹。没有任何一个 Excel 条件格式选项可以完成这一任务，因此必须创建一个公式，使其在单元格值为文本时返回 true，而在其他情况下返回 false。具体步骤如下所示。

(1) **选择区域 A1:B10，并确保 A1 是活动单元格。**

(2) 选择"开始"|"样式"|"条件格式"|"新建规则"命令。这将显示"新建格式规则"对话框。

(3) 单击"使用公式确定要设置格式的单元格"规则类型。

(4) 在"公式"框中输入下面的公式：

```
=ISTEXT(A1)
```

(5) 单击"格式"按钮。这将显示"设置单元格格式"对话框。

(6) 单击"填充"选项卡，指定在公式返回 true 时所应用的单元格底纹。

(7) 单击"确定"按钮返回"新建格式规则"对话框(参见图 5-17)。

(8) 单击"确定"按钮关闭"新建格式规则"对话框。

注意，在步骤(4)中输入的公式包含的是对所选区域左上角单元格的相对引用。

图 5-17　创建一个基于公式的条件格式规则

一般来讲，当为区域内的单元格输入条件格式公式时，需要引用活动单元格，而此活动单元格通常是区域左上角的单元格。一种例外情况是当需要引用特定的单元格时。例如，假设选择了区域 A1:B10，并希望对此区域内超过单元格 Cl 的值的所有单元格应用格式。这时可输入如下的条件格式公式：

```
=A1>$C$1
```

在这个示例中，对单元格 Cl 的引用是绝对引用；该引用不会随所选区域内的单元格而调整。换句话说，用于单元格 A2 的条件格式公式如下所示：

```
=A2>$C$1
```

相对单元格引用将被调整，但绝对单元格引用不会被调整。

5.3.4　条件格式公式示例

以下这些示例都使用了在"新建格式规则"对话框中选择"使用公式确定要设置格式的单元格"规则类型之后直接输入的公式。可以根据实际条件有选择地应用合适的格式类型。

1. 识别周末

Excel 提供了很多用于处理日期的条件格式规则，却无法识别出周末日期。可以使用下面的公式来确定周末日期：

```
=OR(WEEKDAY(A1)=7,WEEKDAY(A1)=1)
```

该公式假定已选择了一个区域，并且 Al 为活动单元格。

2. 基于值突出显示行

图 5-18 显示了一个工作表，其中的区域 A3:G28 包含一个条件公式。如果在第一列中发现在单元格 B1 中输入的名字，则突出显示该名字所在的整行。

	A	B	C	D	E	F	G	H
1	Name:	Noel						
2								
3	Alice	7	118	61	55	85	26	
4	Bob	198	134	180	3	132	63	
5	Carl	2	46	59	63	59	26	
6	Denise	190	121	12	26	68	97	
7	Elvin	174	42	176	68	124	14	
8	Francis	129	114	83	103	129	129	
9	George	9	128	24	44	139	108	
10	Harald	168	183	200	167	134	83	
11	Ivan	165	141	95	91	100	144	
12	June	116	171	109	84	148	15	
13	Kathy	131	43	197	82	103	163	
14	Larry	139	30	171	122	34	196	
15	Mary	31	171	185	162	171	17	
16	Noel	78	126	190	78	123	2	
17	Oliver	157	98	100	75	137	10	
18	Patrick	120	144	106	39	39	119	
19	Quincey	156	200	58	74	37	76	
20	Raul	58	147	160	182	11	79	
21	Shiela	79	183	5	161	104	23	

图 5-18　基于匹配的名字突出显示一行

条件格式公式是：

=$A3=$B$1

请注意，这里对单元格 A3 使用了混合引用。因为引用的列部分是绝对的，所以将始终使用 A 列的内容进行比较。

3. 显示交替行底纹

下面的条件格式公式被应用到了区域 Al:D18，如图 5-19 所示，使用这个公式可以对每一个交替行应用底纹。

=MOD(ROW(),2)=0

	A	B	C	D	E
1	433	516	157	26	
2	291	31	362	168	
3	625	265	619	551	
4	548	900	569	375	
5	178	279	270	369	
6	782	250	346	139	
7	741	15	602	472	
8	136	840	898	655	
9	421	953	790	94	
10	708	151	437	725	
11	45	598	179	133	
12	128	481	238	325	
13	835	623	367	32	
14	400	881	779	113	
15	138	153	321	886	
16	303	84	990	503	
17	801	745	840	999	
18	809	318	679	246	
19					

图 5-19　使用条件格式为交替行设置格式

交替行底纹可以提高电子表格的可读性。如果在条件格式区域中添加或删除了一些行，那么 Excel 会自动更新底纹。

该公式使用了 ROW 函数(返回行号)和 MOD 函数(返回其第一个参数与第二个参数相除得到的余数)。对于偶数行中的单元格，MOD 函数返回值 0，并将对这些单元格应用格式。

要为交替列设置底纹，可用 COLUMN 函数代替 ROW 函数。

4. 创建棋盘式底纹

下面的公式是上一节中示例的一种变化形式。它可以为交替的行和列设置格式，从而创建出棋盘效果。

```
=MOD(ROW(),2)=MOD(COLUMN(),2)
```

5. 对多组行应用底纹

本例是行底纹的另一个变化形式。下面的公式可为交替的多组行设置格式。它将生成 4 个带底纹的行，后面是 4 个没有底纹的行，再后面又是 4 个带底纹的行，以此类推。

```
=MOD(INT((ROW()-1)/4)+1,2)=1
```

图 5-20 显示了这种功能的一个示例。

	A	B	C	D	E
1	301	458	76	437	
2	70	197	261	454	
3	292	289	282	48	
4	412	88	205	426	
5	269	402	457	34	
6	215	213	86	228	
7	306	424	67	328	
8	236	7	390	356	
9	372	354	188	450	
10	132	400	109	338	
11	364	19	250	324	
12	79	195	415	373	
13	75	100	42	296	
14	377	441	106	474	
15	83	164	154	220	
16	3	1	214	68	
17	251	81	432	415	
18	180	114	387	481	
19	35	46	316	99	
20	45	155	443	454	
21	424	200	161	378	

图 5-20   条件格式功能可为交替的多组行生成底纹

要对不同数目的行组生成底纹，只需要将 4 改为相应的值即可。例如，可以使用下面的公式为交替的两行组设置格式。

```
=MOD(INT((ROW()-1)/2)+1,2)=1
```

5.3.5 使用条件格式

本节将介绍一些关于条件格式的额外实用信息。

1. 管理规则

"条件格式规则管理器"对话框可用于查看、编辑、删除和增加条件格式。首先选择区域内的任何包含条件格式的单元格，然后选择"开始"|"样式"|"条件格式"|"管理规则"命令即可。

可以通过"新建规则"按钮指定任意数目的规则。单元格甚至可以同时使用数据条、色阶和图标集。

2. 复制含有条件格式的单元格

与标准的格式信息类似，条件格式信息也存储在单元格中。因此，当复制一个包含条件格式的单元格时，也将复制条件格式。

> **提示**
> 如果只需要复制格式(包括条件格式)，可复制单元格，然后使用"选择性粘贴"对话框并在其中选择"格式"选项。或者，也可以选择"开始"|"剪贴板"|"粘贴"|"格式"命令。

如果要向含有条件格式的区域插入行或列，则新单元格也将拥有相同的条件格式。

3. 删除条件格式

在按 Delete 键删除单元格的内容时，并未删除条件格式(如果有)。要删除所有条件格式(以及其他单元格格式)，可以选择单元格，然后选择"开始"|"编辑"|"清除"|"清除格式"命令。或者，也可以选择"开始"|"编辑"|"清除"|"全部清除"命令以删除单元格的所有内容和条件格式。

如果只想删除条件格式(而保留其他格式)，那么可以选择"开始"|"样式"|"条件格式"|"清除规则"命令，然后选择其中的相应选项。

4. 定位含有条件格式的单元格

只通过简单的查看并不能确定单元格是否包含条件格式。但可以通过使用"定位条件"对话框来选择这些单元格。

(1) 选择"开始"|"编辑"|"查找和选择"|"定位条件"命令。这将显示"定位条件"对话框。

(2) 在"定位条件"对话框中选择"条件格式"选项。

(3) 如果要选择工作表中所有包含条件格式的单元格，那么可选择"全部"选项；如果只想选择与活动单元格拥有相同条件格式的单元格，则可选择"相同"选项。

(4) 单击"确定"按钮。Excel 将找到所需要的单元格。

> **注意**
> Excel 中的"查找和替换"对话框包含一个功能，可用于在工作表中搜索包含特定格式的单元格。但此功能不会搜索包含由条件格式生成其格式的单元格。

5.4 使用命名样式方便地设置格式

命名样式是最没有得到充分利用的 Excel 功能之一。通过使用命名样式，可以很容易地对单元格或区域应用一组预定义的格式选项。使用命名样式不但可以节省时间，还有利于保证外观的一致性。

一种样式最多由 6 种不同属性的设置组成：

- 数字格式
- 对齐(垂直及水平方向)
- 字体(字形、字号及颜色)
- 边框
- 填充
- 单元格保护(锁定及隐藏)

当更改样式的组成部分时，其真正优势将展露出来。所有使用命名样式的单元格会自动发生更改。假设对分布在工作表中的一组单元格应用了特定样式，之后发现这些单元格应该使用 14pt 字号而不是 l2pt 字号。此时，不必更改每一个单元格，而只需要编辑该样式，就可以实现上述目的。带有这种特定样式的所有单元格将自动发生更改。

5.4.1 应用样式

Excel 包含了一组非常好的预定义命名样式，与文档主题非常搭配。图 5-21 显示了在选择"开始"|"样式"|"单元格样式"命令时获得的效果。注意，这里显示的是"实时预览"——当在不同的样式选项之间移动鼠标时，选中的单元格或区域将临时显示相应的样式。当发现喜欢的样式时，单击它即可对选中区域应用相应样式。

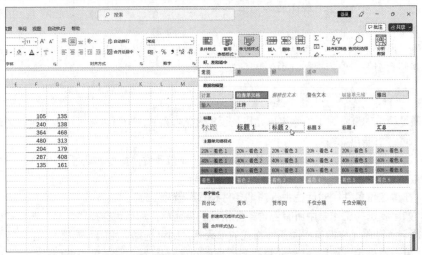

图 5-21　Excel 显示了预定义的单元格样式示例

注意

如果 Excel 窗口足够宽，则不会在功能区中显示"单元格样式"命令。此时，会显示 4 个或更多的带格式的样式框。单击这些框右侧的下拉箭头，将显示所有已定义的样式。

注意

默认情况下，所有单元格都使用常规样式。如果修改常规样式，则所有未分配不同样式的单元格将反映新的格式。

对单元格应用一种样式后，可以通过使用本章中讨论的任何格式设置方法对它应用其他格式。对特定单元格执行的格式修改不会影响使用相同样式的其他单元格。

可以对样式进行一些控制。实际上，可以执行以下任意一种操作：

- 修改现有样式。
- 创建新样式。
- 将其他工作簿的样式合并到活动工作簿中。

以下几节将分别介绍这些过程。

5.4.2　修改现有样式

要更改现有样式，请选择"开始"|"样式"|"单元格样式"命令。右击要修改的样式，并从快捷菜单中选择"修改"命令。Excel 将显示"样式"对话框，如图 5-22 所示。在本例中，"样式"对话框显示了 Office 主题的常规样式设置——这是所有单元格使用的默认样式。样式定义可能会有所不同，具体取决于活动文档主题。

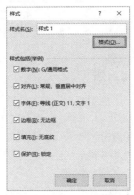

图 5-22　使用"样式"对话框修改命名样式

下面是一个简单的示例，展示了如何使用样式来更改工作簿中所使用的默认字体。

(1) 选择"开始"|"样式"|"单元格样式"命令。Excel 将显示活动工作簿的样式列表。

(2) 右击"常规"并选择"修改"命令。Excel 将显示"样式"对话框(参见图 5-22)，其中显示了常规样式的当前设置。

(3) 单击"格式"按钮。Excel 将显示"设置单元格格式"对话框。

(4) 单击"字体"选项卡，并选择要设为默认值的字体和字号。

(5) 单击"确定"按钮可返回到"样式"对话框。请注意，字体项将显示刚才选择的字体。

(6) 再次单击"确定"按钮可关闭"样式"对话框。

完成上述操作后，使用常规样式的所有单元格中的字体将更改为所指定的字体。可以更改任何样式的任何格式属性。

5.4.3　创建新样式

除了使用 Excel 的内置样式之外，还可以创建自己的样式。这项功能非常方便，能够使你快速且一致地应用自己喜欢的格式选项。

要创建新样式，请执行以下步骤：

(1) **选择一个单元格，并应用要包含在新样式中的所有格式。**可以使用"设置单元格格式"对话框中的任何格式。

(2) **将单元格设置成喜欢的格式后，选择"开始"|"样式"|"单元格样式"命令，然后选择"新建单元格样式"命令。**Excel 将显示"样式"对话框(参见图 5-22)，其中带有建议的通用样式命名。注意，Excel 会显示"举例"二字，以表明它基于的是当前单元格样式。

(3) **在"样式名"字段中输入新的样式名。**复选框将显示单元格的当前格式。默认情况下，会选中所有复选框。

(4) **(可选)如果不想在样式中包含一种或多种格式，请取消选中相应的一个或多个复选框。**

(5) **单击"确定"按钮创建样式并关闭对话框。**

执行以上步骤后，可通过选择"开始"|"样式"|"单元格样式"命令，来使用新的自定义样式。要删除自定义样式，可以在样式库中右击该样式，然后从快捷菜单中选择"删除"命令。自定义样式只对创建它的工作簿可用。要将自定义样式复制到其他工作簿，请参见后面的内容。

> **注意**
> "样式"对话框中的"保护"选项用于控制用户是否可以修改选定样式的单元格。只有在打开了工作表保护时(通过选择"审阅"|"保护"|"保护工作表"命令)，此选项才有效。

5.4.4　从其他工作簿合并样式

自定义样式保存在创建它的工作簿中。如果已经创建好一些自定义样式，那么可能不想在每一个新 Excel 工作簿中都花费大量时间来创建这些样式。用于解决此问题的较好方法是从先前创建自定义样式的工作簿中合并这些样式。

要从其他工作簿合并样式，请打开含有要合并样式的源工作簿，以及将包含合并的样式的工作簿。激活第二个工作簿，选择"开始"|"样式"|"单元格样式"命令，然后选择"合并样式"命令。Excel 将显示"合并样式"对话框，其中显示了所有已打开工作簿的列表。选择包含要合并的样式的工作簿，并单击"确定"按钮。这样，Excel 就会将自定义样式从所选的工作簿复制到活动工作簿。

5.4.5　使用模板控制样式

当打开 Excel 时，它会加载一些默认设置，其中就包括样式格式设置。如果花了很多时间去更改每个新工作簿的这些默认元素，则应该了解一些有关模板的知识。

下面列举一个示例。你可能需要在工作簿中隐藏网格线，并将"自动换行"设置为默认的对齐设置。模板提供了一种用于更改默认设置的简单方法。

使用这种方法时，需要创建一个工作簿，其中包含的常规样式已按照需要的方式进行了修改。然后，将工作簿另存为模板(具有.xltx 扩展名)。完成以上操作后，可以选择此模板作为新工作簿的基础。

交叉引用

有关模板的详细信息，请参见第 6 章。

5.5　了解文档主题

为帮助用户创建外观更专业的文档，Office 设计者引入了一个名为"文档主题"的功能。通过使用主题，可以很容易地指定文档中的颜色、字体和各种图形效果。最主要的优点在于，可以非常方便地更改整个文档的外观。只需要单击几次鼠标就可以采用不同的主题并更改工作簿外观。

很重要的一点是，在其他 Office 应用程序中也引入了"主题"概念。因此，公司可以轻松地为其所有文档创建标准一致的外观。

注意

主题不会覆盖应用的特定格式。例如，假设对一个区域应用了"强调文字颜色 1"命名样式，然后更改该区域内几个单元格的字体颜色。如果改为使用其他主题，并不会修改手动应用的字体颜色以使用新主题字体颜色。关键是：如果想充分利用主题的优点，那就坚持使用默认格式选项。

图 5-23 显示了一个工作表，其中包含一个 SmartArt 图、一个表格、一个图表，以及一个使用 Title 命名样式设置格式的区域和一个使用 Explanatory Text 命名样式设置格式的区域。这些项都使用的是默认主题，即 Office 主题。

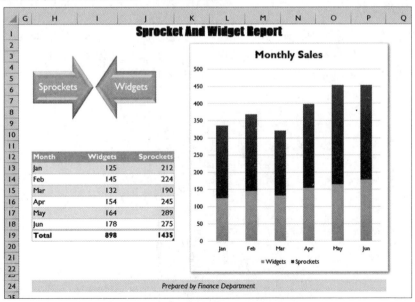

图 5-23　此工作表中的元素使用的是默认主题

图 5-24 显示了应用其他文档主题后的同一工作表。新应用的主题改变了字体、颜色(可能在图中不明显)，也改变了 SmartArt 图的图形效果。

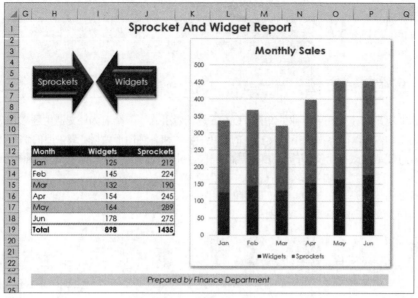

图 5-24　应用不同主题后的工作表

5.5.1　应用主题

图 5-25 显示了在选择"页面布局"|"主题"|"主题"命令时出现的主题选项。这些显示内容是实时预览。当你在主题选项上移动鼠标时，活动工作表中将显示相应的主题。当发现喜欢的主题时，单击即可将此主题应用到工作簿中的所有工作表。

图 5-25　内置的 Excel 主题选项

> **注意**
> 主题将应用到整个工作簿。不能对一个工作簿中的不同工作表应用不同的主题。

当指定一个特定的主题时，适用于各种元素的图库选项将反映新的主题。例如，可以选择的图表样式将有所不同，具体取决于当前使用的活动主题。

> **注意**
> 因为各个主题使用的是不同的字体和字号，所以更改为不同的主题后，可能会影响工作表的布局。例如，在应用新主题后，原先显示在一个页面上的工作表可能会溢出到第二页上。因此，可能需要在应用新主题后执行一些调整。

5.5.2　自定义主题

请注意，"页面布局"选项卡中的"主题"组还包含其他 3 个控件：颜色、字体和效果。可以使用这些控件来更改一个主题的 3 个组成部分之一。例如，可能需要使用 Office 主题中的颜色和效果，但需要使用不同的字体。要更改字体集，请应用 Office 主题，然后选择"页面布局" | "主题" | "字体" 命令以指定自己想要使用的字体。

每个主题都会使用两种字体(一种用于标题，一种用于正文)，某些情况下，这两种字体是相同的。如果没有合适的主题选项，则可以选择"页面布局" | "主题" | "字体" | "自定义字体" 命令来指定两种喜欢的字体(见图 5-26)。

图 5-26　使用此对话框指定主题的两种字体

> **提示**
> 当选择"开始" | "字体" | "字体" 命令时，将在下拉列表中首先显示当前主题的两种字体。

选择"页面布局" | "主题" | "颜色" 命令可以选择一组不同的颜色。而且，如果愿意，甚至可通过选择"页面布局" | "主题" | "颜色" | "自定义颜色" 命令来自定义一组颜色。该命令将显示"新建主题颜色"对话框，如图 5-27 所示。注意，每个主题由 12 种颜色组成，其中 4 种颜色用于文字和背景，6 种颜色用于强调文字颜色，还有两种用于超链接。在指定不同颜色时，对话框中的预览面板将会更新。

图 5-27　如果有创意，可以为主题指定一组自定义的颜色

注意
主题效果对图形元素也有效，例如，SmartArt、形状和图表。可以选择一组不同的主题效果，但是不能自定义主题效果。

如果已经使用不同的字体或颜色组对主题进行过自定义，那么可以通过选择"页面布局" | "主题" | "保存当前主题"命令来保存新的主题。自定义的主题将显示在主题列表中的"自定义"分类中。其他 Office 应用程序(如 Word 和 PowerPoint)也可以使用这些主题文件。如果需要删除自定义主题，可以在"主题"库中右击该主题，然后在快捷菜单中选择"删除"命令。

第**6**章

了解 Excel 文件和模板

本章要点
- 创建新工作簿
- 打开现有工作簿
- 保存和关闭工作簿
- 使用模板

本章将讨论可以对工作簿文件执行的各种操作：打开、保存、关闭等。此外，将讨论 Excel
如何使用文件并概述各种文件类型。本章讨论的多数文件操作在后台视图(单击功能区上方的
"文件"按钮时显示的屏幕)中执行。另外会讨论模板，这是一种特殊的工作簿文件。

6.1　创建新工作簿

当启动 Excel 时，会显示一个开始屏幕，其中列出了最近使用的文件，以及可以用作新
工作簿基础的模板。其中一个模板选项是"空白工作簿"，该选项将为你创建空工作簿。图
6-1 显示了开始屏幕的一部分。

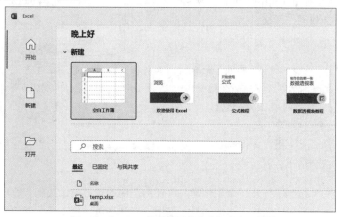

图 6-1　在 Excel 的开始屏幕中选择空白工作簿

提示

如果你希望跳过开始屏幕，并始终以创建一个空白工作簿开始工作，请选择"文件"|"选项"命令。在"Excel 选项"对话框中，单击"常规"选项卡，并删除"此应用程序启动时显示开始屏幕"选项对应的复选标记。

启动 Excel 并创建空白工作簿时，空白工作簿名为"工作簿 1"。该工作簿只存在于内存中，而未保存在硬盘中。默认情况下，该工作簿中包含一个名为 Sheet1 的工作表。如果要从头开始启动一个新项目，则可以使用该空白工作簿。另外，通过使用"Excel 选项"对话框的"常规"选项卡，还可以改变新工作簿中的默认工作表数。

在 Excel 中工作时，随时都可以创建新的空工作簿。Excel 提供了两种方法用于创建新工作簿：

- 选择"文件"|"新建"命令，将显示一个屏幕，可以使用该屏幕创建空白工作簿，或者基于模板创建工作簿。要新建空白工作簿，可单击"空白工作簿"选项。
- 按 Ctrl+N 键。此快捷键是在不使用模板的情况下创建新工作簿的最快捷方式。

6.2　打开现有工作簿

可以通过以下几种方式打开已保存的工作簿：

- 选择"文件"|"打开"|"最近"命令，并从右边的列表中选择所需的文件。其中只会列出最近使用的文件。可以在"Excel 选项"对话框中的"高级"部分中指定要显示的文件数(最多为 50 个)。
- 选择"文件"|"打开"命令，从左边的列表中选择一个位置。根据设置的位置，列表中的位置会有变化。可能会看到基于云的选项。"这台电脑"是始终存在的一个选项。可以使用这个列表直接导航文件，也可以单击"浏览"按钮，打开"打开"对话框，其中包含了更多选项。
- 使用 Windows 资源管理器文件列表找到 Excel 工作簿文件。只需要双击文件名(或图标)，就可以在 Excel 中打开工作簿。如果当前未运行 Excel，则 Windows 将自动启动 Excel 并加载工作簿文件。

提示

在选择"文件"|"打开"|"最近"命令时，如果将鼠标指针悬停在最近工作簿列表中的文件名上，将在文件名右侧显示一个图钉图标。单击此图钉图标，文件将"固定"到列表并始终出现在列表的顶部。这个方便的功能可确保重要文件总是出现在最近所用工作簿列表中，即使最近未打开此文件也是如此。

此外注意，可以右击此列表中的一个工作簿，然后选择"从列表中删除"命令。可以选择"清除已取消固定的工作簿"命令并重新开始。

要从"打开"对话框中打开一个工作簿，可使用左侧的树形显示找到含有所需文件的文件夹，然后从右侧的列表中选择工作簿文件。使用"打开"对话框右下角的控件可调整其大小。找到并选择文件后，单击"打开"按钮，文件将会打开。或者，只需要双击文件即可将其打开。

注意,"打开"按钮实际上是一个下拉列表。单击下拉列表箭头,可以看到以下选项。

- **打开**:以正常方式打开文件。
- **以只读方式打开**:以只读方式打开选中的文件。当以该模式打开文件时,不能使用原始文件名保存对文件的更改。
- **以副本方式打开**:打开选中文件的副本。如果文件名为 budget.xlsx,则打开的工作簿名为"副本(1)budget.xlsx"。
- **在浏览器中打开**:在默认的 Web 浏览器中打开文件。如果不能在浏览器中打开文件,则该选项将被禁用。
- **在受保护的视图中打开**:在一个特殊的模式下打开文件,此模式不允许编辑文件。在这种视图中,Excel 功能区中的大多数命令被禁用。可在后文的"受保护的视图"部分了解有关此功能的更多信息。
- **打开并修复**:尝试打开一个可能已损坏的文件,并恢复此文件中的信息。
- **显示以前的版本**:适用于存储在 OneDrive 或 SharePoint Online 等位置的文件,这些位置会维护版本历史。

> **提示**
>
> 在"打开"对话框中,可以按住 Ctrl 键选择多个工作簿。当单击"打开"按钮时,将打开所有选中的工作簿文件。
>
> 在"打开"对话框中,右击一个文件名将会显示一个快捷菜单,其中含有许多 Windows 命令。例如,可以复制、删除、重命名文件以及修改文件属性等。在"打开"对话框中,可以执行在文件资源管理器中能够执行的几乎所有操作。

6.2.1 筛选文件名

在"打开"对话框的底部靠右位置有一个下拉列表。当"打开"对话框显示时,它将显示"所有 Excel 文件"(后跟一个很长的文件扩展名列表)。"打开"对话框只会显示与扩展名匹配的文件。也就是说,只能看到标准的 Excel 文件。

如果要打开其他类型的文件,可单击下拉列表中的箭头并选择要打开的文件类型。此时将更改筛选,并只显示所指定类型的文件。

也可以在"文件名"框中直接输入筛选项。例如,输入以下内容后(输入筛选条件后按 Enter 键)将只显示带有.xlsx 扩展名的文件:***.xlsx**。

> **受保护的视图**
>
> Excel 2010 中引入了一个称为"受保护的视图"的安全功能。虽然看起来 Excel 会试图阻止你打开自己的文件,但其实受保护的视图是为了帮助你免受恶意软件的侵害。恶意软件是指可能会损害你系统的程序。黑客已经找到了一些方法来操纵 Excel 文件,从而能够执行有害的代码。"受保护的视图"功能通过在受保护的环境("沙箱")中打开文件,从而可以防止此类攻击。
>
> 如果打开一个从本地网络之外(如 Internet)下载的 Excel 工作簿,则会在编辑栏上方看到一条彩色消息。此外,Excel 标题栏中将显示"[受保护的视图]"。选择"文件" | "信息"命

令了解为什么 Excel 在受保护的视图中打开该文件。

如果你确定文件是安全的，则可单击"启用编辑"按钮。如果不启用编辑，则可以查看工作簿内容，但无法进行任何更改。

如果工作簿包含宏，则会在启用编辑后看到另一条消息"安全警告。已禁用宏"。如果确信宏是无害的，则可单击"启用内容"按钮。

默认情况下，在以下情形中将启动受保护的视图：

- 从 Internet 下载的文件；
- 从 Outlook 打开的附件；
- 从可能不安全的位置(如你的 Internet 临时文件夹)打开的文件；
- 被文件阻止策略(一种 Windows 功能，允许管理员定义可能有害的文件)阻止的文件；
- 文件已数字签名，但签名已过期。

某些情况下，可能不需要处理文档，而只需要将其打印出来。这种情况下，可选择"文件" | "打印"命令，然后单击"启用打印"按钮。

此外请注意，可从受保护的视图中的工作簿复制单元格区域，并将其粘贴到另一个不同的工作簿。

可在一定程度上控制哪些文件类型会触发受保护的视图。要更改这些设置，可以选择"文件" | "选项"命令，然后单击"信任中心"选项。接着单击"信任中心设置"按钮，然后单击"信任中心"对话框中的"受保护的视图"选项卡。

6.2.2 选择文件显示首选项

"打开"对话框能够以几种不同的风格显示工作簿文件名：列表、含有完整详细信息或者图标等。可以通过单击右上角的"更多选项"箭头，并从下拉列表中选择一个显示风格来控制显示方式。

自动打开工作簿

很多人每天都会操作相同的工作簿。如果你也是这样，那么你会欣喜地发现，可以使 Excel 在每次启动时自动打开所需的特定工作簿文件。放在 XLStart 文件夹中的任何工作簿都会自动打开。

XLStart 文件夹的位置因你使用的 Windows 版本而异。要确定 XLStart 文件夹在系统上的位置，请执行以下操作：

(1) 选择"文件" | "选项"命令，然后单击"信任中心"选项卡。

(2) 单击"信任中心设置"按钮。这将打开"信任中心"对话框。

(3) 在"信任中心"对话框中，选择"受信任位置"选项卡。此时将显示一个受信任位置的列表。

(4) 在路径中查找"用户启动"所述的位置。该路径可能如下：

C:\Users\<username>\AppData\Roaming\Microsoft\Excel\XLSTART\

另一个 XLStart 文件夹可能位于以下位置：

C:\Program Files\Microsoft Office\root\Office16\XLSTART\

存储在这些 XLStart 文件夹中的任何工作簿文件(不包括模板文件)将在 Excel 启动时自动

打开。如果自动打开了 XLStart 文件夹中的一个或多个文件，则 Excel 将不会在启动时显示开始屏幕或一个空白工作簿。

　　除了 XLStart 文件夹外，还可以指定一个备用启动文件夹。为此，请选择"文件" | "选项" 命令，然后选择"高级"选项卡。向下滚动到"常规"部分，并在"启动时打开此目录中的所有文件" 字段中输入新文件夹名称。之后，当启动 Excel 时，它将会自动打开 XLStart 文件夹和所指定的备用文件夹中的所有工作簿文件。

6.3　保存工作簿

　　在 Excel 中使用工作簿进行工作时，所做的工作很容易被某些故障(如电源故障和系统崩溃)破坏。因此，应该经常保存工作文件。保存文件非常容易，只需要几秒钟，而重新创建丢失的工作则可能需要很多个小时。

　　Excel 提供了以下 4 种用于保存工作簿的方法：

- 单击快速访问工具栏上的"保存"图标(它看上去像一个旧式软盘)。
- 按 Ctrl+S 键。
- 按 Shift+F12 键。
- 选择"文件" | "保存"命令。

警告
保存文件时将覆盖硬盘中之前的文件版本。当打开了一个工作簿但是对自己做的工作簿不满意时，请不要保存此文件，而应关闭且不保存工作簿，然后打开硬盘中的完好副本。

　　如果工作簿已被保存过，则会使用相同文件名在相同位置再次保存它。如果要将工作簿保存为新文件或者保存到一个不同的位置，可以选择"文件" | "另存为"命令(或按 F12 键)。

　　如果未保存过工作簿，Excel 将显示"另存为"对话框，如图 6-2 所示。在这里，你可以输入文件名，并选择一个位置，例如自己的电脑或 OneDrive 账户(如果有)。新的(未保存)工作簿有一个默认名称，如"工作簿 1"或"工作簿 2"。虽然 Excel 允许使用这些通用的工作簿名作为文件名，但是几乎总是需要在"另存为"对话框中指定更具描述性的文件名。该对话框有一个"更多选项"连接，单击它可跳转到后台视图中的"另存为"部分。

图 6-2　保存之前没有保存过的工作簿

　　后台视图中的"另存为"部分包含"另存为"对话框的大部分信息，只不过采用了不同的布局。左侧列出了位置，右侧列出了文件夹。单击左侧的"浏览"选项将打开经典的"另存为”对话框。“另存为”对话框与“打开”对话框很相似。可以在左侧的文件夹列表中选择所需的文件夹。选择文件夹以后，在“文件名”字段中输入文件名。不用指定文件的扩展名，Excel 会根据在“保存类型”字段中指定的类型自动添加扩展名。默认情况下，文件会被保存为标准的 Excel 文件格式，即使用.xlsx 作为文件扩展名。如果文件包含宏，Excel 默认使用.xlsm 文件扩展名。

提示

要更改在保存文件时所使用的默认文件格式，可选择“文件”|“选项”命令，打开“Excel 选项”对话框。单击“保存”选项卡并更改“将文件保存为此格式”选项的设置。例如，如果工作簿必须与 Excel 旧版本(Excel 2007 之前的版本)兼容，则可将默认格式更改为 Excel 97-2003 工作簿(*.xls)。完成此操作后，就不必在每次保存新工作簿时选择较旧的文件类型。

如果在所指定的位置已存在同名的文件，则 Excel 会询问是否要用新文件覆盖已有的文件。此时要格外小心：被覆盖的文件将不能恢复为以前的文件。

文件命名规则

Excel 工作簿文件采用与其他 Windows 文件相同的命名规则。文件名中可以包含空格，最多可包含 255 个字符。这就使得你能够为文件使用有意义的文件名。但是，不能在文件名中使用以下字符：

\(反斜线)	?(问号)
:(冒号)	*(星号)
"(引号)	<(小于号)
>(大于号)	|(竖线)

可在文件名中使用大写和小写字母，以提高其可读性。文件名不区分大小写。例如，My 2022 Budget.xlsx 和 MY 2022 BUDGET.xlsx 是相同的名称。

6.4　使用自动恢复

如果你使用电脑已有一段时间，则可能丢失过一些工作。你可能忘了保存文件，或者是因为停电导致将未保存的工作丢失。又或者，也许在当时觉得处理的工作并不重要，所以关闭而没有保存，但是后来意识到这个工作很重要。Excel 的自动恢复功能可使这类问题发生得不那么频繁。

当在 Excel 中工作时，Excel 会自动定期保存你的工作。此操作在后台完成，所以你甚至可能不知道它的发生。如有必要，你可以访问这些自动保存的工作版本，这甚至适用于那些你从未显式保存的工作簿。

自动恢复功能由两部分组成：

- 工作簿的版本会自动保存，并且可以查看它们。
- 在关闭时未保存的工作簿将保存为草稿版本。

6.4.1　恢复当前工作簿的版本

要查看是否存在活动工作簿的任何以前版本，可选择"文件"|"信息"命令。"管理工作簿"部分列出了当前工作簿的可用旧版本(如果有)。某些情况下，将列出多个自动保存的版本。而在其他一些情况下，也可能没有自动保存的版本。图6-3显示的工作簿有两个恢复点。

图 6-3　可以恢复工作簿的旧版本

可以通过单击其名称来打开自动保存的版本。请记住，打开自动保存的版本时将不会自动替换工作簿的当前版本。因此，可以判断自动保存的版本是否优于当前版本。或者，也可以仅复制一些可能被意外删除的信息并将其粘贴到当前工作簿中。

当关闭工作簿时，自动保存的版本将被删除。

6.4.2　恢复未保存的工作

如果在关闭工作簿时没有保存更改，Excel 会要求确认此操作。如果该未保存的工作簿有自动保存版本，将显示"是否确定"对话框，以向你发出通知。

要恢复未保存的已关闭工作簿，可选择"文件"|"信息"|"管理工作簿"|"恢复未保存的工作簿"命令。此时将显示一个列表，其中包含了工作簿的所有草稿版本。你可以打开它们，并且如果幸运的话，恢复需要的内容。注意，未保存的工作簿将存储为 XLSB 文件格式，而且是只读文件。如果要保存这些文件中的一个文件，则需要提供一个新名称。

草稿版本将在 4 天后或在编辑文件时删除。

6.4.3　配置自动恢复

通常情况下，自动恢复文件将每 10 分钟保存一次。可以调整自动恢复保存时间(在"Excel 选项"对话框的"保存"选项卡中指定)。可以指定介于 1 和 120 分钟的保存时间间隔。

如果要处理机密文件，你可能不希望在计算机上自动保存以前的版本。"Excel 选项"对话框的"保存"选项卡允许完全禁用此功能或只针对特定工作簿禁用此功能。

6.5　使用密码保护工作簿

某些情况下，可能需要为工作簿设置密码。当其他用户尝试打开一个具有密码保护的工作簿时，只有输入密码才能打开该文件。

要为工作簿设置密码，请执行以下操作：

(1) 选择"文件"|"信息"命令，然后单击"保护工作簿"按钮。此按钮会在一个下拉列表中显示其他一些选项。

(2) 选择"用密码进行加密"命令。Excel 会显示"加密文档"对话框，如图6-4所示。

图 6-4　在"加密文档"对话框中为工作簿设置密码

(3) 输入密码，单击"确定"按钮，然后重新输入一次。

(4) 单击"确定"按钮，保存工作簿。

当重新打开此工作簿时，Excel 将提示输入密码。

> **警告**
> 密码区分大小写。在使用密码保护时请格外注意，因为如果忘记密码，将无法用常规办法打开工作簿。此外注意，Excel 密码可以被破解，因此它并不是一个完美的安全方案。

6.6　组织文件

如果你有数百个 Excel 文件，则可能不容易定位所需的工作簿。使用具有描述性的文件名可以有所帮助，使用文件夹和子文件夹(具有描述性的名称)也可以帮助更容易地找到所需的特定文件。但某些情况下，这还不够。

幸运的是，在 Excel 中，可以为工作簿指定各种描述性信息(有时称为元数据)。这些信息被称为文档属性。这些信息包括作者、标记和类别等。

当选择"文件"|"信息"命令时，可以查看(或修改)活动工作簿的文档属性。该信息显示在屏幕的右侧。单击底部的链接，可以在显示更多属性和更少属性之间切换。

> **提示**
> 要访问工作簿的更多属性，请单击"属性"的向下箭头，然后选择"高级属性"选项。

6.7　其他工作簿信息选项

后台视图的"信息"窗格显示了更多与文件相关的选项。要显示此窗格，可选择"文件"|"信息"命令。下面将描述这些选项。如果打算将工作簿分发给其他人，那么这些选项可能就比较实用。注意，并非所有工作簿都会显示下面描述的所有选项，而只会显示与工作簿相关的选项。

6.7.1　"保护工作簿"选项

在"文件"|"信息"|"保护工作簿"下拉列表中包含以下选项。

- **始终以只读方式打开**：使用此选项将文件保存为只读文件，以防止文件被修改。
- **用密码进行加密**：使用此命令可以指定在打开工作簿时需要提供的密码。相关详细内容请参阅前面的 6.5 节。

- **保护当前工作表**：此命令可保护工作表的不同元素。通过此命令所显示的对话框与通过选择"审阅"｜"保护"｜"保护工作表"命令所显示的对话框相同。
- **保护工作簿结构**：此命令允许保护工作簿的结构。通过此命令所显示的对话框与通过选择"审阅"｜"保护"｜"保护工作簿"命令所显示的对话框相同。
- **限制访问**：如果你的组织使用 Azure 权限管理系统，则可将自己的工作簿连接到该系统，从而能够使用粒度更细的选项来保护工作簿。
- **添加数字签名**：此命令允许为工作簿提供数字"签名"，使用户确信你签署了该工作簿。
- **标记为最终**：使用此选项可将工作簿指定为"最终状态"。文档将被保存为只读文件，以防止更改。这不是一个安全功能。"标记为最终状态"命令有助于让别人知道你分享的工作簿是已完成的版本。

> **交叉引用**
> 有关保护工作表、保护工作簿和使用数字签名的更多信息，请参见第 31 章。

6.7.2　"检查问题"选项

在"文件"｜"信息"｜"检查问题"下拉列表中包含以下选项。
- **检查文档**：此命令将显示"文档检查器"对话框。文档检查器可以提醒你工作簿中可能包含一些私人信息——可能是位于隐藏的行或列或者工作表中的信息。如果你要创建一个提供给公众的工作簿，则使用文档检查器执行最终检查是一种很好的做法。
- **检查辅助功能**：此命令会在工作簿中检查可能给残障人士造成不便的潜在问题。检查的结果显示在工作簿的一个任务窗格中。
- **检查兼容性**：如果需要将工作簿保存为较旧的文件格式，则此命令十分有用。它会显示一个非常有用的"兼容性检查器"对话框，其中列出了潜在的兼容性问题。在使用旧文件格式保存工作簿时，也会出现此对话框。

6.7.3　"版本历史"选项

如果你将文件保存到 OneDrive，Microsoft 将为你每次保存文件维护一个版本历史。可以查看或恢复以前的版本。

6.7.4　"管理工作簿"选项

如果 Excel 自动保存了工作簿的之前版本，则可以恢复它们。

6.7.5　"浏览器视图"选项

如果工作簿用于在 Web 浏览器中查看，则可以指定可查看的工作表和其他对象。

6.7.6　"兼容模式"部分

如果活动工作簿是在兼容模式下打开的旧版工作簿，则会在"信息"窗格中显示"兼容模式"部分。要将工作簿转换为最新 Excel 文件格式，可单击"转换"按钮。

警告

该命令将删除文件的原始版本，这看起来是一个相当极端的方法。比较明智的做法是先为工作簿生成副本，然后使用该命令。

6.8　关闭工作簿

完成工作簿操作后，应该关闭工作簿以释放其占有的内存。其他工作簿将继续处于打开状态。当关闭最后一个打开的工作簿时，将同时关闭 Excel。

可以通过以下任一方法关闭工作簿：

- 选择"文件"|"关闭"命令。
- 单击窗口标题栏中的"关闭"按钮(X)。
- 按 Ctrl+F4 键。
- 按 Ctrl+W 键。

如果在上次保存工作簿后对其做了任何更改，则 Excel 会在关闭工作簿之前询问你是否保存对它的更改。

6.9　保护工作的安全

最糟糕的事情莫过于花费很多精力和时间创建了复杂的工作簿，却由于电源或磁盘故障甚至人为错误而毁于一旦。值得庆幸的是，保护工作免受这些灾难并不是一项困难的任务。

本章前面讨论过的自动恢复功能可以使 Excel 定期保存工作簿的备份副本(参见 6.4 节)。自动恢复方法确实不错，但它并不是可以使用的唯一备份保护方法。如果工作簿很重要，则需要使用特别的步骤来确保其安全。以下备份选项均有助于确保文件的安全。

- **在同一磁盘上保留备份副本**：尽管此选项可以在工作表损坏时提供一定的保护，但如果整个硬盘发生故障，则无法实现保护目的。
- **在其他硬盘上保留备份副本**：如果要使用这种方法，则系统中必须有多个硬盘驱动器。此选项可提供比上一种方法更多的保护，因为两个硬盘同时发生故障的可能性比较小。当然，如果整个系统都出现故障或被盗，那只能说确实太不走运了。
- **在网络服务器上保留备份副本**：这种方法要求系统与可写入文件的服务器相连接。此方法很安全，但如果系统与网络服务器位于同一个建筑物中，那么也存在整个建筑物倒塌或毁坏的风险。
- **在 Internet 备份站点上保留备份副本**：有许多网站专门用于存储备份文件。
- **在可移动媒介上保留备份副本**：这是最安全的方法。使用可移动媒介(如 USB 驱动器)可以将备份带到任何地方。因此，即使系统(甚至整个建筑物)被毁坏，这些备份仍然完好无缺。

6.10　使用模板

从本质上说，模板是一个模型，以它为基础可以执行其他操作。Excel 模板就是用于创建其他工作簿的特殊工作簿。本节将讨论 Microsoft 提供的一些模板，以及如何创建自己的模板文件。创建模板需要花费一些时间，但从长远看，使用模板将为你节省大量工作。

6.10.1　探索 Excel 模板

熟悉 Excel 模板文件的最好方法是尝试使用一些模板文件。Excel 提供了数百个可快速访问的模板文件。

1. 查看模板

要查看 Excel 模板，可选择"文件"|"新建"命令。显示在所出现的屏幕上的模板缩略图是可用模板的一小部分范例。可单击建议的搜索词或输入描述性单词，以搜索更多模板。

例如，输入 invoice 然后单击"搜索"按钮。Excel 会显示更多缩略图。

图 6-5 显示了使用"发票"执行模板搜索操作的结果。

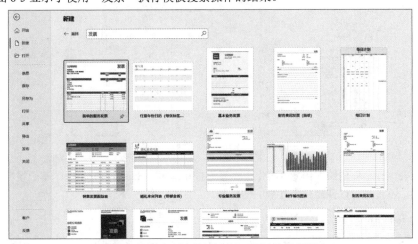

图 6-5　后台视图中的"新建"页面允许搜索模板

2. 从模板创建工作簿

要基于模板创建工作簿，只需要找到一个看起来可完成所需工作的模板并单击缩略图。Excel 将显示一个框，其中包含较大的图像、模板源和一些额外信息。如果看起来比较符合要求，则单击"创建"按钮。否则，单击其中一个箭头来查看列表中的下一个(或前一个)模板的详细信息。

当单击"创建"按钮时，Excel 将下载模板，然后基于该模板创建一个新工作簿。

下一步要执行的操作取决于模板。每个模板都有所不同，但大多数一看就明白。有些工作簿需要执行一些自定义操作。只需要使用自己的信息替换一般信息即可。

> **注意**
>
> 需要理解的很重要的一点是，你不是在模板文件中工作，而是在从模板文件创建的工作簿中工作。如果你做了任何更改，这并不会改变模板——改变的仅是基于模板创建的工作簿。从 Microsoft Office Online 下载模板后，将保存该模板供将来使用(你将不必再次下载它)。当选择"文件"|"新建"命令时，下载的模板将显示为缩略图。

图 6-6 显示了一个从模板创建的工作簿。需要在此工作簿的几个地方进行自定义。但是，如果将再次使用该模板，则更有效的方法是自定义模板，而不是自定义从模板创建的每个工作簿。

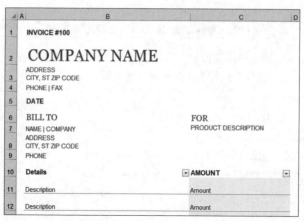

图 6-6　一个从模板创建的工作簿

如果要保存新创建的工作簿，单击"保存"按钮即可。Excel 将给出一个基于模板名称的文件名，不过也可以使用任何喜欢的文件名。

3. 修改模板

下载的模板文件和工作簿文件类似，因此可以打开模板文件并对其进行修改，然后重新保存它。例如，对于图 6-6 中所示的发票模板，可能需要修改此模板，以便显示公司信息和徽标，并使用实际的销售税税率。之后，当将来使用此模板时，基于它创建的工作簿将是已经过自定义的工作簿。

　　要打开模板进行编辑，可选择"文件"|"打开"(而不是"文件"|"新建")命令并找到模板文件(扩展名是.xltx、.xltm 或.xlt)。当通过选择"文件"|"打开"命令打开模板文件时，将打开实际的模板文件，而不是从模板文件创建工作簿。

　　一种用于找到已下载模板文件的位置的方法是查看受信任位置列表：

　　(1) 选择"文件"|"选项"命令。这将显示"Excel 选项"对话框。

　　(2) 选择"信任中心"选项，然后单击"信任中心设置"按钮。这将显示"信任中心"对话框。

　　(3) 在"信任中心"对话框中，选择"受信任位置"选项。你会看到受信任位置的列表。已下载的模板存储在被描述为"用户模板"的位置。如果要修改(或删除)已下载的模板，可以在这里找到它。

　　在作者的系统中，下载的模板存储在以下位置：

`C:\Users\<username>\AppData\Roaming\Microsoft\Templates\`

　　修改模板后，选择"文件"|"保存"命令来保存模板文件。以后使用此模板创建的工作簿将使用修改后的模板版本。

6.10.2　使用默认模板

Excel 支持 3 种类型的模板。

- **默认工作簿模板**：用作新工作簿的基础。
- **默认工作表模板**：用作插入工作簿中的新工作表的基础。
- **自定义工作簿模板**：通常这些已准备好运行的工作簿中含有公式，但是可以根据需要包含简单或复杂的公式。一般来说，通过已设置好的模板，用户可以非常方便地插入数值并立即得到结果。Microsoft Office Online 模板(已在本章前面讨论过)就是此类模板的示例。

本节将讨论默认工作簿和默认工作表模板，下一节将讨论自定义工作簿模板。

1. 使用工作簿模板更改工作簿默认设置

　　每一个新创建的工作簿都有一些默认设置。例如，新建的工作簿中含有一个工作表、工作表中含有网格线、页眉和页脚为空、显示的文本字体由默认常规样式设定、列宽为 8.43 个单位等。如果不喜欢某些默认的工作簿设置，则可以通过创建新的工作簿模板来更改它们。

　　可以很容易地更改 Excel 的默认工作簿，而且从长远来看这样做可以为你节省大量时间。可以通过执行以下步骤来更改 Excel 工作簿默认设置：

　　(1) 打开一个新工作簿。

　　(2) 添加或删除工作表，从而在工作簿中添加所需数量的工作表。

　　(3) 执行所需的其他修改，如列宽、命名样式、页面设置选项，以及"Excel 选项"对话框中的其他设置。要更改单元格的默认格式，请选择"开始"|"样式"|"单元格样式"命令，然后更改"常规"样式的设置。例如，可以更改默认字体、字号或数字格式。

　　(4) 根据需要设置好工作簿之后，选择"文件"|"另存为"|"浏览"命令。这将显示"另存为"对话框。

　　(5) 在"另存为"对话框中，从"保存类型"列表中选择"Excel 模板(*.xltx)"。如果模板中包含任何 VBA 宏，则选择"Excel 启用宏的模板(*.xltm)"。

(6) 输入 book 作为文件名。

> **警告**
> Excel 会提供一个名称(如工作簿 1.xltx)。如果想让 Excel 使用这个模板作为工作簿的默认设置，则必须将名称改为 book.xltx (或 book.xltm)。

(7) 将文件保存到 XLStart 文件夹(而不是 Excel 建议的模板文件夹)中。

(8) 关闭模板文件。

完成以上步骤后，将基于此 book.xltx(或 book.xltm)工作簿模板生成新的默认工作簿。可以通过以下几种方法基于自己的模板创建工作簿：

- 按 Ctrl+N 键。
- 直接打开 Excel 程序，而不是选择打开一个工作簿。仅在禁用在 Excel 启动时显示开始屏幕的选项之后，此选项才有用。此选项可在"Excel 选项"对话框的"常规"选项卡中指定(选择"文件"│"选项"命令显示"Excel 选项"对话框)。

> **注意**
> 如果选择"文件"│"新建"命令，并从模板列表中选择"空白工作簿"选项，将不会使用 book.xltx 模板。此命令将导致创建默认的工作簿，从而提供一种方法来覆盖自定义的 book.xltx 模板(如果需要这么做)。

2. 创建工作表模板

也可以创建名为 sheet.xltx 的单个工作表模板。可使用为 book.xltx 描述的相同过程。当插入新工作表时，将使用 sheet.xltx 模板。

3. 编辑模板

在创建 book.xltx 模板以后，可能需要对它进行更改。为此，可以打开此模板文件，然后像编辑其他任何工作簿一样编辑它。更改之后，将文件保存到其原始位置，然后关闭它即可。

4. 重置默认的工作簿

如果在创建 book.xltx(或 book.xltm)文件之后需要恢复为使用标准的默认设置,则只需要删除(或重命名)book.xltx(或 book.xltm)模板文件。然后，Excel 将对新工作簿使用其内置的默认设置。

6.10.3　使用自定义工作簿模板

上一节讨论的 book.xltx 模板是一个特殊类型的模板，决定了新工作簿的默认设置。本节将讨论其他类型的模板——自定义工作簿模板，它们是作为新的特定工作簿类型基础的工作簿。

1. 创建自定义模板

通过创建自定义工作簿模板，可以减少一些重复性工作。假设你要创建一个月销售报表，其中包含公司的地区销售以及一些汇总计算和图表。为此，可以创建一个由所有相关内容(除输入值外)组成的模板文件。然后，当创建报表时，只需要基于模板打开工作簿，并在空白处填写相关内容即可完成工作。

注意

完全可以使用上一个月的工作簿,然后使用不同的名称另存该工作簿。不过,这样做很容易出错,因为你可能很容易忘记使用"另存为"命令,从而不小心覆盖上一个月的文件。另一种选择是使用"文件"|"打开"命令,并在"打开"对话框中选择"以副本方式打开"命令(当单击"打开"按钮上的箭头时将显示此命令)。通过以副本形式打开文件,将从现有内容创建一个新工作簿,但会为其分配另一个不同的名称以确保旧文件不被覆盖。

当创建基于模板的工作簿时,默认的工作簿名称是在模板名称后面附加一个数字。例如,如果基于名为 Sales Report.xltx 的模板创建一个新工作簿,则此工作簿的默认名称是 Sales Report1.xltx。当第一次保存基于模板创建的工作簿时,Excel 会显示"另存为"对话框,以便根据需要为工作簿指定不同的名称。

自定义模板本质上是一个普通的工作簿,它可以使用任何 Excel 功能,例如图表、公式和宏。通常情况下,建立模板是为了使用户能够在输入数值后立刻得到所需结果。换言之,大多数模板中会包含除数据之外的所有需要的内容,而数据则需要由用户输入。

注意

如果模板包含宏,则必须将模板保存为"Excel 启用宏的模板"类型,其扩展名为.xltm。

在模板文件中锁定公式单元格

如果将由新手使用模板,那么可以考虑锁定所有公式单元格,以确保这些公式不会被删除或修改。默认情况下,在工作表受保护时,所有单元格将会被锁定,而且无法更改。下面的步骤描述了如何解锁不含公式的单元格:

(1) 选择"开始"|"编辑"|"查找和选择"|"定位条件"命令。这将显示"定位条件"对话框。

(2) 选择"常量"选项,然后单击"确定"按钮。此步骤将选择所有不含公式的单元格。

(3) 按 Ctrl +1 键。这将显示"设置单元格格式"对话框。

(4) 选择"保护"选项卡。

(5) 清除"锁定"复选框的复选标记。

(6) 单击"确定"按钮以关闭"设置单元格格式"对话框。

(7) 选择"审阅"|"保护"|"保护工作表"命令。这将显示"保护工作表"对话框。

(8) 指定密码(可选),然后单击"确定"按钮。

执行这些步骤后,将不能修改公式单元格,除非取消保护工作表。

2. 保存自定义模板

要将工作簿保存为模板,可选择"文件"|"另存为"|"浏览"命令,并从"保存类型"下拉列表中选择"Excel 模板(*.xltx)"。如果工作簿包含任何 VBA 宏,则需要选择"Excel 启用宏的模板(*.xltm)"。然后将模板保存到 Excel 所建议的模板文件夹中,或者保存到此模板文件夹的子文件夹中。

如果要在之后修改此模板，可选择"文件"|"打开"命令，以打开并编辑该模板。

3. 使用自定义模板

要基于自定义模板创建工作簿，可选择"文件"|"新建"命令，然后单击"个人"选项(在搜索框下方)。你会看到所有自定义工作表模板(和其他模板)的缩略图。单击一个模板，Excel 将基于该模板创建工作簿。

第 **7** 章

打印工作成果

本章要点

- 更改工作表视图
- 调整打印设置以获得更好的打印效果
- 禁止打印某些单元格
- 使用自定义视图功能
- 创建 PDF 文件

虽然有人预测"无纸办公"将成为趋势，但是纸张仍然是携带信息和与其他人分享信息的一种好方法，尤其在没有电力或者 Wi-Fi 的环境中更是如此。你通过 Excel 创建的许多工作表最终将打印成打印件，而你会希望这些打印件看起来很美观。可以很方便地打印 Excel 报表，而且可以创建富有吸引力的美观报表。此外，Excel 还提供了大量用于控制页面打印的选项。本章将介绍这些选项。

7.1 基本打印功能

如果想要快速轻松地打印一份工作表，那么可以使用"快速打印"选项。可以通过选择"文件"|"打印"命令(将显示后台视图的"打印"窗格)，然后单击"打印"按钮来访问它。按 Ctrl+P 键的效果相当于选择"文件"|"打印"命令。当使用 Ctrl+P 键打开后台视图时，"打印"按钮将获得焦点，所以可以按 Enter 键进行打印。

如果希望通过单击一次鼠标就能实现打印，则可以花几秒钟时间在快速访问工具栏中添加一个新按钮。单击快速访问工具栏右侧的向下箭头，然后从下拉列表中选择"快速打印"命令。这样，Excel 将在快速访问工具栏中添加"快速打印"图标。

单击"快速打印"按钮即可在当前选择的打印机上使用默认打印设置打印当前工作表。如果改变了任何默认打印设置(通过使用"页面布局"选项卡)，则 Excel 将使用新的设置；否则，Excel 将使用下面的默认设置。

- 打印活动工作表(或选定的所有工作表)，包括任何嵌入的图表或对象。
- 打印一个副本。
- 打印整个活动工作表。

- 以纵向模式打印。
- 不对打印输出进行缩放。
- 使用上下页边距为 0.75 英寸、左右页边距为 0.7 英寸的信纸(适用于美国版本)。
- 打印的文件没有页眉和页脚。
- 不打印单元格批注。
- 打印的文件中没有单元格网格线。
- 对于跨越多页的较宽工作表,将先纵向打印,然后横向打印。

当打印工作表时,Excel 将只打印工作表中的活动区域。换句话说,并不会打印所有 170 亿个单元格,而只打印那些含有数据的单元格。如果工作表包含任何嵌入的图表或其他图形对象(如 SmartArt 或形状),则也会打印这些内容。

使用打印预览

当选择"文件"|"打印"命令(或按 Ctrl+P 键)时,后台视图会显示打印输出内容的预览,所显示的内容与打印出来的内容完全相同。一开始,Excel 会显示打印输出内容的第一页。要查看之后的页面,可以使用预览窗格底部的页面控件(或使用屏幕右侧的垂直滚动条)。

"打印预览"窗口中还有其他一些命令(位于底部),可以在预览输出内容时使用。对于多页打印输出,可以使用页码控件快速跳转到特定页。"显示边距"按钮可以切换边距显示,"缩放页面"按钮可以确保显示完整的页面。

当"显示边距"选项生效时,Excel 会向预览内容添加标记,以指明列边框和边距。可以拖动列或边距标记更改屏幕显示。在预览模式下执行的列宽更改将同时应用到实际工作表中。

打印预览功能确实很有用,但你可能更愿意使用"页面布局"视图来预览输出内容(请参阅 7.2 节)。

7.2 更改页面视图

"页面布局"视图可将工作表显示为多个页面。换句话说,可以在工作时查看打印输出内容。

"页面布局"视图是 3 个工作表视图之一,这些工作表视图由状态栏右侧的 3 个图标控制。也可以使用功能区"视图"|"工作簿视图"分组中的命令切换视图。这 3 个视图选项如下所示。

- **"普通"视图**:工作表的默认视图。此视图既可能显示分页符,也可能不显示分页符。
- **"页面布局"视图**:显示各个页面的视图。
- **"分页预览"视图**:可用于手动调整分页符的视图。

只要单击其中一个图标就可以更改视图。也可以使用"缩放"滑块来更改缩放比例,缩放比例的范围可以从 10%(非常小的概览图)到 400%(可显示细节的大视图)。

下面将描述如何使用这些视图来帮助执行打印操作。

7.2.1 "普通"视图

在使用 Excel 时,大多数情况下都使用"普通"视图。"普通"视图可以在工作表中显示分页符。分页符由水平和垂直的虚线表示。在执行更改页面方向、添加/删除行或列或者更改行高及列宽等操作时，Excel 将自动调整这些分页符。例如，如果发现打印输出内容太宽而无法在单个页面上显示，则可调整列宽(请注意分页符的显示)，直到列足够窄，能够打印在一个页面上为止。

> **注意**
> 只有至少已经打印或预览工作表一次之后，才会显示分页符。如果通过选择"页面布局"|"页面设置"|"打印区域"命令设置了打印区域，那么也会显示分页符。

> **提示**
> 如果不希望在"普通"视图中显示分页符，可选择"文件"|"选项"命令并选择"高级"选项卡。滚动到"此工作表的显示选项"部分，然后清除"显示分页符"的复选标记。此设置只应用于活动工作表，并且如果是在其他视图下，此选项会灰显。令人遗憾的是，用于关闭分页符显示的选项未包含在功能区中，甚至无法包含在快速访问工具栏中。

图 7-1 显示了一个处于"普通"视图模式的工作表，它已被缩小大约 50%，且关闭了网格线。列 D 和 E 之间的虚线代表包分页符。

	A	B	C	D	E	F
1	Gabriel	Palmer	Gizmonic Institute	Elizabeth	Virginia	
2	Mason	Carpenter	Monks Diner	Beaumont	Virginia	
3	Matthew	Gray	Extensive Enterprise	Denver	South Dakota	
4	Jasmine	Morales	The Frying Dutchman	Inglewood	Texas	
5	Sophia	Rose	Plow King	Athens	Florida	
6	Natalie	Wilson	Big T Burgers and Fries	Anaheim	Utah	
7	Landon	Stone	Carrys Candles	Portland	Colorado	
8	Brady	Alexander	The Legitimate Businessmens Club	Hollywood	Pennsylvania	
9	Alexa	Mitchell	Widget Corp	Boston	Ohio	
10	Kylie	Ortiz	Gadgetron	Hollywood	Virginia	
11	Ian	Cunningham	Demo Company	Newport News	Michigan	
12	Ariana	Armstrong	Globo Gym American Corp	High Point	Texas	
13	Alexa	Hunter	Zevo Toys	Tampa	District of Columbia	
14	Ryan	Williams	Galaxy Corp	Orlando	Mississippi	
15	Victoria	Crawford	Three Waters	Palmdale	Kentucky	
16	Jasmine	Lawrence	Roxxon	Newark	Nevada	
17	Joshua	Johnson	Sample, inc	Laredo	Alaska	
18	Brian	Carpenter	Spade and Archer	Nashville	Kansas	
19	Tristan	Harris	Taggart Transcontinental	New York	Ohio	
20	Adrian	Murphy	Omni Consimer Products	Daly City	Arkansas	
21	Zoey	Gibson	Spade and Archer	Independence	Hawaii	
22	Alexandra	Dunn	Ankh-Sto Associates	Moreno Valley	Arkansas	
23	Julia	Wilson	Sto Plains Holdings	Salt Lake City	South Carolina	
24	Cole	Anderson	Water and Power	Salt Lake City	Georgia	

图 7-1　在"普通"视图中，虚线表示分页符

7.2.2 "页面布局"视图

与后台视图中的预览(选择"文件"|"打印"命令)有所不同，"页面布局"视图并不是只能进行查看的视图。在此模式中可以访问所有 Excel 命令。实际上，可以根据需要一直使用"页面布局"视图。

图 7-2 显示了一个处于"页面布局"视图模式的工作表，并且已缩小到大约 40%以显示多个页面。与"普通"视图不同，在"页面布局"视图下可以看到页边距、页眉和页脚(如果有)，甚至分隔每个页面的空白空间。如果指定了任何重复的行和列，还将显示它们，这将使得你能查看打印输出内容的真实预览。

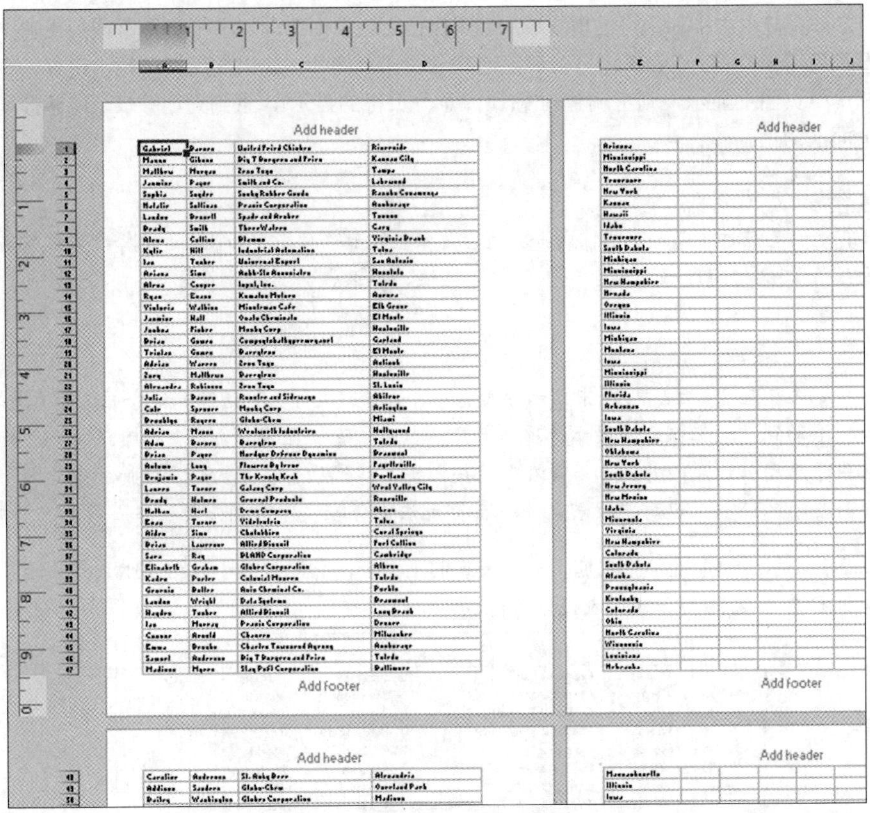

图 7-2　在"页面布局"视图中，工作表类似于打印出的页面

提示

如果在"页面布局"视图中将鼠标移动到页角，单击即可隐藏页边距空白空间。这样做可以发挥"页面布局"视图的所有优点，并且可以看到更多信息，因为屏幕上未使用的页边距空间将被隐藏。

7.2.3　"分页预览"视图

"分页预览"视图可以显示工作表以及工作表中的分页符。图 7-3 显示了一个示例。这种视图模式与打开分页符的"普通"视图模式有所不同，两者的主要区别在于，在此模式中可以拖动分页符。如果设置了打印区域，还可以拖动打印区域的边缘来改变其大小。不同于"页面布局"视图，"分页预览"视图不会显示页边距、页眉和页脚。

当进入"分页预览"模式时，Excel 会执行以下操作：

- 更改缩放比例以显示更多工作表。
- 显示覆盖于页面上的页码。
- 以白色背景显示当前打印区域，以灰色背景显示非打印区域。
- 将所有分页符显示为可拖动的虚线。

当通过拖动更改分页符时，Excel 会自动调整缩放比例，从而使信息符合页面大小和指定的设置。

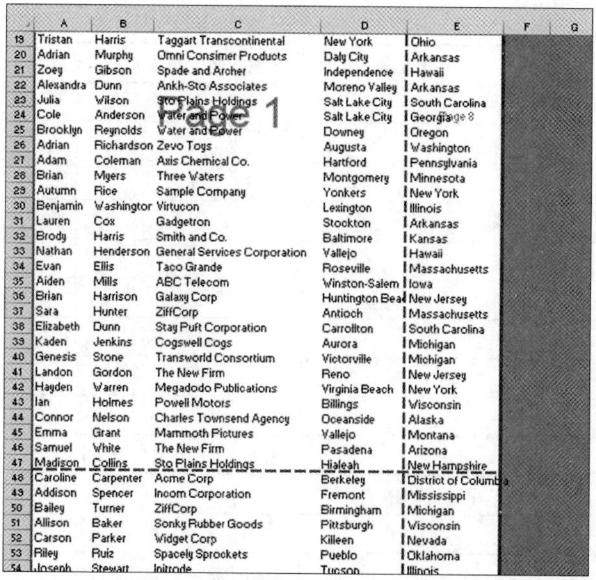

	A	B	C	D	E	F	G
19	Tristan	Harris	Taggart Transcontinental	New York	Ohio		
20	Adrian	Murphy	Omni Consimer Products	Daly City	Arkansas		
21	Zoey	Gibson	Spade and Archer	Independence	Hawaii		
22	Alexandra	Dunn	Ankh-Sto Associates	Moreno Valley	Arkansas		
23	Julia	Wilson	Sto Plains Holdings	Salt Lake City	South Carolina		
24	Cole	Anderson	Water and Power	Salt Lake City	Georgia		
25	Brooklyn	Reynolds	Water and Power	Downey	Oregon		
26	Adrian	Richardson	Zevo Toys	Augusta	Washington		
27	Adam	Coleman	Axis Chemical Co.	Hartford	Pennsylvania		
28	Brian	Myers	Three Waters	Montgomery	Minnesota		
29	Autumn	Rice	Sample Company	Yonkers	New York		
30	Benjamin	Washingtor	Virtucon	Lexington	Illinois		
31	Lauren	Cox	Gadgetron	Stockton	Arkansas		
32	Brody	Harris	Smith and Co.	Baltimore	Kansas		
33	Nathan	Henderson	General Services Corporation	Vallejo	Hawaii		
34	Evan	Ellis	Taco Grande	Roseville	Massachusetts		
35	Aiden	Mills	ABC Telecom	Winston-Salem	Iowa		
36	Brian	Harrison	Galaxy Corp	Huntington Bea	New Jersey		
37	Sara	Hunter	ZiffCorp	Antioch	Massachusetts		
38	Elizabeth	Dunn	Stay Puft Corporation	Carrollton	South Carolina		
39	Kaden	Jenkins	Cogswell Cogs	Aurora	Michigan		
40	Genesis	Stone	Transworld Consortium	Victorville	Michigan		
41	Landon	Gordon	The New Firm	Reno	New Jersey		
42	Hayden	Warren	Megadodo Publications	Virginia Beach	New York		
43	Ian	Holmes	Powell Motors	Billings	Wisconsin		
44	Connor	Nelson	Charles Townsend Agency	Oceanside	Alaska		
45	Emma	Grant	Mammoth Pictures	Vallejo	Montana		
46	Samuel	White	The New Firm	Pasadena	Arizona		
47	Madison	Collins	Sto Plains Holdings	Hialeah	New Hampshire		
48	Caroline	Carpenter	Acme Corp	Berkeley	District of Columbia		
49	Addison	Spencer	Incom Corporation	Fremont	Mississippi		
50	Bailey	Turner	ZiffCorp	Birmingham	Michigan		
51	Allison	Baker	Sonky Rubber Goods	Pittsburgh	Wisconsin		
52	Carson	Parker	Widget Corp	Killeen	Nevada		
53	Riley	Ruiz	Spacely Sprockets	Pueblo	Oklahoma		
54	Joseph	Stewart	Initrode	Tucson	Illinois		

图 7-3　“分页预览”视图模式允许拖动分页符和打印区域的边框

提示

在“分页预览”模式中，仍然可以访问所有 Excel 命令。如果发现文本太小，则可以更改缩放系数。

要退出“分页预览”模式，单击状态栏右端的其他“视图”图标之一即可。

7.3　调整常用页面设置

很多情况下，单击“快速打印”按钮(或选择“文件”|“打印”|“打印”命令)就可以得到比较令人满意的结果，但是稍微调整一下打印设置常常可以进一步提高报表的打印质量。可以从 3 个位置调整打印设置：

- 在后台视图的打印设置屏幕中(当选择“文件”|“打印”命令时显示)；
- 功能区的“页面布局”选项卡；
- “页面设置”对话框(当选择功能区中“页面布局”|“页面设置”分组右下角的对话框启动器时显示)。也可在后台视图的打印设置屏幕中访问“页面设置”对话框。

表 7-1 总结了可在 Excel 中执行各种与打印相关的调整操作的位置。

表 7-1　可以更改打印设置的位置

设置	打印设置屏幕	功能区的“页面布局”选项卡	“页面设置”对话框
打印份数	√		
使用的打印机	√		
打印内容	√		
打印页数	√		

(续表)

设置	打印设置屏幕	功能区的"页面布局"选项卡	"页面设置"对话框
指定工作表打印区域			
单面或双面	√		
对照	√		
方向	√	√	√
纸张大小	√	√	√
调整页边距	√	√	√
指定手动分页符		√	
指定重复行或列			√
设置打印缩放	√	√	√
打印或隐藏网格线		√	√
打印或隐藏行和列标题		√	√
指定起始页码			√
页面居中输出			√
指定页眉/页脚和选项			√
指定如何打印单元格批注			√
指定页面顺序			√
指定黑白输出			√
指定如何打印错误单元格			√
打开"打印机属性"对话框	√		√

　　表 7-1 可能使打印操作看起来比较复杂，其实并非如此。需要记住的关键一点是：如果你找不到一种方法来执行特定调整，那么"页面设置"对话框很可能可以实现你的目的。

7.3.1　选择打印机

　　要切换到不同的打印机或输出设备，可选择"文件"|"打印"命令，并使用"打印机"部分中的下拉控件，以选择其他已安装的打印机。

> **注意**
> 要调整打印机设置，可单击"打印机属性"链接(包含在后台视图的"打印"设置屏幕中)以显示所选打印机的属性对话框。所显示的具体对话框取决于打印机。通过"属性"对话框，可调整特定于打印机的设置，如打印质量和纸张来源。大多数情况下，不必更改这些设置，但如果存在与打印相关的问题，则可能需要检查这些设置。

7.3.2　指定要打印的内容

　　有时，可能只需要打印工作表的部分内容，而不是工作表的整个已使用区域。或者，可能需要重新打印已选择的页面，而不打印所有页。此时，可选择"文件"|"打印"命令，并使用"设置"部分中的控件来指定要打印的内容。

可使用以下一些选项。

- **打印活动工作表**：打印活动工作表或选择的工作表(此选项是默认选项)。可以通过按住 Ctrl 键并单击工作表选项卡来选择打印多个工作表。如果选择多个工作表，Excel 将开始在新页面上打印每个工作表。
- **打印整个工作簿**：打印整个工作簿，包括图表工作表。
- **打印选定区域**：只打印在选择"文件" | "打印"命令之前所选定的内容。
- **打印选定图表**：仅当已选择图表时才显示。如果选择此选项，将只打印图表。
- **打印所选表**：只有在显示打印设置屏幕并且活动单元格位于表格中(通过选择"插入" | "表格" | "表格"命令可创建表格)时，才会显示此选项。如果选中此选项，将只打印相应的表格。

> **提示**
> 也可以通过选择"页面布局" | "页面设置" | "打印区域" | "设置打印区域"命令来指定要打印的区域。在选择这个命令前，请选择要打印的区域。要清除打印区域，可以选择"页面布局" | "页面设置" | "打印区域" | "清除打印区域"命令。要覆盖打印区域，可以在"打印内容"选项列表中选中"忽略打印区域"复选框。

> **注意**
> 打印区域不必是单个区域。可以选择多个区域，然后设置打印区域。每个区域将打印在单独的页面中。

如果打印输出内容使用了多个页面，则可以使用"设置"部分中的"页面"控件指明第一页和最后一页，以选择要打印的页面。既可以使用微调控件，也可以在编辑框中键入页码。

7.3.3　更改页面方向

页面方向是指如何在页面上打印输出内容。选择"页面布局" | "页面设置" | "纸张方向" | "纵向"命令可以打印高页面(默认)，选择"页面布局" | "页面设置" | "纸张方向" | "横向"命令可以打印宽页面。当具有无法在纵向页面上打印的很宽的区域时，横向打印就很有用。

如果改变了方向，则屏幕上的分页符会自动调整以适应新的纸张方向。

也可以通过选择"文件" | "打印"命令来设置纸张方向。

7.3.4　指定纸张大小

可通过选择"页面布局" | "页面设置" | "纸张大小"命令来指定所使用的纸张大小。也可以通过选择"文件" | "打印"命令设置纸张大小。

> **注意**
> 虽然 Excel 可显示各种尺寸的纸张，但是打印机不一定能够支持所有这些纸张。

7.3.5　打印多份报表

使用后台视图中"打印"选项卡顶部的"份数"控件可以指定打印份数。只需要输入所需的份数，然后单击"打印"按钮即可。

7.3.6　调整页边距

　　页边距是位于打印页两侧、底部和顶部的非打印领域。Excel 提供了 4 个"快速页边距"
设置，也可以指定所需的精确页边距。所有打印页面将具有相同的页边距。不能为不同的页
面指定不同的页边距。

　　在"页面布局"视图中，将在列标题上面和行标题左侧显示标尺。可以使用鼠标在标尺
中拖动页边距。Excel 将立即调整页面显示。可以使用水平标尺来调整左侧和右侧的页边距，
使用垂直标尺调整顶部和底部的页边距。

　　从"页面布局"|"页面设置"|"页边距"下拉列表中，可以选择"常规""宽""窄"或
"上次的自定义设置"选项(如果之前自定义过页边距)。也可以通过选择"文件"|"打印"
命令来设置这些选项。如果这些设置不能满足需求，则可以选择"自定义边距"命令以显示
"页面设置"对话框的"页边距"选项卡，如图 7-4 所示。

　　要更改页边距，可单击适当的微调控件(或者直接输入一个值)。在"页面设置"对话框
中指定的页边距设置将出现在"页面布局"|"页面设置"|"页边距"下拉列表中，并被称为
"上次的自定义设置"。

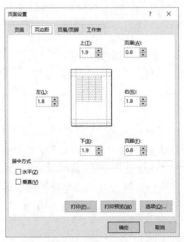

图 7-4　"页面设置"对话框中的"页边距"选项卡

　　也可以在后台视图的预览窗口(选择"文件"|"打印"命令)中调整页边距。单击右下角
的"显示页边距"按钮将在预览窗格中显示边距。然后拖动边距指示器可调整页边距。

　　除了页边距外，还可以调整页眉到页面顶部以及页脚到页面底部的距离。这些设置应比
相应的页边距小，否则，页眉或页脚可能会与打印输出内容发生重叠。

默认情况下，Excel 会将打印的页面向顶部和左侧页边距对齐。如果要使输出内容垂直或水平居中，则需要在"页边距"选项卡的"居中方式"部分中选中相应的复选框。

7.3.7 了解分页符

当打印很长的报表时，控制分页的位置将变得很重要。例如，你可能不希望在一页中仅打印一行，也不想在页面上的最后一行打印表格的标题行。幸运的是，Excel 提供了用于精确控制分页符的选项。

Excel 会自动处理分页符，但有时你可能会强制分页(垂直或水平方向上)，以便按你想要的方式打印报表。例如，如果工作表中包含几个不同的部分，则可能需要在单独的纸张中打印每个部分。

1. 插入分页符

要插入一个水平分页行，可选择将会开始新的一页的单元格。不过，需要确保选择 A 列中的单元格，否则，将插入一个垂直分页符和一个水平分页符。例如，如果需要让第 14 行作为新页面的第一行，则需要选择单元格 A14。然后选择"页面布局"｜"页面设置"｜"分隔符"｜"插入分页符"命令。

> **注意**
> 分页符的显示方式会有所不同，具体取决于所使用的视图模式(相关的详细内容参见本章前面的 7.2 节)。

要插入一个垂直分页行，可选择将会开始新的一页的单元格。不过，这种情况下，需要确保选择第一行中的单元格。然后选择"页面布局"｜"页面设置"｜"分隔符"｜"插入分页符"命令来创建分页。

2. 删除手动分页符

要删除已经添加的分页符，可选择手动分页符下方的第一行(或右侧的第一列)中的单元格，然后选择"页面布局"｜"页面设置"｜"分隔符"｜"删除分页符"命令。

要删除工作表中的所有手动分页符，可选择"页面布局"｜"页面设置"｜"分隔符"｜"重设所有分页符"命令。

7.3.8 打印行和列标题

如果工作表设置为在第一行输入标题和在第一列输入描述性名称，则在未出现这些标题的打印页面上可能就难以识别相关的数据。要解决这个问题，可以选择在每个打印输出页上将选定行或列打印为标题。

行和列标题在打印输出中的用途与冻结窗格在工作表导航中的用途几乎相同。但是，请注意，这些功能是相互独立的。换句话说，冻结窗格不会影响打印输出。

> **交叉引用**
> 关于如何冻结窗格的更多信息，请参见第 3 章。

> **警告**
> 不要混淆打印标题与页眉，它们是两个不同的概念。页眉显示在每一页的顶部，其中包含工作表名称、日期或页码等信息。而行和列标题则描述了要打印的数据，如数据库表或列表中的字段名。

可指定在每个打印页顶部重复出现的特定行或者在每个打印页左侧重复出现的特定列。为此，可选择"页面布局" | "页面设置" | "打印标题"命令。Excel 将显示"页面设置"对话框的"工作表"选项卡，如图 7-5 所示。

图 7-5　使用"页面设置"对话框的"工作表"选项卡指定将出现在每个打印页上的行或列

图 7-5 显示，第一行将在页面的顶部重复，列 A 和 B 将在页面的左侧重复。即使只想让一行或一列重复，也必须包含分号。要设置这些属性，需要激活相应的框（"顶端标题行"或"从左侧重复的列数"），然后选择工作表中的行或列。或者，也可以手动输入这些引用内容。例如，如果要指定第 1 行和第 2 行作为重复行，则输入"1:2"。

> **注意**
> 当你指定行和列标题并使用"页面布局"视图时，这些标题将在每一页上重复显示(在打印文档中也如此)。然而，只能在标题单元格首次出现的页面上选择这些用于标题的单元格。

7.3.9　对打印输出进行缩放设置

某些情况下，可能需要强制在特定数量的页面中打印输出。可以通过放大或缩小来实现此目的。要输入比例系数，请选择"页面布局" | "调整为合适大小" | "缩放比例"命令。可以输入 10%～400%的比例系数。要返回正常比例，请输入 100%。

要强制 Excel 使用特定数量的页面打印输出内容，可选择"页面布局" | "调整为合适大小" | "宽度"命令和"页面布局" | "调整为合适大小" | "高度"命令。当更改其中任何一项设置时，将在"缩放比例"控件中显示相应的比例系数。

> **警告**
> Excel 并不保证打印内容的可读性，它可能将输出内容缩小到没人能看清的程度。

7.3.10 打印单元格网格线

通常情况下，不打印单元格网格线。如果希望在打印输出中包含网格线，可选择"页面布局"|"工作表选项"|"网格线"|"打印"命令。

或者，也可以在一些单元格周围插入边框以模拟网格线。将边框颜色改为"白色，背景1，深色 5%"，能够很好地模拟网格线。要改变颜色，可选择"开始"|"字体"|"边框"|"其他边框"命令。确保首先改变颜色，然后应用边框。

交叉引用
有关边框的信息，请参见第 5 章。

7.3.11 打印行和列标题

默认情况下，不会打印工作表的行和列标题。如果希望在打印输出中包括这些项，那么可以选择"页面布局"|"工作表选项"|"标题"|"打印"命令。

7.3.12 使用背景图像

你是否想在打印输出中使用背景图像？令人遗憾的是，无法实现此目的。你可能已经注意到"页面布局"|"页面设置"|"背景"命令。此按钮会显示一个对话框，用于选择要显示为背景的图像。将此控件与其他有关打印的命令放在一起有些误导，因为放置在工作表中的背景图像不会被打印。

提示
作为真正背景图像的替代项，可以在工作表中插入形状、艺术字或图片，然后调整其透明度。之后，将图像复制到所有打印页面。或者，也可以在页眉或页脚中插入一个对象(相关的内容请参阅"插入水印"侧边栏)。

插入水印
水印是出现在每个打印页上的图像(或文字)。水印可以是浅颜色的公司徽标或单词(例如DRAFT)。Excel 没有用于打印水印的正式命令，但可以通过在页面的页眉或页脚中插入图片来添加水印。具体方法如下：
(1) 在硬盘上找到要用于水印的图像。
(2) 选择"视图"|"工作簿视图"|"页面布局"命令。
(3) 单击页眉的中央部分。
(4) 选择"页眉和页脚"|"页眉和页脚元素"|"图片"命令。这将出现"插入图片"对话框。
(5) 单击"浏览"按钮并找到步骤(1)中的图片(或从列出的其他来源中找到合适的图像)。
(6) 单击页眉外部以查看图像。
(7) 要在页面中居中显示图像，可以单击页眉的中心部分，并在&[Picture]代码前加上一些回车符。你可能需要进行多次试验以确定所需的回车符数量，从而可以将图像推到文档正文中间。
(8) 如果需要调整图像(例如使颜色更浅)，则单击页眉的中心部分，然后选择"页眉和页

脚"|"页眉和页脚元素"|"设置图片格式"命令。使用"设置图片格式"对话框中"图片"选项卡上的"图像控制"选项来调整图像。你可能需要对设置进行多次实验，以确保工作表的文字清晰。

下图显示了一个用作水印的页眉图片(使用 SmartArt 创建的单词 DRAFT)示例。当然，也可以使用文本作为水印，但是那将无法使用相同的格式控制选项，如控制亮度和对比度。

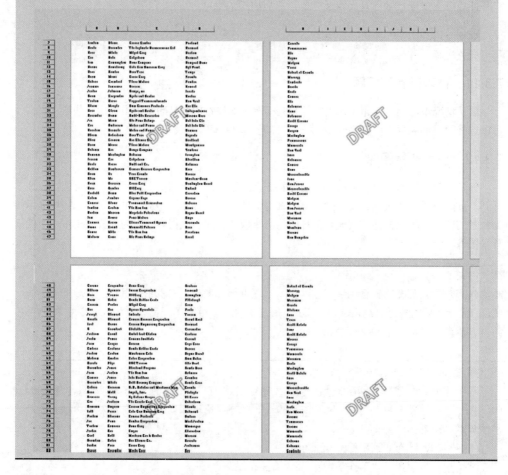

7.4 为报表添加页眉或页脚

页眉是出现在每个打印页顶部的信息。页脚是出现在每个打印页底部的信息。默认情况下，新工作簿包含页眉和页脚的空间，但其中不包含内容。

可以通过使用"页面设置"对话框中的"页眉/页脚"选项卡来指定页眉和页脚。或者，也可以通过切换到"页面布局"视图来简化此任务，可以在此视图中单击"添加页眉"或"添加页脚"文字提示来添加页眉或页脚。

注意

如果是在"普通"视图中工作，则可以选择"插入"|"文本"|"页眉和页脚"命令。这样，Excel 将切换到"页面布局"视图，并激活页眉的中央部分。

此后可以输入信息并应用任何喜欢的格式类型。请注意，页眉和页脚包含 3 个部分：左、中、右。例如，可以创建一个页眉，使得在左边打印你的名字，在页眉中心显示工作表名称，在右边显示页码。

提示

如果需要为所有文件使用一致的页眉或页脚，可以创建一个含有指定页眉或页脚的 book.xltx 模板。book.xltx 模板用作新工作簿的基础。

交叉引用

有关模板的详细信息，请参见第 6 章。

当激活"页面布局"视图中的页眉或页脚部分时，功能区将显示一个新的上下文选项卡："页眉和页脚"。可使用此选项卡上的控件处理页眉和页脚。

7.4.1 选择预定义的页眉或页脚

通过使用"页眉和页脚"|"页眉和页脚"分组中的两个下拉列表，可以从很多预定义的页眉或页脚中进行选择。注意，其中列出的一些项是由以逗号分隔的多个部分组成的。这些部分分别对应于页眉和页脚的 3 个部分(左、中、右)。图 7-6 显示了一个使用了所有 3 个部分的页眉的示例。

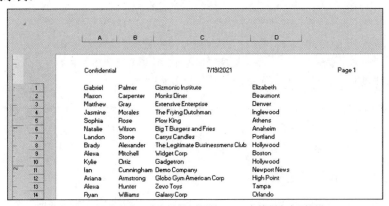

图 7-6 这个包含 3 个部分的页眉是 Excel 中的预定义页眉之一

7.4.2 了解页眉和页脚元素代码

当激活一个页眉或页脚部分后，可以在此部分中输入所需的任何文字。或者，若要插入可变信息，也可以插入多个元素中的任一元素的代码，方法是单击"页眉和页脚"|"页眉和页脚元素"分组中的按钮。每个按钮将向选定的部分中插入一个代码。例如，如果要插入当前日期，可单击"当前日期"按钮。表 7-2 列出了这些按钮及其功能。

表 7-2 页眉和页脚按钮及其功能

按钮	代码	功能
页码	&[Page]	显示页码
页数	&[Pages]	显示要打印的总页数
当前日期	&[Date]	显示当前日期
当前时间	&[Time]	显示当前时间
文件路径	&[Path]&[File]	显示工作表的完整路径和文件名
文件名称	&[File]	显示工作簿名称
工作表名称	&[Tab]	显示工作表名称
图片	&[Picture]	可以添加图片
设置图片格式	不适用	可以更改已添加的图片设置

在每个部分中,都可以将文本和代码结合在一起使用,并且可以插入所需的任意数量的代码。

> **注意**
> 如果输入的文本使用了与号(&),则必须输入两次此符号(因为 Excel 使用一个与号来标志一个代码)。例如,如果要在页眉或页脚的一个部分中输入文本 Research & Development,则需要键入 Research && Development。

还可在页眉和页脚中使用不同的字体和字号。为此,可选择要修改的文本,然后使用“开始”|“字体”分组中的格式工具。或者,也可以使用浮动工具栏上的控件,当选择文本时会自动显示浮动工具栏。如果不改变字体,则 Excel 会使用为“常规”样式定义的字体。

> **提示**
> 可根据需要使用任意数量的行。按 Enter 键可为页眉或页脚强制实现一个换行。如果使用了多行的页眉或页脚,则可能需要调整顶部或底部边距,以便使其文本不与工作表数据重叠(相关内容请参阅本章前面的 7.3.6 节)。

令人遗憾的是,不能打印页眉或页脚中的特定单元格的内容。例如,你可能希望 Excel 使用单元格 A1 的内容作为页眉的一部分。为此,在打印工作表之前,需要手动输入单元格内容,或者编写一个 VBA 宏来执行此操作。

7.4.3 其他页眉和页脚选项

当在“页面布局”视图中选择一个页眉或页脚时,“页眉和页脚”|“选项”分组会包含一些控件,可以让你指定以下一些选项。

- **首页不同**:如果选中,可为打印的首页指定不同的页眉/页脚。
- **奇偶页不同**:如果选中,可为奇数页和偶数页指定不同的页眉/页脚。
- **随文档一起缩放**:选中后,如果在打印时缩放文档,则页眉和页脚的字号将相应地缩放。默认情况下将启用此选项。
- **与页边距对齐**:如果选中,左页眉和页脚将与左边距对齐,右页眉和页脚将与右边距对齐。默认情况下将启用此选项。

注意

如果选中"首页不同"或"奇偶页不同"复选框,就不能再使用预定义的页眉和页脚,而必须使用"页面设置"对话框中的"自定义页眉"和"自定义页脚"按钮。

7.5 其他与打印相关的主题

接下来将介绍与在 Excel 中执行打印相关的其他主题。

7.5.1 在工作表之间复制页面设置

每个 Excel 工作表都有自己的打印设置选项(方向、页边距、页眉和页脚等)。这些选项可在"页面布局"选项卡的"页面设置"分组中指定。

当向工作簿添加一个新工作表时,新工作表包含了默认的页面设置。以下是一种用于将设置从一个工作表转移到其他工作表的简单方法:

(1) **激活含有所需设置信息的工作表**。这是源工作表。

(2) **选择目标工作表**。按住 Ctrl 键并单击要使用源工作表设置进行更新的工作表的选项卡。

(3) 单击"**页面布局**"|"**页面设置**"分组右下角的对话框启动器。

(4) 当出现"**页面设置**"对话框时,单击"**确定**"按钮将其关闭。

(5) 通过右击任何选定的工作表,然后从快捷菜单中选择"**取消组合工作表**"命令以取消组合工作表。由于在关闭"页面设置"对话框时选中了多个工作表,因此源工作表中的设置将被转移到所有目标工作表。

注意

位于"页面设置"对话框的"工作表"选项卡中的以下两个设置不会被转移:打印区域和打印标题。此外,不会转移页眉或页脚中的图片。

7.5.2 禁止打印特定的单元格

如果工作表包含机密信息,那么可能需要在打印工作表时不打印这些信息。可以使用多种方法来禁止打印工作表中的特定部分:

- **隐藏行或列**。隐藏行或列后,将不打印隐藏的行或列。可以选择 "开始"|"单元格"|"格式"下拉列表隐藏选定的行或列。

- **可通过使文本颜色与背景颜色相同来隐藏单元格或区域**。但请注意,这种方法可能并非适用于所有打印机。

- **可通过使用含有 3 个分号(;;;)的自定义数字格式来隐藏单元格**。有关使用自定义数字格式的详细信息,请参见第 2 章。

- **屏蔽区域**。可以屏蔽工作表的保密区域,方法是在此区域上覆盖一个矩形的形状。为此,请选择"插入"|"插图"|"形状"命令,然后单击"矩形形状"按钮。可能需要调整填充颜色,以便使其与单元格背景相匹配,并删除边框。

如果发现在打印某些报告时必须经常隐藏数据,那么可以考虑使用自定义视图功能,本章后面将讨论此功能(参见 7.5.4 节)。此功能允许创建一个命名的视图,其中不显示机密信息。

7.5.3　禁止打印对象

要禁止打印工作表中的某些对象(如图表、形状和 SmartArt),需要访问相应对象的"格式"任务窗格中的"属性"选项卡(见图 7-7)。

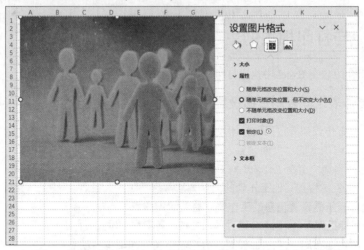

图 7-7　使用对象的"格式"任务窗格的"属性"选项卡禁止打印对象

(1) 右击对象并从快捷菜单中选择"设置 *xxxx* 格式"命令(*xxxx* 将因对象而异)。

(2) 在为该对象打开的"格式"任务窗格中,单击"大小和属性"图标。

(3) 展开任务窗格的"属性"部分。

(4) 清除"打印对象"旁边的复选标记。

> **注意**
> 对于图表,必须右击图表的图表区(图表的背景)。或者,双击图表的边框以显示"设置图表区格式"任务窗格。然后展开"属性"部分,清除"打印对象"复选标记。

7.5.4　为工作表创建自定义视图

如果需要在同一个 Excel 工作簿中创建几个不同的打印报表,那么为每份报表创建特定的设置是一项单调乏味的工作。例如,你可能需要为老板打印横向模式报表。而另一个部门可能需要具有相同数据的简化报表,但需要隐藏一些列,并以纵向模式打印。可以通过创建工作表的自定义命名视图并在其中包含每个报表的正确设置,以简化此过程。

通过自定义视图功能,可以为工作表的各种视图分配名称,并且可以快速切换这些命名视图。一个视图包括以下一些设置:

- 打印设置(可在"页面布局"|"页面设置"、"页面布局"|"调整为合适大小"和 "页面布局"|"工作表选项"分组中进行设置);
- 隐藏的行和列;
- 工作表视图(普通、页面布局、分页预览);
- 选定的单元格和区域;
- 活动单元格;

- 缩放比例；
- 窗口大小和位置；
- 冷冻窗格。

如果发现经常需要在打印之前设置这些内容，然后将其更改回来，则可以使用自定义的命名视图来节省很多精力。

> **警告**
> 令人遗憾的是，如果工作簿(不只是工作表)至少包含一个表格(使用"插入"|"表格"|
> "表格"命令创建)，则自定义视图功能不可用。当包含表格的工作簿处于活动状态时，"自定义视图"命令将被禁用。这严重限制了自定义视图功能的有用性。

创建命名视图的过程如下：

(1) **按希望的方式设置视图。** 例如，隐藏一些列。

(2) **选择"视图"|"工作簿视图"|"自定义视图"命令。** 这将显示"自定义视图"对话框。

(3) **单击"添加"按钮。** 这将显示"添加视图"对话框(如图 7-8 所示)。

(4) **提供描述性名称。** 还可以通过使用两个复选框指定要包括在视图中的内容。例如，如果不希望在视图中包括打印设置，则清除"打印设置"复选标记。

(5) **单击"确定"按钮保存命名的视图。**

图 7-8　使用"添加视图"对话框创建命名视图

然后，在准备好打印后，打开"自定义视图"对话框以查看所有命名的视图。要选择一个特定的视图，只需要从列表中选择它，然后单击"显示"按钮即可。若要从列表中删除命名的视图，单击"删除"按钮即可。

7.5.5　创建 PDF 文件

PDF 文件格式被广泛用于以只读方式呈现信息，并允许用户精确控制布局。如果需要与没有 Excel 工具的其他人共享工作，则创建 PDF 格式文件通常是很好的解决方案。可从许多来源获取用于显示 PDF 文件的免费软件。

> **注意**
> Excel 可以创建 PDF 文件，但不能打开它们。Word 可以创建并打开 PDF 文件。

XPS 是另一种"电子纸张"格式，由 Microsoft 开发以替代 PDF 格式。不过，目前很少有第三方支持 XPS 格式。

要以 PDF 或 XPS 格式保存工作表，请选择"文件"|"导出"|"创建 PDF/XPS 文档"|"创建 PDF/XPS"命令。Excel 会显示"发布为 PDF 或 XPS"对话框，可以在其中指定文件名和位置并设置其他一些选项。

第**8**章

自定义 Excel 用户界面

本章要点

- 自定义快速访问工具栏
- 自定义功能区

软件程序的用户界面包含了用户与该软件的所有交互方式。在 Excel 中，用户界面由下列部分组成：

- 功能区
- 快速访问工具栏
- 快捷菜单
- 对话框
- 任务窗格
- 键盘快捷方式

本章将介绍如何修改 Excel 的两个用户界面组件：快速访问工具栏和功能区。你可以自定义这些元素，以便按照更适合你的方式使用 Excel。

8.1　自定义快速访问工具栏

无论选择哪个功能区选项卡，快速访问工具栏总是可见。在自定义快速访问工具栏后，你总能通过一次单击访问某些常用的命令。

> **注意**
> 唯一导致快速访问工具栏不可见的情况是全屏显示模式。可通过单击 Excel 标题栏中的"功能区显示选项"按钮并选择"自动隐藏功能区"选项来启用该模式。要临时在全屏模式下显示快速访问工具栏(和功能区)，可单击标题栏或按 Alt 键。要取消全屏模式，可单击 Excel 标题栏上的"功能区显示选项"按钮，然后选择"显示选项卡"或"显示选项卡和命令"选项。

8.1.1　快速访问工具栏简介

默认状态下，快速访问工具栏位于 Excel 标题栏的左侧，并且在功能区的上方(如图 8-1

所示)。除非对其进行自定义，否则它包括下列 3 个工具。如果 Excel 检测到你使用了一个启用触摸模式的设备，则包括 4 个工具。

- **保存**：保存活动工作簿。
- **撤消**：取消上一次操作。
- **重做**：取消上一次撤消操作。
- **触摸/鼠标模式**：对于启用了触摸模式的设备，单击该按钮可在触摸模式和鼠标模式之间切换。触摸模式提供了更大的触摸目标。

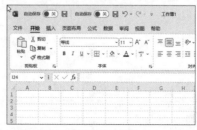

图 8-1　快速访问工具栏的默认位置是在 Excel 标题栏的左侧

你也可以根据喜好将快速访问工具栏移动到功能区的下面。为此，请右击快速访问工具栏并选择"在功能区下方显示快速访问工具栏"命令。将快速访问工具栏移动到功能区下方将占用额外的屏幕垂直空间。换句话说，如果将快速访问工具栏移出其默认位置，那么将导致少显示一或两行工作表。不同于传统的工具栏，不能将快速访问工具栏置于自由浮动模式，从而使你可以将其移动到一个方便的位置。相反，它将总是出现在高于或低于功能区的位置。

快速访问工具栏上的命令总是以不包含文本的小图标形式出现。一个例外是显示文本的下拉控件。例如，如果从"开始"｜"字体"分组添加"字体"控件，它将显示为快速访问工具栏中的一个下拉控件。当把鼠标指针悬停在图标上时，可以看到命令的名称及其简要描述。

可通过添加或移除命令来自定义快速访问工具栏。如果要频繁使用某些 Excel 命令，那么可以通过将它们添加到快速访问工具栏来方便地访问这些命令。也可以重新安排图标的顺序。

就作者所知，你可以向快速访问工具栏添加任意数量的命令。但是快速访问工具栏只会显示一行图标。如果图标的数量超过 Excel 窗口的宽度，则将在末尾显示额外的一个图标——"其他控件"。单击"其他控件"图标时，将在出现的弹出窗口中显示隐藏的快速访问工具栏图标。

8.1.2　向快速访问工具栏添加新命令

可以通过以下 3 种方式向快速访问工具栏中添加新命令：

- 单击位于快速访问工具栏右侧的"自定义快速访问工具栏"下拉控件(如图 8-2 所示)。列表中包含一些常用的命令。从列表中选择一个命令，Excel 就会将其添加到快速访问工具栏中。
- 右击功能区上的任意控件并选择"添加到快速访问工具栏"命令。这样，该控件将添加到快速访问工具栏，位于最后一个控件的右侧。
- 使用"Excel 选项"对话框的"快速访问工具栏"选项卡。一种快速访问该对话框的方法是右击快速访问工具栏并选择"自定义快速访问工具栏"命令。

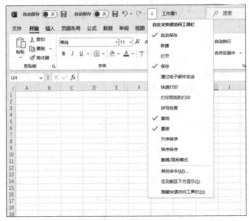

图 8-2　此下拉列表是用于向快速访问工具栏中添加新命令的一个方法

本节的其余部分将讨论"Excel 选项"对话框中的"快速访问工具栏"选项卡，如图 8-3 所示。

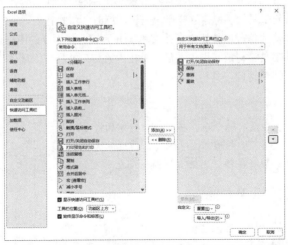

图 8-3　使用"Excel 选项"对话框中的"快速访问工具栏"选项卡自定义快速访问工具栏

此对话框的左侧显示了一个 Excel 命令列表，右侧显示了快速访问工具栏中的当前命令。左侧命令列表上方是用于筛选列表的"从下列位置选择命令"下拉控件。从此下拉控件选择一项后，列表将只显示与该项有关的命令。在图 8-3 中，此列表显示了"常用命令"类别中的命令。

下拉列表中的一些项如下所示。

- **常用命令**：显示 Excel 用户常用的命令。
- **不在功能区中的命令**：显示无法在功能区中访问到的命令的列表。其中许多(但不是全部)命令已过时或者不是非常有用。
- **所有命令**：显示 Excel 命令的完整列表。
- **宏**：显示所有可用的宏的列表。
- **"文件"选项卡**：显示后台视图中的可用命令。

- **"开始"选项卡**：显示当"开始"选项卡处于活动状态时可用的所有命令。

此外，"从下列位置选择命令"下拉列表还为其他每个选项卡包含相关项，包括上下文选项卡(例如，当选中图表时显示的额外选项卡)。要在快速访问工具栏中添加一项，可从左侧列表中选择它，然后单击"添加"按钮。执行上述操作后，该命令将显示在右侧的列表中。在每个列表的顶部有一个称为<分隔符>的项。将此项添加到快速访问工具栏将生成一根竖线来帮助你分组命令。

这些命令按字母顺序列出。有时，你可能需要进行一些猜测才能找到特定命令。

提示

默认情况下，快速访问工具栏自定义对所有文档可见。你可以创建特定于一个具体工作簿的快速访问工具栏配置。换句话说，只有当特定工作簿处于活动状态时，快速访问工具栏上的相关命令才会显示。为此，首先需要激活工作簿，然后显示"Excel 选项"对话框的"快速访问工具栏"选项卡。当将命令添加到快速访问工具栏时，请使用右上角的下拉列表指定所做更改是针对所有工作簿，还是只针对活动工作簿。

当从"从下列位置选择命令"下拉控件选择宏时，Excel 将列出所有可用的宏。可以将一个宏添加为快速访问工具栏图标，这样当单击该图标时，将执行宏。将宏添加到快速访问工具栏之后，可以单击"修改"按钮来更改文本，并为宏选择不同的图标。

当完成快速访问工具栏自定义操作之后，单击"确定"按钮以关闭"Excel 选项"对话框。新图标将出现在快速访问工具栏中。

提示

只有在添加功能区中没有的命令、添加将执行宏的命令以及重新排列图标顺序时，才需要使用"Excel 选项"对话框中的"快速访问工具栏"选项卡。在其余情况下，在功能区中找到命令，然后右击命令并选择"添加到快速访问工具栏"命令的操作更为容易。

8.1.3 其他快速访问工具栏操作

其他快速访问工具栏操作包括如下。

- **重排快速访问工具栏图标**：如果要更改快速访问工具栏图标的顺序，那么可以在"Excel 选项"对话框的"快速访问工具栏"选项卡中完成此操作。只需要选择命令，然后使用右侧的"上移"和"下移"方向按钮即可移动图标。
- **删除快速访问工具栏图标**：从快速访问工具栏删除图标的最简单的方法是右击图标，然后选择"从快速访问工具栏删除"命令。此外，也可以使用"Excel 选项"对话框中的"快速访问工具栏"选项卡。只需要选择右侧列表中的命令并单击"删除"按钮即可。
- **重置快速访问工具栏**：如果要使快速访问工具栏返回到默认状态，那么可以显示"Excel 选项"对话框中的"快速访问工具栏"选项卡并单击"重置"按钮。然后选择"仅重置快速访问工具栏"命令。之后，快速访问工具栏将只显示其默认的命令。

警告

不能撤消重置快速访问工具栏的操作。

共享用户界面自定义

在"Excel 选项"对话框中，"快速访问工具栏"选项卡和"自定义功能区"选项卡都有一个"导入/导出"按钮。可以使用这个按钮来保存和打开含有用户界面自定义设置的文件。例如，可以创建新的功能区选项卡并与办公室同事分享它。

单击"导入/导出"按钮，将提供两种选择。

- 导入自定义文件：这将提示你找到文件。在加载文件前，系统将询问你是否要替换现有的所有功能区和快速访问工具栏自定义设置。
- 导出所有自定义设置：系统会提示你提供文件名和文件的位置。

该信息存储在一个具有 exportedUI 扩展名的文件中。

遗憾的是，导入和导出操作没有被很好地实现。Excel 不允许你只保存或加载快速访问工具栏自定义设置，或者只保存或加载功能区自定义设置，而会同时导入或导出这两种类型的自定义设置。因此，你无法只共享快速访问工具栏自定义设置，而不共享功能区自定义设置。

提示

快速访问工具栏中的命令被分配了数字，以便能够用快捷键访问这些命令。例如，Alt+1 快捷键将执行快速访问工具栏中的第 1 个命令。第 9 个命令之后，快捷键将变为 09、08、07……。第 18 个命令之后，快捷键将变为 0M、0N、0O……。Alt+0Z 快捷键之后，Excel 将不再分配快捷键。

8.2　自定义功能区

功能区是 Excel 的主要用户界面组件。它由顶部的各个选项卡组成。当单击一个选项卡时，它会显示一组相关命令，这些命令分别被排列到一些分组中。

8.2.1　自定义功能区的目的

大多数用户不必自定义功能区。但是，如果你发现会频繁地使用相同的命令，并且不得不总是通过单击很多选项卡来访问这些命令，那么可能就需要自定义功能区，以便使所需的命令放置在同一个选项卡中。

8.2.2　可以自定义的项

可以通过下列操作来自定义功能区中的选项卡：

- 添加新的自定义选项卡。
- 删除自定义选项卡。
- 更改选项卡的顺序。
- 更改选项卡名称。
- 隐藏内置的选项卡。

可以通过下列操作自定义功能区中的组：

- 添加新的自定义组。
- 向自定义组添加命令。

- 从自定义组中删除命令。
- 从选项卡中删除组。
- 将组移动到其他选项卡。
- 更改一个选项卡中组的顺序。
- 更改组名。

以上是很全面的自定义选项列表，但是也有一些操作无法完成：

- 删除内置选项卡(但可以隐藏它们)。
- 从内置组删除命令(但可以删除整个组)。
- 更改内置组中命令的顺序。

注意

令人遗憾的是，不能通过使用 VBA 宏来自定义功能区(或快速访问工具栏)。但是，开发人员可以编写 RibbonX 代码并将其存储在工作簿文件中。当文件被打开时，功能区将被修改为显示新的命令。编写 RibbonX 的操作比较复杂，超出了本书的范围，因此这里不再对其进行介绍。

8.2.3 如何自定义功能区

自定义功能区是通过"Excel 选项"对话框的"自定义功能区"选项卡实现的(如图 8-4 所示)。显示此对话框的最快捷方式是右击功能区中的任何位置并选择"自定义功能区"命令。

1. 创建新选项卡

如果你想创建新选项卡，可单击"新建选项卡"按钮。Excel 会创建名为"新建选项卡(自定义)"的选项卡，并在该选项卡中创建一个名为"新建组(自定义)"的新组。

几乎始终应该为选项卡(和组)提供更有意义的名称。选择相应项，然后单击"重命名"命令。如有必要，使用右侧的"上移"和"下移"箭头按钮重新定位新选项卡。

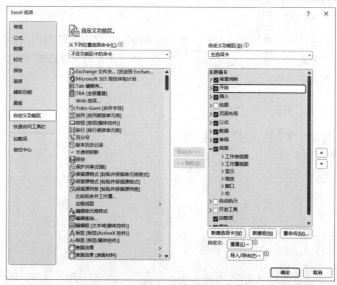

图 8-4 "Excel 选项"对话框的"自定义功能区"选项卡

注意

如果只是要向功能区中添加新命令，则无须添加新选项卡。可以为现有选项卡创建新组。

2. 创建新组

要创建新组，可选择将包含该新组的选项卡，然后单击"新建组"按钮。Excel 将创建名为"新建组(自定义)"的新组。可使用"重命名"按钮提供更具描述性的名称，并使用右侧的"上移"和"下移"箭头按钮在选项卡中重新定位该组。

3. 向新组添加命令

向功能区添加命令的过程与向快速访问工具栏添加命令的过程(在本章前面描述)非常相似。添加的命令必须放在一个新组中。以下是常规过程：

(1) 使用左侧的"从下列位置选择命令"下拉列表显示各组命令。

(2) 在左侧列表框中找到命令。

(3) 使用右侧的"自定义功能区"下拉列表选择一组选项卡。主选项卡是指总是可见的选项卡；工具选项卡是指在选择特定对象时出现的上下文选项卡。

(4) 在右侧的列表框中选择要在其中放置命令的选项卡和组。需要单击加号符号控件来展开选项卡名称，以便显示它的组名。

注意

只能向已经创建的组添加命令。

(5) 单击"添加"按钮，将选定的命令从左侧添加到右侧选定的组中。

要重新排列选项卡、组或命令的顺序，请选择要移动的项，并使用右边的"上移"和"下移"按钮对其进行移动。请注意，可以将组移动到一个不同的选项卡中。

注意

虽然不能删除内置的选项卡，但是可以通过清除其名称旁边的复选标记来隐藏这些选项卡。

图 8-5 显示了一个自定义功能区的一部分。在这里，在"视图"选项卡中添加了两个组(位于"宏"组的右侧)："更多命令"(有 3 个新命令)和"语音"(有 5 个新命令)。

图 8-5　添加了两个新组的"视图"选项卡

8.2.4　重置功能区

要将功能区的全部或部分恢复为默认状态，可右击功能区的任何部分并从快捷菜单中选择"自定义功能区"命令。Excel 会显示"Excel 选项"对话框的"自定义功能区"选项卡。单击"重置"按钮显示以下两个选项："仅重置所选功能区选项卡"和"重置所有自定义项"。如果选择后者，那么功能区将恢复为默认状态，丢失对快速访问工具栏所做的任何自定义设置。

第 II 部分

使用公式和函数

要想在 Excel 工作簿中处理数据和获取有用信息，就必须掌握公式和工作表函数。本部分的章节为使用 Excel 公式打下一个坚实的基础，然后逐渐介绍更加复杂的概念，例如 Excel 中新增的动态数组功能。

本部分内容

第 **9** 章

公式和函数简介

本章要点

- 了解公式的基础知识
- 在工作表中输入公式和函数
- 了解如何在公式中使用单元格引用
- 使用公式变量
- 使用 Excel 表对象创建公式
- 更正常见的公式错误
- 获取有关使用公式的提示

Excel 在本质上是一个计算引擎。就像计算器一样，Excel 接受一个采用公式形式(如=2+2)的问题，然后返回一个答案。公式不只让你能够执行数学运算，还允许执行其他多种复杂的操作。使用公式可以解析文本值、基于特定的条件查找数据，以及执行条件分析。如果不使用公式，那么电子表格只不过是可以很好地支持表格信息的文字处理文档。

如果想利用 Excel 的全部能力，那么理解公式的工作方式非常重要。本章将介绍各种公式和函数，帮助你编写自己的公式和函数。

9.1 了解公式的基础知识

工作表中的每个单元格都有一个基于其位置的名称。最左侧单元格的名称是 A1，它位于 A 列、第 1 行中。在单元格 A1 中输入一个值，如数字 5 时，该单元格的值就变为 5。在单元格 B1 中输入数字 10 将使该单元格的值变为 10。然后，就可以在公式中使用这些值。

例如，你可以单击单元格 C1，然后开始键入=A1+B1。在按 Enter 键之后，Excel 将识别你提出的问题，并执行计算，返回结果 15 (5+10=15)。

公式总是由等号开头，可包含下列一些元素。

- 常量：可以在公式中直接使用硬编码的数字。例如，可以在单元格中直接输入=5+10，得到结果 15。

- 运算符：包括指定了数学运算的符号，如+(加法)和*(乘法)。一些运算符比较值(>、<、=)，另一些运算符连接值(&)。你可能已经猜到，在创建公式时，可以混用常量和运算符。例如，在单元格中输入=15>10 会返回 true 作为结果，因为 15 确实大于 10。
- 单元格引用：包括指向单个单元格或者一个单元格区域的任何值。当在一个单元格中输入=A1+B1 时，实际上使用了两个单元格引用。单元格引用告诉 Excel，在公式中使用被引用的单元格的值。
- 文本字符串：只要将文本字符串放在引号内，就可以在公式中使用任何文本字符串作为参数。例如，在任何单元格中输入="Microsoft"&""&"Excel"将返回连接后的文本 Microsoft Excel。
- 工作表函数：几乎可以任意组合 Excel 公式(如 SUM 和 AVERAGE)来创建自己的公式。例如，单击单元格 B1，然后输入=SUM(A1:A10)将把单元格 A1 到 A10 中的全部值相加。

在单元格中输入公式后，单元格将显示公式计算的结果。公式单元格会显示结果，但编辑栏总是会显示公式。

表 9-1 列出了一些公式的示例。

表9-1 一些公式的示例

公式	执行的操作
=150*.05	将 150 乘以 0.05。此公式只使用数值，并总是返回同样的结果。也可以只在单元格中输入值 7.5，但是使用公式时，可看出这个值是如何得到的
=A3	返回单元格 A3 中的值。不对 A3 执行计算
=A1+A2	将单元格 A1 和 A2 中的值相加
=Income-Expenses	将名为 Income 的单元格的值减去名为 Expenses 的单元格的值
=SUM(A1:A12)	使用 SUM 函数将区域 A1:A12 中的值相加
=A1=C12	比较单元格 A1 与 C12。如果这两个单元格是相同的，则该公式返回 true，否则返回 false

请注意，每一个公式都以等号(=)开头。开头的等号使得 Excel 能够区分公式和纯文本。

9.1.1 在公式中使用运算符

Excel 公式支持多种运算符。运算符是一种符号，用于指明需要公式执行的数学(或逻辑)运算类型。表 9-2 列出了 Excel 可以识别的各种运算符。除了这些运算符以外，Excel 还内置了许多函数，可以进行其他更多计算。

表9-2 在公式中使用的运算符

运算符	名称
+	加
−	减
*	乘
/	除

(续表)

运算符	名称
^	求幂
&	连接
=	逻辑比较(等于)
>	逻辑比较(大于)
<	逻辑比较(小于)
>=	逻辑比较(大于等于)
<=	逻辑比较(小于等于)
<>	逻辑比较(不等于)

当然，可以根据需要使用任意数量的运算符执行所需的计算。

表 9-3 是几个使用了不同运算符的公式示例。

表 9-3　使用了不同运算符的公式示例

公式	执行的操作
="Part-"&"23A"	连接两个文本字符串，以生成字符串 Part-23A
=A1&A2	连接单元格 A1 与单元格 A2 的内容。可以连接数值和文本。如果单元格 A1 和单元格 A2 分别包含 123 和 456，则这个公式将返回文本 123456。注意，连接的结果总是文本格式
=6^3	对 6 求三次幂(216)
=216^(1/3)	对 216 求 1/3 次幂。这相当于求 216 的立方根，结果是 6
=A1<A2	如果单元格 A1 中的值比单元格 A2 中的值小，则返回 true；否则返回 false。逻辑比较运算符也适用于文本。如果 A1 和 A2 分别包含 Bill 和 Julia，该公式将返回 true，因为按字母表顺序 Bill 位于 Julia 之前
=A1<=A2	如果单元格 A1 中的值小于等于单元格 A2 中的值，则返回 TRUE。否则，返回 FALSE

9.1.2　了解公式中的运算符优先级

当 Excel 计算一个公式的值时，它会使用某种规则来确定公式中各个部分的运算顺序。如果要使公式生成正确的结果，就必须了解这些规则。

表 9-4 列出了 Excel 运算符的优先级。在此表中，幂运算拥有最高优先级(最先运算)，逻辑比较运算具有最低的优先级(最后运算)。

表 9-4　Excel 公式中的运算符优先级

符号	运算符	优先级
^	求幂	1
*	乘	2
/	除	2
+	加	3

(续表)

符号	运算符	优先级
−	减	3
&	连接	4
=	等于	5
<	小于	5
>	大于	5

可使用括号覆盖 Excel 的内置优先顺序。Excel 总是会最先计算括号中的表达式。例如，在下面的公式中，使用了括号以控制运算顺序。在这个示例中，首先用 B2 中的值减去 B3 中的值，然后将其与 B4 中的值相乘。

`=(B2-B3)*B4`

如果在输入公式时没有使用括号，则 Excel 将会计算出一个不同的答案。因为乘法拥有较高的优先级，所以 B3 会首先与 B4 相乘。然后再用 B2 减去它们相乘的结果。此结果可能不是期望的结果。

没有括号的公式如下所示：

`=B2-B3*B4`

> **提示：**
> 即使并不是必需的，最好也使用括号。因为这样更有利于指明公式的意图。例如，下面的公式看起来就很容易理解，首先 B3 与 B4 相乘。然后用 B2 减去它们相乘的结果。如果没有使用括号，则必须记住 Excel 的优先级顺序。
> `=B2-(B3*B4)`

在公式中，还可以嵌套使用括号——在括号的内部使用括号。如果这样做，则 Excel 会首先计算最里层括号中的表达式，然后计算外面的表达式。下面是一个使用嵌套括号的公式示例：

`=((B2*C2)+(B3*C3)+(B4*C4))*B6`

此公式中有 4 组括号——其中前 3 组嵌套在第 4 组括号里面。Excel 会首先计算最里层括号中的内容，然后将这 3 个结果相加，最后将得到的结果再乘以单元格 B6 中的值。

虽然此公式使用了 4 组括号，但只有最外层的括号才是必需的。如果了解运算符的优先级，则可将此公式重写为：

`=(B2*C2+B3*C3+B4*C4)*B6`

注意，优先级相同的运算符(如乘法和除法)按照从左到右的顺序运算，除非使用括号指定了不同的运算顺序。

每一个左括号都必须有一个匹配的右括号。如果有多层嵌套的括号，则有时这些括号看起来会不甚直观。如果括号不匹配，则 Excel 会显示一条消息以说明这个问题，并且不允许输入公式。

> **警告**
> 某些情况下，如果公式中有不匹配的括号，则 Excel 会建议对公式进行更正。图 9-1 显示了一个关于建议的更正的示例。你可能会直接尝试使用所建议的更正，但请注意，很多情

况下，虽然建议的更正公式在语法上是正确的，却不一定是你所需的公式，并且可能产生错误结果。

图 9-1　Excel 有时会建议一个在格式语法上正确的公式，但此公式并不是你所希望的

> **提示**
> 当编辑公式时，Excel 将通过以相同颜色显示匹配的括号来帮助你匹配括号。

9.1.3　在公式中使用函数

用户创建的许多公式都会使用工作表函数。通过使用这些函数，可以增强公式的功能，并且能够执行只使用前述运算符时难以完成(甚至无法完成)的计算。例如，可以使用 TAN 函数计算一个角度的正切值。但如果只使用数学运算符，将无法执行此复杂计算。

1. 使用函数的公式的示例

工作表函数可以极大地简化公式。

以下就是一个示例。如果要计算 10 个单元格(A1:A10)中数值的平均值，并且不使用函数，就必须构建一个如下所示的公式。

```
=(A1+A2+A3+A4+A5+A6+A7+A8+A9+A10)/10
```

这并不是一种很好的方法，不是吗？更糟的是，如果要将另一个单元格添加到这个区域，就需要再次编辑这个公式。幸运的是，可使用简单得多的公式来替换以上公式，即在公式中使用 Excel 的内置工作表函数 AVERAGE:

```
=AVERAGE(A1:A10)
```

下面的公式说明了如何使用函数来执行在不使用函数时根本无法完成的计算。假设需要确定某个区域中的最大数值。此时，如果不使用函数，只使用公式是无法计算出结果的。下面是一个使用 MAX 函数的公式，可以返回区域 A1:D100 中的最大数值。

```
=MAX(A1:D100)
```

有时，函数也可以省去手工编辑工作。假设有一个工作表，在单元格 A1:A1000 中含有 1000 个姓名，且所有姓名都使用大写字母显示。当老板看到此列表后，告知你不能使用全部大写的形式，例如，JOHN F. SMITH 必须显示为 John F. Smith。

使用 Excel 的 PROPER 函数，就不需要手动纠正 1000 个姓名。可以在单元格 B1 中输入下面的公式，然后向下复制到接下来的 999 行中。

```
=PROPER(A1)
```

使用一个 Excel 函数，就完成了原本需要几个小时的工作量。

> **提示**
> 如果不使用公式，也可以使用 Excel 的快速填充功能来完成这类转换。第 22 章将详细介绍快速填充功能。

这里的最后一个示例将会使你信服函数的强大功能。假设有一个工作表，用于计算销售佣金。如果销售员销售了超过 100 000 美元的产品(单元格 A1)，则佣金率为 7.5%；否则佣金率为 5.0%。可以编写一个使用 IF 函数的公式，自动计算出正确的佣金。

IF 函数允许创建的公式基于某种逻辑检查，返回不同的结果。例如，对于上面这种情况，可以使用下面的公式：

```
=IF(A1<100000,A1*5%,A1*7.5%)
```

它首先检查单元格 Al 的值，该单元格包含销售额。如果这个值小于 100 000，则公式返回单元格 Al 的值乘以 5.0%的值；如果这个值大于 100 000，它返回单元格 Al 的值乘以 7.5%的值。这个示例使用了 3 个参数，以逗号分隔。

下一节"函数参数"中将讨论参数的概念。

交叉引用

第 14 章将详细介绍 IF 函数。

2. 函数参数

在前面的示例中，你可能已经注意到所有函数都使用了括号。括号内的这些信息即为参数列表。

函数的参数使用方式是各不相同的。根据用途的不同，函数可以使用：

- 无参数
- 一个参数
- 固定数量的参数
- 不确定数量的参数
- 可选参数

NOW 函数是不使用参数的函数示例，它可以返回当前日期和时间。即使函数不使用任何参数，也必须使用一对空括号，如下所示：

```
=NOW()
```

如果函数使用多个参数，则必须使用逗号分开这些参数。本章开始部分中的几个示例使用了单元格引用作为参数。但是对于函数参数，Excel 是非常灵活的。一个参数可以由一个单元格引用、字面值、文本字符串、表达式甚至其他函数组成。以下是一些使用了各种参数类型的函数示例：

- 单元格引用：=SUM(A1:A24)
- 字面值：=SQRT(121)
- 文本字符串：=PROPER("john f. smith")
- 表达式：=SQRT(183+12)
- 其他函数：=SQRT(SUM(A1:A24))

注意

逗号是英文版 Excel 的列表分隔字符，其他某些语言版本可能会使用分号作为列表分隔字符。列表分隔字符是一种 Windows 设置，可以在 Windows 的"控制面板"中进行调整("区域"对话框)。

3. 关于函数的更多内容

Excel 共包括超过 450 个内置函数。如果这还不足够，那么可以从第三方供应商处下载或购买其他专用函数，如果愿意，甚至可以创建自己的自定义函数(使用 VBA)。

有些用户可能会对大量函数感到不知所措，但使用后可能会发现，其实经常使用的不过是少数一些函数。而且，你会发现 Excel 的"插入函数"对话框(将在本章稍后的内容中描述)可以使得定位和插入函数(即使是并不经常使用的函数)的任务非常容易完成。

> **交叉引用**
>
> 本书第 II 部分将介绍 Excel 的很多内置函数的示例。第 40 章将介绍有关使用 VBA 创建自定义函数的基础知识。

9.2　在工作表中输入公式

所有公式必须以等号开始，以便告诉 Excel 此单元格中包含的是公式，而不是文本。Excel 提供了两种用于在单元格中输入公式的方法：手动或者指向单元格引用。

要手动输入公式，首先需要单击想要包含公式的单元格。在选中的单元格中，键入等号 (=)，然后键入公式。例如，可以在单元格 C1 中输入下面的公式，将单元格 A1 和 B1 的内容相加：

```
=A1+B1
```

在键入时，键入的字符将显示在单元格和编辑栏中。在输入公式时，可以使用全部标准的编辑键。

当你在创建公式时，Excel 提供了另一个辅助方法，即显示一个下拉列表，其中包含函数名和区域名。在列表中显示的项取决于已经输入的内容。

例如，如果单击一个单元格，键入等号(=)，然后键入字母 SU，则会看到如图 9-2 所示的下拉列表。如果再键入一个字母，那么列表将缩短，只显示匹配的函数。要让 Excel 自动完成位于该列表中的条目，请使用导航键突出显示相应的条目，然后按 Tab 键。注意，在列表中突出显示某个函数时也会显示该函数的简要说明。有关此功能的工作方式，请参阅"使用公式记忆式键入"。

图 9-2　输入公式时 Excel 会显示一个下拉列表

使用公式记忆式键入

通过"公式记忆式键入"功能,可更轻松地完成公式输入操作。开始键入公式时,Excel 将显示一个选项列表和可用的参数。在下例中,Excel 给出了 SUBTOTAL 函数的选项。

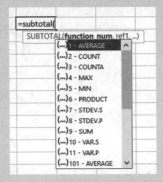

"公式记忆式键入"包括以下项(每个类型由一个单独的图标标识):

- Excel 内置函数
- 用户定义函数(由用户通过 VBA 或其他方式定义的函数)
- 定义的名称(通过"公式"|"定义的名称"|"定义名称"命令定义的单元格或者区域的名称)
- 使用值表示选项的枚举参数(只有少数函数使用这类参数,SUBTOTAL 是其中之一)
- 表格结构引用(用于标识表格的一些部分)

9.2.1 通过指向输入公式

虽然可以通过输入完整公式的方式来输入各个公式,但 Excel 提供了另一种公式输入方法,该方法更便捷,而且不易出错。这种方法也涉及一些手工输入,但只需要简单地指向单元格引用即可,而不必手动键入它们的值。例如,要在单元格 A3 中输入公式=A1+A2,可执行下列步骤:

(1) 选择单元格 A3。

(2) 键入一个等号(=)以开始公式。请注意,Excel 会在状态栏(屏幕左下部)中显示"输入"。

(3) 按向上箭头键两次。当按下此键时,Excel 会在单元格 A1 周围显示虚线边框,而且单元格引用将出现在单元格 A3 和编辑栏中。此外,Excel 会在状态栏中显示"点"。

(4) 键入一个加号(+)。纯色边框取代了 A1 的虚线边框,并且在状态栏中会重新出现"输入"。

(5) 再次按向上箭头键。虚线边框将包围单元格 A2,并将该单元格地址添加到公式中。

(6) 按 Enter 键结束公式。

> **提示**
>
> 当通过指向操作创建公式时,也可以通过鼠标指向数据单元格。

9.2.2 将区域名称粘贴到公式中

如果公式中使用了命名的单元格或区域，则可以输入名称来替代地址，或者从列表中选择名称，并让 Excel 自动插入名称。可以使用以下 3 种方法在公式中插入名称：

- 从下拉列表中选择名称。要使用这个方法，必须至少知道名称的第一个字符。在输入公式时，输入第一个字符，然后从下拉列表中选择名称，并按 Tab 键。
- 按 F3 键。此操作将显示"粘贴名称"对话框。从列表中选择名称并单击"确定"按钮(或双击名称)即可。Excel 将在公式中输入名称。如果没有定义名称，则按 F3 键将不起作用。
- 单击"公式"选项卡的"定义的名称"组中的"用于公式"下拉列表。该命令在编辑模式下可用，允许选择可用的区域名称。

交叉引用

有关如何创建单元格和区域的名称的信息，请参见第 4 章。

9.2.3 向公式中插入函数

用于向公式中插入函数的最简单方法是选择一个单元格，键入等号(=)，然后键入函数的前几个字母，让公式记忆式键入引导你完成其余输入。

另一种用于插入函数的方法是使用功能区的"公式"选项卡上"函数库"组中的工具(参见图 9-3)。当不记得所需要的函数时，这个方法特别有用。在输入公式时，单击函数类别(财务、逻辑及文本等)可获得相关类别的函数的列表。单击所需的函数，Excel 将显示此函数的"函数参数"对话框。可以在这个对话框中输入函数参数。此外，单击"有关该函数的帮助"链接可以了解到有关所选函数的更多信息。

图 9-3　可以通过从函数类别中选择函数来插入函数

还有一种用于向公式中插入函数的方法是使用"插入函数"对话框(参见图 9-4)。可以通过以下几种方式访问该对话框：

- 选择"公式"|"函数库"|"插入函数"命令。
- 使用"插入函数"命令，这个命令显示在"公式"|"函数库"组中每个下拉列表的底部。
- 单击"插入函数"图标，该图标显示在编辑栏的左侧。该按钮显示为 fx。
- 按 Shift+F3 键。

"插入函数"对话框会显示一个函数类别下拉列表。当选择一个类别时，该类别中所有的函数都将显示在此列表框中。

图 9-4 "插入函数"对话框

如果不确定需要哪一个函数,可以使用此对话框顶部的"搜索函数"字段搜索相应的函数。

(1) 输入搜索项并单击"转到"按钮。这样将获得一个相关函数的列表。当在"选择函数"列表中选择一个函数时,Excel 会在对话框中显示此函数(及其参数名),以及对此函数用途的简短描述。

(2) 在找到需要使用的函数以后,突出显示它并单击"确定"按钮。然后 Excel 会显示"函数参数"对话框,如图 9-5 所示。

图 9-5 "函数参数"对话框

(3) 为函数指定参数。"函数参数"对话框随插入的函数而异。它会为每个函数参数显示一个文本框。要使用单元格或区域引用作为参数,可以手动输入地址,或在参数框中单击,然后选择(即指向)工作表中的单元格或区域。

(4) 设定所有函数参数后,单击"确定"按钮。

> **提示**
> 当输入和编辑公式时,"名称"框通常所占用的空间会显示最近使用的函数的列表。通过在这个列表中做出选择,可以快速添加其中列出的任何函数。从这个列表中选择函数后,Excel 将显示"函数参数"对话框。

9.2.4 函数输入提示

当使用"插入函数"对话框输入函数时,应记住下列一些提示。

- 可以使用"插入函数"对话框向现有公式中插入一个函数。为此，只需要编辑这个公式，然后将插入点移动到要插入函数的地方即可。然后，打开"插入函数"对话框(使用前面所述的任何一种方法)，并选择函数。
- 也可以使用"函数参数"对话框修改现有公式中的函数的参数。单击编辑栏中的函数，然后单击"插入函数"按钮(编辑栏左侧的 fx 按钮)。
- 如果改变了输入函数的想法，则单击"取消"按钮。
- 在"函数参数"对话框中显示的输入框数目由所选函数的参数数目决定。如果函数不使用参数，则不会显示任何输入框。如果函数使用可变的参数数目(如 AVERAGE 函数)，则 Excel 会在每次输入一个可选参数时增加一个新输入框。注意，必填参数显示为粗体，而可选参数不会显示为粗体。
- 在"函数参数"对话框中输入参数时，每个参数值会显示在输入框的右侧。
- 一些函数(如 INDEX)具有多种形式。如果选择了此类函数，则 Excel 会显示另一个对话框，用于选择要使用的形式。
- 熟悉函数后，可绕过"插入函数"对话框而直接输入函数。当输入函数时，Excel 会提示参数名称。

9.3 编辑公式

在输入某个公式后，可以对此公式进行编辑。如果对工作表做一些修改，然后需要对公式进行调整以符合工作表的改动，就需要编辑公式。或者，公式可能返回错误的值，此时，必须对公式进行编辑以更正错误。

下面列出几种用于进入单元格编辑模式的方法。

- 双击单元格，就可以直接在单元格中对内容进行编辑。
- 按 F2 键，这样就可以直接编辑单元格中的内容。
- 选择要编辑的单元格，然后单击编辑栏。这样就可以在编辑栏中编辑单元格中的内容。
- 如果单元格包含的一个公式返回错误，则 Excel 会在此单元格的左上角显示一个小三角形。激活此单元格，将可以看到一个错误标记，单击此错误标记，可以选择其中的某一个选项用于更正错误(选项因单元格中的错误类型而异)。

提示

可以在"Excel 选项"对话框的"公式"部分中控制 Excel 是否显示这些公式错误标记。要显示此对话框，请选择"文件"|"选项"命令。如果清除"允许后台错误检查"复选框中的复选标记，则 Excel 将不再显示这些错误标记。

当编辑公式时，可以通过在字符上拖动鼠标指针，或者通过按住 Shift 键并使用方向键来选择多个字符。你可能注意到，在编辑公式时，Excel 会对公式中的区域地址进行颜色编码。这有助于快速识别公式中用到的单元格。

提示

如果感觉无法正确地编辑某个公式，那么可以先将此公式转换为文本，以后再处理它。

要将公式转换为文本，只需要去掉公式开头的等号(=)即可。当准备再次处理公式时，在公式前面加上等号，即可将单元格内容再次转换为公式。

9.4 在公式中使用单元格引用

假设你在单元格 C1 中输入了公式=A1+B1。在你眼中，该公式将 A1 中的值加到了 B1 中的值。但是，Excel 不会这么看待该公式。Excel 会把该公式翻译为如下的操作：获取位于左侧两个位置的单元格中的值，把它加到位于左侧一个位置的单元格中的值。如果复制单元格 C1 中的公式，将它粘贴到单元格 C2 中，你将看到单元格 C2 中的公式变成了=A2+B2。简言之，Excel 并不像你那样，使用实际的列和行坐标。相反，它根据包含公式的单元格，以及单元格引用相对于公式单元格的位置，来计算单元格引用。

默认情况下，Excel 使用所谓的单元格引用。如果你想确保 Excel 在复制公式时不调整单元格引用，可以把它们转换为绝对引用，从而锁住引用。通过在列和行引用的前面添加美元符号($)，就可以将单元格引用转换为绝对引用。例如，单击单元格 C1，然后输入=$A$1+$B$1。美元符号保证了公式中的引用保持固定(或绝对)。如果复制单元格 C1 中的公式，然后将其粘贴到单元格 C2 中，将看到单元格 C2 中的公式仍然是=$A$1+$B$1。

9.4.1 使用相对、绝对和混合引用

Excel 提供了很大的灵活性，允许公式的任何部分是相对引用、绝对引用甚至混合引用。

- **相对引用**：当把公式复制到相对于公式所在单元格的其他单元格中时，行或列引用没有用美元符号($)锁住，所以会发生改变。
- **绝对引用**：行和列引用被美元符号($)锁住，所以当复制公式时，行和列引用不会发生改变。绝对引用在其地址中使用两个美元符号，一个用于列字母，另一个用于行号(如$A$5)。
- **混合引用**：行或列中有一个是相对引用，另一个是绝对引用。地址中只有一个组成部分是绝对的(如$A4 或 A$4)。

只有在打算将公式复制到其他单元格时，才需要关注单元格引用类型。以下示例说明了这一点。

图 9-6 显示了一个简单的工作表。单元格 D2 中的公式用于将价格乘以数量，如下所示。

=B2*C2

	A	B	C	D
	Item	**Quantity**	**Price**	**Total**
1				
2	Chair	4	$125.00	$500.00
3	Desk	4	$695.00	$2,780.00
4	Lamp	3	$39.95	$119.85

图 9-6 复制包含有相对引用的公式

此公式使用的是相对单元格引用。因此，当将公式复制到它下面的单元格时，它将会以相对的方式调整引用。例如，单元格 D3 中的公式是：

=B3*C3

但如果单元格 D2 中的引用是如下所示的绝对引用，将是什么样呢？

```
=$B$2*$C$2
```

这种情况下，当把公式复制到下面的单元格时将生成错误的结果。单元格 D3 中的公式将与单元格 D2 中的公式完全一样。

现在，将这个示例扩展为需要计算销售税，并将其存储在单元格 B7 中(参见图 9-7)。这种情况下，单元格 D2 中的公式是：

```
=(B2*C2)*$B$7
```

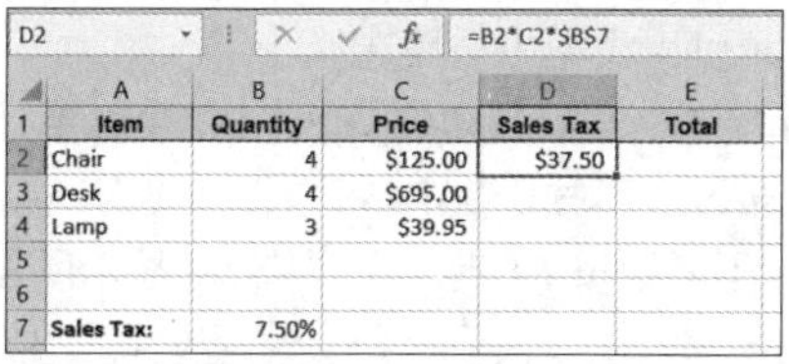

	A	B	C	D	E
1	Item	Quantity	Price	Sales Tax	Total
2	Chair	4	$125.00	$37.50	
3	Desk	4	$695.00		
4	Lamp	3	$39.95		
5					
6					
7	Sales Tax:	7.50%			

图 9-7　公式对销售税单元格的引用是绝对引用

即数量乘以单价，然后将所得结果再乘以单元格 B7 中的销售税率。请注意，对单元格 B7 的引用是绝对引用。当把单元格 D2 中的公式复制到其下面的单元格时，单元格 D3 将包含以下公式：

```
=(B3*C3)*$B$7
```

在此，对单元格 B2 和 C2 的引用已进行了调整，但对单元格 B7 的引用没有调整。这也正是我们所需要的，因为包含销售税的单元格的地址不会改变。

图 9-8 演示了混合引用的使用。C3:F7 区域中的公式用于计算具有各种长宽的面积。单元格 C3 中的公式是

```
=$B3*C$2
```

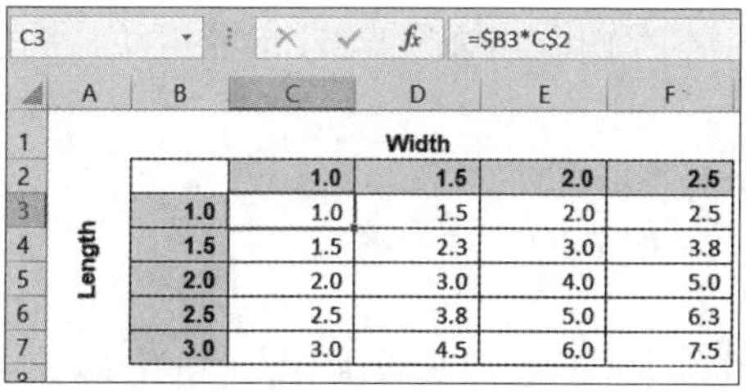

	A	B	C	D	E	F
1				Width		
2			1.0	1.5	2.0	2.5
3	Length	1.0	1.0	1.5	2.0	2.5
4		1.5	1.5	2.3	3.0	3.8
5		2.0	2.0	3.0	4.0	5.0
6		2.5	2.5	3.8	5.0	6.3
7		3.0	3.0	4.5	6.0	7.5

图 9-8　使用混合单元格引用

注意，本例混合使用了这两种单元格引用。对单元格 B3 的引用使用了列的绝对引用($B)，对单元格 C2 的引用使用了行的绝对引用($2)。因此，这个公式可以纵向或横向复制，并且其计算结果将是正确的。例如，F7 单元格中的公式是：

```
=$B7*F$2
```

如果 C3 使用绝对引用或相对引用，则复制公式将产生错误的结果。

配套学习资源网站

配套学习资源网站 www.wiley.com/go/excel365bible 中提供了用于演示各种引用类型的工作簿。文件名为 cell references.xlsx。

> **注意**
> 当复制和粘贴公式时，Excel 会自动调整单元格引用。当剪切和粘贴公式时，Excel 会假定你想保留相同的单元格引用，所以不会调整它们。

9.4.2　更改引用类型

通过在单元格地址的适当位置输入美元符号，可以手动输入非相对引用(绝对或混合)。或者，也可以使用一种方便的快捷方式：F4 键。当输入单元格引用(通过键入或指向)后，重复按 F4 键可以让 Excel 在 4 种引用类型中循环选择。

例如，如果在公式开始部分输入=A1，则按一下 F4 键会将单元格引用转换为$A$1。再按一下 F4 键，会将其转换为=A$l。再按一次 F4 键，会转换为=$Al，最后再按一次，则又返回开始时的=A1。因此，可以不断地按 F4 键，直到 Excel 显示所需的引用类型为止。

> **注意**
> 当为单元格或区域命名时，Excel 会为名称使用绝对引用(默认设置)。例如，如果将 B1:B12 命名为 "SalesForecast"，则 "新建名称" 对话框中的 "引用位置" 框会将此引用显示为$B$1:$B$12。如果复制一个单元格，其中的公式含有命名引用，则所复制的公式中将含有对原始名称的引用。

9.4.3　引用工作表外部的单元格

公式也可以引用其他工作表中的单元格，甚至这些工作表可以不在同一个工作簿中。Excel 使用一种特殊符号来处理这种引用类型。

1. 引用其他工作表中的单元格

要引用同一个工作簿中不同工作表中的单元格，请使用以下格式：

`=工作表名称!单元格地址`

换句话说，需要在单元格地址前面加上工作表名称，后跟一个惊叹号。以下是一个使用工作表 Sheet2 中单元格的公式的示例：

`=A1*Sheet2!A1`

这个公式可将当前工作表中单元格 Al 的数值乘以工作表 Sheet2 中单元格 Al 的数值。

> **提示**
> 如果引用中的工作表名称含有一个或多个空格，则必须用单引号将它们括起来(如果在创建公式时使用 "指向并单击" 方法，Excel 会自动进行此工作)。例如，下面的公式引用了工作表 All Depts 中的一个单元格：
>
> `=A1*'All Depts'!A1`

2. 引用其他工作簿中的单元格

要引用其他工作簿中的单元格，可使用下面的格式：

`=[工作簿名称]工作表名称!单元格地址`

这种情况下，单元格地址的前面是工作簿名称(位于方括号中)、工作表名称和一个感叹号。下面是一个公式示例，其中使用了工作簿 Budget 的工作表 Sheetl 中的单元格引用。

```
=[Budget.xlsx]Sheet1!A1
```

如果引用的工作簿名称中有一个或多个空格，则必须要用单引号将它(和工作表名称及方括号)括起来。例如，下面的公式引用了工作簿 Budget For 2022 的工作表 Sheet1 中的一个单元格。

```
=A1*'[Budget For 2022.xlsx]Sheet1'!A1
```

当公式引用另一个工作簿中的单元格时，那一个被引用的工作簿并不需要打开。但是，如果该工作簿是关闭的，则必须在引用中加上完整的路径以便使 Excel 能找到它。下面是一个示例：

```
=A1*'C:\My Documents\[Budget For 2022.xlsx]Sheet1'!A1
```

链接的文件也可以保存在公司网络可访问到的其他系统上。例如，下面的公式引用了名为 DataServer 的计算机上的 files 目录中某个工作簿中的一个单元格。

```
='\\DataServer\files\[budget.xlsx]Sheet1'!$D$7
```

> **交叉引用**
> 有关如何链接工作簿的更多信息，请参见第 25 章。

> **提示**
> 要创建将引用其他工作表中的单元格的公式，可以打开要引用的工作簿，指向这些单元格而不是手动输入它们的引用。Excel 会处理有关工作簿和工作表引用的细节问题。

> **注意**
> 当创建公式时，如果指向一个不同的工作表或工作簿，则会发现 Excel 总是会插入绝对单元格引用。因此，在打算将公式复制到其他单元格时，请确保将单元格引用更改为相对引用。

9.5 公式变量简介

在创建公式时，有时候必须在一个公式中多次重复相同的计算。这在编写嵌套公式时很常见；即，一些公式会使用其他公式的结果作为参数。

例如，下面的公式使用嵌套的 IF 函数来检查 A1+B1 的结果。如果结果<50，则显示"Blow Fifty"。如果值>100，则显示"Above One Hundred"。如果这两个条件都不满足，则公式将显示"In Between"。

```
=IF(A1+B1<50,"Below Fifty",IF(A1+B1>100,"Above One Hundred","In
Between"))
```

可以看到，Excel 需要计算 A1+B1 两次；一次是为了检查第一个 IF 条件，另一次是为了检查第二个条件。在这个简单的例子中，计算 A1+B1 两次并不会让 Excel 停止响应，但 Excel 确实被迫执行了一次多余的计算。更复杂的公式可能包含许多嵌套的函数，此时一再重复执行相同的计算可能会影响性能。除了性能上的考虑，嵌套计算也很难阅读。

在接下来的小节中，你将学习如何使用公式变量来简化公式，并可能提高性能。

9.5.1　理解 LET 函数

LET 函数允许创建一种"容器"，在其中保存某个函数或计算的结果。这个"容器"被称为公式变量。

LET 函数至少需要以下 3 个参数。

- 变量的名称：应该使用一个容易记忆和理解的友好的名称。注意，变量的名称不能以数字开头。
- 变量的值：指定了变量的名称后，需要指定该变量保存的值。名称和值合起来，组成了所谓的值对。
- 使用该变量的公式：最后一个参数是使用变量的公式表达式。
- 我们来创建一个基本的 LET 函数。单击单元格 A1，然后输入下面的内容：

=LET(MyVariable,5*2,MyVariable*10)

这个公式的结果是 100。它首先将 5*2 的结果(10)填充到 MyVariable 中，然后将 MyVariable 乘以 10。这个公式有一个值对。再提一次，值对是名称和值的一个组合。

下面的 LET 函数使用了两个值对。MyVariable1 包含 10(5*2 的结果)，MyVariable2 包含 50。最后一个参数将两个变量乘以 10，得到 5000。

```
=LET(MyVariable1,5*2,MyVariable2,50,MyVariable1*MyVariable2*10)
```

> **提示：**
> 在 LET 函数中最多可以使用 126 个值对。

> **警告：**
> 当为 LET 函数命名变量时，避免使用名称管理器中定义的命名区域是一种最佳实践。如果使用名称管理器中已经定义的名称，LET 会忽略并重写该命名区域。请参考第 4 章来了解关于创建和管理命名区域的更多信息。

9.5.2　公式变量的应用

了解了基础知识以后，我们来看看公式变量的应用。图 9-9 显示了两个公式。第一个公式在单元格 C6 中，这是一个传统的嵌套 IF 语句，计算了 C3/D3 的值。在这个公式中，可以看到 C3/D3 被执行了两次。

```
=IF((C3/D3)>1,"Goal Met",IF((C3/D3)<1,"Below Goal","Flat"))
```

使用 LET 函数时，可将 C3/D3 的值保存在名为 X 的变量中，从而提高效率。Excel 只执行除法一次，然后将除法的答案传递给公式的其余部分。

```
=LET(X,C3/D3,IF(X>1,"Goal Met",IF(X<1,"Below Goal","Flat")))
```

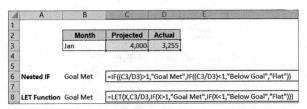

图 9-9　使用 LET 函数来简化嵌套的 IF 语句

图 9-10 演示了一个更复杂的 SWITCH 函数，它计算 Due Date 和 Invoice Date 之间相差的天数，然后返回一段文本，代表订单账龄的分类。下面的公式包含在单元格 J5 中：

```
=SWITCH(TRUE,(I3-H3)>90,"90+",(I3-H3)>30,"31-60",(I3-H3)>0,
```

这个函数计算 Due Date(单元格 I3)和 Invoice Date(单元格 H3)之间相差的天数，然后根据这个天数来返回合适的账龄分类。这个公式不仅难以阅读，而且 Excel 需要计算 I3-H3 的结果 3 次才能完全计算出正确答案。

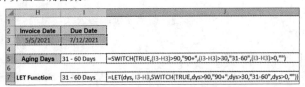

图 9-10　使用 LET 函数来简化 SWITCH 语句

单元格 J7 中包含改进后的 LET 函数(参见图 9-10)，它使用变量 dys 来存储 I3-H3 的结果。

```
=LET(dys,I3-H3,SWITCH(TRUE,dys>90,"90+",dys>30,"31-60",dys>0,""))
```

这个公式没有重复执行初始计算来获得天数差异，而是只填充了 dys 变量一次，然后将该变量传递给 SWTICH 函数。

交叉引用

有关 Switch 函数和其他逻辑函数的介绍，请参见第 14 章。

9.6　在表格中使用公式

表格是专门指定的单元格区域，并具有列标题。本节将描述如何在表格中使用公式。

交叉引用

有关 Excel 的表格功能的介绍，请参见第 4 章。

9.6.1　汇总表格中的数据

图 9-11 显示了一个含有 3 列的简单表格。其中已经输入了数据，并且已经通过选择"插入"|"表格"|"表格"命令将此区域转化为表格。请注意，虽然没给此表格定义任何名称，但它已具有默认名称"表 1"。

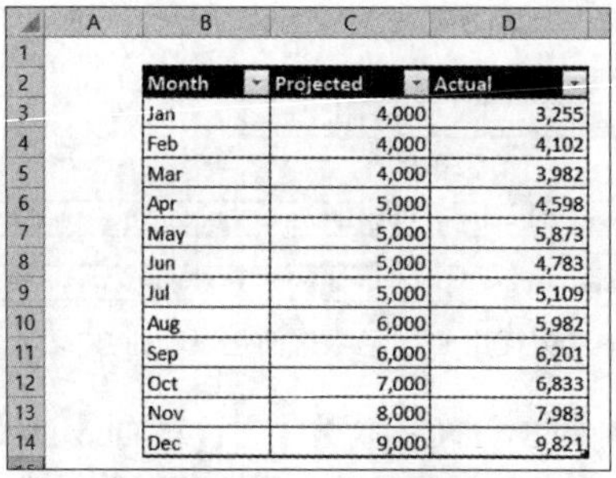

图 9-11 具有 3 列信息的简单表格

如果想要计算总的预计销售和实际销售，甚至无须编写公式，只需要单击一个按钮向表格中添加一行汇总公式即可。

(1) 激活表格中的任一单元格。

(2) 在"表设计" | "表格样式选项" | "汇总行"的复选框中放置一个复选标记。Excel将向表格添加一个汇总行，其中显示了每个数值列的和。

(3) 要更改汇总公式的类型，激活汇总行中的任一单元格，然后使用下拉列表改变要使用的汇总公式类型(参见图 9-12)。例如，要计算 Actual 列的平均值，可从单元格 D15 的下拉列表中选择 AVERAGE。这样，Excel 将创建以下公式：

```
=SUBTOTAL(101,[Actual])
```

对于 SUBTOTAL 函数，101 是一个用于表示 AVERAGE 的枚举参数。SUBTOTAL 函数的第 2 个参数是列名称，位于方括号内。使用方括号内的列名称可创建表格内的"结构化"引用(接下来的"引用表格中的数据"小节将进一步进行讨论)。

图 9-12 可以通过下拉列表为表列选择汇总公式

注意

可以通过"表格设计" | "表格样式选项" | "汇总行"命令切换"汇总行"的显示。如果关闭了"汇总行"，则当下次打开它时，将再次显示已选择的汇总选项。

9.6.2　在表格中使用公式

很多情况下，需要在表格中使用公式执行计算，并且计算中将用到表格中其他列的数据。例如，在图 9-12 所示的表格中，可能要通过一列来显示 Actual 和 Projected 列之间的数量差异。要添加此公式，请执行以下操作：

(1) **激活单元格 E2 并输入 Difference 作为列标题**。按下 Enter 键后，Excel 会自动扩展表格以包含此新列。

(2) **移动到单元格 E3 并输入一个等号，以表示公式的开始。**

(3) **按左箭头键**。Excel 在编辑栏中显示列标题：[@Actual]。

(4) **输入一个减号，然后按左箭头键两次**。Excel 在编辑栏中显示[@Projected]。

(5) **按 Enter 键结束公式**。Excel 将这个公式复制到表格的所有行中。

图 9-13 显示了含有此新列的表格。

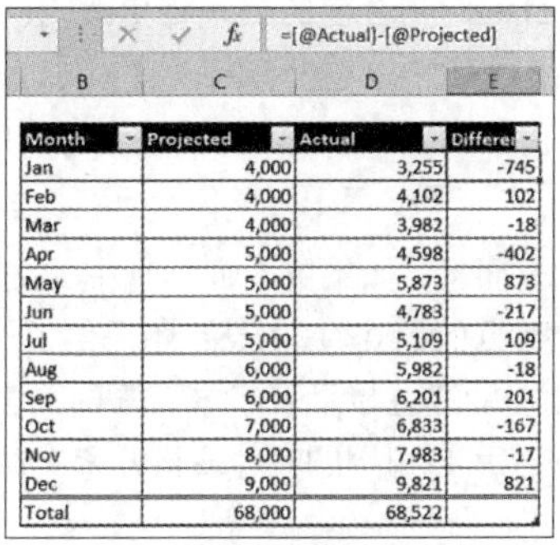

Month	Projected	Actual	Differer
Jan	4,000	3,255	-745
Feb	4,000	4,102	102
Mar	4,000	3,982	-18
Apr	5,000	4,598	-402
May	5,000	5,873	873
Jun	5,000	4,783	-217
Jul	5,000	5,109	109
Aug	6,000	5,982	-18
Sep	6,000	6,201	201
Oct	7,000	6,833	-167
Nov	8,000	7,983	-17
Dec	9,000	9,821	821
Total	68,000	68,522	

图 9-13　含有公式的 Difference 列

如果仔细检查这个表格，则会发现此公式被应用到 Difference 列的所有单元格。

```
=[@Actual]-[@Projected]
```

尽管公式是在表格的第一行中输入的，但这不是必需的。每当在空的表格列中输入公式时，公式将会自动填充这一列中的所有单元格。如果需要编辑公式，则 Excel 会自动将编辑好的公式复制到列中的其他单元格。

注意

列标题前面的 "at" 符号(@)表示 "此行"。因此，[@Actual]表示 "此行的 Actual 列中的值"。

这些步骤使用了指向方法来创建公式。此外，也可以使用标准的单元格引用方法(而不是列标题)来手动输入公式。例如，可以在单元格 E3 中输入以下公式：

```
=D3-C3
```

如果输入单元格引用，则 Excel 仍然会自动将公式复制到其他单元格中。

但是，关于公式，必须要明白的一点是，使用列标题比使用单元格引用更容易理解。

提示

要覆盖自动列公式，可访问 "Excel 选项" 对话框的 "校对" 选项卡。单击 "自动更正选项"，然后在 "自动更正" 对话框中选择 "键入时自动套用格式" 选项卡。取消选中 "将公式填充到表以创建计算列"。

9.6.3 引用表格中的数据

Excel 提供了其他一些方法，可通过使用表格名称和列标题来引用表格中的数据。

当然，可以使用标准的单元格引用来引用表格中的数据，但是使用表格名称和列标题具有很明显的优势：如果在添加或删除行时更改了表格大小，则名称会自动进行调整。此外，如果更改了表格名称或给列起了一个新名称，则使用表格名称和列标题的公式会自动进行调整。

要引用图 9-13 所示的表格，可以使用表名称。例如，要计算表格中所有数据的总和，请在此表格外部的一个单元格中输入以下公式：

=SUM(Table1)

这个公式将总是返回所有数据的总和(已计算的汇总行中的值除外)，即使已删除或添加了行或列也是如此。如果更改了 Table1 的名称，Excel 将自动调整引用该表格的公式。例如，如果将 Table1 重命名为 AnnualData，则之前的公式将更改为：

=SUM(AnnualData)

大部分时候，公式会引用表格中的特定列。下面的公式可返回"Actual"列中数据的总和：

=SUM(Table1[Actual])

请注意，列名位于方括号内。而且，如果更改列标题中的文本，则公式会自动进行调整。

此外，当创建将引用表格中数据的公式时，Excel 还提供了一些有用的帮助工具。图 9-14 显示了公式记忆式输入功能，此功能通过显示表格中元素的列表来帮助创建公式。注意，除了表格中的列标题外，Excel 还列出可以引用的其他表格元素：#All、#Data、#Headers、#Totals 和@-This Row。

图 9-14　创建将引用表格中数据的公式时，公式记忆式输入功能很有用

> **注意**
>
> 记住，不需要为表格和列创建名称。表格中的数据具有一个区域名称(如"表 1")，这是在创建表格时自动创建的。通过首先选择表中的任意单元格，然后选择"表设计"选项卡，可以看到表格对象的名称。"属性"分组中的"表名称"文本框显示了表格的名称。通过修改"表名称"文本框中的值，可以更新表格的名称。

9.7　更正常见的公式错误

有时，当输入一个公式时，Excel 会显示一个以井号(#)开头的数值。这表示公式返回了错误的数值。这种情况下，就必须对公式进行更正(或者更正公式所引用的单元格)，以消除错误显示。

> **提示**
> 如果整个单元格都由井号字符组成，则表示列宽不足以显示数值。这种情况下，可加宽列，或者更改此单元格的数字格式。

某些情况下，Excel 甚至不允许输入错误的公式。例如，下面的公式丢失了右侧的圆括号：

`=A1*(B1+C2`

如果试图输入这个公式，则 Excel 将会告知存在一个不匹配的括号，并建议进行更正。通常情况下，建议的更正操作是准确的，但也不能完全依靠建议的操作。

表 9-5 列出了含有公式的单元格中可能出现的错误类型。如果公式引用的单元格含有错误的数值，则公式就可能会返回错误的值，这称为连锁反应——一个错误会导致其他依赖于该单元格的公式出错。

表 9-5　Excel 错误值

错误值	说明
#DIV/0!	该公式试图执行除以零的计算。因为 Excel 对空单元格应用值 0，所以当公式试图执行除以空单元格或者值为 0 的单元格的计算时，也会发生此错误
#NAME?	该公式使用了 Excel 不能识别的名称。如果删除了在公式中所使用的名称，在拼写了错误的名称后按 Enter 键，或者在使用文本时输入了不匹配的引号，则会发生此错误
#N/A	该公式(直接或间接)引用了使用 NA 函数的单元格，用于指明数据不可用。例如，如果单元格 A1 为空，则下面的公式返回#N/A 错误: =IF(A1="", NA(), A1) 某些查找函数(例如，VLOOKUP 和 MATCH)在找不到匹配项时也可能返回#N/A
#NULL!	该公式使用了两个不相交区域的交叉部分(本章后面将介绍这个概念)
#NUM!	数值存在问题。例如，在应该使用正数的位置指定了一个负数作为参数
#REF!	该公式引用的单元格无效。如果单元格已经从工作表中删除，则会发生此情况
#VALUE!	该公式包含错误类型的参数或操作数(操作数是公式用于计算结果的值或单元格引用)

9.7.1　处理循环引用

当输入公式时，可能偶尔会在 Excel 中看到一条警告消息，指出刚输入的公式会导致循环引用。当公式(直接或间接)引用其自身单元格时，就会发生循环引用。例如，当在单元格 A3 中输入"=A1+A2+A3"时，因为 A3 中的公式引用了单元格 A3，所以就会产生循环引用。每次计算 A3 中的公式时，都会重新计算此公式，因为 A3 的值发生了改变。这样，计算将永无休止地执行下去。

当输入公式后出现此循环引用消息时，Excel 会提供两个选项。

- 单击"确定"按钮，照样输入公式。
- 单击"帮助"按钮，查看介绍循环引用的"帮助"屏幕。

无论选择哪一个选项，Excel 都将会在状态栏的左侧显示一条消息，提示存在循环引用。

> **警告**
> 如果"启用迭代计算"这一设置生效的话，Excel 将不会提示有关循环引用的信息。可

以在"Excel 选项"对话框的"公式"部分中查看这个设置。如果已启用了"启用迭代计算"，则 Excel 将按"最多迭代次数"字段所设置的次数(或者直到数值误差小于 0.001，或小于"最大误差"字段所设置的任意数值)来执行循环计算。有些情况下，可能会故意使用循环引用。在这些情况下，就必须启用"启用迭代计算"设置。但是，最好应该关闭此设置，以便使 Excel 发出有关循环引用的警告。通常来说，循环引用意味着用户必须更正相关错误。

通常，循环引用非常明显，因此很容易识别和改正。然而，当循环引用并不直接时(例如，公式引用了一个公式，后者又引用了另一个公式，而此公式又引用了原始公式)，则可能需要执行一些深入的工作才能发现问题。

9.7.2　指定在什么时候计算公式

你可能会发现，Excel 会立即计算工作表中的公式。如果更改了公式所使用的任何单元格，则无须执行操作，Excel 就会自动显示新的结果。当 Excel 的计算模式设置为"自动重算"时，它将以上述这种方式完成工作。在"自动重算"模式中(默认模式)，Excel 在计算工作表时会遵循以下原则：

- 当进行修改时(如输入或编辑数据或公式时)，Excel 会根据新数据或编辑过的数据立即重新计算公式。
- 如果 Excel 正处于一个较长的运算过程中，那么当用户需要执行其他工作表任务时，它可能会暂时停止运算；在完成其他工作表任务后，Excel 会恢复运算。
- 根据自然顺序求值。换句话说，如果单元格 D12 中的公式依赖于单元格 D24 中公式的结果，则 Excel 将首先计算单元格 D24，然后计算单元格 D12。

然而，有时可能需要控制 Excel 计算公式的时间。例如，如果创建了一个工作表，其中包含成千上万个复杂公式。当 Excel 对这些公式进行计算时，会发现运行速度变得非常缓慢。这种情况下，可将 Excel 设为"手动重算"模式。为此，请选择"公式" | "计算" | "计算选项" | "手动"命令。

> **提示**
>
> 大数据区域(Excel 称之为"数据表")如果包含公式，计算起来会非常慢。如果工作表使用了任何大模拟运算表，则可能需要选择"除模拟运算表外，自动重算"选项。
>
> 另外，不要让"数据表"这个术语迷惑你。它指的是正常的单元格区域，只不过没有使用"插入" | "表格" | "表格"命令转换为表格对象。

> **交叉引用**
>
> 有关模拟运算表的更多信息，请参见第 28 章。

在"手动重算"模式中工作时，如果有任何没有计算的公式，则 Excel 会在状态栏中显示"计算"。可以使用下面的快捷键来重新计算公式。

- F9 键：计算所有打开的工作簿中的公式。
- Shift+F9 键：只计算活动工作表中的公式，而不计算同一工作簿中其他工作表中的公式。
- Ctrl+Alt+F9 键：强制重新计算所有公式。
- Ctrl+Alt+Shift+F9 键：重建计算时的依赖关系树，并执行完全重算。

> **注意**
> Excel 的计算模式不只针对特定的工作表。在改变 Excel 的计算模式后，它将影响所有打开的工作簿，而不仅是活动工作簿。

9.8　使用高级命名方法

通过使用区域名称，可使公式更易于理解、修改，甚至可以防止出错。处理有意义的名称(如 AnnualSales)比处理区域引用(如 AB12:AB68)要简单得多。

> **交叉引用**
> 有关如何使用名称的基本信息，请参见第 4 章。

Excel 中提供了大量的高级方法，用于更好地利用名称。在下面几节中将讨论这些方法。此信息适用于那些有兴趣探索某些对于大多数用户而言甚至不知道的 Excel 功能的用户。

9.8.1　为常量使用名称

许多 Excel 用户都没有意识到可以为并没有出现在单元格中的项命名。例如，如果工作表中的公式使用了销售税率，则可将税率插入到一个单元格中，然后在公式中使用该单元格的引用。如果想要使此过程变得更加简单，则可以给此单元格指定一个类似于"SalesTax"的名称。

下面说明了如何为没有出现在单元格中的值提供名称。

(1) 选择"公式"|"定义的名称"|"定义名称"命令。将显示"新建名称"对话框。

(2) 在"名称"字段中输入名称(在本示例中输入"SalesTax")。

(3) 选择此名称有效的"范围"(整个工作簿或特定的工作表)。

(4) 单击"引用位置"文本框，删除其中的内容，并将旧内容替换为某个数值(如 0.075)。

(5) (可选)使用"备注"框提供关于名称的备注。

(6) 单击"确定"按钮，关闭"新建名称"对话框并创建名称。

完成上述操作后，就可以建立一个指代常量而不是单元格或区域的名称。现在，如果在此名称的范围内的一个单元格中输入"=SalesTax"，则这个简单的公式会返回 0.075——即你定义的常量。也可以在其他公式中使用此常量，如"=A1*SalesTax"。

> **提示**
> 常量也可以是文本。例如，可以为公司名称定义一个常量。

> **注意**
> 命名的常量不会显示在"名称"框或"定位"对话框中。这很合理，因为常量并不保存在某个可见的位置。但是当输入公式时，它们将出现在所显示的下拉列表中，这样非常方便，因为会在公式中使用这些名称。

9.8.2　为公式使用名称

除了创建命名常量，也可以创建命名公式。与命名常量一样，命名公式也不会保存在单元格中。

用于创建命名公式的方法与创建命名常量的方法相同——使用"新建名称"对话框。例如，可以创建一个命名公式，用于通过年利率换算月利率。图 9-15 显示了这一个示例。在本例中，名称 MonthlyRate 引用了下面的公式：

```
=Sheet3!$B$1/12
```

图 9-15　Excel 允许为不存在于工作表单元格中的公式命名

当在公式中使用名称 MonthlyRate 时，它将使用 Sheet3 中的单元格 B1 除以 12 所得到的值。注意，这里的单元格引用是绝对引用。

当使用相对引用而不是绝对引用时，为公式命名就会变得更加有趣。当在"新建名称"对话框的"引用位置"字段中使用指向方法创建公式时，Excel 总是会使用绝对单元格引用，这与在单元格中创建公式是不同的。

例如，激活 Sheet1 上的单元格 B1 并为下面的公式创建名称 Cubed：

```
=Sheet1!A1^3
```

在这个示例中，相对引用指向了使用名称的单元格左侧的单元格。因此，一定要确保在打开"新建名称"对话框前单元格 B1 是活动单元格，这非常重要。公式包含一个相对引用，当在工作表中使用这个命名公式时，单元格引用总是相对于含有公式的单元格。例如，如果在单元格 D12 中输入=Cubed，则单元格 D12 将显示单元格 C12 中的数值进行三次方运算后的值(单元格 C12 位于 D12 左侧)。

9.8.3　使用区域交集

本节将说明一个名为"区域交集"的概念——即两个区域共有的单元格。Excel 使用了交集运算符(空格字符)来确定两个区域的重叠引用。图 9-16 显示了一个简单示例。

	A	B	C	D	E
1	99	94	51	54	
2	90	75	89	46	
3	58	89	13	60	
4	37	95	84	19	
5	11	37	56	26	
6	65	11	62	36	
7					
8					
9		A3:D3			

图 9-16　可以使用区域交集公式确定数值

单元格 B9 中的公式是：

```
=C1:C6 A3:D3
```

此公式会返回单元格 C3 中的值 13，即两个区域交集点的值。

交集运算符是用于区域的 3 个引用运算符之一。表 9-6 列出了这些运算符。

表 9-6　用于区域的引用运算符

运算符	用途
:(冒号)	指定一个区域
,(逗号)	指定两个区域的并集。此运算符可将多个区域引用组合成一个引用
空格	指定两个区域的交集。此运算符可得到同时属于两个区域的单元格

当使用名称时，知道区域交集的作用是很明显的。在图 9-17 中显示了一个数值表格。我们选择整个表格，然后选择"公式"|"定义的名称"|"根据所选内容创建"命令，在首行和最左列自动创建名称。

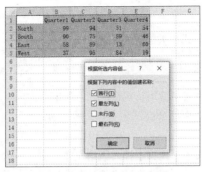

图 9-17　为表格中的所有值创建名称

Excel 创建了如表 9-7 的 8 个名称。

表 9-7　Excel 创建的名称

North	=Sheet1!$B$2:$E$2	Quarter1	=Sheet1!$B$2:$B$5
South	=Sheet1!$B$3:$E$3	Quarter2	=Sheet1!$C$2:$C$5
East	=Sheet1!$B$4:$E$4	Quarter3	=Sheet1!$D$2:$D$5
West	=Sheet1!$B$5:$E$5	Quarter4	=Sheet1!$E$2:$E$5

定义这些名称后，就可以创建易于阅读和使用的公式。例如，要计算 Quarter 4 的总和，只需要使用下列公式即可：

```
=SUM(Quarter4)
```

要引用单个单元格，可以使用交集运算符。移动到任何一个空白单元格，然后输入下列公式：

```
=Quarter1 West
```

此公式返回的是 West 区域第一个季度的数值。换句话说，它将返回 Quarter1 区域与 West 区域交集部分中的值。通过这种方式命名区域可以帮助创建易读的公式。

9.8.4　对现有引用应用名称

当为单元格或区域创建名称时，Excel 不会自动使用这个名称来替换公式中已有的引用。

例如，假设在单元格 F10 中有以下公式：

```
=A1-A2
```

如果以后为单元格 A1 定义名称 Income，为单元格 A2 定义名称 Expenses，那么 Excel 不会自动将公式改为=Income-Expenses。然而，使用对应的名称来替换单元格或区域引用的方法非常简单。

要为已有公式中的单元格引用应用名称，请首先选择要更改的区域。然后选择"公式"|"定义的名称"|"定义名称"|"应用名称"命令。将显示"应用名称"对话框。通过单击要应用的名称来选择它们，然后单击"确定"按钮。Excel 将使用选定单元格中的名称来替换区域引用。

9.9　使用公式

本节将提供其他一些与公式相关的提示和技巧。

9.9.1　不使用硬编码数值

当创建公式时，应该在公式中使用特定数值之前仔细考虑一下。例如，如果使用一个公式计算销售税(它是 6.5%)，则可能会尝试输入如下所示的公式：

```
=A1*.065
```

但是，更好的方法是在某个单元格中插入销售税率，然后使用该单元格的引用；或者，也可以使用本章前面提到的方法，将税率定义为命名常量。这样可以使修改和维护工作表的工作变得更容易。例如，如果税率变为 6.75%，将必须修改每一个使用旧数值的公式。但是，如果将税率存储在某个单元格中，则只需要更改这个单元格即可，对此单元格进行更改后，Excel 将更新所有公式。

9.9.2　将编辑栏用作计算器

如果需要执行快速计算，则可以使用编辑栏作为计算器。例如，输入下面的公式，但不要按 Enter 键。

```
=(145*1.05)/12
```

如果按 Enter 键，则 Excel 会将公式输入单元格。但是，因为此公式始终会返回同样的结果，所以你可能希望保存公式的结果而不是公式本身。为此，可按 F9 键，编辑栏中将显示结果。按 Enter 键可将结果保存在活动单元格中(当公式使用单元格引用或工作表函数时，这种方法同样适用)。

9.9.3　精确复制公式

当复制公式后，在把公式复制粘贴到其他位置时，Excel 会调整其单元格引用。有时，可能需要精确地复制公式。可以完成此任务的一种方法是将单元格引用转换为绝对值，但这可能并不总是能满足需要。一个更好的方法是在编辑模式中选择公式，然后将它作为文本复制到"剪贴板"。可以使用几种方法来达到这一目的。下面是一个分步示例，用于介绍如何将单元格 A1 中的公式精确复制到单元格 A2 中。

(1) 双击 A1(或按 F2 键)，进入编辑模式。

(2) 拖动鼠标选择整个公式。可以从右向左拖动，也可以从左向右拖动。要使用键盘选中整个公式，可按 End 键，然后按 Shift+Home 键。

(3) 选择"开始"|"剪贴板"|"复制"命令(或按 Ctrl+C 键)。这将会把所选文本(将成为被复制的公式)复制到剪贴板中。

(4) 按 Esc 键退出"编辑"模式。

(5) 选择单元格 A2。

(6) 选择"开始"|"剪贴板"|"粘贴"命令(或按 Ctrl+V 键)将文本粘贴到 A2 中。

如果要在其他公式中使用某个公式的一部分，也可以使用这一方法来复制公式的一个部分。为此，只需要拖动鼠标选择需要复制的部分，然后使用任何可用的方法将它复制到"剪贴板"中。之后，就可以将文本粘贴到其他单元格中。

当将通过这种方式复制的公式(或公式的一部分)粘贴到新单元格时，不会调整它们的单元格引用。这是因为这些公式是被作为文本复制的，而不是作为实际的公式复制的。

> **提示**
> 也可以通过在等号前加上一个撇号(')将公式转换成文本。然后像平常一样将单元格复制并粘贴到新位置。之后，删除所粘贴的公式中的撇号，就会使其和原始公式完全相同。同时，也别忘了删除在原始公式中添加的撇号。

9.9.4 将公式转换为数值

有些时候，可能需要使用公式来计算出答案，然后将公式转换成实际的数值。例如，要使用 RANDBETWEEN 函数创建一组随机数字，并且不希望 Excel 在每次按 Enter 键时都重新计算这些随机数字，则可以将这些公式转换为数值。

要将公式转换为数值，可执行以下步骤。

(1) 选择 A1:A20。

(2) 选择"开始"|"剪贴板"|"复制"命令(或按 Ctrl+C 键)。

(3) 选择"开始"|"剪贴板"|"粘贴值"命令。

(4) 按 Esc 键取消"复制"模式。

第 10 章

理解和使用数组公式

本章要点：

- 理解遗留的数组公式
- 动态数组简介
- 理解溢出区域
- 探索动态数组函数

能够使用数组，是 Excel 最强大的功能之一。标准公式只能得到一个答案，而数组公式却可以在工作表上的一系列单元格中返回一系列答案。虽然 Excel 中一直提供了数组公式，但 Microsoft 又引入了动态数组，为以另一种方式使用数组公式的能力铺平了道路。

本章首先介绍数组的概念，以及遗留的数组公式以怎样的方式工作。然后，你将探索 Excel 新增的、令人兴奋的动态数组函数，以及如何使用这些新函数获得传统公式无法提供的能力。

配套学习资源网站

配套学习资源网站 www.wiley.com/go/excel365bible 中提供了用于演示各种引用类型的工作簿。文件名为 Array Formulas.xlsx。

注意：

在本章中，使用术语"遗留"来表示通过按 Ctrl+Shift+Enter 键创建的传统数组公式。Microsoft 将这类公式称作 CSE 公式，但是为了保持简洁，我们将使用"遗留数组公式"这个术语。

在新的动态数组发布之前，要告诉 Excel 一个公式是数组公式，需要将公式放到花括号内。但是，简单地手动输入花括号是起不到作用的。只有按下 Ctrl+Shift+Enter 键时，Excel 才会将公式识别为数组公式。

10.1   理解遗留数组公式

要理解数组的概念,最简单的方法是想象一组行和列。想象一个表中包含 5 行、1 列。在工作表上,我们会将它称为一个单元格区域,但如果把这个区域存储到内存中,它就不再是一个区域,而变成一个数组。在内存中时,对数组执行的任何公式操作将作为一个整体执行。也就是说,该数组中的所有项将以各种方式受到公式的影响(具体取决于使用的公式)。

在 Excel 中,数组可以是一维或二维的。这些维度对应于行和列。例如,一维数组可以存储在一个由一行(横向数组)或一列(纵向数组)构成的区域中。二维数组可以存储在一个矩形单元格区域中(由多行和多列组成)。

10.1.1   遗留数组公式的示例

图 10-1 显示了一个简单的、用于计算产品销售情况的工作表。通常,你会使用如下所示的公式,在 D 列中计算值(产品总销售额),然后将这个公式在列中向下复制。这种方法显然能够工作,但工作表在 D 列中将需要 6 个公式。

=B2*C2

	A	B	C	D
1	Product	Units Sold	Unit Price	
2	AR-998	3	$50	=B2*C2
3	BZ-011	10	$100	1000
4	MR-919	5	$20	100
5	TR-811	9	$10	90
6	TS-333	3	$60	180
7	ZL-001	1	$200	200

图 10-1   D 列包含的公式用于计算每个产品的总销售收入

通过使用遗留的多单元格数组公式,我们可以把这 6 个公式减少为一个公式。执行下面的步骤来创建一个遗留的数组公式,让它计算 D2:D7 中显示的 6 个值(参见图 10-1)。

(1) 选择一个空的单元格区域,用于保存公式的结果。在这里,选择区域 D2:D7。因为不能在一个单元格中显示一个以上的值,所以需要选择 6 个单元格,才能让这个数组工作。

(2) 键入下面的公式:

=B2:B7*C2:C7

(3) 按 Ctrl+Shift+Enter 键来输入公式。通常会按 Enter 键来输入一个标准公式,但因为这是一个数组公式,所以需要按 Ctrl+Shift+Enter 键。

可以注意到,输入的公式自动填充了全部 6 个选中的单元格。检查编辑栏,会发现下面的公式:

{=B2:B7*C2:C7}

在工作表中,包围公式的花括号表示这个公式是一个遗留的数组公式。

10.1.2   编辑遗留的数组公式

可以使用标准的单元格选择方法,手动选择包含遗留数组公式的单元格,或者也可以使用下面的方法:

- 激活数组公式区域内的任意单元格。选择"开始"|"编辑"|"查找和选择"|"转到"，或者按 F5 键。这将打开"定位"对话框。在该对话框中，单击"定位条件"按钮，然后选择"当前数组"选项。单击"确定"按钮关闭对话框。
- 激活数组公式区域中的任意单元格，然后按 Ctrl+/ (斜杠)来选择构成该数组的单元格。

如果数组公式占据多个单元格，则必须编辑整个区域，就像它是一个单元格一样。要记住的关键点是，不能只修改多单元格数组公式的一个元素。尝试这么做时，Excel 会显示如图 10-2 所示的消息。

图 10-2　Excel 的警告消息提醒你，不能只编辑多单元格数组公式的一个单元格

要编辑一个遗留的数组公式，需要选择数组区域的全部单元格，然后正常激活编辑栏(单击它或者按 F2 键)。在编辑过程中，Excel 将移除公式中的花括号。编辑该公式，然后按 Ctrl+Shift+Enter 键来输入修改。该数组中的所有单元格将反映你编辑的修改(花括号会重新显示)。

> **警告:**
> 如果你在编辑数组公式后，不小心按下 Ctrl+Enter 键(而不是 Ctrl+Shift+Enter 键)，该公式将被输入每个选中的单元格中，但它将不再是一个数组公式，并且很可能返回一个错误结果，或返回#SPILL!错误。此时，只需要再次选中这些单元格，按 F2 键，然后按 Ctrl+Shift+Enter 键。

> **遗留的数组公式：缺点**
> 遗留数组公式是 Excel 中最没有得到理解的功能之一。因此，如果你准备把工作簿共享给可能需要修改该工作簿的人，则可能应该完全避免使用数组公式。如果有人遇到了数组公式，并且试着编辑它们，却忘记使用 Ctrl+Shift+Enter 键组合，就很容易破坏你做的工作。除了逻辑错误外，这可能是用户在使用遗留的数组公式时最常遇到的问题。
> 数组公式的另一个潜在问题是，它们有时可能拖慢工作表的重算，使用极大的数组时更是如此。在一个比较快速的系统上，这种速度上的延迟可能不是问题。反过来，使用数组公式几乎总是比使用自定义的 VBA 函数更快。请参见第 40 章来了解关于如何创建自定义 VBA 函数的更多信息。

10.2　动态数组简介

在很多方面，遗留的数组公式一直以来都无法被普通的 Excel 用户理解。诚然，如果你是一名专家，就可以使用它们实现神奇的操作。但是，在动态数组出现之前，普通的 Excel 用户无法掌握数组公式的强大能力。

随着动态数组的出现，Excel 进入了一个新时代，不需要成为公式专家，就能利用数组的强大能力。对 Excel 的计算引擎所做的底层修改，让遗留数组公式成为过去。你不再需要使用 Ctrl+Shift+Enter 键组合区分数组公式。

为了演示这种新的范式变化，图 10-3 显示了一个简单的公式，它引用了单元格 A2:C7。

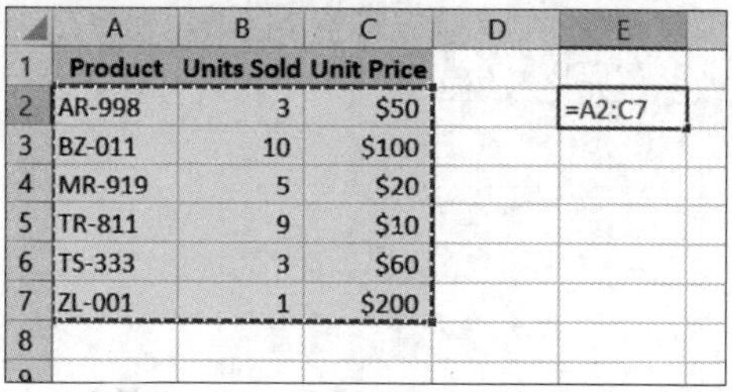

	A	B	C	D	E
1	Product	Units Sold	Unit Price		
2	AR-998	3	$50		=A2:C7
3	BZ-011	10	$100		
4	MR-919	5	$20		
5	TR-811	9	$10		
6	TS-333	3	$60		
7	ZL-001	1	$200		
8					

图 10-3 引用一个区域的简单公式

简单地按下 Enter 键，就会自动把公式填充到周围的单元格中(参见图 10-4)。初始公式提供了数组的维度：6 行、3 列。Excel 获取了这些信息，然后将结果输出到与提供的维度对应的一个网格中。

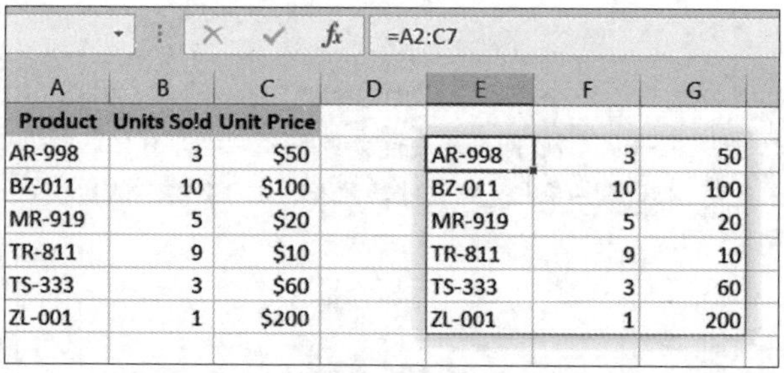

=A2:C7

A	B	C	D	E	F	G
Product	Units Sold	Unit Price				
AR-998	3	$50		AR-998	3	50
BZ-011	10	$100		BZ-011	10	100
MR-919	5	$20		MR-919	5	20
TR-811	9	$10		TR-811	9	10
TS-333	3	$60		TS-333	3	60
ZL-001	1	$200		ZL-001	1	200

图 10-4 Excel 自动将结果溢出到周围的单元格中

看看图 10-4 中的编辑栏，注意这里并没有花括号。不需要按 Ctrl+Shift+Enter 键组合来告诉 Excel 这是一个数组公式；Excel 自己能够知道这一点。

将结果自动填充到周围单元格的这种行为称为“溢出”。数组公式周围的区域被称为“溢出区域”。溢出区域由数组公式中指定的维度决定。在图 10-4 显示的示例中，数组公式引用一个 6 行、3 列的数组。因此，无论我们把公式放到什么地方，溢出区域总是会固定为一个 6 行、3 列的网格。

需要重点注意的是，动态数组行为在根本上是 Excel 的计算引擎的一部分。当任何函数使用一个返回多个值的数组时，将把结果输出到一个溢出区域中。这甚至包括没有被设计为输出数组的旧函数。例如，图 10-5 中的编辑栏显示了下面的函数：

```
= SUM(B14:B19*C14:C19)
```

这个公式使用一个简单的 SUM 函数，将 B14:B19 的和与 C14:C19 的和相乘。因为现在动态数组是 Excel 的计算引擎的固有部分，所以该数组将被自动处理，并不需要按下 Ctrl+Shift+Enter 键。

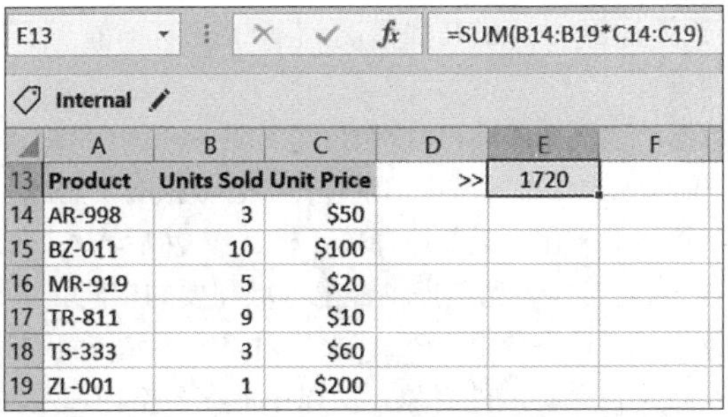

图 10-5　动态数组能够用于任何接受数组作为参数的传统 Excel 函数

动态数组和兼容性

在撰写本书时,只有订阅了 Office 365 以及使用 Office/Excel 2022 或更高版本的独立版(永久许可)的用户才能使用动态数组。使用 Excel 2019 或更早版本的用户无法使用动态数组。如果保存一个包含动态数组的工作表,然后在一个版本较老的 Excel 中打开该工作簿,则动态数组将被转换为遗留的数组公式。Excel 尽其所能来保证一致性,但要注意,这种转换可能导致丢失功能或者意外的行为。如果你的受众使用老版本的 Excel,则需要在他们的 Excel 版本中充分测试你的动态公式,以确定在转换后它们具有什么样的行为。

10.2.1　理解溢出区域

当输入动态数组时,结果会溢出到邻近的单元格中。Excel 通过蓝色实线来标出溢出区域。除了输入点(包含原公式的单元格)之外,溢出区域内的所有单元格实际上都会被禁用。图 10-6 显示了一个活动的单元格区域,它包含一个动态数组的结果。原公式被输入单元格 E2 中。除了单元格 E2 外,不能以任何方式删除、移动或者编辑溢出区域中的任何值。

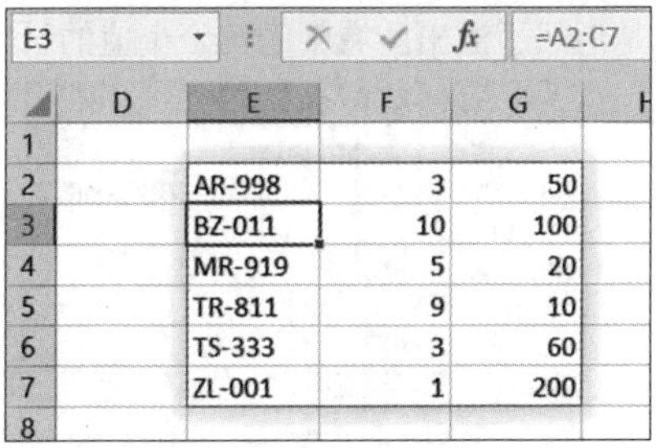

图 10-6　溢出区域的周围会显示一条蓝线

在溢出区域内输入数据会导致#SPILL!错误。图 10-7 演示了由于在溢出区域输入一个值而导致的#SPILL!错误。从溢出区域中删除造成问题的数据将立即恢复数组值。

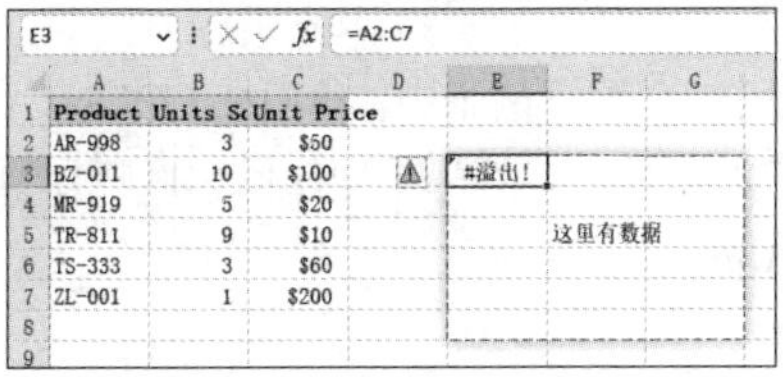

图 10-7　溢出区域中的障碍造成的溢出错误

有几个原因可能导致你看到一个#SPILL!错误。花一点时间看看下面列出的场景，它们都可能导致发生#SPILL!错误。

- 溢出区域包含数据：这是造成#SPILL!错误最常见的原因。动态数组要能够工作，溢出区域必须是空的。如果溢出区域中出现任何包含数据的单元格，就会导致这个错误。
- 溢出区域超出工作表的末尾：试着选择单元格 A1，然后输入公式=B:B。这将导致一个#SPILL!错误，因为工作表无法提供溢出区域需要的空间。
- 试图在表格对象中使用动态数组：Excel 表格对象内不允许包含其他对象。因为溢出区域在本质上是一种自动扩展的对象，所以不能在表格内使用动态数组。
- 内存不足：如果你的动态数组导致 Excel 用完内存，则会导致#SPILL!错误。这种情况下，需要重新设计公式，引用一个较小的数组。
- 溢出区域遇到一个合并后的单元格：溢出区域不能包含合并的单元格。
- 大小不能确定：如本章前面所述，动态数组允许你使用任何现有的 Excel 函数。但是，动态数组公式难以追得上易变函数的变化，如 RAND 和 RANDBETWEEN。动态数组会一直刷新计算，直到完全解析公式。但是，易变函数在每次计算时会改变大小，进而导致动态数组继续计算。这会导致一种连续循环，直到 Excel 最终抛出#SPILL!错误。
- 无法识别的错误：在极少见的情况下，Excel 会遇到无法解决的错误，并抛出#SPILL!错误。这种情况下，最好检查公式，确保它包含全部必要的参数。

10.2.2　引用溢出区域

在其他公式中引用溢出区域通常很有用。但是，简单地将后面的公式指向溢出区域中的一个单元格，并不能完全捕捉该区域。你需要使用溢出区域运算符(#)。为探讨这个概念，看一看图 10-8。在这个例子中，我们想要获取溢出区域 E2:E7 中的每个字符串值的长度。可以看到，输入公式=LEN(E2)只是返回了溢出区域中的第一个值的长度。

	D	E	F	G	H
1				String Length	
2		AR-90018		8	=Len(E2)
3		BZ-011			
4		MR-9198			
5		TR-81			
6		TS-3333			
7		ZL-001			

图 10-8　引用溢出区域中的一个单元格无法捕捉到全部值

在图 10-9 的编辑栏中，可以看到我们在单元格引用中添加了溢出区域运算符(#)，这告诉 Excel 使用整个溢出区域。它的效果是将溢出区域搬过来，实际上为 LEN 函数创建了一个新的溢出区域。

图 10-10 演示了另一个例子。在这个例子中，我们在 COUNTA 函数中使用溢出区域运算符，统计被引用的溢出区域中的全部值。如果不使用溢出区域运算符，得到的计数将是 1，对应于溢出区域的第一个单元格。

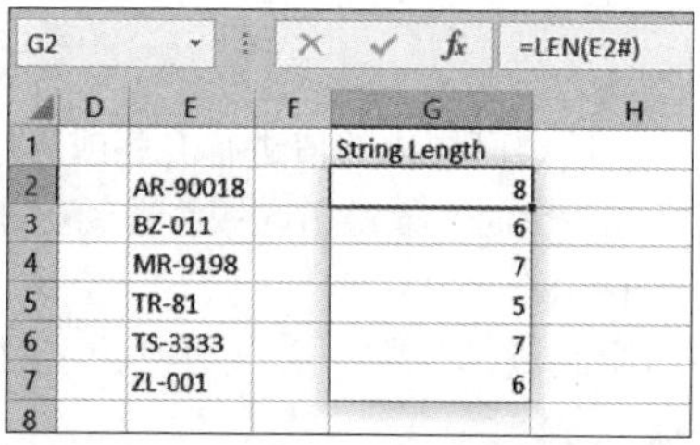

图 10-9　使用溢出区域运算符，将一个函数应用到整个溢出区域

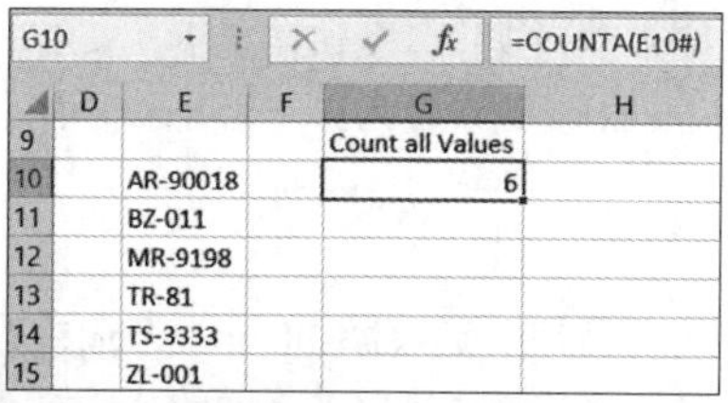

图 10-10　使用溢出区域运算符统计被引用溢出区域中的全部值

为什么公式中有一个@符号？

传统的 Excel 公式有一种称为"隐式交集"的固有计算行为。隐式交集是指从一个值数组只返回一个值。这确保了公式总是只返回一个值，因为在动态数组出现之前，一个单元格只能包含一个值。

有了动态数组之后，Excel 不再受限于只返回单个值，所以具有 Office 365 订阅或者使用独立版(永久许可)的 Office/Excel 2022 的用户不再使用隐式交集。

但是，如果打开使用旧版本的 Excel 创建的工作簿，则可能在公式中看到@符号。@符号被称为隐式交集运算符。它实际上是在视觉上表现出以前不可见的隐式交集行为。一般来说，如果在旧版本的 Excel 中使用了返回数组的函数(如 INDEX 和 OFFSET)，在新版本中打开时将为它们带上@符号。

如果包含@运算符的公式返回一个值，则可以安全地删除@。但是，如果这样的公式返回一个数组，则删除@会导致它溢出到邻近的单元格。

如果从一个返回数组的公式中删除@，然后在旧版本的 Excel 中打开该工作簿，那么该公式将被转换为一个遗留的数组公式。

10.3　探索动态数组函数

在引入动态数组后，Microsoft 还发布了几个使用动态数组的新函数，以方便执行复杂的公式运算。这些新函数可以去重、提取唯一值、筛选数据、动态排序数据和执行查找。接下来将概述这些新的动态数组函数。

10.3.1 SORT 函数

SORT 函数使用一个公式，对给定区域内的值进行升序或降序排序。排序结果将被输出到一个溢出区域中，并且当源区域改变时，该溢出区域将自动更新。SORT 函数有 4 个参数：[array]、[sort_index]、[sort_order]和[by_col]。

[array]参数定义了要排序的源区域，是唯一必须提供的参数。下面的公式将按升序对 A2:A15 中的值进行排序：

```
=SORT(A2:A15)
```

[sort_index]参数允许指定按哪个列排序。默认情况下，SORT 函数会使用给定区域的第一列。可以根据列号，将[sort_index]参数设置为另一个列。下面的公式按列 B 对 A2:B15 中的值进行升序排序：

```
=SORT(A2:B15,2)
```

SORT 函数默认情况下按升序排序。通过添加[sort_order]参数，可以按降序排序。当把[sort_order]参数的值设置为-1 时，将按降序排序。下面的公式按列 B 对 A2:B15 中的值进行降序排序：

```
=SORT(A2:B15,2,-1)
```

图 10-11 显示了 SORT 函数的一个例子。这里按照测验得分的变化，对学生进行降序排序。

F2　=SORT(A2:D15,4,-1)

	A	B	C	D	E	F	G	H	I
1	Student	Pre-Test	Post-Test	Change					
2	Andy	56	67	11		Linda	45	68	23
3	Beth	59	74	15		Michelle	71	92	21
4	Cindy	98	92	-6		Eddy	81	100	19
5	Duane	78	79	1		Beth	59	74	15
6	Eddy	81	100	19		Isabel	54	69	15
7	Francis	92	94	2		Andy	56	67	11
8	Georgia	100	100	0		Kent	80	88	8
9	Hilda	92	99	7		Hilda	92	99	7
10	Isabel	54	69	15		Francis	92	94	2
11	Jack	91	92	1		Duane	78	79	1
12	Kent	80	88	8		Jack	91	92	1
13	Linda	45	68	23		Georgia	100	100	0
14	Michelle	71	92	21		Cindy	98	92	-6
15	Nancy	94	83	-11		Nancy	94	83	-11

图 10-11　使用 SORT 函数，按照测验得分的变化对学生进行降序排序

SORT 函数默认情况下对行进行排序。SORT 函数的最后一个参数是[by_col]参数。将这个参数设置为 1(参见图 10-12)，可以按列而不是按行进行排序。

=SORT(N2:AA3,2,-1,1)

M	N	O	P	Q	R	S	T	U	V	W	X	Y	Z	AA
Student	Andy	Beth	Cindy	Duane	Eddy	Francis	Georgia	Hilda	Isabel	Jack	Kent	Linda	Michelle	Nancy
Score	56	59	98	78	81	92	100	92	54	91	80	45	71	94
	Georgia	Cindy	Nancy	Francis	Hilda	Jack	Eddy	Kent	Duane	Michelle	Beth	Andy	Isabel	Linda
	100	98	94	92	92	91	81	80	78	71	59	56	54	45

图 10-12　按列排序

10.3.2　SORTBY 函数

SORTBY 函数根据其他区域的值对一个区域的内容进行排序。当需要基于多个列来应用排序时，这个函数很方便。SORTBY 函数有 3 个参数：[array]、[by_array]和[sort_order]。

[array]参数定义了要排序的区域，而[by_array]参数指定了作为排序条件的区域。使用[sort_order]参数可以指定是按升序还是降序排序。使用 1 作为[sort_order]参数的值将按升序排序，使用-1 则将按降序排序。例如，下面的公式根据 C2:C18 中的值，对 A2:C18 中的值进行降序排序：

```
=SORTBY(A2:C18,C2:C18,-1)
```

这很不错，但是与使用 SORT 函数，按照第 3 列(C 列)对相同的区域进行降序排序没有区别：

```
=SORT(A2:C18,3,-1)
```

SORTBY 函数的真正强大之处在于能够按多列进行排序。图 10-13 中的公式如下所示：

```
=SORTBY(A2:C18,A2:A18,1,C2:C18,-1,B2:B18,1)
```

在这个公式中，我们按 Market(A2:A18)对区域(A2:C18)进行升序排序，然后按 Sales Amount(C2:C18)对区域进行降序排序，最后按 Quarter(B2:B18)对区域进行升序排序。得到的结果输出中包含按字母顺序排序的市场，并按销售额最大的季度进行了排序。

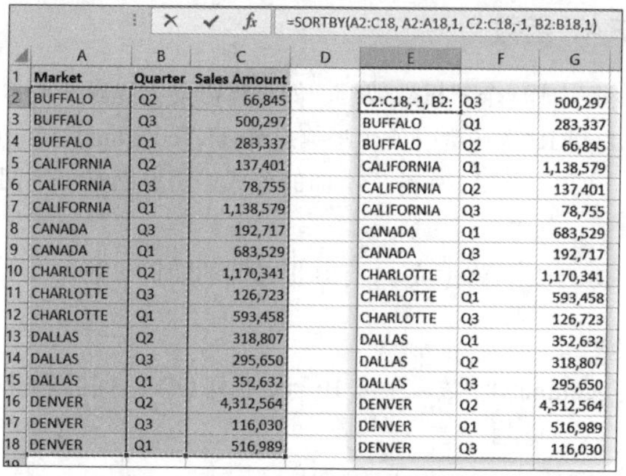
=SORTBY(A2:C18, A2:A18,1, C2:C18,-1, B2:B18,1)

	A	B	C	D	E	F	G
1	Market	Quarter	Sales Amount				
2	BUFFALO	Q2	66,845		C2:C18,-1, B2:	Q3	500,297
3	BUFFALO	Q3	500,297		BUFFALO	Q1	283,337
4	BUFFALO	Q1	283,337		BUFFALO	Q2	66,845
5	CALIFORNIA	Q2	137,401		CALIFORNIA	Q1	1,138,579
6	CALIFORNIA	Q3	78,755		CALIFORNIA	Q2	137,401
7	CALIFORNIA	Q1	1,138,579		CALIFORNIA	Q3	78,755
8	CANADA	Q3	192,717		CANADA	Q1	683,529
9	CANADA	Q1	683,529		CANADA	Q3	192,717
10	CHARLOTTE	Q2	1,170,341		CHARLOTTE	Q2	1,170,341
11	CHARLOTTE	Q3	126,723		CHARLOTTE	Q1	593,458
12	CHARLOTTE	Q1	593,458		CHARLOTTE	Q3	126,723
13	DALLAS	Q2	318,807		DALLAS	Q1	352,632
14	DALLAS	Q3	295,650		DALLAS	Q2	318,807
15	DALLAS	Q1	352,632		DALLAS	Q3	295,650
16	DENVER	Q2	4,312,564		DENVER	Q2	4,312,564
17	DENVER	Q3	116,030		DENVER	Q1	516,989
18	DENVER	Q1	516,989		DENVER	Q3	116,030

图 10-13　使用 SORTBY 函数来应用多列排序

注意：

SORTBY 函数不要求作为排序条件的列(由[by_array]指定)是源数据的一部分。如果愿意，可以按照另一个表中的另一个区域进行排序。但是，用作排序条件的区域必须具有与源数据兼容的维度。例如，如果源数据有 15 行，则作为排序条件的区域也必须有 15 行。

10.3.3　UNIQUE 函数

UNIQUE 函数使用下面的 3 个参数，从一个区域或数组中提取出唯一值的列表：[array]、[by_col]和[exactly_once]。[array]参数是唯一必须提供的参数。下面的公式演示了 UNIQUE 函数最基本的用法。这个公式将单元格 A1:A10 中的唯一值提取到一个溢出区域，并且当源区域中的值改变时，该溢出区域将自动更新：

```
=UNIQUE(A1:A10)
```

UNIQUE 函数默认情况下处理行。但是，通过将[by_col]参数设置为 1，可以告诉 Excel 从列中提取唯一值。在下面的例子中，使用 UNIQUE 函数来把 A1:J1 中的唯一值提取到一个新的溢出区域中：

```
=UNIQUE(A1:J1,1)
```

最后一个参数[exactly_once]告诉 Excel，提取在给定数组中只出现一次的值。图 10-14 演示了使用基本的 UNIQUE 和使用指定了[exactly_once]参数的 UNIQUE 的区别。可以看到，列 G 中的值只显示了在源区域中出现一次的市场(CANADA 和 TULSA)。

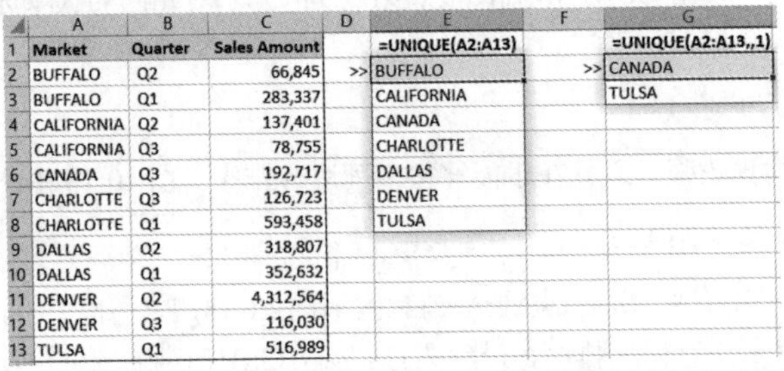

	A	B	C	D	E	F	G
1	Market	Quarter	Sales Amount		=UNIQUE(A2:A13)		=UNIQUE(A2:A13,,1)
2	BUFFALO	Q2	66,845	>>	BUFFALO	>>	CANADA
3	BUFFALO	Q1	283,337		CALIFORNIA		TULSA
4	CALIFORNIA	Q2	137,401		CANADA		
5	CALIFORNIA	Q3	78,755		CHARLOTTE		
6	CANADA	Q3	192,717		DALLAS		
7	CHARLOTTE	Q3	126,723		DENVER		
8	CHARLOTTE	Q1	593,458		TULSA		
9	DALLAS	Q2	318,807				
10	DALLAS	Q1	352,632				
11	DENVER	Q2	4,312,564				
12	DENVER	Q3	116,030				
13	TULSA	Q1	516,989				

图 10-14　添加[exactly_once]参数提取了在给定区域中只出现一次的值

10.3.4　RANDARRAY 函数

RANDARRAY 函数生成一个随机数数组。如果你需要为建模和模拟练习生成随机数，这个函数很方便。RANDARRAY 函数有 4 个参数：[rows]、[columns]、[min]、[max]和[integer]。它们都不是必要参数。在单元格 A1 中输入下面的公式，将返回 0~1 之间的一个随机小数：

```
=RANDARRAY()
```

传入数字 10 时，[rows]参数将生成 10 行 0~1 之间的随机小数：

```
=RANDARRAY(10)
```

下面的公式添加了[columns]参数，生成 10 行、5 列 0~1 之间的随机小数：

```
=RANDARRAY(10,5)
```

使用[min]和[max]参数可以指定要生成的最小和最大随机数。下面的公式将生成 10 行 1~5 之间的随机小数。注意，这里没有使用第二个参数[columns]：

```
=RANDARRAY(10,,1,5)
```

通过将最后一个参数[integer]设置为 1，可以告诉 Excel 只返回整数，而不返回小数。下面的公式生成 10 行、5 列 20~50 之间的随机整数：

```
=RANDARRAY(10,5,20,50,1)
```

10.3.5　SEQUENCE 函数

SEQUENCE 函数可用于生成一个序列数字的列表。可以单独使用这个函数，直接在一个溢出区域中创建序列数字，也可以把它用在另一个公式中，执行更加复杂的运算。SEQUENCE 函数接收 4 个参数：[rows]、[columns]、[start]和[step]。

[rows]参数是唯一必须提供的参数，它告诉 Excel 要生成多少行序列数字。如果不指定其他参数，Excel 默认情况下将生成一个从 1 开始的数字列表，当到达指定的行数时结束。例如，在单元格 A1 中输入下面的公式将生成一个 1~12 的数字列表(12 是指定的行数):

```
=SEQUENCE(12)
```

如果想创建多列数字，可以添加[columns]参数。下面的公式将在两列中生成序列数字列表。同样，默认行为决定了这个列表从 1 开始，当到达指定的行数和列数后结束:

```
=SEQUENCE(12,2)
```

要生成更复杂的序列数字列表，可以使用[start]参数指定该序列从哪个数字开始，使用[step]参数指定在生成每一行时列表如何前进。输入下面的公式将生成 10 行数字，它们从 5 开始，按 5 递增，直到生成全部 10 行。图 10-15 中的列 F 显示了这个公式的结果:

```
=SEQUENCE(10,,5,5)
```

通过在[step]参数中输入一个负数，可以生成一个逐渐后退的序列。图 10-15 中的列 H 演示了这种效果，该列使用了一个从 50 开始倒数的 SEQUENCE 函数。

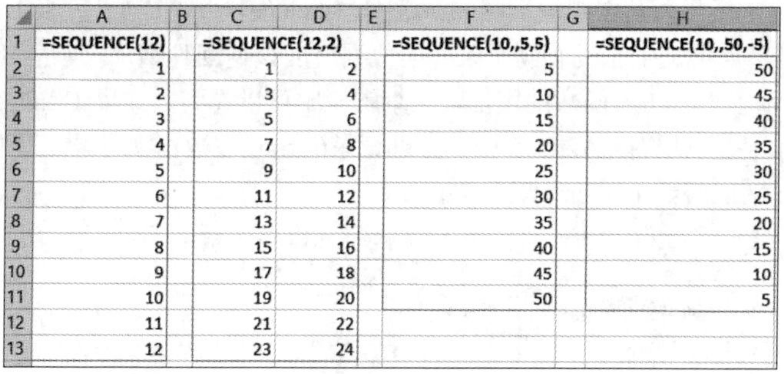

	A	B	C	D	E	F	G	H
1	=SEQUENCE(12)		=SEQUENCE(12,2)			=SEQUENCE(10,,5,5)		=SEQUENCE(10,,50,-5)
2	1		1	2		5		50
3	2		3	4		10		45
4	3		5	6		15		40
5	4		7	8		20		35
6	5		9	10		25		30
7	6		11	12		30		25
8	7		13	14		35		20
9	8		15	16		40		15
10	9		17	18		45		10
11	10		19	20		50		5
12	11		21	22				
13	12		23	24				

图 10-15 SEQUENCE 函数的示例用法

如本节前面所述，可以把 SEQUENCE 函数用到另一个公式中，以执行更复杂的运算。图 10-16 给出了一个例子。在列 D 中可以看到，LARGE 函数中使用了 SEQUENCE 函数，以提取出 A19:A28 中最大的 3 个数字。

D19	▼ : × ✓ fx	=LARGE(A19:A28,SEQUENCE(3))					
	A	B	C	D	E	F	G
19	12		>>	13			
20	-5			12			
21	3			8			
22	2						
23	0						
24	6						
25	13						
26	7						
27	4						
28	8						

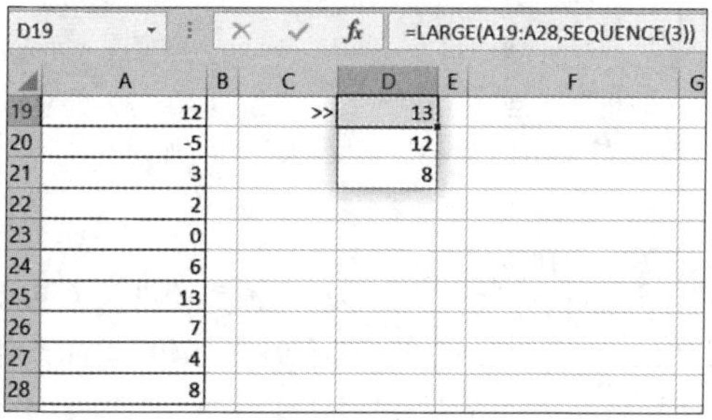

图 10-16 获取 A19:A28 中最大的 3 个数字的列表

图 10-17 演示了 SEQUENCE 函数的另一个有用的用法。这里在 DATE 函数中使用 SEQUENCE 函数，生成了 2022 年的月份列表。

=DATE(2022,SEQUENCE(12),1)
1/1/2022
2/1/2022
3/1/2022
4/1/2022
5/1/2022
6/1/2022
7/1/2022
8/1/2022
9/1/2022
10/1/2022
11/1/2022
12/1/2022

图 10-17　获取代表 2022 年每个月份的日期的列表

10.3.6　FILTER 函数

FILTER 函数根据参数中指定的条件，从一个数据集中提取出匹配的记录。结果将被输出到一个溢出区域，并且当源数据改变时，该溢出区域将自动更新。当你想要报告一个较大的数据表的子集时，这个函数很有用。FILTER 函数有 3 个参数：[array]、[include]和[if_empty]。

[array]参数指定了想要从中提取数据的源数据，[include]参数指定了基于什么条件提取源记录，[if_empty]参数指定了在没有满足条件的数据时应该返回什么。

图 10-18 演示了 FILTER 函数的用法。在编辑栏中可以看到，如果 D2:D15 中的值大于10([include]参数)，我们就提取 A2:D15 中的全部记录([array]参数)。如果没有匹配的记录，该公式将返回"No Matches"([if_empty]参数)。

F3			✕ ✓ fx	=FILTER(A2:D15,D2:D15>10,"No Matches")				
	A	B	C	D	E	F	G	H	I
1	Student	Pre-Test	Post-Test	Change					
2	Andy	56	67	11					
3	Beth	59	74	15		Andy	56	67	11
4	Cindy	98	92	-6		Beth	59	74	15
5	Duane	78	79	1		Linda P.	45	68	23
6	Linda P.	45	68	23		Michelle	71	92	21
7	Michelle	71	92	21		Linda J.	81	100	19
8	Nancy	94	83	-11		Isabel	54	69	15
9	Linda J.	81	100	19					
10	Francis	92	94	2					
11	Georgia	100	100	0					
12	Roland	91	92	1					
13	Kent	80	88	8					
14	Hilda	92	99	7					
15	Isabel	54	69	15					

图 10-18　筛选出变化值大于 10 的记录

> **提示：**
> 虽然从技术角度看，[if_empty]参数是可选参数，但总是应该为 FILTER 函数没有找到匹配数据的情况指定一个返回值。如果源区域中的记录都不满足指定的条件，那么忽略[if_empty]参数可能导致出现#CALC!错误。

相比硬编码[include]参数，更有用的方法是引用一个单元格，并在该单元格中包含FILTER 函数的条件。例如，图 10-19 中使用的公式本质上与图 10-18 中的公式相同，只不过是从 F1 中获取条件。采用这种方法时，可在 F1 中输入不同的值，FILTER 的结果将动态地发生改变。

图 10-19 从单元格 F1 获得 FILTER 函数的条件

将 FILTER 函数放到 SORT 函数中，以便对筛选后的结果进行排序，常常是很有用的。图 10-20 按照排序后的数组的第一列，对排序结果进行排序。

图 10-20 对 FILTETR 使用 SORT 来排序结果

1. 在 FILTER 函数中使用多个条件

有些时候，可能需要根据多个条件对结果集进行筛选。为此，只需要将每个条件放在圆括号内，并用星号(*)分隔它们。例如，图 10-21 通过添加一个针对姓名的条件，扩展了图 10-19 中的公式。注意，每个条件被放在单独的一对圆括号内。

图 10-21 使用多个筛选条件

这是怎么工作的呢？在后台，会针对数据集的每一行评估两个条件，每个条件会得到 TRUE 或 FALSE 作为结果。在图 10-22 中，我们将两个条件拆分为单独的公式，以清晰地演示每个条件的结果。

图 10-22 在后台会进行条件评估

在 Excel 中，TRUE 与 1 等效，FALSE 与 0 等效。FILTER 函数中的星号(参见图 10-21)实际上会将每一行的 TRUE 和 FALSE(1 和 0)结果相乘，所以只有记录对于两个条件都返回

TRUE 时，FILTER 函数才会认为该记录满足筛选条件。可将星号视为一个 AND 语句。只有当第一个条件为 TRUE，并且第二个条件为 TRUE 时，才返回结果。

如果想在第一个条件为 TRUE，或者第二个条件为 TRUE 时返回结果，需要使用加号(+)运算符。在图 10-23 中的公式中，Excel 会返回变化值大于 20 或者学生是 Beth 的所有记录。

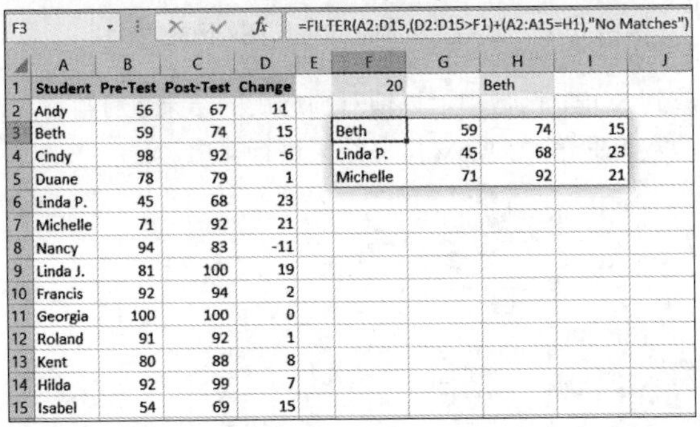

	A	B	C	D	E	F	G	H	I	J
1	Student	Pre-Test	Post-Test	Change		20		Beth		
2	Andy	56	67	11						
3	Beth	59	74	15		Beth	59	74	15	
4	Cindy	98	92	-6		Linda P.	45	68	23	
5	Duane	78	79	1		Michelle	71	92	21	
6	Linda P.	45	68	23						
7	Michelle	71	92	21						
8	Nancy	94	83	-11						
9	Linda J.	81	100	19						
10	Francis	92	94	2						
11	Georgia	100	100	0						
12	Roland	91	92	1						
13	Kent	80	88	8						
14	Hilda	92	99	7						
15	Isabel	54	69	15						

F3 = FILTER(A2:D15,(D2:D15>F1)+(A2:A15=H1),"No Matches")

图 10-23 使用+运算符返回第一个条件为 TRUE 或者第二个条件为 TRUE 的结果

2. 筛选包含搜索词的记录

可以调整 FILTER 函数的条件，找出包含指定搜索词的记录。为此，可以使用 SEARCH 函数，在你要评估的列中找出所有包含搜索词的值。在图 10-24 中，可以看到这种技术的一个例子。在这里，我们筛选学生姓名中包含 Linda 的所有记录。将 SEARCH 函数放在 ISNUMBER 函数中，可以将搜索结果转换为动态数组可以读取的一个数字。

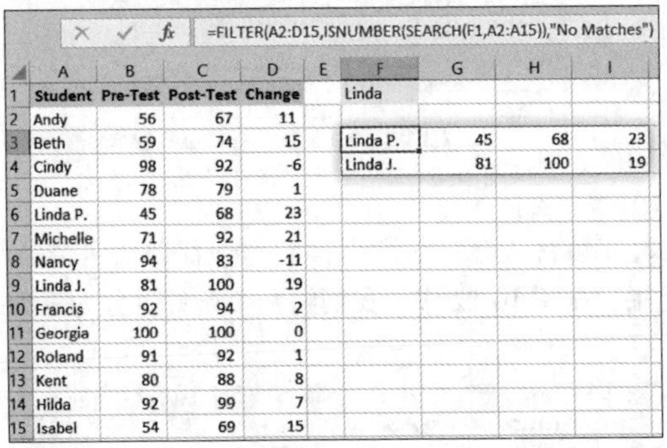

	A	B	C	D	E	F	G	H	I
1	Student	Pre-Test	Post-Test	Change		Linda			
2	Andy	56	67	11					
3	Beth	59	74	15		Linda P.	45	68	23
4	Cindy	98	92	-6		Linda J.	81	100	19
5	Duane	78	79	1					
6	Linda P.	45	68	23					
7	Michelle	71	92	21					
8	Nancy	94	83	-11					
9	Linda J.	81	100	19					
10	Francis	92	94	2					
11	Georgia	100	100	0					
12	Roland	91	92	1					
13	Kent	80	88	8					
14	Hilda	92	99	7					
15	Isabel	54	69	15					

= FILTER(A2:D15,ISNUMBER(SEARCH(F1,A2:A15)),"No Matches")

图 10-24 筛选出包含搜索词的记录

10.3.7 XLOOKUP 函数

XLOOKUP 函数被设计为传统的 VLOOKUP 和 HLOOKUP 函数的继任者。它提供了更灵活的选项，如近似匹配和通配符匹配，从而真正改进了 Excel 的查找功能。XLOOKUP 接收 6 个参数：[lookup_value]、[lookup_array]、[return_array]、[not_found]、[match_mode]和[search_mode]。

要使用 XLOOKUP，最少需要提供[lookup_value]、[lookup_array]和[return_array]。为了理解这些参数，可以看一看图 10-25。在这个例子中，我们试图基于列 E 和 F 构成的表格中的匹配值，填充 Customer Type 列(列 C)。编辑栏中显示了如下公式：

```
=XLOOKUP(B2:B19,E2:E5,F2:F5,"No Match")
```

这个公式告诉 Excel，查找列 B 中的值([lookup_value])，将它们与列 E 中的值([lookup_array])进行匹配，然后返回列 F 中的匹配值([return_array])。最后一个参数([not_found])指定了当没有数据匹配查找条件时，应该返回什么。虽然[not_found]参数是可选的，但通常应该包含它，以避免在没有找到值时发生#N/A 错误。

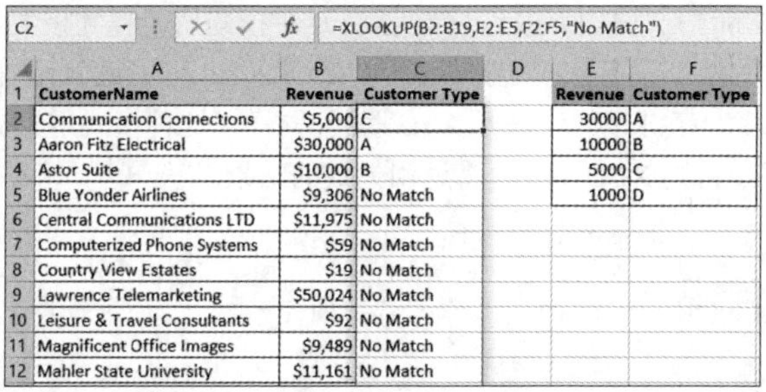

C2 =XLOOKUP(B2:B19,E2:E5,F2:F5,"No Match")

	A	B	C	D	E	F
1	CustomerName	Revenue	Customer Type		Revenue	Customer Type
2	Communication Connections	$5,000	C		30000	A
3	Aaron Fitz Electrical	$30,000	A		10000	B
4	Astor Suite	$10,000	B		5000	C
5	Blue Yonder Airlines	$9,306	No Match		1000	D
6	Central Communications LTD	$11,975	No Match			
7	Computerized Phone Systems	$59	No Match			
8	Country View Estates	$19	No Match			
9	Lawrence Telemarketing	$50,024	No Match			
10	Leisure & Travel Consultants	$92	No Match			
11	Magnificent Office Images	$9,489	No Match			
12	Mahler State University	$11,161	No Match			

图 10-25 一个基本的 XLOOKUP 函数，用于基于收入找出客户类型

注意：

当使用 XLOOKUP 函数时，注意[lookup_array]参数和[return_array]参数必须具有相同的维度，即相同的行数和列数。

在图 10-25 中可以看到，XLOOKUP 函数只是为精确匹配[lookup_array]中的收入(列 E)的记录找到了客户类型。很多时候，找不到精确匹配，特别是当试图匹配收入这样的数字时更是如此。在本例中，我们想对记录进行近似匹配，以便能够捕捉到那些无法精确匹配查找表中的值的收入。为此，可以添加[match_mode]参数。

在[not_found]参数后面输入一个逗号，将显示一个选项列表(参见图 10-26)。要选择哪个选项，取决于你想要实现的目的。最好尝试每个选项，看看哪个选项最适合你的需要。在本例中，我们想要应用选项"精确匹配或下一个较小的项"。选择合适的选项将立即获取有效的客户类型。图 10-27 显示了应用近似匹配的结果。

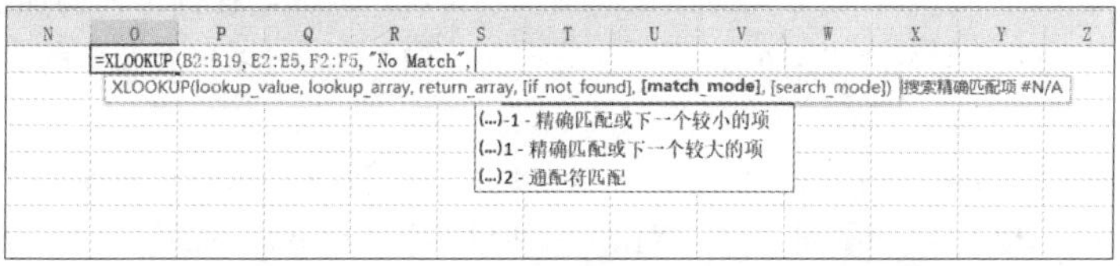

图 10-26 输入一个逗号来查看下一个参数的选项

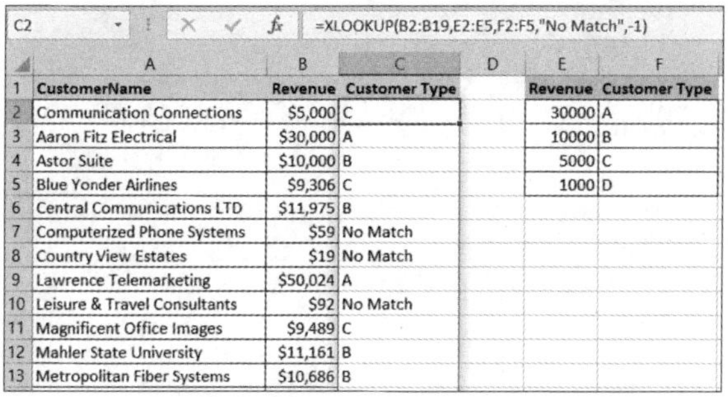

C2 =XLOOKUP(B2:B19,E2:E5,F2:F5,"No Match",-1)

	A	B	C	D	E	F
1	CustomerName	Revenue	Customer Type		Revenue	Customer Type
2	Communication Connections	$5,000	C		30000	A
3	Aaron Fitz Electrical	$30,000	A		10000	B
4	Astor Suite	$10,000	B		5000	C
5	Blue Yonder Airlines	$9,306	C		1000	D
6	Central Communications LTD	$11,975	B			
7	Computerized Phone Systems	$59	No Match			
8	Country View Estates	$19	No Match			
9	Lawrence Telemarketing	$50,024	A			
10	Leisure & Travel Consultants	$92	No Match			
11	Magnificent Office Images	$9,489	C			
12	Mahler State University	$11,161	B			
13	Metropolitan Fiber Systems	$10,686	B			

图 10-27 使用近似匹配得到的 XLOOKUP 结果

在很少见的情况下，可以使用[search_mode]参数来指定 Excel 如何为 XLOOKUP 执行搜索。这个参数有以下选项。

1：这是默认的搜索模式，在大部分查询场景下是最合适的模式。

-1：从数组的最后一个值向前搜索(与默认行为的顺序相反)。

2：对已经按升序顺序排序的值进行二分搜索。这种模式用于提高极大数组的性能。二分搜索很快，但如果你的数据没有按规定排序，则 XLOOKUP 可能返回无效的结果。

-2：对已经按降序顺序排序的值进行二分搜索。同样，这种模式用于提高性能，但需要确保数据按规定排序，否则 XLOOKUP 将返回无效的结果。

> **注意:**
> 跨工作簿使用 XLOOKUP 时，两个工作簿都必须处于打开状态，否则 Excel 将返回#REF!
> 错误。

在 XLOOKUP 中使用通配符

[match_mode]参数有一个通配符匹配选项(参见图 10-26)。通配符是特殊字符，它们允许使用近似匹配进行复杂的搜索。Excel 允许使用 3 种不同的通配符，它们有各自不同的作用。

星号(*)：星号通配符告诉公式去查找某个文本部分，而不管它的前面或后面有什么字符。例如，搜索*hotel 将查询任何以单词 hotel 结束的值，而不管 hotel 前面是什么字符。搜索 hotel*将查找任何以单词hotel开头的值，而不管hotel后面是什么字符。你可能已经猜到，搜索*hotel*将查找任何包含单词 hotel 的值。

问号(?)：问号通配符告诉公式去查找文本中的任何字符。例如，搜索 p?ace 会返回 peace 和 place。在搜索中可以使用多个问号通配符(??onder 和 sm?itt?n 都是有效的搜索)。另外，可结合使用星号和问号通配符，创建更复杂的搜索。例如，搜索*vis??*会返回包含单词 visor 或 vision 的文本字符串。

波浪号(~)：当需要包含一个字符，但该字符本身是一个通配符的时候，波浪号通配符很有用。例如，如果需要搜索任何以问号结束的文本字符串，就需要在问号前面加上波浪号，因为问号本身是一个通配符(*~?)。对于星号也是同理。要搜索任何以星号开头的文本字符串，需要使用~**。

图 10-28 演示了通配符的用法。在列 J 中，XLOOKUP 搜索 Customer Name 包含字母 LTD 的客户的 Revenue(B2:B19)。在列 L 中，XLOOKUP 搜索 Customer Name 包含 f?tz 的客户的 Revenue。

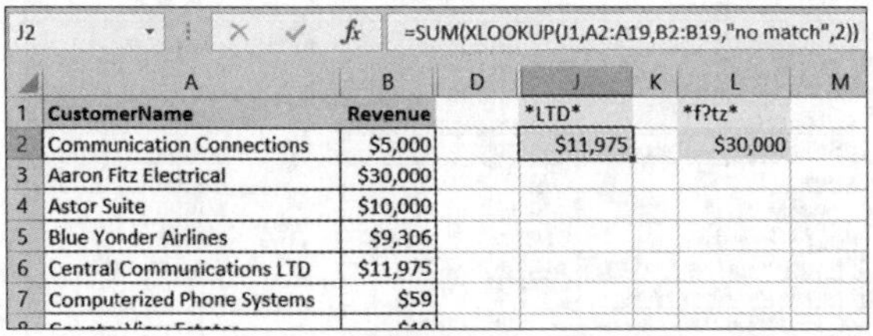

图 10-28 使用通配符执行复杂的搜索

第11章

使用公式执行常用数学运算

本章要点

- 计算百分比
- 数字舍入
- 统计区域中的数值

为企业工作的大部分 Excel 分析人员常常需要执行数学运算，以深刻分析关键运营指标。本章将介绍商业分析中经常使用的一些数学运算。

11.1 计算百分比

总数百分比、预算变化和累积总计等计算是基本商业分析的基石。本节将介绍的公式能够为这类分析提供帮助。

配套学习资源网站

配套学习资源网站 www.wiley.com/go/excel365bible 中提供了本章用到的示例工作簿。文件名为 Mathematical Formulas.xlsx。

11.1.1 计算目标的百分比

当有人要求你计算目标的百分比时，是要求比较实际绩效和预定目标。这种计算很简单：将实际数据除以目标数据即可。得到的百分比值代表完成了目标的多少。例如，如果目标是销售 100 件小配件，实际上销售了 80 件，那么完成目标百分比为 80% (80/100)。

图 11-1 显示了一个区域列表，其中一列代表目标，一列代表实际值。注意，单元格 E5 中的公式只是简单地将 Actual 列的值除以 Goal 列的值。

```
=D5/C5
```

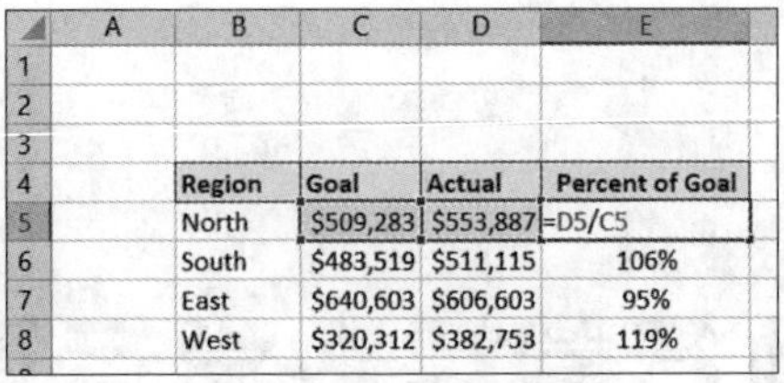

	A	B	C	D	E
1					
2					
3					
4		Region	Goal	Actual	Percent of Goal
5		North	$509,283	$553,887	=D5/C5
6		South	$483,519	$511,115	106%
7		East	$640,603	$606,603	95%
8		West	$320,312	$382,753	119%

图 11-1 计算目标的百分比

这个公式没有什么复杂的，只是使用单元格引用，将一个值除以另一个值。可以在第一行(本例中为单元格 E5)输入公式一次，然后向下复制到表格中的其他行。

如果需要将实际值与一个公共的目标相比较，则可以建立如图 11-2 所示的模型。在此模型中，各个区域没有自己的目标。我们是将 Actual 列的值与单元格 B3 中的公共目标进行比较。

```
=C6/$B$3
```

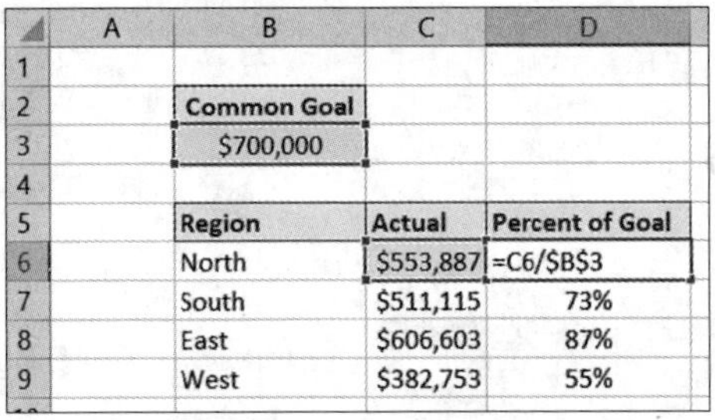

	A	B	C	D
1				
2		Common Goal		
3		$700,000		
4				
5		Region	Actual	Percent of Goal
6		North	$553,887	=C6/$B$3
7		South	$511,115	73%
8		East	$606,603	87%
9		West	$382,753	55%

图 11-2 使用公共目标计算目标的百分比

注意，输入公共目标的单元格引用时，使用了绝对引用($B$3)。使用美元符号使目标的引用固定下来，确保了当向下复制公式时，指向公共目标的单元格引用不会发生调整。

交叉引用

有关绝对和相对单元格引用的更多信息，请参见第 9 章。

11.1.2 计算百分比变化

变化反映了两个数字之间的差值。为了帮助理解，假设你第一天销售了 120 件小配件，第二天销售了 150 件小配件。实际销量的差值很容易看出来：第二天多销售了 30 件小配件。150 件小配件减去 120 件小配件，得到的单位变化为+30。

但是，百分比变化是多少呢？这实际上是基准数字(120)与新数字(150)之间的百分比差。通过从新数字减去基准数字，然后将得到的结果除以基准数字，可计算出百分比差。在本例中，(150-120)/120 = 25%。百分比变化告诉我们，你比前一天多销售了 25%的小配件。

图 11-3 演示了如何将这种计算转换为公式。单元格 E4 中的公式计算今年销量与去年销量的百分比变化。

```
=(D4-C4)/C4
```

	A	B	C	D	E
1					
2					
3		Region	Prior Year	Current Year	Percent Variance
4		North	$509,283	$553,887	=(D4-C4)/C4
5		South	$483,519	$511,115	6%
6		East	$640,603	$606,603	-5%
7		West	$320,312	$382,753	19%

图 11-3　计算今年销量与去年销量的百分比变化

对于这个公式，注意我们使用了圆括号。默认情况下，Excel 的运算顺序决定了先执行除法，然后再执行减法。但是，这种运算顺序会得到错误的结果。将公式的第一个部分放到括号中，保证了 Excel 先执行减法，然后再执行除法。

可以简单地在第一行(本例中为单元格 E4)输入该公式一次，然后向下复制到表格中的其他行。

交叉参考

有关运算符优先级的详细解释，请参见第 9 章。

还有一种公式可以计算百分比变化，即将今年的销量除以去年的销量，然后减去 1。因为 Excel 先执行除法运算，然后执行减法运算，所以在这个公式中不需要使用括号。

```
=D4/C4-1
```

11.1.3　计算带负值的百分比变化

上一节说明了如何计算百分比变化。大部分情况下，这种计算公式的效果很好。但是，当基准数值为 0 或负数值时，该公式就有问题了。

例如，假设你新开了一家公司，预计第一年会有损失，所以将预算定为$-10 000。现在，假设在一年以后，实际上赢利$12 000。计算实际收入与预算收入之间的百分比变化，将得到-220%。你可以自己在计算器上试一试。先将 12 000 减去-10 000，然后除以-10 000，结果将是-220%。

既然明显赢利了，怎么还能说百分比变化是-220%呢？问题在于，当基准值是负数时，执行的数学运算会将结果取反，得到看上去古怪的数字。在企业中，这是一个大问题，因为企业的预算常常是负值。

解决办法是使用 ABS 函数将负数基准值取反：

```
=(C4-B4)/ABS(B4)
```

图 11-4 在单元格 E4 中使用这个公式，说明了当使用标准百分比变化公式和改进后的百分比变化公式时得到的不同结果。

E4　　fx　=(C4 - B4) / ABS(B4)

	A	B	C	D	E
1					
2					
3		Budget	Actual	Standard Percent Variance	Improved Percent Variance
4		-10,000	12,000	-220%	220%

图 11-4　处理负数值时，使用 ABS 函数能够得到正确的百分比变化

Excel 的 ABS 函数返回传递给它的任何数字的绝对值。例如，在单元格 A1 中输入

=ABS(-100)将返回 100。ABS 函数实质上会使任何数字成为非负数。在此公式中使用 ABS,将抵消负基准值(本例中为-10 000)的效果,并返回正确的百分比变化。

> **提示**
> 可以安全地将这个公式用于所有需要计算百分比变化的场景,因为对于正数和负数的任何组合,它都能够工作。

11.1.4　计算百分比分布

百分比分布说明在构成总量的所有部分中,某个指标(如总收入)是如何分布的。在图 11-5 中可以看到,这种计算相对简单,将每个组成部分除以总量即可。本例在一个单元格(C9)中包含总收入。然后,将每个地区的收入除以总收入,得到每个地区的百分比分布。

	A	B	C	D
1				
2		Region	Revenue	Percent of Total
3		North	$7,626	=C3/$C$9
4		South	$3,387	18%
5		East	$1,695	9%
6		West	$6,457	34%
7				
8				
9		Total	$19,165	

图 11-5　计算收入在不同地区的百分比分布情况

这个公式没有太复杂的地方,只不过是使用单元格引用,将每个分量值除以总量值。要注意的一点是,总量值的单元格引用是绝对引用($C$9)。使用美元符号将把引用固定下来,确保指向总量值的单元格引用不会随着向下复制公式而被调整。

并不是必须用一个单独的单元格来保存实际的总量值,也可以在百分比分布公式中直接计算总量。图 11-6 演示了如何使用 SUM 函数代替专门保存总量值的单元格。SUM 函数将传递给它的所有数字加起来。

	A	B	C	D
1				
2		Region	Revenue	Percent of Total
3		North	$7,626	=C3/SUM($C$3:$C$6)
4		South	$3,387	18%
5		East	$1,695	9%
6		West	$6,457	34%

图 11-6　使用 SUM 函数计算百分比分布

同样,注意 SUM 函数中使用了绝对引用。这确保了在向下复制公式时,SUM 函数计算的区域保持不变。

```
=C3/SUM($C$3:$C$6)
```

11.1.5　计算累积总计

一些组织喜欢用累积总计来分析某个指标随着时间推移发生的变化。图 11-7 演示了一月份到十二月份销量的累积总计。单元格 D3 中的公式向下复制到每个月份中。

```
=SUM($C$3:C3)
```

	A	B	C	D
1				
2			Units Sold	Running Total
3		January	78	=SUM($C$3:C3)
4		February	63	141
5		March	38	179
6		April	17	196
7		May	84	280
8		June	63	343
9		July	32	375
10		August	20	395
11		September	98	493
12		October	63	556
13		November	75	631
14		December	75	706

图 11-7　计算累积总计

在这个公式中，使用 SUM 函数将单元格 C3 到当前行的所有数量加起来。这个公式的技巧在于使用了绝对引用($C$3)。对当年的第一个值的引用使用绝对引用，将使该值固定下来。这确保了当向下复制公式时，SUM 函数总是会捕捉到从第一个值到当前行的值的所有数量，并把它们加起来。

11.1.6　使用百分比增加或减小值

Excel 分析人员常常需要对给定数字应用一个百分比来增加或减小该数字。例如，当产品涨价时，常常会将原价格提高特定的百分比。当给某个客户打折时，通常会将该客户的费率降低特定的百分比。

图 11-8 演示了如何使用简单的公式来增加或减少百分比。在单元格 E5 中，我们将产品 A 的价格提高 10%。在单元格 E9 中，我们为客户 A 提供了 20%的折扣。

	A	B	C	D	E	F
1						
2						
3						
4			Unit Cost	Price Increase	Final Price	
5		Product A	100	10%	=C5*(1+D5)	
6						
7						
8			Cost per Service	Percent Discount	Discounted Cost	
9		Customer A	1000	20%	=C9*(1-D9)	
10						

图 11-8　使用简单的公式增加或减少百分比

要将某个数字提高一定的百分比量，可将原来的值与 1 和百分比增量的和相乘。在图 11-8 中，产品 A 的价格增加了 10%。因此，首先将 1 与 10%相加，得到 110%。然后，将原价格 100 与 110%相乘，得到新价格 110。

要将某个数字减小一定的百分比量，可将原来的值与 1 和百分比增量的差相乘。在图 11-8 中，客户 A 得到 20%的折扣。因此，首先从 1 减去 20%，得到 80%。然后，将原服务费率 1000 乘以 80%，得到新费率 800。

注意，公式中使用了括号。默认情况下，Excel 的运算顺序是先计算乘法，然后计算加法或减法。但是，如果采用那种运算顺序，将会得到一个错误的结果。将公式的第二个部分放到括号中，确保了 Excel 最后执行乘法运算。

11.1.7 处理除零错误

在数学上，无法进行除零运算。要理解为什么无法进行这种运算，考虑将一个数字除以另一个数字时发生了什么很有帮助。

除法实际上就是高级的减法。例如，将 10 除以 2，相当于从 10 开始，连续减去 2，直到结果为 0。在这里，需要连续 5 次减去 2。

```
10 - 2 = 8
8 - 2 = 6
6 - 2 = 4
4 - 2 = 2
2 - 2 = 0
```

因此，10/2 = 5。

现在，如果对 10 除以 0 进行相同的分析，会发现徒劳无功，因为 10-0 始终是 10。一直从 10 减去 0，直到计算器坏掉，结果也不会是 0。

```
10 - 0 = 10
10 - 0 = 10
10 - 0 = 10
10 - 0 = 10
……无限次
```

数学家称将任意数字除以 0 得到的结果是不确定的。当试图除以 0 时，Excel 这样的软件将给出错误。在 Excel 中，将一个数字除以 0 时，将得到#DIV/0!错误。

通过告诉 Excel，当分母是 0 时就跳过计算，可以避免这种错误。图 11-9 说明，通过将除法运算放到 Excel 的 IF 函数中，可以实现这一点。

```
=IF(C4=0, 0, D4/C4)
```

▲	A	B	C	D	E
1					
2			Budget	Actual	**Percent to Budget**
3		Jim	200	200	100%
4		Tim		0	100	=IF(C4=0, 0, D4/C4)
5		Kim	300	350	117%

图 11-9　使用 IF 函数避免除零错误

IF 函数有 3 个参数：条件、条件为 TRUE 时执行的操作，以及条件为 FALSE 时执行的操作。

本例中的条件参数是，单元格 C4 中的预算等于 0 (C4=0)。条件参数必须返回 TRUE 或 FALSE，这通常意味着条件参数会使用比较运算符(如等于号或大于号)，或者另一个返回 TRUE 或 FALSE 的工作表函数(如 ISERR 或 ISBLANK)。

如果条件参数返回 TRUE，则将 IF 函数的第二个参数返回给单元格。在这里，第二个参数是 0，意味着如果单元格 C4 中的预算数字是 0，我们简单地显示一个 0。

如果条件参数不是 0，则将 IF 函数的第三个参数返回给单元格。第三个函数告诉 Excel 执行除法运算(D4/C4)。

因此，这个公式的含义是，如果 C4 等于 0，则返回 0，否则返回 D4/C4 的结果。

> **提示:**
> 注意，IF 函数的第二个参数可以是任何值或文本。例如，可以使用两个引号("")作为第二个参数，以返回一个空单元格，而不是返回 0。

11.2　数字舍入

很多时候，客户希望看到干净、圆整的数字。为了追求精度而给用户显示过多的小数位数，实际上反而可能让报表更难阅读。此时，可以考虑使用 Excel 的舍入函数。

本节将介绍在计算中应用四舍五入的一些技巧。

11.2.1　使用公式舍入数字

Excel 的 ROUND 函数可将给定数字舍入到指定位数。ROUND 函数接受两个参数：原值和要舍入到的位数。

传递 0 作为第二个参数，告诉 Excel 移除所有小数位，并基于第一个小数位舍入原值的整数部分。例如，下面公式的舍入结果为 94：

```
=ROUND(94.45,0)
```

传递 1 作为第二个参数，告诉 Excel 基于第二个小数位的值舍入到一位小数。例如，下面公式的舍入结果为 94.5：

```
=ROUND(94.45,1)
```

也可以传递一个负数作为第二个参数，告诉 Excel 基于小数点左侧的值舍入数字。例如，下面的公式返回 90：

```
=ROUND(94.45,-1)
```

通过使用 ROUNDUP 或 ROUNDDOWN 函数，可强制向特定方向舍入。

下面的 ROUNDDOWN 公式将 94.45 向下舍入为 94：

```
=ROUNDDOWN(94.45,0)
```

下面的 ROUNDUP 公式将 94.45 向上舍入为 95：

```
=ROUNDUP(94.45,0)
```

11.2.2　舍入到最接近的分

在某些行业中，常常需要把美元舍入到最接近的分。图 11-10 显示，将美元值向上或向下舍入到最接近的分会影响结果数字。

▲	A	B	C	D
1				
2		Dollar Amount	Round up to Nearest Penny	Round Down to the Nearest Penny
3		$　34.243	$34.25	$34.24
4				
5			=CEILING(B3,0.01)	=FLOOR(B3,0.01)

图 11-10　舍入到最接近的分

使用 CEILING 或 FLOOR 函数可舍入到最接近的分。

CEILING 函数将把一个数字向上舍入到传递给它的最接近的基数的倍数。当需要使用自己的业务规则覆盖标准舍入行为时，这一点很方便。例如，通过使用 CEILING 函数，并指定基数为 1，可强制 Excel 将 123.222 舍入为 124。

```
=CEILING(123.222,1)
```

因此，传递 0.01 作为倍数，将告诉 CEILING 函数舍入到最接近的分。

如果想向上舍入到最接近的 5 分，可以使用 0.05 作为基数。例如，下面的公式将返回 123.15。

```
=CEILING(123.11,.05)
```

FLOOR 函数的工作方式相似，只不过是强制向下舍入到最接近的基数。下面的示例函数将 123.19 向下舍入到最接近的 5 分，所以结果为 123.15：

```
=FLOOR(123.19,.05)
```

11.2.3 舍入到有效位

在一些财务报表中，用有效位来呈现数字。原因在于，当处理百万级数字时，没必要为了显示十位、百位甚至千位的精度，让报表中布满多余的数字。

例如，对于数字 883 788，可以选择舍入到一个有效位。这意味着将该数字显示为 900 000。将 883 788 舍入到两个有效位将显示 880 000。

本质上，这么做是认为特定数位足够重要，应该显示。其余数字则可替换为 0。这可能让人感觉会带来问题，但是当处理足够大的数字时，特定有效位后面的数字并不重要。

图 11-11 演示了如何实现一个公式，将数字舍入到指定有效位。

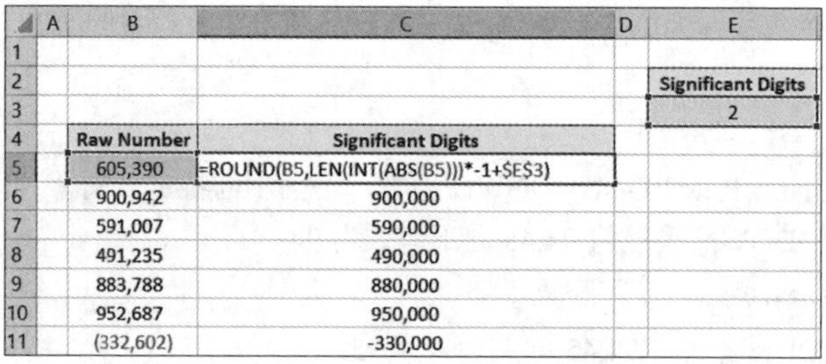

	A	B	C	D	E
1					
2					Significant Digits
3					2
4		Raw Number	Significant Digits		
5		605,390	=ROUND(B5,LEN(INT(ABS(B5)))*-1+$E$3)		
6		900,942	900,000		
7		591,007	590,000		
8		491,235	490,000		
9		883,788	880,000		
10		952,687	950,000		
11		(332,602)	-330,000		

图 11-11 将数字舍入到一个有效位

下面看看其原理。

Excel 的 ROUND 函数用于将给定数字舍入到指定有效位。ROUND 函数有两个参数：原值和要舍入到的数位。

为第二个参数传递负数时，Excel 将基于小数点左侧的有效位进行舍入。例如，下面的公式返回 9500：

```
=ROUND(9489,-2)
```

将有效位参数改为-3，将返回 9000：

```
=ROUND(9489,-3)
```

这种方法的效果很好，但是，如果要舍入的数字具有不同的量级，该怎么办？也就是说，如果一些数字是百万级，另一些是十万级，该怎么办？如果我们想要用一个有效位显示所有数字，就需要为每个数字构建一个不同的 ROUND 函数，以便为每种类型的数字使用不同的有效位参数。

为了帮助解决这个问题，可以将硬编码的有效位参数替换为一个公式，用公式计算出有效位数。

假设数字为–2330.45。在 ROUND 函数中，可以使用下面的公式作为有效位参数：

```
LEN(INT(ABS(-2330.45)))*-1+2
```

这个公式首先将数字放到 ABS 函数中，去掉可能存在的负号。然后，将结果放到 INT 函数中，去掉可能存在的小数部分。最后，再将结果放到 LEN 函数中，以确定在去掉小数部分和负号后，数字中包含多少个数位。

在示例中，公式的这个部分得到的结果为 4。如果将数字–2330.45 的小数部分和负号去掉，将只剩下 4 个数位。

然后，将这个数字乘以-1，使其成为负数，再将结果加到我们想要具有的有效位数。在本例中，就是 4×(-1)+2 = -2。

这个公式将被用作 ROUND 函数的第二个参数。在 Excel 中输入下面的公式，将把该数字舍入为-2300(两个有效位)。

```
=ROUND(-2330.45,LEN(INT(ABS(-2330.45))))*-1+2)
```

然后，可以用指向源数字的单元格引用和保存期望的有效位的单元格来替换这个公式，这就得到了图 11-11 中看到的公式。

```
=ROUND(B5,LEN(INT(ABS(B5))))*-1+$E$3)
```

11.3　统计区域中的值

Excel 提供了几个函数来统计区域中的值：COUNT、COUNTA 和 COUNTBLANK。每个函数提供了一种不同的方法，可根据值是数字、数字和文本，或者值为空来进行统计。

图 11-12 演示了不同的统计函数。在第 12 行，使用 COUNT 函数，只统计学生通过的考试。在 H 列，使用 COUNTA 函数统计学生参加了的所有考试。在 I 列，使用 COUNTBLANK 函数，只统计学生还没有参加的考试。

A	B	C	D	E	F	G	H	I
1								
2								
3		Math	English	Science	History		Exams Taken By Each Student	Exams Remaining
4	Student 1	Fail		1			2	2
5	Student 2	1	1	1			3	1
6	Student 3		1	1	1		3	1
7	Student 4	Fail		Fail			2	2
8	Student 5	1	1	1	Fail		4	0
9								
10		How many students passed each exam.						
11		Math	English	Art	History			
12		2	3	4	1			

图 11-12　统计单元格

COUNT 函数只统计给定区域内的数值。该函数只有一个参数，即要统计的单元格区域。例如，下面的公式将只统计单元格区域 C4:C8 中包含数值的单元格：

```
=COUNT(C4:C8)
```

COUNTA 函数统计任何不为空的单元格。当统计的单元格包含数值和文本的任意组合时，可以使用该函数。它只有一个参数，即要统计的单元格区域。例如，下面的公式将统计单元格区域 C4:F4 中的所有非空单元格：

```
=COUNTA(C4:F4)
```

COUNTBLANK 函数只统计给定区域中的空单元格。它只有一个参数，即要统计的单元格区域。例如，下面的公式将统计单元格区域 C4:F4 中的所有空单元格：

```
=COUNTBLANK(C4:F4)
```

11.4　使用 Excel 的转换函数

在某个公司，可能需要知道一加仑材料能够占据多少立方码，或者多少个杯子能够装 1 英制加仑。

通过使用 Excel 的 CONVERT 函数，可以生成一个转换表，其中包含针对一组单位的所有类型的转换。图 11-13 显示了一个完全使用 Excel 的 CONVERT 函数生成的转换表。

	D	E	F	G	H	I
1						
2			Teaspoon	Tablespoon	Fluid ounce	Cup
3			tsp	tbs	oz	cup
4	Teaspoon	tsp	=CONVERT(1,$E4,F$3)	0.33	0.17	0.02
5	Tablespoon	tbs	3.00	1.00	0.50	0.06
6	Fluid ounce	oz	6.00	2.00	1.00	0.13
7	Cup	cup	48.00	16.00	8.00	1.00
8	U.S. pint	us_pt	96.00	32.00	16.00	2.00
9	U.K. pint	uk_pt	115.29	38.43	19.22	2.40
10	Quart	qt	192.00	64.00	32.00	4.00
11	Imperial quart	uk_qt	230.58	76.86	38.43	4.80
12	Gallon gal	gal	768.00	256.00	128.00	16.00

图 11-13　创建一个单位转换表

在这个转换表中，能够快速了解不同单位之间的转换。例如，可以看到，48 茶匙构成一杯，2.4 杯构成一英制品脱等。

CONVERT 函数有 3 个参数：一个数值、原单位以及目标单位。例如，要将 100 英里转换为千米，可以使用下面的公式得到答案 160.93：

```
=CONVERT(100,"mi", "km")
```

使用下面的公式，可将 100 加仑转换为升，结果为 378.54。

```
=CONVERT(100,"gal", "l")
```

注意对应于每种单位的转换代码。这些代码是特殊代码，必须完全按照 Excel 的期望输入它们。如果不使用期望的 gal，而是使用 gallon 或 GAL，Excel 将返回一个错误。

好消息是，在输入 CONVERT 函数时，Excel 提供了工具提示，使我们能够从列表中选择正确的单位代码。

关于有效的单位转换代码，可参考 Excel 关于 CONVERT 函数的帮助文件。

确定了自己感兴趣的单位转换代码后，可以把它们输入到一个类似矩阵的表格中，如图 11-13 所示。在矩阵左上角的单元格中输入一个公式，指向适用于矩阵的行和列的合适的转换代码。

一定要包含绝对引用，将引用锁定到转换代码。对于矩阵行中的代码，锁定到列引用。对于矩阵列中的代码，锁定到行引用。

```
=CONVERT(1,$E4,F$3)
```

现在，可以简单地将公式复制到整个矩阵中。

第 12 章

使用公式处理文本

本章要点

- 了解 Excel 如何处理输入单元格的文本
- 了解用于处理文本的 Excel 工作表函数
- 高级文本公式示例

很多时候，我们不只使用 Excel 计算数字，还需要转换并调整数字，使之满足自己的数据模型。这些工作常常涉及处理文本字符串。本章将重点介绍 Excel 分析人员常用的一些文本转换操作，在此过程中，将介绍 Excel 提供的一些基于文本的函数。

12.1 使用文本

向单元格中输入数据时，Excel 会立即开始工作，并确定你输入的是公式、数字(包括日期或时间)还是其他任何内容。这里的"其他任何内容"将被视为文本。

> **注意**
> 你可能看见过术语"字符串"而非"文本"。这两个术语是可以互换使用的，有时它们甚至会一起出现，如"文本字符串"。

一个单元格中最多可容纳 32 000 个字符。但是 Excel 并不是一个文字处理器，作者也实在想不出有人需要在单元格中输入如此多字符的理由。

> **将数字视为文本的情况**
> 在 Excel 中导入数据时，可能发现一个问题：有时导入的数值会被视为文本。
> 根据你的错误检查设置，Excel 可能会用错误指示器指出存储为文本的数字。错误指示器显示为单元格左上角的一个绿色三角形。另外，单元格旁边会出现一个图标。激活单元格，并单击该图标，它将展开以显示一个选项列表。要强制将数值作为一个实际数字进行处理，可从此选项列表中选择"转换为数字"。
> 要控制哪个错误检查规则有效，请选择"文件" | "选项"命令，然后选择"公式"选项卡。可以启用或禁用"错误检查规则"中任意的或所有规则。

可使用以下所述的另一种方法将这些非数字值转换为实际值。激活任意空单元格，并选择"开始"|"剪贴板"|"复制"命令(或按 Ctrl+C)。然后选择包含需要处理的数值的区域。接着选择"开始"|"剪贴板"|"选择性粘贴"命令。在"选择性粘贴"对话框中，选择"添加"操作，然后单击"确定"按钮。这个过程实质上会将零添加到每个单元格，而且在这个过程中会强制 Excel 将非数字值视为实际值。

如果需要在工作表中显示大量文本，则可以考虑使用文本框。选择"插入"|"文本"|"文本框"命令，单击工作表来创建文本框，然后开始键入内容。在文本框中编辑大量文字比在单元格中执行编辑更容易。此外，可轻松地移动文本框、调整文本框的大小，或更改文本框的尺寸。但是，如果需要使用公式和函数处理文本，则文本必须位于单元格内。

12.2 使用文本函数

Excel 有一类非常完美的工作表函数，可用来处理文本。可以通过"公式"选项卡上的"函数库"分组中的"文本"控件来访问所需的函数。

许多文本函数并不局限于只处理文本：这些函数也可以处理包含数值的单元格。通过 Excel 可以非常方便地将数字作为文本进行处理。

本节所讨论的示例演示了一些对文本的常规(且有用)的操作。可能需要对这些示例进行一些调整以供自己使用。

配套学习资源网站

配套学习资源网站 www.wiley.com/go/excel365bible 中提供了本章用到的示例工作簿，文件名为 Text Formulas.xlsx。

12.2.1 连接文本字符串

连接文本字符串是基本的文本处理操作。在图 12-1 所示的例子中，我们通过将名列和姓列连接起来，创建了一个全名列。

	A	B	C	D	E
1					
2		FirstName	LastName	Full Name	Middle Initial
3		Guy	Gilbert	=B3&" "&C3	H.
4		Kevin	Brown	Kevin Brown	P.
5		Roberto	Tamburello	Roberto Tamburello	B.
6		Rob	Walters	Rob Walters	A.
7		Thierry	Alexander	Thierry Alexander	D.
8		David	Bradley	David Bradley	

图 12-1 将名和姓连接起来

本例演示了&运算符的用法。&运算符告诉 Excel 将值连接起来。从图 12-1 可以看到，可以将单元格值与自己提供的文本连接起来。在本例中，我们将单元格 B3 和 C3 的值连接起来，并用空格(通过在双引号中输入一个空格创建)分隔它们。

TEXTJOIN 函数能够更方便地处理更复杂的场景。这个函数需要几个参数：

```
TEXTJOIN(delimiter,ignore_empty_values,text)
```

第一个参数是要在连接的单元格之间添加的字符。如果输入逗号作为 delimiter(分隔符)，则该函数将在连接的值之间添加一个逗号。

第二个参数决定了当 Excel 遇到空单元格时如何处理。可以将这个参数设为 TRUE,告诉 Excel 忽略空单元格,也可以将其设为 FALSE。要理解这个参数,最好的方法是思考自己想让 Excel 如何添加自己选择的分隔符。将此参数设为 TRUE,将确保选定区域中包含空单元格时,Excel 不会在连接的文本之间添加多余的逗号。

第三个参数是要连接的文本。这个参数可以是一个简单的文本字符串,也可以是一个字符串数组,如一个单元格区域。对于这个参数,TEXTJOIN 函数需要至少一个值或单元格引用。

图 12-2 显示了如何使用 TEXTJOIN 函数,将表格中每个人的名、姓和中间名缩写轻松地连接起来。

▲	A	B	C	D	E
13					
14					
15		FirstName	Middle Initial	LastName	TEXTJOIN
16		Guy	H.	Gilbert	=TEXTJOIN(" ",TRUE,B16:D16)
17		Kevin	P.	Brown	Kevin P. Brown
18		Roberto	B.	Tamburello	Roberto B. Tamburello
19		Rob	A.	Walters	Rob A. Walters
20		Thierry	D.	Alexander	Thierry D. Alexander
21		David		Bradley	David Bradley
22		JoLynn		Dobney	JoLynn Dobney

图 12-2　使用 TEXTJOIN 函数

12.2.2　将文本设为句子形式

Excel 提供了 3 个有用的函数,可将文本改为大写、小写或首字母大写形式。从图 12-3 的第 6、7 和 8 行可以看到,只需要为这些函数提供想要转换的文本的指针即可。你可能已经猜到,UPPER 函数将文本转换为全部大写形式,LOWER 函数将文本转换为全部小写形式,PROPER 函数将文本转换为标题形式(即每个单词的首字母大写)。

▲	A	B	C
4			The QUICK brown FOX JUMPS over the lazy DOG.
5			
6		=UPPER(C4)	THE QUICK BROWN FOX JUMPS OVER THE LAZY DOG.
7		=LOWER(C4)	the quick brown fox jumps over the lazy dog.
8		=PROPER(C4)	The Quick Brown Fox Jumps Over The Lazy Dog.
9			
10		=UPPER(LEFT(C4,1))&LOWER(RIGHT(C4,LEN(C4)-1))	The quick brown fox jumps over the lazy dog.

图 12-3　将文本转换为大写、小写、首字母大写和句子形式

但是,Excel 没有提供一个函数来将文本转换为句子形式(即只有第一个单词的首字母大写)。不过,从图 12-3 看到,可以使用下面的公式,将文本强制设置为句子形式:

```
=UPPER(LEFT(C4,1))&LOWER(RIGHT(C4,LEN(C4)-1))
```

仔细观察这个公式会看到,它由两部分组成,并用&运算符将这两部分连接起来。

第一部分使用了 Excel 的 LEFT 函数。

```
UPPER(LEFT(C4,1))
```

LEFT 函数允许从给定文本字符串的左侧提取出指定数量的字符。LEFT 函数需要两个参数:要处理的文本字符串,以及需要从该文本字符串左侧提取的字符数。在本例中,我们从单元格 C4 中的文本提取出左侧的一个字符。然后,将这个字符放到 UPPER 函数中,使其成为大写。

第二部分的技巧性更强一点,使用了 Excel 的 RIGHT 函数:

```
LOWER(RIGHT(C4,LEN(C4)-1))
```

与 LEFT 函数一样，RIGHT 函数需要两个参数：要处理的文本字符串，以及要从该文本字符串右侧提取的字符数。但是，在这里，我们不能为 RIGHT 函数的第二个参数使用一个硬编码的数字，而是必须从整个文本字符串的长度减去 1，来计算出这个数字。之所以减去 1，是因为公式的第一部分已经将文本字符串的第一个字符转换成为大写形式。

LEN 函数用于获得整个字符串的长度。从这个长度减去 1，就得到 RIGHT 函数要处理的字符数。

然后，就可以将这些字符传递给 LOWER 函数，使得除了第一个字符以外的所有字符成为小写形式。

将这两部分连接起来，就得到了句子形式：

```
=UPPER(LEFT(C4,1))&LOWER(RIGHT(C4,LEN(C4)-1))
```

12.2.3 删除文本字符串中的空格

如果从外部数据库和遗留系统导入数据，肯定会有一些文本包含多余的空格。这些多余的空格有时出现在文本的开头，有时出现在文本的末尾，有时甚至会出现在文本字符串之间(如图 12-4 中的单元格 B6 所示)。

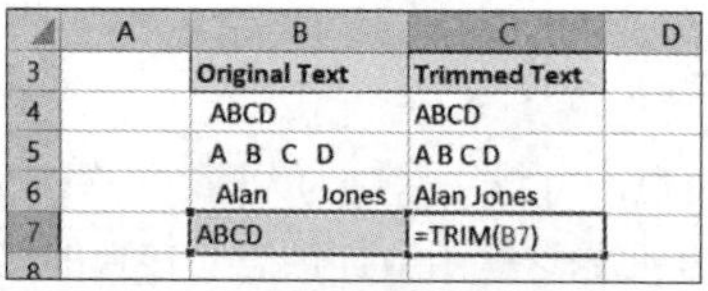

图 12-4 删除文本中的多余空格

一般不希望看到多余的空格，因为在查找公式、创建图表、调整列大小和打印时，多余的空格会造成问题。

图 12-4 演示了如何使用 TRIM 函数删除多余的空格。

TRIM 函数相对简单。只需要给该函数提供一些文本，它就会删除文本中的所有多余空格，只保留单词之间的单个空格。

与其他函数一样，可将 TRIM 函数嵌套到其他函数中，以便在清理文本后做其他一些处理。例如，下面的函数去掉单元格 A1 中的文本的多余空格，然后将文本转换为大写形式，总共只需要一个步骤：

```
=UPPER(TRIM(A1))
```

需要注意的是，TRIM 函数只能从文本中清除 ASCII 空格字符。ASCII 空格字符的 ASCII 代码为 32。但是，在 Unicode 字符集中，还有一个空格字符，称为"不间断空格字符"。这种字符通常用在 Web 页面中，其 Unicode 代码为 160。

TRIM 函数被设计为只能处理 CHAR(32)空格字符，其自身不能处理 CHAR(160)空格字符。为了处理那种空格，需要使用 SUBSTITUTE 函数找到 CHAR(160)空格字符，将它们替换为 CHAR(32)空格字符，使 TRIM 函数能够清除它们。使用下面的公式，可以在一个步骤中完成这项工作：

```
=TRIM(SUBSTITUTE(A4,CHAR(160),CHAR(32)))
```

本章的 12.2.7 节"替换文本字符串"将详细介绍 SUBSTITUTE 函数。

12.2.4　从文本字符串中提取部分字符串

在 Excel 中处理文本时，最重要的技术之一是提取文本的一部分特定内容。通过使用 Excel 的 LEFT、RIGHT 和 MID 函数，可以执行下面的操作：

- 将 9 位邮编转换为 5 位邮编
- 提取不包含地区代码的电话号码
- 提取员工或职位代码的一部分，用到其他地方

图 12-5 演示了如何使用 LEFT、RIGHT 和 MID 函数来帮助方便地完成这些任务。

	A	B	
2	Convert these 9 digit postal codes into 5 digit postal codes.		
3	Zip	Zip	
4	70056-2343	70056	=LEFT(A4,5)
5	75023-5774	75023	=LEFT(A5,5)
6			
7	Extract the phone number without the area code.		
8	Phone	Phone	
9	(214)887-7765	887-7765	=RIGHT(A9,8)
10	(703)654-2180	654-2180	=RIGHT(A10,8)
11			
12	Extract the 4th character of each Job Code.		
13	Job Code	Job Level	
14	2214001	4	=MID(A14,4,1)
15	5542075	2	=MID(A15,4,1)
16	1113543	3	=MID(A16,4,1)

图 12-5　使用 LEFT、RIGHT 和 MID 函数

LEFT 函数允许从给定文本字符串的左侧提取指定数量的字符。LEFT 函数需要两个参数：要处理的文本，以及需要从文本字符串的左侧提取的字符数。在本例中，我们从单元格 A4 中提取左侧的 5 个字符：

```
=LEFT(A4,5)
```

RIGHT 函数允许从给定文本字符串的右侧提取指定数量的字符。RIGHT 函数需要两个参数：要处理的文本字符串，以及需要从文本字符串右侧提取的字符数。在本例中，我们从单元格 A9 中的值提取右侧的 8 个字符：

```
=RIGHT(A9,8)
```

MID 函数允许从给定文本字符串的中间提取指定数量的字符。MID 函数需要 3 个参数：要处理的文本字符串、在文本字符串中开始提取字符的位置以及要提取的字符数。在本例中，我们从文本字符串中的第 4 个字符开始提取一个字符：

```
=MID(A14,4,1)
```

12.2.5　在文本字符串中查找特定字符

Excel 的 LEFT、RIGHT 和 MID 函数对于提取文本的效果很好，但是前提是你知道要提取字符的准确位置。如果不知道在什么地方开始提取，怎么办？例如，如果有下面的产品代码列表，如何提取横线后面的全部文本呢？

```
PRT-432
COPR-6758
SVCCALL-58574
```

我们不能使用 LEFT 函数，因为需要的是右边的几个字符。也不能使用 RIGHT 函数，因

为使用这个函数时，需要明确告诉它从文本字符串的右侧提取多少个字符。指定任何数字，会导致从文本中提取的字符要么过多，要么过少。也不能单独使用 MID 函数，因为需要明确告诉它从文本的什么地方开始提取。同样，指定任何数字，会导致从文本中提取的字符要么过多，要么过少。

在现实中，常常需要找到特定的字符作为起始提取位置。这时候，Excel 的 FIND 函数就很方便。使用 FIND 函数时，能够确定特定字符的位置数字，然后在其他运算中使用该字符位置。

在图 12-6 所示的例子中，我们结合使用 FIND 函数和 MID 函数，从一个产品代码列表中提取中间数字。从公式中可以看到，我们找到横线的位置，然后使用这个位置作为 MID 函数的参数。

```
=MID(B3,FIND("-",B3)+1,2)
```

◢	A	B	C
1			
2		Product Code	Extract the Numbers
3		PWR-16-Small	=MID(B3,FIND("-",B3)+1,2)
4		PW-18-Medium	18
5		PW-19-Large	19
6		CWS-22-Medium	22
7		CWTP-44-Large	44

图 12-6　使用 FIND 函数，基于横线的位置提取数据

FIND 函数有两个必要参数。第一个参数是要查找的文本，第二个参数是要搜索的文本。默认情况下，FIND 函数会返回你试图找到的字符的位置数字。如果搜索的文本中多次包含搜索字符，则 FIND 函数将返回该字符第一次出现时的位置数字。

例如，下面的公式在文本字符串 PWR-16-Small 中搜索横线。结果是数字 4，因为它遇到的第一条横线是文本字符串中的第四个字符。

```
=FIND("-","PWR-16-Small")
```

可以将 FIND 函数用作 MID 函数的参数，在 FIND 函数返回的位置数字的后面提取一定数量的字符。

在单元格中输入下面的公式，将得到文本中第一条横线后面的两个数字。注意公式中的 +1，这将向右移动一个字符，得到横线后面的文本。

```
=MID("PWR-16-Small",FIND("-","PWR-16-Small")+1,2)
```

12.2.6　找到字符的第二个实例

默认情况下，FIND 函数返回搜索字符的第一个实例的位置数字。如果想得到第二个实例的位置数字，则可以使用可选的 Start_Num 参数。使用此参数，可指定在文本字符串的哪个字符位置开始搜索。

例如，在下面的公式中，我们告诉 FIND 函数从位置 5 开始搜索(即第一条横线后的位置)，所以该公式将返回第二条横线的位置数字。

```
=FIND("-","PWR-16-Small",5)
```

要动态实现这种操作(事先不知道从什么位置开始搜索)，就可以嵌套一个 FIND 函数，作为另一个 FIND 函数的 Start_Num 参数。在 Excel 中输入下面的公式，可得到第二条横线的位置数字：

```
=FIND("-","PWR-16-Small",FIND("-","PWR-16-Small")+1)
```

图 12-7 是这种概念的一个真实示例。这个公式从产品代码中提取出尺寸属性。具体来说,公式首先找到横线的第二个实例,然后使用这个位置数字作为 MID 函数的开始位置。单元格C3 中的公式如下所示:

```
=MID(B3,FIND("-",B3,FIND("-",B3)+1)+1,10000)
```

▲	A	B	C
1			
2		**Product Code**	**Extract the Size Designation**
3		PWR-16-Small	=MID(B3,FIND("-",B3,FIND("-",B3)+1)+1,10000)
4		PW-18-Medium	Medium
5		PW-19-Large	Large
6		CWS-22-Medium	Medium
7		CWTP-44-Large	Large

图 12-7 嵌套 FIND 函数,提取第二条横线后的所有内容

这个公式告诉 Excel 找到第二条横线的位置数字,向右移动一个字符,然后提取接下来的 10 000 个字符。当然,文本字符串中没有 10 000 个字符,但是使用这个数量作为参数,确保了第二条横线后面的所有内容都被提取出来。

12.2.7 替换文本字符串

在有些情况下,将一些文本替换为其他文本很有帮助。例如,使用 PROPER 函数时遇到的烦人的′S 就属于这种情况。要了解这里在说什么,可以在 Excel 中输入下面的公式:

```
=PROPER("STARBUCK'S COFFEE")
```

这个公式的目的是将给定文本转换为标题形式,即将每个单词的首字母大写。该公式的实际结果为:

```
Starbuck'S Coffee
```

注意,PROPER 函数使得撇号后的 S 也变成了大写形式,这不是我们希望看到的结果。

但是,借助 Excel 的 SUBSTITUTE 函数,可以避免这种问题。图 12-8 显示了如何使用下面的公式解决这个问题:

```
=SUBSTITUTE(PROPER(SUBSTITUTE(B4,"'","qzx")),"qzx","'")
```

×	✓	fx	=SUBSTITUTE(PROPER(SUBSTITUTE(B4,"'","qzx")),"qzx","'")		
▲	A	B	C	D	E	F
2					
3		**Company**	**Bad Proper Case**		**Better Proper Case**
4		STARBUCK'S COFFEE	Starbuck'S Coffee		Starbuck's Coffee
5		MCDONALD'S	Mcdonald'S		Mcdonald's
6		MICHAEL'S DELI	Michael'S Deli		Michael's Deli

图 12-8 使用 SUBSTITUTE 函数解决′S 问题

公式中用到的 SUBSTITUTE 函数需要 3 个参数:目标文本,要替换的旧文本,以及要替换成的新文本。

观察完整的公式会发现,我们使用了两个 SUBSTITUTE 函数。这个公式实际上是两个公式(一个嵌套在另一个中)。第一个公式如下所示:

```
PROPER(SUBSTITUTE(B4,"'","qzx"))
```

在这个部分,我们使用 SUBSTITUTE 函数将撇号(′)替换为 qzx。这看起来似乎很奇怪,

但是这是一个小技巧。PROPER 函数会将紧跟着符号的任何字符改为大写形式。这里，将撇号替换为在原文本中不大可能连在一起出现的一组字符，起到欺骗 PROPER 函数的作用。

第二个公式实际上包住了第一个公式，它将 qzx 替换为撇号：

```
=SUBSTITUTE(PROPER(SUBSTITUTE(B4,"'","qzx")),"qzx","'")
```

因此，整个公式的作用是先将撇号替换为 qzx，然后执行 PROPER 函数，最后将 qzx 再恢复为撇号。

12.2.8　统计单元格中的特定字符

统计特定字符在一个文本字符串中出现的次数是很有用的技巧。在 Excel 中，实现这种统计有一种相对而言很聪明的做法。例如，如果想统计字母 s 在单词 Mississippi 中出现了多少次，可以手动统计，也可以采用下面这种步骤：

(1) 计算单词 Mississippi 的字符长度(11 个字符)。

(2) 计算移除所有 s 后的字符长度(7 个字符)。

(3) 从原长度减去调整后的长度。

执行这些步骤后，可以准确地得出结论：字母 s 在单词 Mississippi 中出现了 4 次。

这种统计字符数的方法在现实中有一种用途：在 Excel 中统计单词数。在图 12-9 中，使用下面的公式统计单元格 B4 中输入的单词数(在这里为 9 个单词)：

```
=LEN(B4)-LEN(SUBSTITUTE(B4," ",""))+1
```

▲	A	B	C
1			
2			
3			Get Word Count
4		The Quick Brown Fox Jumps Over The Lazy Dog.	=LEN(B4)-LEN(SUBSTITUTE(B4," ",""))+1
5			9

图 12-9　计算单元格中的单词数

这个公式本质上采取了本节一开始提到的步骤。它首先使用 LEN 函数计算单元格 B4 中的文本长度：

```
LEN(B4)
```

然后，使用 SUBSTITUTE 函数移除文本中的空格：

```
SUBSTITUTE(B4," ","")
```

将这个 SUBSTITUTE 函数放到 LEN 函数中，可得到去掉空格后文本的长度。注意，我们必须对结果加 1(+1)，因为最后一个单词没有关联的空格：

```
LEN(SUBSTITUTE(B4," ",""))+1
```

从原长度减去调整后的长度，就得到了单词个数：

```
=LEN(B4)-LEN(SUBSTITUTE(B4," ",""))+1
```

12.2.9　在公式中添加换行

在 Excel 中创建图表时，有时候强制换行很有用，能够获得更好的视觉效果。以图 12-10 的图表为例。在这个图表中，x 坐标轴的标签包含每个销售人员的数据值。当不希望图表中布满数据标签时，这种做法很方便。

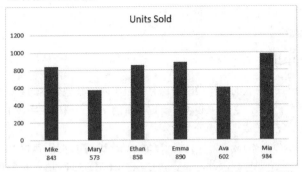

图 12-10　这个图表中的 x 坐标轴标签包含一个换行符和数据值

这个技巧的秘诀是在创建图表标签的公式中使用 CHAR()函数，如图 12-11 所示。

	A	B	C
1			
2			Units Sold
3	Mike	=A3&CHAR(10)& C3	843
4	Mary	Mary573	573
5	Ethan	Ethan858	858
6	Emma	Emma890	890
7	Ava	Ava602	602
8	Mia	Mia984	984

图 12-11　使用 CHAR()函数，在销售人员姓名和数据值之间强制换行

Excel 中的每个字符都有一个关联的美国国家标准协会(American National Standards Institute，ANSI)字符代码。ANSI 字符代码是一个 Windows 系统代码集，定义了你在屏幕上看到的字符。ANSI 字符集包含 255 个字符，编码为从 1 到 255。大写字母 A 是字符 65，数字 9 是字符 57。

每个非打印字符都有代码。空格的代码是 32，换行符的代码是 10。

通过使用 CHAR()函数，可在公式中添加任意字符。在图 12-11 的例子中，我们添加了换行符，并将其与单元格 A3 和 C3 中的值连接起来：

```
=A3&CHAR(10)&C3
```

除非应用了自动换行，否则单元格自身不会显示换行。但是，即使没有应用自动换行，使用这种公式的任何图表在显示该公式返回的数据时，会显示换行。

12.2.10　清理文本字段中的奇怪字符

当从外部数据源(如文本文件或 Web 源)导入数据时，可能出现一些奇怪的字符。我们不需要手动清理这些奇怪字符，而是可以使用 Excel 的 CLEAN 函数，如图 12-12 所示。

	A	B	C
1			
2		Store	Cleaned Text
3		Detroit　(Store #1)▨▨▨▨	=TRIM(CLEAN(B3))
4		Detroit (Store #2)▨▨▨▨▨	Detroit (Store #2)
5		Detroit (Store #3)▨▨▨▨	Detroit (Store #3)
6		Charlotte (Store #1)▨▨▨▨▨	Charlotte (Store #1)
7		Charlotte (Store #2)▨▨▨▨▨	Charlotte (Store #2)
8		Charlotte (Store #3)▨▨▨▨	Charlotte (Store #3)
9			

图 12-12　使用 CLEAN 函数清理数据

CLEAN 函数从传递给它的任意文本中移除非打印字符。可以将 CLEAN 函数放到 TRIM 函数内，以同时移除非打印字符和多余的空格。

```
=TRIM(CLEAN(B3))
```

12.2.11 在数字中填充 0

很多时候，在 Excel 中做的工作最终会保存到组织内的其他数据库系统中。那些数据库系统常常对字段长度有要求，字段中必须有一定数量的字符。要确保字段中包含一定数量的字符，一种常用的方法是在数据中填充 0。

填充 0 是一种相对简单的概念。如果要求 Customer ID 字段必须包含 10 个字符，就需要填充足够的 0 来满足这个要求。因此，需要向 Customer ID 2345 填充 6 个 0，使该 ID 成为 2345000000。

在图 12-13 中，单元格 C4 使用下面的公式，向 Customer ID 字段填充 0：

```
=LEFT(B4&"0000000000",10)
```

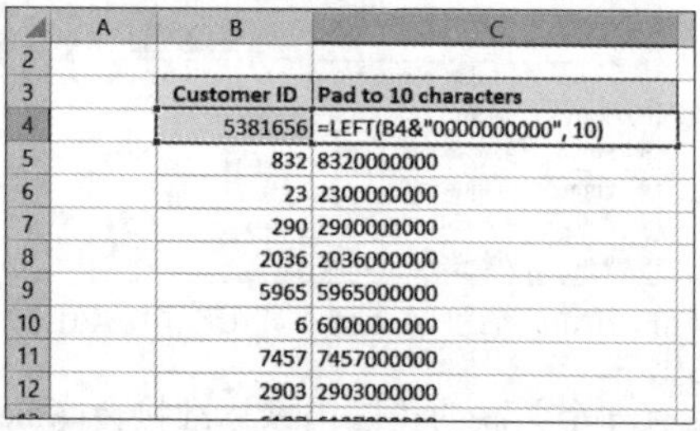

图 12-13 将 Customer ID 填充为 10 个字符

图 12-13 中的公式首先将单元格 B4 中的值与包含 10 个 0 的文本字符串连接起来。这实际上创建了一个新的文本字符串，保证 Customer ID 的值中有 10 个 0。

然后，使用 LEFT 函数从左边开始提取新文本字符串的 10 个字符。

12.2.12 设置文本字符串中数字的格式

在创建报表时，将文本与数字连接起来，是比较常见的操作。例如，可能要求你在报表中显示一行，汇总销售人员的业绩，如下所示：

```
John Hutchison: $5,000
```

问题在于，在文本字符串中连接数字时，不会保留数字格式。例如，在图 12-14 中，连接后的字符串中的数字没有采用源单元格的格式。

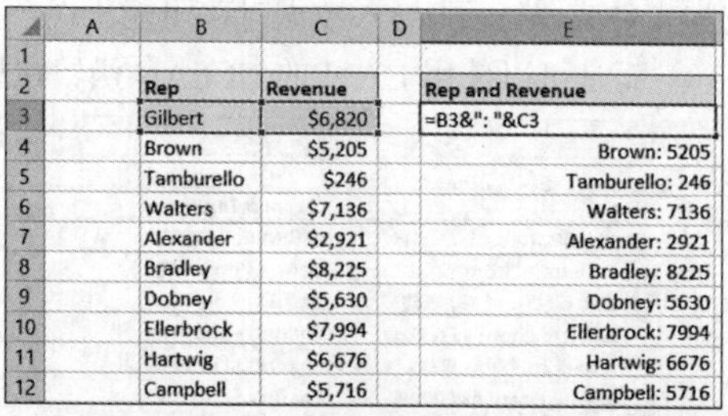

图 12-14 连接到文本的数字不会采用数字格式

为了解决这个问题，需要将对数字值单元格的引用放到 TEXT 函数中。使用 TEXT 函数时，可以应用自己需要的格式。图 12-15 中的公式解决了这个问题。

```
=B3&": "&TEXT(C3,"$0,000")
```

▲	A	B	C	D	E
1					
2		Rep	Revenue		Rep and Revenue
3		Gilbert	$6,820		=B3&": "&TEXT(C3, "$0,000")
4		Brown	$5,205		Brown: $5,205
5		Tamburello	$246		Tamburello: $0,246
6		Walters	$7,136		Walters: $7,136
7		Alexander	$2,921		Alexander: $2,921
8		Bradley	$8,225		Bradley: $8,225
9		Dobney	$5,630		Dobney: $5,630
10		Ellerbrock	$7,994		Ellerbrock: $7,994
11		Hartwig	$6,676		Hartwig: $6,676
12		Campbell	$5,716		Campbell: $5,716

图 12-15　使用 TEXT 函数允许设置连接到文本的数字的格式

TEXT 函数有两个参数：一个值，和一个有效的 Excel 格式。只要应用的格式是 Excel 能够识别的格式，就可以向数字应用任何格式。例如，在 Excel 中输入下面的公式可以显示 $99：

```
=TEXT(99.21,"$#,###")
```

在 Excel 中输入下面的公式可以显示 9921%：

```
=TEXT(99.21,"0%")
```

在 Excel 中输入下面的公式可以显示 99.2：

```
=TEXT(99.21,"0.0")
```

当想要使用某个数字格式时，要了解其语法，查看"设置单元格格式"对话框的"数字"选项卡是一种简单的方法。执行步骤如下：

(1) 右击任意单元格，选择"设置单元格格式"命令。

(2) 在"数字"选项卡中，选择自己需要的格式。

(3) 在左侧的"分类"列表中，选择"自定义"命令。

(4) 复制"类型"输入框中的格式。

12.2.13　使用 DOLLAR 函数

如果将美元数字值连接到文本，则可以使用更加简单的 DOLLAR 函数。该函数对给定文本应用地区货币格式。

DOLLAR 函数有两个基本参数：数字值和想要显示的小数位数。

```
=B3&": "&DOLLAR(C3,0)
```

第 **13** 章

使用公式处理日期和时间

本章要点

- 关于 Excel 中日期和时间的概述
- 使用 Excel 中与日期相关的函数
- 使用 Excel 中与时间相关的函数

许多工作表都会在单元格中包含日期和时间。例如，你可能需要按日期跟踪信息，或创建基于时间的计划表。初学者经常会发现在 Excel 中使用日期和时间是一件很困难的事情。要使用日期和时间，需要充分理解 Excel 是如何处理基于时间的信息的。本章说明了如何创建可用于处理日期和时间的功能强大的公式。

> **注意**
>
> 本章中的日期对应于美国英语的日期格式：月/日/年。例如，日期 3/1/1952 是指 1952 年 3 月 1 日，而不是 1952 年 1 月 3 日。虽然这一设置看上去不合逻辑，但这就是美国人的使用方式。使用本书的美国以外的读者应该可以相应地进行调整。

13.1　Excel 如何处理日期和时间

本节将提供有关 Excel 是如何处理日期和时间的简要概述，包括 Excel 的日期和时间序号系统。此外，将提供关于如何输入和格式化日期和时间的提示信息。

13.1.1　了解日期序号

对于 Excel 而言，日期就是一个数字。更准确地说，日期是一个表示自虚构日期 1900 年 1 月 0 日以来经过的天数的序号。序号 1 对应于 1900 年 1 月 1 日，序号 2 对应于 1900 年 1 月 2 日，以此类推。该系统支持创建可使用日期执行计算的公式。例如，可以创建一个公式来计算两个日期之间的天数(用其中一个日期减去另一个日期即可)。

Excel 支持从 1900 年 1 月 1 日到 9999 年 12 月 31 日(序号为 2 958 465)的日期。

你可能对 1900 年 1 月 0 日感到奇怪，实际上这个不存在的日期(对应于日期序号 0)是用来表示不与特定的某天相关联的时间。到本章后面，你将会更清楚地理解这个概念(请参见"输入时间"一节)。

要将日期序号显示为日期,需要将单元格设置为日期格式。选择"开始"|"数字"|"数字格式"命令后,会在下拉列表中提供两个日期格式。要选择其他日期格式,请参见本章后面的"设置日期和时间格式"一节。

13.1.2 输入日期

可以直接以序号的形式输入日期(如果你知道序号的话),然后将其设置为日期格式。但是,更多的情况是使用几种可识别的日期格式来输入日期。Excel 会自动将输入内容转换为相应的日期序号(Excel 会在计算时使用这些序号),同时对单元格应用默认的日期格式,以便显示实际日期,而不是意义模糊的序号。

选择日期系统:1900 或 1904

Excel 支持两套日期系统:1900 日期系统和 1904 日期系统。在工作簿中所使用的系统决定了作为基础日期的日期。1900 日期系统使用 1900 年 1 月 1 日作为序号为 1 的日期,而 1904 日期系统使用 1904 年 1 月 1 日作为基础日期。默认情况下,Windows 中的 Excel 使用 1900 日期系统,适用于 Mac 的 2011 之前版本 Excel 使用 1904 日期系统。

为与旧 Mac 文件兼容,Windows 中的 Excel 也支持 1904 日期系统。可以从"Excel 选项"对话框的"高级"部分中为活动工作簿选择日期系统(位于"计算此工作簿时"部分)。一般情况下,应使用默认的 1900 日期系统。并且,如果在链接起来的工作簿中使用了不同的日期系统,则要非常谨慎。例如,假设工作簿 1 使用的是 1904 日期系统,并在单元格 Al 中含有日期 1/15/1999。又假定工作簿 2 中使用的是 1900 日期系统,并且链接到工作簿 1 中的 Al 单元格。这种情况下,则工作簿 2 会将日期显示为 1/14/1995。两个工作簿使用的是相同的日期序号(34713),但对它们的解释却不一样。

使用 1904 日期系统的一个优势在于,它可以显示负的时间值。当使用 1900 日期系统时,结果为负时间的计算(例如,4:00PM–5:30PM)将无法显示。而当使用 1904 日期系统时,此负时间会显示为-1:30(也就是差 1 小时 30 分钟)。

例如,如果要向某个单元格中输入 2022 年 6 月 18 日,那么可以直接输入 June 18, 2022(或使用其他任意一种日期格式)。Excel 会解释你的输入,并保存数值 44730,即该日期的序号。Excel 同时将应用默认日期格式,这样,单元格内容不一定会与你输入的内容看上去完全相同。

注意

根据你的区域设置,以 June 18 2022 等格式输入的日期可能会被解释为文本字符串。这种情况下,可能就需要以对应于你的区域设置的格式输入日期,如 18 June,2022。

当激活含有日期的单元格时,编辑栏会使用默认日期格式(即与系统的"短日期格式"相对应的格式)显示单元格内容。编辑栏不会显示日期的序号。如果需要找到一个特定日期的序号,可将单元格设置为常规格式。

提示

要更改默认的日期格式,需要更改系统级的设置。进入 Windows 的"控制面板",选择"时钟和区域",然后单击"区域",打开"区域"对话框。这里具体的操作会随所使用的 Windows 版本而异。查找可用于更改"短日期格式"的下拉列表。你选择的设置将决定 Excel 用于在编辑栏中显示日期的默认日期格式。

搜索日期

如果工作表中使用了很多日期，那么可能需要使用"查找和替换"对话框(可以通过"开始" | "编辑" | "查找和选择" | "查找"命令或按 Ctrl+F 键访问)来搜索特定的日期。Excel 对于查找日期比较苛刻，必须按编辑栏中所显示的日期格式输入日期。例如，如果某个单元格中包含显示为"June 19，2022"格式的日期，而该日期在编辑栏中将显示为你系统的短日期格式(例如，"6/19/2022")，因此，如果按单元格中显示的内容搜索该日期，则 Excel 将无法找到它。但是，如果按在编辑栏中所显示的内容搜索日期，则可以发现该日期。

在识别单元格中输入的日期时，Excel 非常灵活，但并不完美。例如，如果试图输入的日期超出了 Excel 支持的日期范围，则 Excel 会将其解释为文本。如果尝试将位于支持范围之外的序号格式化为日期，则该数值将显示为一系列井号(##########)。

13.1.3　了解时间序号

当需要处理时间值时，可对 Excel 的日期序号系统进行扩展，以包括小数。换句话说，Excel 可以使用含小数的天数来处理时间。例如，201622 年 6 月 1 日的日期序号是 44713。而当天中午(一天的一半)在内部表示为 44713.5。

与一分钟等价的序号大约是 0.00069444。以下公式通过将 24 小时乘以 60 分钟，再用 1 除以它来计算这个数。分母由一天中的分钟数组成(1440)。

```
=1/(24*60)
```

类似地，与一秒钟等价的序号大约是 0.00001157，可通过下面的公式获得。

```
=1/(24*60*60)
```

在这个示例中，分母是一天中的秒数(86 400)。

在 Excel 中，最小的时间单位是千分之一秒。下面的序号代表 23:59:59.999(即午夜前的千分之一秒)：

```
0.99999999
```

表 13-1 显示了一天中的各个时间及其对应的时间序号。

表 13-1　一天中的各个时间及其对应的时间序号

一天中的时间	时间序号
12:00:00 AM (midnight)	0.00000000
1:30:00 AM	0.06250000
7:30:00 AM	0.31250000
10:30:00 AM	0.43750000
12:00:00 PM (noon)	0.50000000
1:30:00 PM	0.56250000
4:30:00 PM	0.68750000

一天中的时间	时间序号
6:00:00 PM	0.75000000
9:00:00 PM	0.87500000
10:30:00 PM	0.93750000

13.1.4　输入时间

与输入日期一样，通常不必考虑实际的时间序号，只需要以可识别的格式向单元格中输入时间即可。表 13-2 显示了 Excel 可以识别的一些时间格式示例。

表 13-2　Excel 可以识别的时间输入格式

输入	Excel 解释
11:30 AM	11:30 AM
11:30:00 AM	11:30 AM
11:30 PM	11:30 PM
11:30	11:30 AM
13:30	1:30 PM

因为前面的示例并没有与特定的一天相关联，所以 Excel 将使用日期序号 0，即对应于 1900 年 1 月 0 日。通常，你可能会组合使用日期和时间。为此，可以使用一个可识别的日期输入格式，后跟一个空格，然后使用一个可识别的时间输入格式。例如，如果在一个单元格中输入 6/1/2022 11:30，则 Excel 会将其解释为 2022 年 6 月 1 日上午 11 点 30 分。它的日期/时间序号是 44713.47917。

如果输入一个超过 24 小时的时间，则与时间相关的日期也将相应递增。例如，如果在一个单元格中输入 25:00:00，则它将被解释为 1900 年 1 月 1 日上午 1 时。输入项的日期部分增加了 1 是因为时间超过了 24 小时。注意，没有日期部分的时间值将使用 1900 年 1 月 0 日作为日期。

类似地，如果在单元格中输入一个日期和时间(而且该时间超过了 24 小时)，则输入的日期将被调整。例如，如果输入 9/18/2022 25:00:00，则它将被解释为 2022 年 9 月 19 日上午 1 时。如果只向未设置格式的单元格中输入时间(没有相关联的日期)，则可以输入的最大时间是 9999:59:59(小于 10000 小时)。Excel 会加上相应的天数。在这个示例中，9999:59:59 将被解释为 1901 年 2 月 19 日下午 3 时 59 分 59 秒。如果输入一个超过 10 000 小时的时间，则该时间将被解释成文本字符串，而不是时间。

13.1.5　设置日期和时间格式

在对包含日期和时间的单元格设置格式时，用户具有很大的灵活性。例如，既可以将单元格的格式设置为只显示日期部分，也可以设置为只显示时间部分，还可以设置为同时显示这两个部分。

可以通过选择单元格，然后使用"设置单元格格式"对话框中的"数字"选项卡来设置日期和时间的格式。要显示此对话框，可单击"开始"选项卡上的"数字"分组中的对话框启动器图标。或者单击"数字格式"控件，然后从出现的下拉列表中选择"其他数字格式"。

"日期"分类中显示了内置的日期格式，"时间"分类中显示了内置的时间格式。有些格式同时包含日期和时间。只需要从"类型"列表中选择所需的格式，然后单击"确定"按钮即可。

> **提示**
>
> 当创建一个引用了含有日期或时间的单元格的公式时，Excel 有时会自动将公式单元格的格式设置为日期或时间。通常情况下，这样做非常有用，但有时它可能并不合适并且令人讨厌。要将数字格式恢复为默认的常规格式，请选择"开始" | "数字" | "数字格式"命令，然后从下拉列表中选择"常规"，或者按 Ctrl+Shift+ ~ (波浪号)快捷键组合即可。

13.1.6　日期问题

Excel 在处理日期时存在一些问题，其中许多问题源于 Excel 是在许多年前设计的。Excel 的设计者基本上模拟了 Lotus l-2-3 程序有限的日期和时间功能，其中包含的一个 bug 也被故意复制到 Excel 中(将在后面介绍)。如果现在从头开始设计 Excel，那么 Excel 在处理日期时肯定会更加灵活。但令人遗憾的是，用户当前可以使用的还只是在日期方面存在很多不足的产品。

1. Excel 的闰年问题

闰年每 4 年出现一次，包含额外的一天(2 月 29 日)。特别需要说明的是，能被 100 整除的年不一定是闰年，除非它也能被 400 整除。尽管 1900 不是闰年，但 Excel 却将其当成闰年。换句话说，当在一个单元格中输入"2/29/1900"时，Excel 会将其视为一个有效日期，并赋予其序号 60。

但是，如果输入"2/29/1901"，则 Excel 会将其解释为一个错误，并且不会将其转换为日期，而只是将输入项作为文本字符串。

为什么每天被数百万人使用的产品会包含这么明显的错误呢？答案是因为历史原因。Lotus 1-2-3 的原始版本包含一个 bug，使得它将 1900 年视为闰年。后来在发布 Excel 时，设计者已经意识到了这个 bug，但仍然选择将其复制到了 Excel 中，以提供 Excel 与 Lotus 工作表文件的兼容性。

为什么在 Excel 的后续版本中仍然存在这个问题呢？Microsoft 声称更正这个 bug 所带来的坏处要多于好处。如果消除了这个问题，则可能会破坏数百万的现有工作簿。此外，更正这个错误会影响 Excel 与其他使用日期的程序之间的兼容性。而且，这个 bug 实际上只会导致非常小的问题，因为大多数的使用者都不会使用 1900 年 3 月 1 日前的日期。

2. 1900 年之前的日期

当然，世界并不是从 1900 年 1 月 1 日才开始的。当人们使用 Excel 处理历史信息时，常常需要处理 1900 年 1 月 1 日以前的日期。令人遗憾的是，唯一可用于处理 1900 年以前日期的方法是将日期作为文本输入单元格。例如，可以在单元格中输入"July 4, 1776"，Excel 不会报错。

> **提示**
> 如果打算按旧日期对信息进行排序，则应按照以下格式输入文本日期：先输入四位数字的年份，后跟两位数的月份，然后是两位数的日期。例如，1776-07-04。你无法将这些文本字符串作为日期进行处理，但此格式可支持执行准确的排序。

某些情况下，使用文本作为日期可以实现目的，但是你不能对以文本方式输入的日期进行任何操作。例如，你不能改变它的数字格式，不能确定日期是星期几，也不能计算 7 天以后的日期。

3. 不一致的日期输入项

当使用两位数字的年份输入日期时需要非常小心。在执行这样的操作时，Excel 会使用一些规则来决定要使用的世纪。

00 到 29 之间的两位数年份会被识别为 21 世纪的日期，30 到 99 之间的两位数年份会被识别为 20 世纪的日期。例如，如果输入"12/ 15/28"，则 Excel 会将其识别为 2028 年 12 月 15 日；如果输入"12/15/30"，Excel 会将其识别为 1930 年 12 月 15 日。这是因为 Windows 使用 2029 年作为默认的分界年。既可以保持这个默认值，也可以使用 Windows 的"控制面板"对其进行更改。在"区域"对话框中，单击"其他设置"按钮，以显示"自定义格式"对话框，在此对话框中选择"日期"选项卡，然后设置另一个年份即可。

> **提示**
> 避免这个问题的最好方法是在输入所有年份时使用 4 位数字的年份。

13.2　使用 Excel 的日期和时间函数

Excel 有许多用于处理日期和时间的函数。可通过选择"公式"|"函数库"|"日期和时间"命令来访问这些函数。

这些函数利用了一个事实：在后台，日期和时间只是一个数字系统。这就为各种有趣的、公式驱动的分析打开了大门。本节将介绍这样的一些有趣的分析。在此过程中，你将学习一些对创建自己的公式有帮助的技术。

> **配套学习资源网站**
> 配套学习资源网站 www.wiley.com/go/excel365bible 中提供了本章用到的示例工作簿。文件名为 Dates and Times.xlsx。

13.2.1　获取当前日期和时间

不必自己输入当前的日期和时间，而是可以使用两个 Excel 函数。TODAY 函数返回当前的日期：

```
=TODAY()
```

NOW()函数返回当前的日期及当前的时间：

```
=NOW()
```

TODAY 和 NOW 函数返回日期序号，代表当前的系统日期和时间。TODAY 函数假定时间为 12AM，而 NOW 函数则返回实际的时间。

需要注意的是，每次修改或打开工作簿时，这两个函数都会自动重新计算，所以不要把这两个函数用作记录的时间戳。

> **提示：**
> 如果想输入不会发生改变的静态时间，可按键盘上的 Ctrl+;(分号)。这将在活动单元格中插入静态日期。

通过把 TODAY 函数放到 TEXT 函数中，再指定某种日期格式，就可以把 TODAY 函数用作文本字符串的一部分。下面的公式显示的文本将以"月，日，年"的格式返回今天的日期。

```
="Today is "&TEXT(TODAY(),"mmmm d, yyyy")
```

> **交叉引用：**
> 有关使用 TEXT 函数的更多细节，请阅读第 12.2.12 节

13.2.2　计算年龄

计算年龄最简单的方法之一是使用 Excel 的 DATEDIF 函数。使用该函数时，计算任何类型的日期比较都变得很轻松。

要使用 DATEDIF 函数计算一个人的年龄，可以输入下面这样的公式：

```
=DATEDIF("5/16/1972",TODAY(),"y")
```

当然，可以引用一个包含日期的单元格：

```
=DATEDIF(B4,TODAY(),"y")
```

DATEDIF 函数计算两个日期之间相隔的天数、月数或年数。它有 3 个参数：开始日期，结束日期，以及时间单位。

时间单位由表 13-3 中的一系列代码定义。

表 13-3　DATEDIF 时间单位代码

单位代码	返回值
"y"	时间段中的整年数
"m"	时间段中的整月数
"d"	时间段中的天数
"md"	start_date 与 end_date 日期之间的天数。日期的月数和年数将被忽略
"ym"	start_date 与 end_date 日期之间的月数。日期的年数和天数将被忽略
"yd"	start_date 与 end_date 日期之间的天数。日期的年数将被忽略

使用这些时间代码时，很容易计算两个日期之间的年数、月数和天数。如果某人生于 1972 年 5 月 16 日，则可使用下面的公式计算这个人的年龄的年、月和日：

```
=DATEDIF("5/16/1972",TODAY(),"y")
=DATEDIF("5/16/1972",TODAY(),"m")
=DATEDIF("5/16/1972",TODAY(),"d")
```

13.2.3　计算两个日期之间的天数

在公司中，一种常见的日期计算类型是确定两个日期之间的天数。项目管理团队能够使用这个天数来衡量绩效，HR 部门能够使用这个天数来衡量招到合适人选需要的时间，而财务部门能够使用这个天数来跟踪客户欠款天数。好在，通过使用方便的 DATEDIF 函数，执行这种计算非常简单。

图 13-1 演示了一个示例报表，它使用 DATEDIF 函数来计算一组订单经过多少天仍未付款。

	A	B	C	D
2				
3			Invoice Date	Days Outstanding
4			25-Jul-21	=DATEDIF(C4,TODAY(),"d")
5			04-Jul-21	57
6			04-May-21	118
7			22-May-21	100
8			03-Apr-21	149
9			28-Apr-21	124

图 13-1　计算今天与订单日期之间相隔的天数

观察图 13-1 会发现，单元格 D4 中的公式如下所示：

```
=DATEDIF(C4,TODAY(),"d")
```

这个公式使用 DATEDIF 函数，时间代码为 d。这告诉 Excel 根据开始日期(C4)和结束日期(TODAY)返回天数。

13.2.4　计算两个日期之间的工作日天数

很多时候，在报告开始日期和结束日期之间的天数时，在最终天数中包含周末的天数是不合适的。周末通常不营业，所以应该避免统计这些天数。

使用 Excel 的 NETWORKDAYS 函数，可在计算开始日期和结束日期之间的天数时排除周末。

从图 13-2 可以看到，单元格 E4 中使用 NETWORKDAYS 函数来计算 1/1/2022 和 12/31/2022 之间的工作日天数。

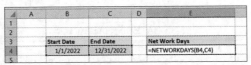

	A	B	C	D	E
1					
2					
3		Start Date	End Date		Net Work Days
4		1/1/2022	12/31/2022		=NETWORKDAYS(B4,C4)
5					

图 13-2　计算两个日期之间的工作日天数

这个公式很简单。NETWORKDAYS 函数有两个必要参数：开始日期和结束日期。如果开始日期放在单元格 B4 中，结束日期放在单元格 C4 中，则下面的公式将返回工作日天数(排除了周六和周日)：

```
=NETWORKDAYS(B4,C4)
```

使用 NETWORKDAYS.INTL 函数

NETWORKDAYS 函数有一个缺点：它默认情况下会排除星期六和星期日。但是，如果在你所在的地区，认为星期五和星期六是周末，该怎么办？甚至糟糕的是，如果只有星期日是周末，该怎么办？

Excel 提供了 NETWORKDAYS.INTL 函数来处理这种情况。除了必要的开始和结束日期，该函数还有一个可选的第三个参数，即周末代码。周末代码允许指定将哪些天作为周末排除掉。

当输入 NETWORKDAYS.INTL 函数的第三个参数时，Excel 会显示一个菜单(如图 13-3 所示)。只需要选择合适的周末代码，然后按 Enter 键即可。

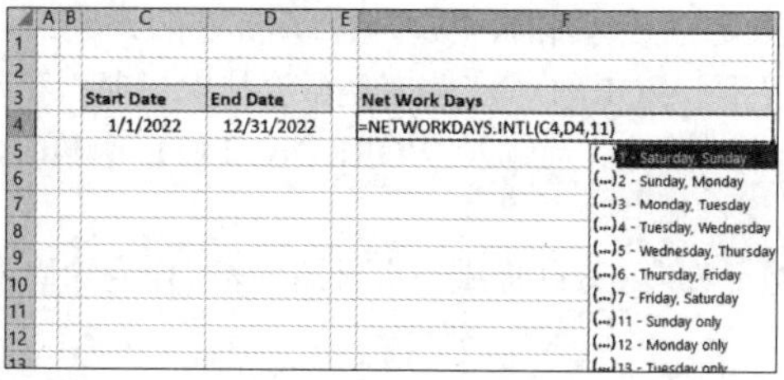

图 13-3　NETWORKDAYS.INTL 函数允许指定将哪些天作为周末排除掉

13.2.5　排除假日，生成营业日列表

在 Excel 中创建仪表板和报表时，创建一个辅助表，在其中包含代表营业日的日期(既不是周末也不是假日的日期)的列表常常很有帮助。这种辅助表能够对一些计算提供帮助，如每个营业日的收入，每个营业日的售出数量等。

要生成营业日列表，最简单的方式之一是使用 WORKDAY.INTL 函数。首先创建一个电子表格，在其中包含上一年的最后一个日期，以及你所在的组织的节假日列表。从图 13-4 可以看到，节假日列表应该是日期格式。

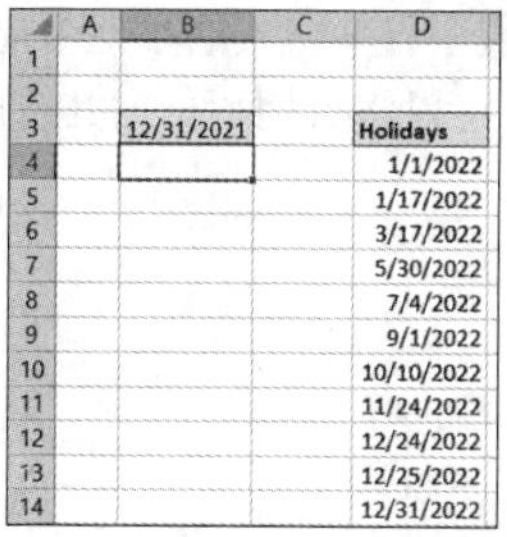

图 13-4　首先创建一个工作表，在其中包含上一年的最后一个日期以及一个节假日列表

在上一年最后一个日期下面的单元格中，输入这个公式：

```
=WORKDAY.INTL(B3,1,1,$D$4:$D$14)
```

现在，可以向下复制该公式，根据自己的需要，创建任意多个营业日，如图 13-5 所示。

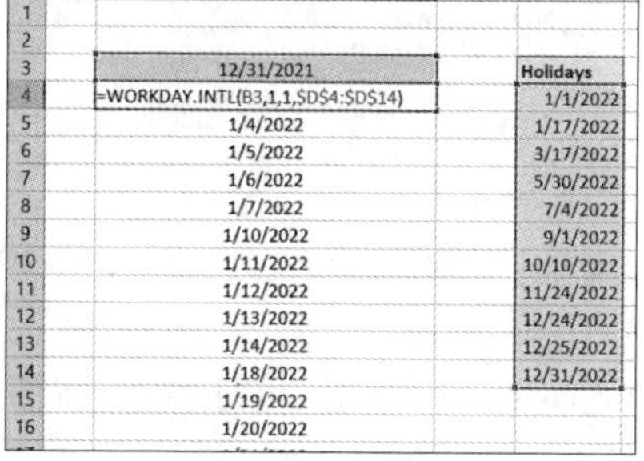

图 13-5　创建营业日列表

WORKDAY.INTL 函数根据传递给它的递增天数，返回一个工作日日期。这个函数有两个必要参数和两个可选参数。

开始日期(必要)：这个参数是开始日期。

天数(必要)：这个参数是想要返回的、从开始日期算起的天数。

周末(可选)：默认情况下，WORKDAY.INTL 函数会排除星期六和星期日，但是这个参数允许指定将哪几天视为周末排除掉。当输入 WORKDAY.INTL 函数时，Excel 会显示一个菜单，从中可选择合适的周末代码。

假日(可选)：这个参数允许向 Excel 提供一个日期列表，作为除周末日期以外仍要排除的日期。

在这个例子中，我们告诉 Excel 从 12/31/2021 开始递增 1，得到开始日期之后的下一个营业日。对于可选参数，我们指定为排除星期六和星期日，以及单元格$D$4:$D$14 中列出的假日。

```
=WORKDAY.INTL(B3,1,1,$D$4:$D$14)
```

一定要使用绝对引用锁定代表假日列表的区域，以便向下复制公式时，假日列表保持不变。

13.2.6 提取日期的一部分

虽然看起来可能无关紧要，但是提取日期的一部分，有时候很有帮助。例如，你可能需要筛选出这样的记录：订单日期在特定月份内的所有订单记录，或者需要在星期六工作的所有员工。在这些时候，就需要从设置了日期格式的日期中提取出月份和工作日数字。

Excel 提供了一组简单的函数，可以将日期解析为其组成部分。下面列出了这些函数：

YEAR 提取出给定日期的年份。

MONTH 提取出给定日期的月份。

DAY 提取出给定日期的天。

WEEKDAY 返回给定日期是一周的哪一天。

WEEKNUM 返回给定日期是哪一周。

图 13-6 演示了如何使用这些函数，将单元格 C3 中的日期解析为其组成部分。

	A	B	C
1			
2			
3			5/16/2021
4			
5		=YEAR(C3)	2021
6		=MONTH(C3)	5
7		=DAY(C3)	16
8		=WEEKDAY(C3)	1
9		=WEEKNUM(C3)	21

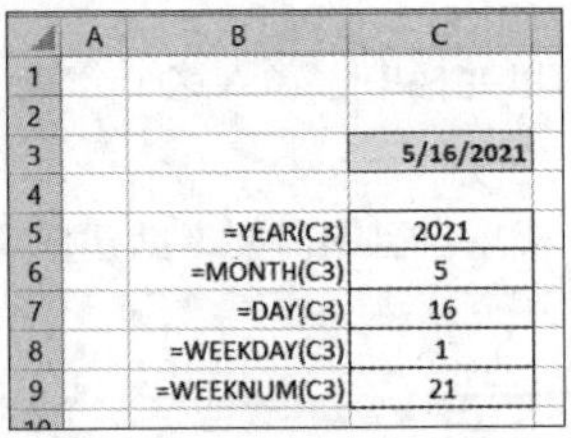

图 13-6 提取日期的一部分

这些函数相对直观。

YEAR 函数返回一个四位数数字，对应于指定日期的年份。下面的公式返回 2021。

```
=YEAR("5/16/2021")
```

MONTH 函数返回 1～12 之间的一个数字，对应于指定日期的月份。下面的公式返回 5。

```
=MONTH("5/16/2021")
```

DAY 函数返回 1～31 之间的一个数字，对应于指定日期在其月份中的天数。下面的公式返回 16。

```
=DAY("5/16/2021")
```

WEEKDAY 函数返回 1～7 之间的数字，对应于给定日期是星期几(星期日到星期六)。如果日期是星期日，则返回数字 1。如果日期是星期一，则返回数字 2，以此类推。下面的公式返回 1，因为 5/16/2021 是星期日。

```
=WEEKDAY("5/16/2021")
```

这个函数实际上有一个可选参数 return_type，用于定义将一周中的哪一天作为第一天。输入 WEEKDAY 函数时，Excel 会显示一个菜单，用于选择合适的 return_type 代码。

可以调整这个公式，使返回值 1～7 代表星期一到星期日。

```
=WEEKDAY("5/16/2021",2)
```

WEEKNUM 函数返回指定日期所在的周是一年中的第几周。下面的公式返回 21，因为 5/16/2021 发生在 2021 年的第 21 周。

```
=WEEKNUM("5/16/2021")
```

这个函数实际上有一个可选参数 return_type，用于定义将一周中的哪一天作为第一天。默认情况下，WEEKNUM 函数将星期日定义为一周的第一天。输入 WEEKNUM 函数时，Excel 会显示一个菜单，用于选择不同的 return_type 代码。

13.2.7　计算两个日期之间的年数和月份数

在一些情况中，需要用年数和月份数来表达两个日期相差多久。这种情况下，可使用两个 DATEDIF 函数创建一个文本字符串。

图 13-7 中的单元格 C4 包含下面的公式：

```
=DATEDIF(A4,B4,"Y") & " Years, " & DATEDIF(A4,B4,"YM") & " Months"
```

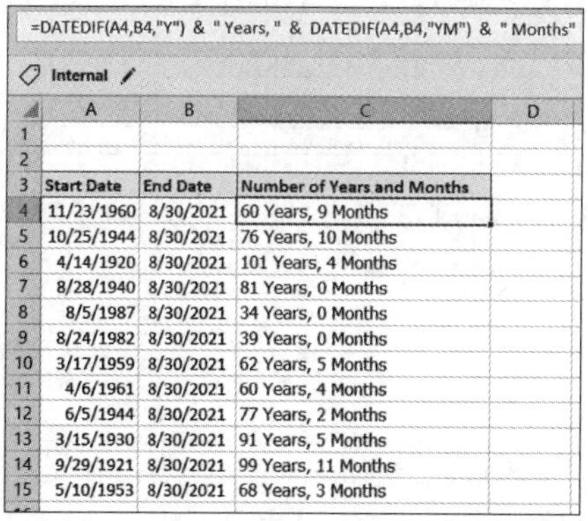
=DATEDIF(A4,B4,"Y") & " Years, " & DATEDIF(A4,B4,"YM") & " Months"

Internal

	A	B	C	D
1				
2				
3	Start Date	End Date	Number of Years and Months	
4	11/23/1960	8/30/2021	60 Years, 9 Months	
5	10/25/1944	8/30/2021	76 Years, 10 Months	
6	4/14/1920	8/30/2021	101 Years, 4 Months	
7	8/28/1940	8/30/2021	81 Years, 0 Months	
8	8/5/1987	8/30/2021	34 Years, 0 Months	
9	8/24/1982	8/30/2021	39 Years, 0 Months	
10	3/17/1959	8/30/2021	62 Years, 5 Months	
11	4/6/1961	8/30/2021	60 Years, 4 Months	
12	6/5/1944	8/30/2021	77 Years, 2 Months	
13	3/15/1930	8/30/2021	91 Years, 5 Months	
14	9/29/1921	8/30/2021	99 Years, 11 Months	
15	5/10/1953	8/30/2021	68 Years, 3 Months	

图 13-7　显示两个日期之间的年数和月份数

通过在一个文本字符串中使用&运算符将两个 DATEDIF 函数连接起来，我们完成了这个任务。

第一个 DATEDIF 函数通过传入年时间单位(Y)，计算开始日期和结束日期之间的年数：

```
DATEDIF(A4,B4,"Y")
```

第二个 DATEDIF 函数使用 YM 时间单位来计算月数，忽略日期的年部分：

```
DATEDIF(A4,B4,"YM")
```

在连接这两个函数时，我们添加了一些自己的文本，以便用户知道哪个数字代表年数，哪个数字代表月数：

```
=DATEDIF(A4,B4,"Y") & " Years, " & DATEDIF(A4,B4,"YM") & " Months"
```

13.2.8 将日期转换为儒略日期格式

制造业常常使用儒略日期作为时间戳，并用来快速了解产品批号。这类日期编码使零售商、消费者和服务代理能够确定产品的生产日期，进而确定产品是多久之前生产的。儒略日期还用在编程、军事和天文学中。

不同的行业有不同版本的儒略日期，但是最常用的版本由两个部分组成：代表年份的两位数字，以及代表当年已过去的天数的数字。例如，1/1/1960 的儒略日期为 601，5/10/21 的儒略日期为 21130。

Excel 没有提供内置的函数来将标准日期转换为儒略日期，但是如图 13-8 所示，可以使用下面的公式完成这种任务：

```
=RIGHT(YEAR(A4),2)& A4-DATE(YEAR(A4),1,0)
```

这个公式实际上包含两个公式，通过使用&符号将它们作为文本连接起来。

第一个公式使用 RIGHT 函数提取出年份数字的右边两个数位。注意，我们使用 YEAR 函数，从实际日期中提取出年份部分。

```
=RIGHT(YEAR(A4),2)
```

交叉引用
有关使用 RIGHT 函数的更多细节，请参考第 12 章的 12.2.4 节。

	A	B
2		
3	Standard Date	Julian Date
4	1/1/1960	=RIGHT(YEAR(A4),2)&A4-DATE(YEAR(A4),1,0)
5	10/25/1944	44299
6	4/14/1920	20105
7	8/28/1940	40241
8	8/5/1987	87217
9	8/24/1982	82236
10	3/17/1959	5976
11	4/6/1961	6196
12	6/5/1944	44157
13	3/15/1930	3074
14	9/29/2000	00273
15	5/10/2021	21130

图 13-8 将标准日期转换为儒略日期

第二个公式稍微复杂一点。在这个公式中，我们需要确定在当年已经过去了多少天。为此，需要首先从上一年的最后一天减去目标日期：

```
A4-DATE(YEAR(A4),1,0)
```

注意这里使用了 DATE 函数。DATE 函数允许使用 3 个参数动态构建日期：年份、月份和天。年份可以是 1900 到 9999 之间的任何整数，月份和天可以是任何正数或负数。例如，下面的公式将返回 2013 年 12 月 1 日的日期序号：

```
=DATE(2013, 12, 1)
```

注意，在儒略日期公式中，我们使用了 0 作为代表天的参数。当使用 0 作为天参数时，将得到给定月份的第一天的前一天。在这个例子中，1 月 1 日的前一天是 12 月 31 日。例如，在空单元格中输入下面的公式，将返回 1959 年 12 月 31 日：

```
=DATE(1960,1,0)
```

使用&将前述两个公式连接起来，就得到了儒略日期：

```
=RIGHT(YEAR(A4),2)&A4-DATE(YEAR(A4),1,0)
```

13.2.9　计算一年已完成天数的百分比和剩余天数的百分比

当构建 Excel 报表和仪表板时，计算一年已经过天数的百分比和剩余天数的百分比有时候很有帮助。计算出来的百分比可以用在其他计算中，也可以仅仅用来提醒报表或仪表板的使用者。

图 13-9 是这种概念的一个例子。注意编辑栏，这里使用了 YEARFRAC 函数。

B7　=YEARFRAC(B3,C3)

	A	B	C
1			
2		Start Date	End Date
3		1/1/2021	8/30/2021
4			
5			
6		Pcnt of this Year Complete	Percent of this Year Left
7		66%	34%

图 13-9　计算一年已完成天数的百分比

YEARFRAC 函数只有两个参数：开始日期和结束日期。提供了这两个变量后，它就可以计算出一个年百分比，代表开始日期和结束日期之间的天数。

```
=YEARFRAC(B3,C3)
```

要计算剩余天数的百分比，如图 13-9 中的单元格 C7 所示，只需要用 1 减 YEARFRAC(B3,C3)即可：

```
=1-YEARFRAC(B3,C3)
```

13.2.10　返回给定月份的最后一个日期

使用日期时，一种常见的需求是动态计算给定月份的最后一个日期。虽然大部分月份的最后一天是固定的，但是取决于给定年份是否是闰年，二月的最后一天可能发生变化。

图 13-10 演示了对于给定的每个日期，如何获得二月的最后一个日期，从而方便看出哪些年份是闰年。

	A	B	C
1			
2		First Day of February	Last Day of February
3		2/1/1999	=DATE(YEAR(B3),MONTH(B3)+1,0)
4		2/1/2000	2/29/2000
5		2/1/2001	2/28/2001
6		2/1/2002	2/28/2002
7		2/1/2003	2/28/2003
8		2/1/2004	2/29/2004
9		2/1/2005	2/28/2005
10		2/1/2006	2/28/2006
11		2/1/2007	2/28/2007
12		2/1/2008	2/29/2008
13		2/1/2009	2/28/2009

图 13-10　计算每个日期的最后一天

DATE 函数允许使用 3 个参数动态构建日期：年份、月份和天。年份可以是 1900 和 9999 之间的任何整数，月份和天可以是任何正数或负数。

例如，下面的公式将返回 2013 年 12 月 1 日的日期序号：

```
=DATE(2013, 12, 1)
```

当使用 0 作为天参数时，将得到给定月份的第一天的前一天。例如，在空单元格中输入下面的公式，将返回 2000 年 2 月 29 日：

```
=DATE(2000,3,0)
```

在我们的例子中，没有硬编码年份和月份，而是使用 YEAR 函数获得期望的年份，使用 MONTH 函数获得期望的月份。我们将月份加上 1，得到下一个月份。这样一来，当使用 0 作为天参数时，就得到我们真正感兴趣的月份的最后一天。

```
=DATE(YEAR(B3),MONTH(B3)+1,0)
```

在查看图 13-10 时，请记住，使用这个公式可以获得任何月份的最后一天，而不只是二月份。

使用 EOMONTH 函数

EOMONTH 能够代替上面的 DATE 函数，并且使用起来更加方便。使用 EOMONTH 时，可以获得未来或过去的任何月份的最后一天。只需要提供两个参数：开始日期，以及未来或过去的月份数。

例如，下面的公式将返回 2022 年四月的最后一天：

```
=EOMONTH("1/1/2022",3)
```

指定负数月份数将返回过去的一个日期。下面的公式将返回 2021 年十月的最后一天：

```
=EOMONTH("1/1/2022",-3)
```

可以将 EOMONTH 函数和 TODAY 函数结合起来，获得当前月份的最后一天：

```
=EOMONTH(TODAY(),0)
```

13.2.11 计算日期的日历季度

Excel 没有提供内置的函数来计算季度。如果需要计算特定日期属于哪个日历季度，需要创建自己的公式。

图 13-11 演示了如何使用下面的公式来计算日历季度：

```
=ROUNDUP(MONTH(B3)/3,0)
```

	A	B	C
1			
2		Date	Calendar Quarter
3		1/1/2022	=ROUNDUP(MONTH(B3)/3,0)
4		1/21/2022	1
5		3/29/2022	1
6		3/31/2022	1
7		5/31/2022	2
8		7/4/2022	3
9		9/1/2022	3
10		10/14/2022	4
11		11/28/2022	4
12		12/24/2022	4
13		12/25/2022	4
14		12/31/2022	4

图 13-11　计算日历季度

这个公式的技巧其实是简单的数学计算。我们将给定月份的月份数字除以 3，然后舍入到最接近的整数。例如，假设想要计算八月所在的季度。因为八月是一年的第 8 个月份，可以将 8 除以 3，结果为 2.66。对这个数字进行四舍五入，得到 3。因此，八月在日历年的第三个季度。

下面的公式具有相同的效果。我们使用 MONTH 函数提取出给定日期的月份数字，然后使用 ROUNDUP 函数强制向上舍入：

```
=ROUNDUP(MONTH(B3)/3,0)
```

13.2.12　计算日期的财季

许多组织的财年并不是从一月开始，而是从十月、四月或其他月份开始。在这些组织中，可以像计算日历季度那样计算财季。

图 13-12 演示了一个巧妙的公式，通过使用 CHOOSE 函数将日期转换为财季。在这个例子中计算财季时，财年从四月开始。编辑栏中的公式如下所示：

```
=CHOOSE(MONTH(B3),4,4,4,1,1,1,2,2,2,3,3,3)
```

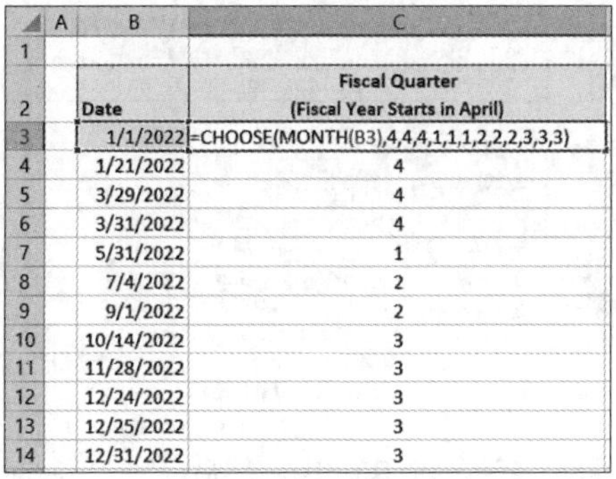

	A	B	C
1			
2		Date	**Fiscal Quarter** **(Fiscal Year Starts in April)**
3		1/1/2022	=CHOOSE(MONTH(B3),4,4,4,1,1,1,2,2,2,3,3,3)
4		1/21/2022	4
5		3/29/2022	4
6		3/31/2022	4
7		5/31/2022	1
8		7/4/2022	2
9		9/1/2022	2
10		10/14/2022	3
11		11/28/2022	3
12		12/24/2022	3
13		12/25/2022	3
14		12/31/2022	3

图 13-12　计算财季

CHOOSE 函数根据位置数字，从一个选项列表中返回答案。如果输入公式 =CHOOSE(2,"Gold","Silver","Bronze","Coupon")，则答案为 Silver，因为 Silver 是选项列表中的第二个选项。将 2 换成 4，则将得到第四个选项，即 Coupon。

CHOOSE 函数的第一个参数是必须提供的索引数字。这个参数的取值范围为从 1 到后面的参数列出的选项数。索引数字决定了返回后面的哪个参数。

接下来的 254 个参数(只有其中的第一个参数是必须提供的参数)定义了可选项，并决定了当提供索引数字时返回什么。如果索引数字是 1，则返回第一个选项。如果索引数字是 2，则返回第二个选项。

这里的想法是，使用 CHOOSE 函数将日期传递给季度数字列表：

```
=CHOOSE(MONTH(B3),4,4,4,1,1,1,2,2,2,3,3,3)
```

单元格 C3 中的公式(参见图 13-12)告诉 Excel 使用给定日期的月份数字，然后选择对应于该数字的季度。在本例中，因为月份是一月，Excel 返回第一个选项(一月是第一个月份)。第一个选项是 4，所以一月是第四个财季。

假设你的公司的财年从 10 月开始，而不是 4 月。通过调整选项列表，使其和财年的开始月份相对应，很容易得到正确的公式。

```
=CHOOSE(MONTH(B3),2,2,2,3,3,3,4,4,4,1,1,1)
```

13.2.13 从日期返回财务月

在一些组织的运营中，并不认为每个月从 1 号开始，在 30 号或 31 号结束。相反，他们选择特定的天作为开始日期和结束日期。例如，假设在你的组织中，可能每个财务月从 21 号开始，到下个月 20 号结束。在这种组织中，能够将标准日期转换为自己的财务月非常重要。

在图 13-13 演示的公式中，结合使用 EOMONTH 函数和 TEXT 函数，将日期转换为财务月。这个例子计算的财务月从 21 号开始，到下个月的 20 号结束。单元格 C3 中的公式如下所示：

```
=TEXT(EOMONTH(B3-20,1),"mmm")
```

	A	B	C
1			
2		Date	**Fiscal Month** **(Starts on the 21st and ends on the** **20th of the Next Month)**
3		1/1/2022	=TEXT(EOMONTH(B3-20,1),"mmm")
4		1/1/2022	Jan
5		1/21/2022	Feb
6		3/20/2022	Mar
7		3/31/2022	Apr
8		4/21/2022	May
9		6/20/2022	Jun
10		6/21/2022	Jul
11		7/21/2022	Aug

图 13-13 计算财务月

在这个公式中，先获得日期(包含在 B3 中)，然后减去 20，向后推 20 天。然后，在 EOMONTH 函数中使用得到的日期来获得下个月的最后一天：

```
EOMONTH(B3-20,1)
```

然后，将结果放到 TEXT 函数中，将结果日期设置为包含 3 个字母的月份名：

```
=TEXT(EOMONTH(B3-20,1),"mmm")
```

13.2.14 计算一个月中第 N 个工作日的日期

许多分析过程都依赖于知道特定事件的日期。例如，如果每个月的第二个星期五发工资，那么知道一年中的哪些日期是每个月的第二个星期五会很有帮助。

通过使用本章到目前为止介绍过的日期函数，可以构建动态日期表，自动提供需要的关键日期。

图 13-14 演示了这样的一个表。在该表中，用公式计算列出的每个月份的第 N 个工作日。这里的想法是，填入自己需要的年份和月份，并告诉 Excel 我们需要第几次出现各个工作日。在这个例子中，单元格 B2 显示，我们想要知道每个工作日第二次出现的日期。

	A	B	C	D	E	F	G	H	I
1		Nth Occurence							
2		2							
3									
4			1	2	3	4	5	6	7
5	YEAR	MONTH	Nth Sun of the Month	Nth Mon of the Month	Nth Tues of the Month	Nth Wed of the Month	Nth Thur of the Month	Nth Fri of the Month	Nth Sat of the Month
6	2021	1	1/10/2021	1/11/2021	1/12/2021	1/13/2021	1/14/2021	1/8/2021	1/9/2021
7	2021	2	2/14/2021	2/8/2021	2/10/2021	2/11/2021	2/12/2021	2/12/2021	2/13/2021
8	2021	3	3/14/2021	3/8/2021	3/9/2021	3/10/2021	3/11/2021	3/12/2021	3/13/2021
9	2021	4	4/11/2021	4/12/2021	4/13/2021	4/14/2021	4/8/2021	4/9/2021	4/10/2021
10	2021	5	5/9/2021	5/10/2021	5/11/2021	5/12/2021	5/13/2021	5/14/2021	5/8/2021
11	2021	6	6/13/2021	6/14/2021	6/8/2021	6/9/2021	6/10/2021	6/11/2021	6/12/2021
12	2021	7	7/11/2021	7/12/2021	7/13/2021	7/14/2021	7/8/2021	7/9/2021	7/10/2021
13	2021	8	8/8/2021	8/9/2021	8/10/2021	8/11/2021	8/12/2021	8/13/2021	8/14/2021
14	2021	9	9/12/2021	9/13/2021	9/14/2021	9/8/2021	9/9/2021	9/10/2021	9/11/2021
15	2021	10	10/10/2021	10/11/2021	10/12/2021	10/13/2021	10/14/2021	10/8/2021	10/9/2021
16	2021	11	11/14/2021	11/8/2021	11/9/2021	11/10/2021	11/11/2021	11/12/2021	11/13/2021
17	2021	12	12/12/2021	12/13/2021	12/14/2021	12/8/2021	12/9/2021	12/10/2021	12/11/2021

图 13-14 动态日期表，计算出每个工作日第 N 次出现的日期

在图 13-14 中，单元格 C6 包含下面的公式：

```
DATE($A6,$B6,1)+C$4-WEEKDAY(DATE($A6,$B6,1))+($B$2-(C$4>=WEEKDAY
(DATE($A6,$B6,1))))*7
```

这个公式应用基本数学，计算在给定特定周数字和出现次数时，应该返回对应月份中的哪个日期。

要使用图 13-14 中的表格，只需要从单元格 A6 和 B6 开始，输入目标年份和月份。然后，在单元格 B2 中调整自己需要的出现次数。

如果想要获得每个月的第一个星期一，则在单元格 B2 中输入 1，然后查看星期一列。如果想获得每个月的第三个星期四，则在单元格 B2 中输入 3，然后查看星期四列。

13.2.15 计算每个月最后一个工作日的日期

通过使用本章到目前为止介绍过的函数，可以构建一个动态日期表，自动提供给定工作日最后一次出现的日期。例如，图 13-15 中的表计算对于每个列出的月份，最后一个星期日、星期一、星期二等的日期。

	A	B	C	D	E	F	G	H	I
2			7	6	5	4	3	2	1
3	YEAR	MONTH	Last Sun of the Month	Last Mon of the Month	Last Tues of the Month	Last Wed of the Month	Last Thurs of the Month	Last Fri of the Month	Last Sat of the Month
4	2021	1	1/31/2021	1/25/2021	1/26/2021	1/27/2021	1/28/2021	1/29/2021	1/30/2021
5	2021	2	2/28/2021	2/22/2021	2/23/2021	2/24/2021	2/25/2021	2/26/2021	2/27/2021
6	2021	3	3/28/2021	3/29/2021	3/30/2021	3/31/2021	3/25/2021	3/26/2021	3/27/2021
7	2021	4	4/25/2021	4/26/2021	4/27/2021	4/28/2021	4/29/2021	4/30/2021	4/24/2021
8	2021	5	5/30/2021	5/31/2021	5/25/2021	5/26/2021	5/27/2021	5/28/2021	5/29/2021
9	2021	6	6/27/2021	6/28/2021	6/29/2021	6/30/2021	6/24/2021	6/25/2021	6/26/2021
10	2021	7	7/25/2021	7/26/2021	7/27/2021	7/28/2021	7/29/2021	7/30/2021	7/31/2021
11	2021	8	8/29/2021	8/30/2021	8/31/2021	8/25/2021	8/26/2021	8/27/2021	8/28/2021
12	2021	9	9/26/2021	9/27/2021	9/28/2021	9/29/2021	9/30/2021	9/24/2021	9/25/2021
13	2021	10	10/31/2021	10/25/2021	10/26/2021	10/27/2021	10/28/2021	10/29/2021	10/30/2021
14	2021	11	11/28/2021	11/29/2021	11/30/2021	11/24/2021	11/25/2021	11/26/2021	11/27/2021
15	2021	12	12/26/2021	12/27/2021	12/28/2021	12/29/2021	12/30/2021	12/31/2021	12/25/2021

图 13-15 计算每个月最后一个工作日的日期的动态日期表

在图 13-15 中，单元格 C4 包含下面的公式：

```
=DATE($A4,$B4+1,1)-WEEKDAY(DATE($A4,$B4+1,C$2))
```

这个公式应用基本数学，计算在给定年份、月份和周数字后，应该返回给定月份中的哪个日期。

要使用图 13-15 中的表，只需要从单元格 A4 和 B4 开始，输入目标年份和月份。这里的想法是，在 Excel 模型中使用这个表作为一个可链接到的位置，或者从这个表中复制数据来得到自己需要的日期。

13.2.16　提取时间的一部分

提取时间的特定部分常常是很有用的操作。Excel 提供了一组简单的函数，可将时间解析为其组成部分。这些函数如下所示：

HOUR 提取给定时间值的小时部分。

MINUTE 提取给定时间值的分钟部分。

SECOND 提取给定时间值的秒部分。

图 13-16 演示了如何使用这些函数，将单元格 C3 中的时间解析为组成部分。

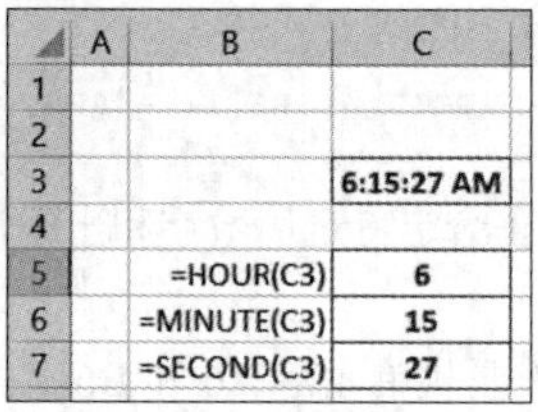

	A	B	C
1			
2			
3			6:15:27 AM
4			
5		=HOUR(C3)	6
6		=MINUTE(C3)	15
7		=SECOND(C3)	27

图 13-16　提取时间的一部分

这些函数相当直观。

HOUR 函数返回 0～23 的一个数字，对应于给定时间的小时部分。下面的公式返回 6。

```
=HOUR("6:15:27 AM")
```

MINUTE 函数返回 0～59 的一个数字，对应于给定时间的分钟部分。下面的公式返回 15。

```
=MINUTE("6:15:27 AM")
```

SECOND 函数返回 0～59 的一个数字，对应于给定时间的秒钟部分。下面的公式返回 27。

```
=SECOND("6:15:27 AM")
```

13.2.17　计算流逝的时间

对于时间值，计算流逝的时间是一种比较常见的计算，也就是说，计算开始时间与结束时间相隔多少个小时和分钟。

图 13-17 中的表显示了一组开始时间和结束时间，以及计算出来的流逝时间。观察图 13-17 可看到，单元格 D4 中的公式如下所示：

```
=IF(C4< B4, 1 + C4 - B4, C4 - B4)
```

要得到从开始时间到结束时间所流逝的时间，只需要从结束时间减去开始时间。但是，有一点要注意。如果结束时间比开始时间小，就必须认为时钟完全运行了 24 个小时，实际上是相当于将时钟转了一圈多。

这种情况下，必须对时间加 1 来代表完整的一天。这确保了不会有负的流逝时间。

在我们的流逝时间公式中，使用了 IF 函数来检查结束时间是否小于开始时间。如果是，就对简单的减法加 1。否则，可以直接执行减法。

交叉引用
有关 IF 函数的更多信息，请查阅第 14 章的 14.1.1 节。

	A	B	C	D
1				
2				
3		Start Time	End Time	Elapsed Minutes:Seconds
4		8:57:50 AM	10:04:39 AM	=IF(C4< B4, 1 + C4 - B4, C4 - B4)
5		4:35:20 PM	4:23:23 PM	23:48
6		8:24:35 AM	4:14:36 PM	7:50
7		3:10:39 PM	9:50:59 AM	18:40
8		2:33:22 PM	2:01:49 PM	23:28
9		8:42:35 AM	11:16:31 AM	2:33
10		11:20:24 AM	9:36:17 AM	22:15
11		3:56:53 PM	2:05:17 PM	22:08
12		3:33:16 PM	10:46:08 AM	19:12

图 13-17　计算流逝的时间

13.2.18　舍入时间值

许多时候需要将时间舍入到特定的增量。例如，如果你是一名顾问，就可能总是想将时间向上舍入到下一个 15 分钟增量，或者向下舍入到 30 分钟增量。

图 13-18 演示了如何舍入到 15 分钟和 30 分钟增量。

	A	B	C	D	E	F
1						
2						
3		Start Time	End Time	Elapsed Minutes:Seconds	Round Up to Nearest 15 Minutes	Round Down to Nearest 30 minutes
4		8:49:12 AM	10:03:56 AM	1:14	10:15	10:00
5		10:58:31 AM	10:18:55 AM	23:20	10:30	10:00
6		9:23:37 AM	1:48:26 PM	4:24	14:00	13:30
7		8:39:16 AM	4:40:22 PM	8:01	16:45	16:30

图 13-18　将时间值舍入到 15 分钟和 30 分钟增量

单元格 E4 中的公式如下所示：

```
=ROUNDUP(C4*24/0.25,0)*(0.25/24)
```

单元格 F4 中的公式如下所示：

```
=ROUNDDOWN(C4*24/0.5,0)*(0.5/24)
```

通过将时间乘以 24，然后将得到的值传入 ROUNDUP 函数，最后将结果除以 24，可以把时间值舍入到最接近的小时。例如，下面的公式将返回 7:00:00 AM：

```
=ROUNDUP("6:15:27"*24,0)/24
```

要向上舍入到 15 分钟增量，只需要用 0.25(即 1/4)除以 24。下面的公式将返回 6:30:00 AM：

```
=ROUNDUP("6:15:27"*24/0.25,0)*(0.25/24)
```

要向下舍入到 30 分钟增量，可用 0.5(即 1/2)除以 24。下面的公式将返回：6:00:00 AM。

```
=ROUNDDOWN("6:15:27"*24/0.5,0)*(0.5/24)
```

交叉引用：
有关 ROUNDDOWN 和 ROUNDUP 函数的更多细节，请参考第 11 章。

13.2.19　将用小数表达的小时、分钟或秒钟转换为时间

在从外部源得到的数据中，用小数形式表达的时间并不罕见。例如，对于 1 小时 30 分，

可能会看到 1.5 而不是标准的 1:30。通过将小数小时除以 24，然后将结果设置为时间格式，很容易纠正这种表达。

图 13-19 显示了一些小数小时和转换后的时间。

A	B	C
1		
2	Decimal Hours	Hours:Minutes
3	11.50	=B3/24
4	13.75	13:45
5	18.25	18:15
6	11.35	11:21
7	12.45	12:27
8	15.60	15:36
9	18.36	18:21

图 13-19　将小数小时转换为小时和分钟

将小数小时除以 24 将得到一个小数值，Excel 会将其识别为时间值。

要将小数分钟转换为时间，可将数字除以 1440。下面的公式将返回 1:04(1 小时 4 分钟)：

```
=64.51/1440
```

要将小数秒钟转换为时间，可将数字除以 86400。下面的公式将返回 0:06(6 分钟)：

```
=390.45/86400
```

13.2.20　向时间增加小时、分钟或秒钟

因为时间值只不过是日期序号系统的小数扩展，所以可以将两个时间值加在一起，得到一个累加的时间值。在一些时候，可能需要将一定数量的小时和分钟加到已有的时间值上。此时，可以使用 TIME 函数。

在图 13-20 中，单元格 D4 包含下面的公式：

```
=C4+TIME(5,30,0)
```

在这个例子中，我们对列表中的所有时间加了 5 小时 30 分钟。

A	B	C	D
1			
2			
3		Start Time	End time if working 5 hours and 30 minutes
4		9:23:46 AM	=C4+TIME(5,30,0)
5		9:18:00 AM	2:48:00 PM
6		11:41:51 AM	5:11:51 PM
7		9:26:12 AM	2:55:12 PM
8		11:59:51 AM	5:29:51 PM
9		4:57:30 PM	10:27:30 PM
10		3:56:53 PM	9:26:53 PM
11		2:02:50 PM	7:32:50 PM
12		4:37:55 PM	10:07:55 PM
13		12:45:30 PM	6:15:30 PM

图 13-20　对已有时间值加上一定数量的小时和分钟

TIME 函数允许使用 3 个参数动态建立一个时间值：小时、分钟和秒钟。例如，下面的公式将返回时间值 2:30:30 PM：

```
=TIME(14,30,30)
```

要对已有时间值加上一定数量的小时，只需要使用 TIME 函数建立一个新时间值，然后把它们加起来。下面的公式对已有时间加了 30 分钟，得到了时间值 3:00 PM：

```
="2:30:00 PM"+TIME(0,30,0)
```

第 14 章

使用公式进行条件分析

本章要点
- 了解条件分析
- 执行条件计算

Excel 提供了几个执行条件分析的工作表函数，本章将用到其中几个。条件分析指的是根据是否满足某个条件来执行不同的操作。

14.1 了解条件分析

条件是指返回 TRUE 或 FALSE 的一个值或表达式。根据条件的值，公式可以分支到两种不同的计算。即当条件返回 TRUE 时，计算第一个值或表达式，而忽略另一个。当条件返回 FALSE 时，情况相反，忽略第一个值或表达式，而计算另一个。

本节将探索 Excel 提供的一些逻辑函数。

> **配套学习资源网站**
> 配套学习资源网站 www.wiley.com/go/excel365bible 中提供了本章的示例工作簿，文件名为 Conditional Analysis.xlsx。

14.1.1 检查是否满足简单条件

图 14-1 显示了一个州列表和每个月的油价。假设对于每个价格，想知道某个州在该月的油价与所有州在同月的平均油价相比是高还是低。如果高于平均油价，将返回 "High"；如果低于平均油价，则返回 "Low"。在数据下方使用一个表来报告结果。

```
=IF(C3>AVERAGE(C$3:C$11),"High","Low")
```

IF 函数是 Excel 中最基本的条件分析函数，它有 3 个参数：条件，条件为 TRUE 时执行的操作，以及条件为 FALSE 时执行的操作。

本例中的条件参数是 C3>AVERAGE(C$3:C$11)，条件参数必须被设置为返回 TRUE 或 FALSE，这通常意味着使用比较运算(如等号或大于号)或者另一个返回 TRUE 或 FALSE 的工作表函数(如 ISERR 或 ISBLANK)。示例条件使用了大于号，比较 C3 中的值与 C3:C11 的平均值。

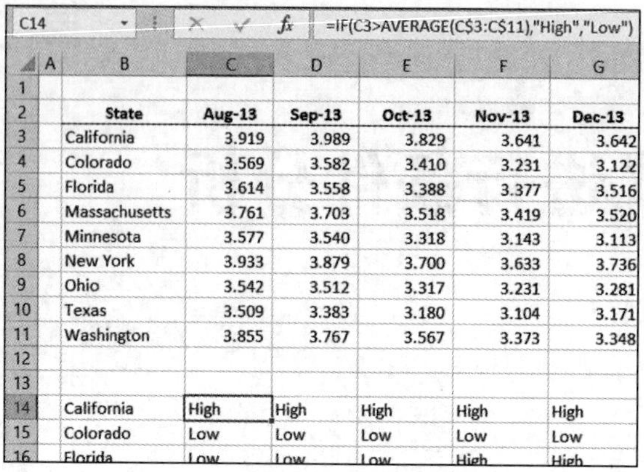

图 14-1　各州每月的油价

如果条件参数返回 TRUE,则将 IF 函数的第二个参数返回给单元格。第二个参数是 High,因为单元格 C3 中的值确实大于平均值, 所以单元格 C14 返回 "High"。

单元格 C15 比较单元格 C4 中的值与平均值。因为小于平均值,条件参数返回 FALSE,则返回 IF 函数的第三个参数。单元格 C15 显示 "Low", 即 IF 函数的第三个参数。

14.1.2　检查多个条件

可以把简单条件(如图 14-1 中的条件)连接在一起,这被称为嵌套函数。value_if_true 和 value_if_false 参数可以包含自己的简单条件。这就允许判断多个条件, 后续条件依赖于第一个条件。

图 14-2 显示的工作表包含两个用户输入字段,分别用于输入汽车类型和该汽车类型的一个属性。属性在用户输入字段下方的两个区域中列出。当用户选择了类型和属性后,我们希望用一个公式说明用户选择了 Coupe、Sedan、Pickup 还是 SUV。

```
=IF(E2="Car",IF(E3="2-door","Coupe","Sedan"),IF(E3="Has Bed",
"Pickup","SUV"))
```

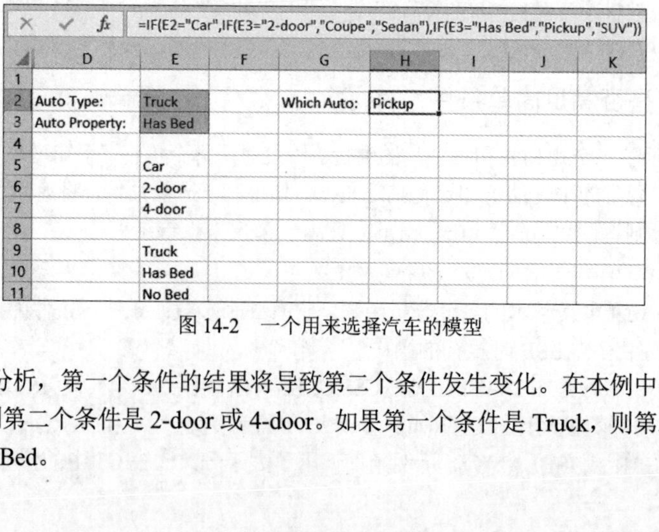

图 14-2　一个用来选择汽车的模型

通过条件分析,第一个条件的结果将导致第二个条件发生变化。在本例中,如果第一个条件是 Car,则第二个条件是 2-door 或 4-door。如果第一个条件是 Truck,则第二个条件变为 Has Bed 或 No Bed。

我们已经看到，Excel 提供了 IF 函数来执行条件分析。也可以嵌套 IF 函数，即，当需要检查多个条件时，可以将一个 IF 函数用作另一个 IF 函数的参数。在本例中，第一个 IF 函数检查单元格 E2 的值。但是，并没有简单地当条件为 TRUE 时返回一个值。相反，第二个参数是另一个 IF 公式，检查单元格 E3 的值。类似地，第三个参数没有简单地返回一个 FALSE 值，而是包含另一个 IF 函数，也检查单元格 E3 的值。

在图 14-2 中，用户选择了 Truck。由于 E2 不等于 Car，第一个 IF 将返回 FALSE，因此将计算 FALSE 参数。在 FALSE 参数中，发现 E3 等于 Has Bed，所以返回它的 TRUE 条件 (Pickup)。如果用户选择了 No Bed，结果将会是 FALSE 条件(SUV)。

14.1.3 验证条件数据

图 14-2 中的用户输入字段实际上是数据验证列表。用户可从下拉框中进行选择，而不必输入值。单元格 E3 中的数据验证通过使用 INDIRECT 函数，根据单元格 E2 中的值来修改其列表。

工作表中包含两个命名区域，区域 Car 指向 E6:E7，区域 Truck 指向 E10:E11。区域的名称与单元格 E2 的数据验证列表中的选项相同。图 14-3 显示了单元格 E3 的"数据验证"对话框。"来源"是一个 INDIRECT 函数，其参数为 E2。

图 14-3   使用 INDIRECT 进行数据验证

INDIRECT 函数接收一个文本参数，并将该文本解析为单元格引用。在本例中，因为 E2 是 Truck，公式成为=INDIRECT("Truck")。因为 Truck 是一个命名区域，所以 INDIRECT 返回对 E10:E11 的引用，这些单元格中的值就成为选项。如果 E2 包含 Car，则 INDIRECT 将返回 E6:E7，它们的值将成为选项。

这种条件数据验证有一个问题：当 E2 中的值变化时，E3 中的值不会变化。E3 中的选项会发生变化，但是用户仍然必须从可选项中做出选择，否则公式可能返回错误结果。

查找值

如果嵌套的 IF 函数太多，公式可能变得很长、很难管理。图 14-4 显示了汽车选择器模型的一种稍微不同的设置。这里没有把结果硬编码到嵌套的 IF 函数中，而是输入到与属性相邻的单元格中(例如，在 4-door 旁边的单元格中输入 Sedan)。

新公式如下所示：

```
=IF(E2="Car",VLOOKUP(E3,E6:F7,2,FALSE),VLOOKUP(E3,E10:F11,2,FALSE))
```

现在可以使用这个公式返回汽车。IF 条件是相同的，但是现在 TRUE 结果将在单元格 E6:F7 中查找合适的值，FALSE 结果将在 E10:F11 中查找合适的值。第 15 章将详细介绍 VLOOKUP 函数。

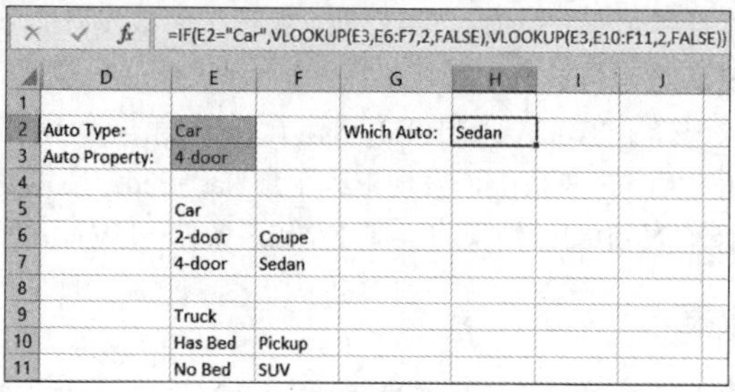

=IF(E2="Car",VLOOKUP(E3,E6:F7,2,FALSE),VLOOKUP(E3,E10:F11,2,FALSE))

	D	E	F	G	H	I	J
1							
2	Auto Type:	Car		Which Auto:	Sedan		
3	Auto Property:	4-door					
4							
5		Car					
6		2-door	Coupe				
7		4-door	Sedan				
8							
9		Truck					
10		Has Bed	Pickup				
11		No Bed	SUV				

图 14-4　不同的汽车选择器模型

14.1.4 检查是否同时满足条件 1 和条件 2

除了嵌套条件函数之外，还可以在 AND 函数内同时计算条件函数。当需要同时计算两个或更多个条件，以决定公式应该分支到哪个方向上时，这种方法很有用。

图 14-5 显示了一个库存产品清单，包括它们的数量以及售出时的折扣。库存产品由三部分共同识别，各部分之间用短横线连接。第一部分代表部门；第二部分指出该产品是零件、组装子件还是最终组装件；第三部分是唯一的 4 位数字。我们只想为部门 202 的最终组装件提供 10%的折扣，其他所有产品都没有折扣。

```
=IF(AND(LEFT(B3,3)="202",MID(B3,5,3)="FIN"),10%,0%)
```

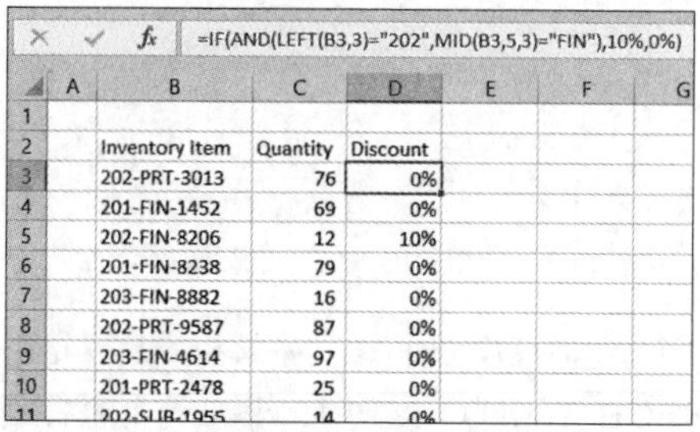

=IF(AND(LEFT(B3,3)="202",MID(B3,5,3)="FIN"),10%,0%)

	A	B	C	D	E	F	G
1							
2		Inventory Item	Quantity	Discount			
3		202-PRT-3013	76	0%			
4		201-FIN-1452	69	0%			
5		202-FIN-8206	12	10%			
6		201-FIN-8238	79	0%			
7		203-FIN-8882	16	0%			
8		202-PRT-9587	87	0%			
9		203-FIN-4614	97	0%			
10		201-PRT-2478	25	0%			
11		202-SUB-1955	14	0%			

图 14-5　库存清单

IF 函数在条件参数为 TRUE 时返回 10%，条件为 FALSE 时返回 0%。对于条件参数(第一个参数)，需要使用一个表达式，当产品编号的第一部分是 202、第二部分是 FIN 时返回 TRUE。Excel 提供了 AND 函数来实现这种判断。AND 函数最多接收 255 个逻辑参数，各参数之间用逗号隔开。逻辑参数是返回 TRUE 或 FALSE 的表达式。在本例中，我们只使用两个逻辑参数。

如果 B3 的前三个字符等于 202，则第一个逻辑参数 LEFT(B3,3)="202"返回 TRUE。如果从第五个位置开始的 3 个字符等于 FIN，则第二个逻辑参数 MID(B3,5,3)="FIN"返回 TRUE。第 12 章介绍了文本处理函数。

对于 AND 函数，只有所有逻辑参数都返回 TRUE，整个函数才返回 TRUE。即使只有一个逻辑参数返回 FALSE，AND 函数也将返回 FALSE。表 14-1 显示了有两个逻辑参数的 AND 函数的结果。

表 14-1　AND 函数的真值表

第一个逻辑参数	第二个逻辑参数	AND 函数的结果
TRUE	TRUE	TRUE
TRUE	FALSE	FALSE
FALSE	TRUE	FALSE
FALSE	FALSE	FALSE

在单元格 D3 中，第一个逻辑条件返回 TRUE，这是因为产品编号的前三个字符是 202。第二个逻辑条件返回 FALSE，这是因为产品编号的中间部分是 PRT，而不是 FIN。根据表 14-1，TRUE 条件和 FALSE 条件返回 FALSE，所以结果为 0。另一方面，单元格 D5 返回 TRUE，因为两个逻辑条件都返回 TRUE。

引用单元格中的逻辑条件

图 14-5 中的 AND 函数包含两个逻辑条件，它们分别计算为 TRUE 或 FALSE。AND 的参数也可以引用单元格，只要这些单元格的计算结果为 TRUE 或 FALSE。当使用 AND 函数构建公式时，将逻辑条件分解到各自的单元格中可能很有用。在图 14-6 中，修改了库存清单，显示了额外的两列。通过查看这两列，可以理解为什么某个产品有折扣或没有折扣。

做出上述修改后，结果并没有改变，但是公式变得如下所示：

```
=IF(AND(D3,E3),10%,0%)
```

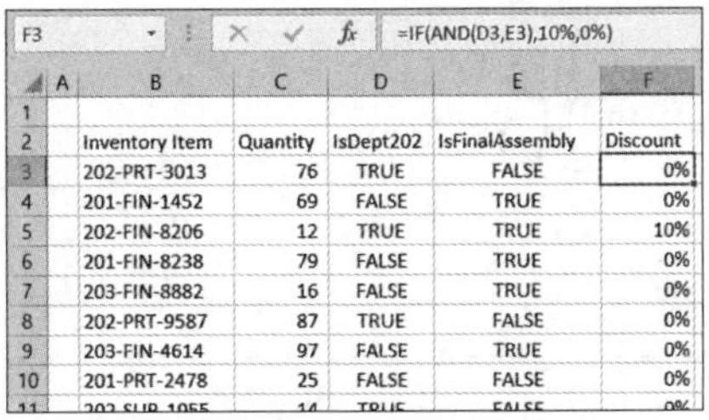

Inventory Item	Quantity	IsDept202	IsFinalAssembly	Discount
202-PRT-3013	76	TRUE	FALSE	0%
201-FIN-1452	69	FALSE	TRUE	0%
202-FIN-8206	12	TRUE	TRUE	10%
201-FIN-8238	79	FALSE	TRUE	0%
203-FIN-8882	16	FALSE	TRUE	0%
202-PRT-9587	87	TRUE	FALSE	0%
203-FIN-4614	97	FALSE	TRUE	0%
201-PRT-2478	25	FALSE	FALSE	0%

图 14-6　修改后的库存清单

14.1.5　检查是否满足条件 1 或条件 2

在图 14-6 中，我们根据产品的编号来对特定产品使用折扣。在本例中，我们将增加能够使用折扣的产品的数量。与前面一样，只有最终组装件产品能够获得折扣，但是本例将把适用折扣的部门增加到既包括部门 202，也包括部门 203。图 14-7 显示了库存清单和新的折扣方案。

```
=IF(AND(OR(LEFT(B3,3)="202",LEFT(B3,3)="203"),MID(B3,5,3)="FIN"),
10%,0%)
```

我们扩展了 IF 函数的条件参数，以处理折扣方案的变化。AND 函数是限制性的，因为只有所有参数都返回 TRUE，AND 函数才返回 TRUE。反过来，OR 函数是包含性的。对于 OR 函数，如果任何一个参数返回 TRUE，整个函数就返回 TRUE。在本例中，我们把一个 OR 函数嵌套到了 AND 函数中，使其成为参数之一。表 14-2 显示了这个嵌套函数的真值表。

表 14-2　AND 函数内嵌套 OR 函数时的真值表

OR 逻辑 1	OR 逻辑 2	OR 结果	AND 逻辑 2	最终结果
TRUE	TRUE	TRUE	TRUE	TRUE
TRUE	FALSE	TRUE	TRUE	TRUE
FALSE	TRUE	TRUE	TRUE	TRUE
FALSE	FALSE	FALSE	TRUE	FALSE
TRUE	TRUE	TRUE	FALSE	FALSE
TRUE	FALSE	TRUE	FALSE	FALSE
FALSE	TRUE	TRUE	FALSE	FALSE
FALSE	FALSE	FALSE	FALSE	FALSE

图 14-7 中的单元格 D9 显示，在使用新方案时，原本没有折扣的一个产品获得了折扣。OR 部分 OR(LEFT(B9,3)="202",LEFT(B9,3)="203")返回 TRUE，因为其中一个参数返回 TRUE。

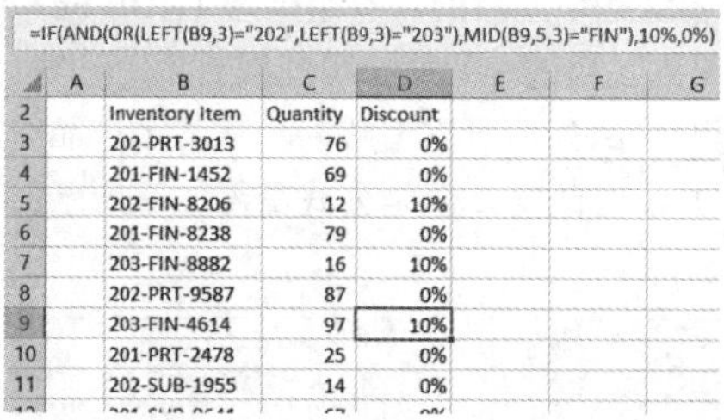

=IF(AND(OR(LEFT(B9,3)="202",LEFT(B9,3)="203"),MID(B9,5,3)="FIN"),10%,0%)

	A	B	C	D	E	F	G
2		Inventory Item	Quantity	Discount			
3		202-PRT-3013	76	0%			
4		201-FIN-1452	69	0%			
5		202-FIN-8206	12	10%			
6		201-FIN-8238	79	0%			
7		203-FIN-8882	16	10%			
8		202-PRT-9587	87	0%			
9		203-FIN-4614	97	10%			
10		201-PRT-2478	25	0%			
11		202-SUB-1955	14	0%			

图 14-7　修改后的折扣方案

14.2　执行条件计算

简单条件函数(如 IF)一般一次只处理一个值或单元格。Excel 提供了另外一些条件函数，用于聚合数据，如求和或求平均值。

本节将介绍基于给定的一组条件进行计算的一些技术。

14.2.1　对满足特定条件的所有值求和

图 14-8 显示了一个账户列表，其值有的是正数，有的是负数。我们想要对所有负数余额求和，然后与所有正数余额的和进行比较，确保它们相等。Excel 提供了 SUMIF 函数，用来根据条件对值求和。

```
=SUMIF(C3:C12,"<0")
```

SUMIF 取出 C3:C12 中的每个值，将其与条件进行比较(函数中的第二个参数)。如果值小于 0，则满足条件，求和时计算在内。如果值为 0 或大于 0，则忽略该值，另外也会忽略文本值和空单元格。对于图 14-8 中的例子，首先评估单元格 C3，因为它大于 0，所以被忽略掉。接下来，评估单元格 C4，它满足小于 0 的条件，所以计算到和中。对每个单元格都执行这种判断。完成后，单元格 C4、C7、C8、C9 和 C11 的值将被计算到和中，其他单元格则不会。

C14 =SUMIF(C3:C12,"<0")

	A	B	C
2		Account	Balance
3		1510 Equipment	9,863.00
4		1540 Accumulated Depreciation	(9,502.00)
5		1690 Land	5,613.00
6		1915 Other Assets	8,653.00
7		2320 Wages Payable	(6,937.00)
8		2420 Current Portion of Long-term Debt	(6,826.00)
9		2440 Deposits from Customers	(3,717.00)
10		5800 Cost of Goods Sold, Other	73.00
11		5900 Purchase Returns and Allowances	(4,443.00)
12		6300 Charitable Contributions Expense	7,223.00
13			
14		Negative Balances	(31,425.00)
15		Positive Balances	31,425.00

图 14-8 对小于 0 的值求和

SUMIF 的第二个参数是要满足的条件，这里用双引号括住。因为本例中使用了小于号，所以必须创建字符串来代表表达式。

SUMIF 函数还有一个可选的第三个参数 sum_range。到现在为止，我们对正好要求和的数字应用条件。如果使用第三个参数，我们可以对一个数字区域求和，而对另一个区域应用条件。图 14-9 显示了一个地区列表和相关的销售额。要对 East 地区的销售额求和，可以使用公式=SUMIF(B2:B11,"East",C2:C11)。

=SUMIF(B2:B11,"East",C2:C11)

	A	B	C
2		South	2,714,745.31
3		South	1,434,322.83
4		North	1,983,811.70
5		East	929,430.78
6		East	3,154,066.47
7		South	1,264,430.64
8		North	4,674,274.42
9		East	940,684.25
10		South	2,497,381.24
11		South	1,728,260.75
12			
13		Sum on the East	5,024,181.50

图 14-9 区域列表和销售额

对大于 0 的值求和

图 14-8 还显示了所有正数余额的总和，其计算公式为=SUMIF(C3:C12,">0")。注意，这个公式与上面示例公式的唯一区别在于表达式字符串。这个公式使用">0"而不是"<0"作为第二个参数。

在计算中不需要包括 0，因为我们是在求和，而 0 不会改变和的大小。但是，如果我们要对大于或小于 1000 的数字求和，就不能简单地使用"<1000"或">1000"作为第二个参数，因为这将排除刚好是 1000 的数字。

当在 SUMIF 中对大于或小于非 0 值的数字求和时，应该将大于改为大于等于，如"≥1000"，或将小于改为小于等于，如"≤1000"。不要同时为二者使用等号，而只是对其中一个表达式使用等号。这将确保只在一个计算中包含刚好是 1000 的数字，而不会在两个计算中都包含这些数字。

为比较运算符使用的语法不容易掌握。表 14-3 列出了一组简单的规则，可帮助你正确地使用它们。

表 14-3　使用比较运算符的简单规则

设置条件	应遵守这些规则	示例
等于一个数字或单元格引用	不要使用等号或双引号	=SUMIF(A1:A10,3)
等于一个字符串	不要使用等号，但是需要用双引号括住字符串	=SUMIF(A1:A10,"book")
数字的不相等比较	用双引号括住运算符和数字	=SUMIF(A1:A10,">=50")
字符串的不相等比较	用双引号括住运算符和字符串	=SUMIF(A1:A10,"<>Payroll")
单元格引用或公式的不相等比较	用双引号括住运算符，然后使用 &符号连接单元格引用或公式	=SUMIF(A1:A10,"<"&C1)

在第二个参数中，可以使用 TODAY 函数(获得当前日期)或其他大部分函数。图 14-10 显示了一个日期和值的列表。要对与今天对应的一组数字求和，使用公式 =SUMIF(B3:B11,TODAY(),C3:C11)。要对与今天或之前的日期对应的一组数字求和，可将小于等于号连接到函数，例如=SUMIF(B3:B11,"<="&TODAY(),C3:C11)。

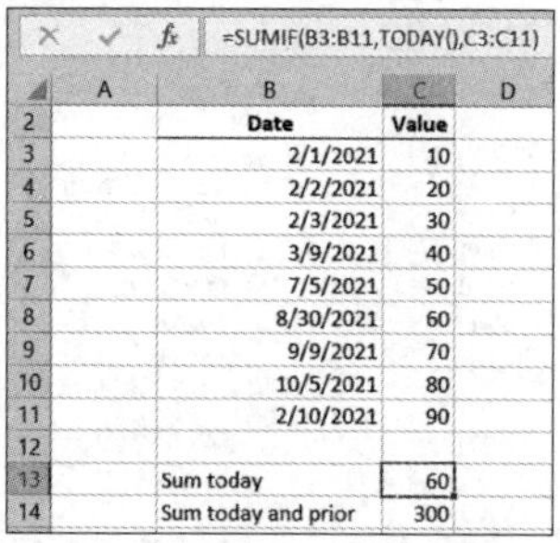

图 14-10　使用 TODAY 函数的 SUMIF

在 SUMIF 函数的条件参数中，可以使用两个通配符。问号(?)代表任何一个字符，星号(*)代表 0 个、1 个或任意数量个字符。公式=SUMIF(B2:B11,"?o*",C2:C11)将对单元格 C2:C11 中满足此条件的所有值求和：在单元格 C2:C11 中，与单元格 B2:B11 中第二个字符为小写字母 o 的值对应的所有值。如果对图 14-9 中的数据应用此公式，将得到 North 和 South 地区的销售额的和，因为这两个地区的第二个字符是小写字母 o，而 East 则不符合这个条件。

14.2.2　对满足两个或更多个条件的所有值求和

图 14-9 所示的 SUMIF 函数的局限性在于只能使用一个条件。当需要多个条件时，可以使用 SUMIFS 函数。

图 14-11 显示了一个国家列表及各国在 2000—2009 年的国民生产总值(Gross Domestic Product，GDP)。我们想要汇总巴西从 2003—2006 年的 GDP 总和。Excel 的 SUMIFS 工作表函数用于对必须满足两个或更多个条件的值求和，例如本例中的 Country 和 Year。

```
=SUMIFS(D3:D212,B3:B212,G3,C3:C212,">="&G4,C3:C212,"<="&G5)
```

SUMIFS 的第一个参数是一个区域，该区域包含要求和的值。其余参数成对出现，遵循"条件区域、条件"这种模式。参数的设置方式决定了 SUMIFS 始终有奇数个参数。必须指定第一个条件对，因为，如果没有至少一个条件，SUMIFS 与 SUM 函数就没有区别。剩下的条件对最多可有 126 个，但它们是可选的。

G7　=SUMIFS(D3:D212,B3:B212,G3,C3:C212,">="&G4,C3:C212,"<="&G5)

	A	B	C	D	E	F	G
2		Country	Year	GDP			
3		Australia	2000	399,594		Country	Brazil
4		Australia	2001	377,207		Start Year	2003
5		Australia	2002	423,676		End Year	2006
6		Australia	2003	539,162			
7		Australia	2004	654,968		Total GDP	3,187,415
8		Australia	2005	730,729			
9		Australia	2006	777,933			
10		Australia	2007	945,364			
11		Australia	2008	1,051,261			
12		Australia	2009	993,349			
13		Belgium	2000	233,354			
14		Belgium	2001	232,686			
15		Belgium	2002	253,689			
16		Belgium	2003	312,285			
17		Belgium	2004	362,160			
18		Belgium	2005	378,006			
19		Belgium	2006	400,337			
20		Belgium	2007	460,280			
21		Belgium	2008	509,765			
22		Belgium	2009	474,580			
23		Brazil	2000	644,734			
24		Brazil	2001	554,185			
25		Brazil	2002	506,043			
26		Brazil	2003	552,383			
27		Brazil	2004	663,734			
28		Brazil	2005	882,043			
29		Brazil	2006	1,089,255			
30		Brazil	2007	1,366,854			
31		Brazil	2008	1,653,538			
32		Brazil	2009	1,622,311			

图 14-11　国家列表及对应的国民生产总值

在本例中，只有当 B3:B212 和 C3:C212 中的值满足各自的条件时，单元格 D3:D212 中的对应值才会被计算到总和中。B3:B212 的条件是与单元格 G3 的值相同。公式中使用了两个年条件，因为我们需要定义年区间的下界和上界。单元格 G4 包含下界，单元格 G5 包含上界。公式中将大于等于号和小于等于号分别连接到这两个单元格，以创建年条件。只有当全部 3 个条件都为 TRUE 时，对应的值才会被计算到总和中。

14.2.3　对给定日期范围内的值求和

当有两个或更多个条件时，要使用 SUMIF，一种方法是将多个 SUMIF 计算相加或相减。如果两个条件处理的是相同的区域，这是一种使用多个条件的有效方式。当需要检查不同的区域时，公式就变得难以处理，因为必须确保不重复统计值。

图 14-12 显示了一个日期和数额列表。我们希望知道 6 月 23 日和 6 月 29 日(包括这两个日期)之间的值的和。开始日期和结束日期将分别放到单元格 F4 和 F5 中。单元格 F7 包含下面的公式：

```
=SUMIF(B3:B20,"<="&F5,C3:C20)-SUMIF(B3:B20,"<"&F4,C3:C20)
```

F7　=SUMIF(B3:B20,"<="&F5,C3:C20)-SUMIF(B3:B20,"<"&F4,C3:C20)

	A	B	C	D	E	F	G
1							
2		Date	Amount				
3		6/20/2020	843.77				
4		6/21/2020	400.60		Start Date	6/23/2020	
5		6/22/2020	396.54		End Date	6/29/2020	
6		6/23/2020	656.56				
7		6/24/2020	249.77		Sum	4,321.42	
8		6/25/2020	318.04				

图 14-12　对两个日期之间的值求和

这个技巧将一个 SUMIF 函数减去另一个 SUMIF 函数，来得到期望的结果。第一个 SUMIF 函数 SUMIF(B3:B20,"<="&F5,C3:C20)返回小于等于 F5 中的日期(在本例中为 6 月 29 日)的值的和。将小于等于号连接到单元格引用 F5，构成了条件参数。如果整个公式就是这样，那么结果将是 5962.33。但是，我们只想要那些也大于等于 6 月 23 日的值。这意味着我们需要排除小于 6 月 23 日的值。第二个 SUMIF 实现了这一点。对小于等于较晚日期的值求和，然后减去小于较早日期的值的和，可得到两个日期之间的值的和。

使用 SUMIFS

你甚至可能认为 SUMIFS 比上述减法技巧更加直观。公式=SUMIFS(C3:C20,B3:B20,"<="&F5,B3:B20,">="&F4)对 C3:C20 中满足此条件的值求和：对应于单元格 B3:B20 中满足条件对的值。第一个条件对与第一个 SUMIF 条件相同，为"≤"&F5。第二个条件对将日期限制为大于等于开始日期。

14.2.4　统计满足特定条件的值

在 Excel 中，能做的聚合并不只有对值求和。与 SUMIF 和 SUMIFS 类似，Excel 提供了根据条件统计区域中的值的函数。

图 14-13 显示了一个国家列表及各国在 2000—2009 年的国民生产总值。我们想要知道 GDP 大于等于 100 万的次数。要使用的条件包含在单元格 G3 中。

```
=COUNTIF(D3:D212,G3)
```

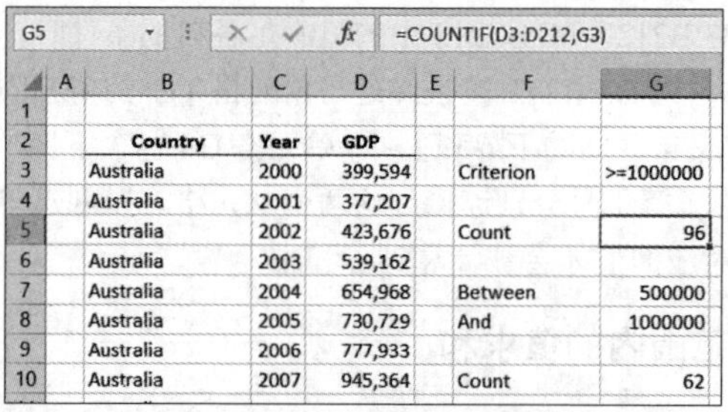

G5 =COUNTIF(D3:D212,G3)

	A	B	C	D	E	F	G
1							
2		Country	Year	GDP			
3		Australia	2000	399,594		Criterion	>=1000000
4		Australia	2001	377,207			
5		Australia	2002	423,676		Count	96
6		Australia	2003	539,162			
7		Australia	2004	654,968		Between	500000
8		Australia	2005	730,729		And	1000000
9		Australia	2006	777,933			
10		Australia	2007	945,364		Count	62

图 14-13　国家列表及对应的国民生产总值

COUNTIF 函数的使用方法与图 14-9 中的 SUMIF 函数类似。其明显的区别从函数名称中可以看出：COUNTIF 函数统计满足特定条件的项数，而不是对它们求和。另一个区别是，与 SUMIF 不同，COUNTIF 没有可选的第三个参数。使用 SUMIF 时，求和区域和应用条件的区域可以不同。但是使用 COUNTIF 时，允许区域不同是没有意义的，因为统计另一个区域将得到相同的结果。

本例中的公式使用稍微不同的技巧来构造条件参数。在单元格 G3 中而不是在函数的第二个参数中完成字符串连接。我们也可以输入">=1000000" or ">="&G3 作为第二个参数，而不是指向单元格 G3。

注意：

在示例文件中，你可能注意到，G3 中的公式="≥"&10^6 使用了指数运算符(^)来计算 100 万。使用^表示大数字，有助于减少由于错误输入 0 的数量导致的错误。

14.2.5　统计满足两个或更多个条件的值

有 SUMIF 函数，也有 COUNTIF 函数。Microsoft 不会只引入对满足多个条件的值求和的 SUMIFS 函数，而不引入统计满足多个条件的值的 COUNTIFS 函数。

图 14-14 列出了 1972 年冬奥会高山滑雪奖牌获得者。我们希望知道有多少个银牌获得者的名字中有 ö。要寻找的字母包含在单元格 I3 中，奖牌的类型包含在单元格 I4 中。

```
=COUNTIFS(C3:C20,"*"&I3&"*",F3:F20,I4)
```

I5			× ✓ fx	=COUNTIFS(C3:C20,"*"&I3&"*",F3:F20,I4)				
	B	C	D	E	F	G	H	I
1								
2	Event	Athlete	Country	Result	Medal			
3	Downhill Men	Bernhard Russi	SUI	01:51.4	GOLD		Name contains	ö
4	Downhill Men	Roland Collombin	SUI	01:52.1	SILVER		Medal Won	SILVER
5	Downhill Men	Heini Messner	AUT	01:52.4	BRONZE		Count	3
6	Slalom Men	Francisco Fernández	ESP	01:49.3	GOLD			
7	Slalom Men	Gustav Thöni	ITA	01:50.3	SILVER			
8	Slalom Men	Roland Thöni	ITA	01:50.3	BRONZE		T	84
9	Giant Slalom Men	Gustav Thöni	ITA	03:09.6	GOLD		h	104
10	Giant Slalom Men	Edmund Bruggmann	SUI	03:10.7	SILVER		ö	246
11	Giant Slalom Men	Werner Mattle	SUI	03:11.0	BRONZE		n	110
12	Downhill Women	Marie-Thérès Nadig	SUI	01:36.7	GOLD		i	105
13	Downhill Women	Annemarie Moser-Pröll	AUT	01:37.0	SILVER			

图 14-14　1972 年冬奥会高山滑雪奖牌获得者

条件区域与条件参数成对出现，这与 SUMIFS 一样。SUMIFS 总是有奇数个参数，而 COUNTIFS 总是有偶数个参数。

第一个条件区域参数是 C3:C20 中的运动员姓名列表。对应的条件参数"*"&I3&"*"将 I3 中的值放到星号中。在 COUNTIFS 中，星号是通配符，可代表 0 个、1 个或更多个任意字符。通过在字符之前和之后都加上星号，我们告诉 Excel 统计在任何位置包含该字符的所有名字。也就是说，只要名字中包含 ö，我们并不关心它的前面或后面是否有 0 个、1 个或更多个字符。

第二个(条件区域、条件)参数对统计 F3:F20 中值为 SILVER(单元格 I4 中输入的值)的项数。只有第一个参数对和第二个参数对都匹配的行(即只有运动员的姓名中包含 ö 并且获得了银牌的行)才会被统计。在本例中，Gustav Thöni 获得了 Men's Slalom(男子回转)的银牌，Annemarie Moser-Pröll 获得了 Women's Downhill(女子速降)和 Women's Giant Slalom(女子大回转)的银牌，所以统计结果为 3。

找出非标准字符

通过按下 Alt 键并在数字键盘上键入 0246，可在单元格 I3 中键入 ö。不要使用键盘上部的数字键键入这几个数字，因为那没有作用。数字 0246 是字符 ö 的 ASCII 代码。输入下面的公式，可以得到相同的字符：

```
=CHAR(246)
```

CHAR 函数返回对应于指定 ASCII 码的字符。每个字符都有一个对应的 ASCII 码。那么，如何知道使用哪个 ASCII 码呢？可以使用 CODE 函数找到一个字符的 ASCII 吗。

在图 14-14 的单元格 H8:I12 中，可以看到一个小字符代码表。单元格 I8 中的公式为 =CODE(H8)。CODE 工作表函数返回传递给它的字母的 ASCII 代码。在本例中，可以看到大写 T 的 ASCII 代码为 84，小写 i 的 ASCII 代码为 105，ö 的 ASCII 代码为 246。知道这一点后，就可以使用 CHAR 函数获得需要的任何字符。

14.2.6   获取满足特定条件的所有数字的平均值

除了求和与计数，获取一组数字的平均值是下一个最常用的聚合操作。平均值也称为算术平均值，是将数字的和除以数字的个数的结果。

图 14-15 再次展示了 1972 年冬奥会的奖牌结果。我们只想统计瑞士滑雪运动员的平均结果。在单元格 I3 中输入国家代码，这样就很容易改为另一个国家。

=AVERAGEIF(D3:D20,I3,E3:E20)

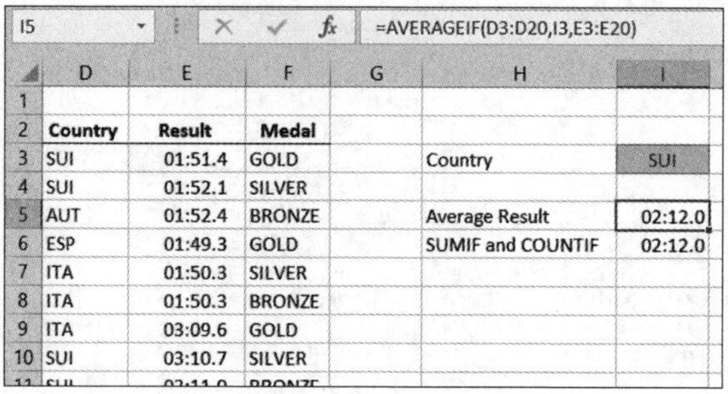

图 14-15   基于国家的平均结果

Excel 提供的 AVERAGEIF 函数可以实现我们的要求。与 SUMIF 函数类似，AVERAGEIF 有一个条件区域和一个条件参数。最后一个参数是要求平均值的区域。在本例中，根据 D3:D20 中的单元格是否满足条件，在平均值计算中要么包含、要么排除 E3:E20 中的单元格。

如果一行也不满足 AVERAGEIF 的条件，该函数将返回#DIV/0!错误。

14.2.7   获取满足两个或更多个条件的所有数字的平均值

除了 SUMIFS 和 COUNTIFS，Microsoft 还引入了 AVERAGEIFS，允许根据多个条件来计算一组数字的平均值。

继续分析滑雪用时。图 14-16 显示了 1972 年冬奥会的一些结果。在本例中，我们希望基于多个条件来确定平均用时。在单元格 I3:I5 中输入国家、性别和奖牌。我们只想计算满足全部 3 个条件的结果的平均值。

=AVERAGEIFS(E3:E20,D3:D20,I3,B3:B20,"*"&I4,F3:F20,I5)

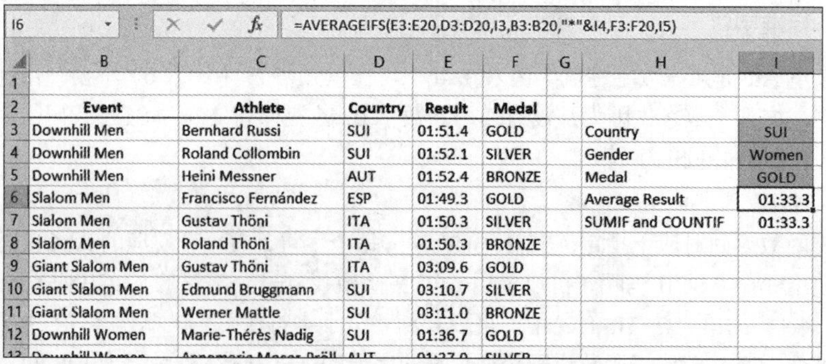

图 14-16   根据 3 个条件计算平均值

AVERAGEIFS 函数的结构类似于 SUMIFS 函数。第一个参数是要计算平均值的区域，其后是 127 对条件区域/条件参数。本例中的 3 个条件对如下所示：

- D3:D20，I3 只包含国家代码为 SUI 的行。
- B3:B20，"*"&I4 只包含项目名称以 Women 结尾的行。
- F3:F20，I5 只包含奖牌为 GOLD 的行。

当全部 3 个条件都满足时，将计算 Result 列中的时间的平均值。

第15章

使用公式进行匹配和查找

本章要点

- 介绍在表中查找值的公式
- 介绍用于执行查找的工作表函数
- 探讨复杂查找公式

本章讨论在数据区域中查找数值的各种方法。Excel 为这个任务提供了 3 个工作表函数 (LOOKUP、VLOOKUP 和 HLOOKUP),但你可能会发现这些函数对于某些情况并不是很有用。本章提供了许多查找示例,其中一些方法远远超出了 Excel 程序的标准查找能力。

> **注意:**
> 本章关注 Excel 中提供的传统查找函数。Microsoft 在 Office 365 中引入了动态数组功能(和 XLOOKUP 函数),用于替换本章介绍的许多查找函数和技术。但是,在你遇到的许多工作簿中,很可能会使用这些传统的函数和技术。因此,有必要花时间来了解这些函数的工作方式。第 10 章介绍了 Excel 新增的动态数组功能和 XLOOKUP 函数。

15.1 查找公式简介

查找公式可以通过查找表格中的一个值来返回另一个相关值。常见的电话簿就是一个很好的类比。如果要查找一个人的电话号码,首先需要定位(查找)姓名,然后才能得到相应的号码。

> **注意**
> 本章使用术语"表格"来描述任何矩形数据区域。该区域并非一定是一个通过选择"插入"|"表格"|"表格"命令创建的"正式"表格。

当编写用于在表格中查找信息的公式时,有几个 Excel 函数非常有用。表 15-1 列出了这些函数,并对它们进行了说明。

表 15-1 在查找公式中使用的函数

函数	说明
CHOOSE	从作为参数提供的值列表中返回特定的值
HLOOKUP	横向查找。搜索表格中第一行的值，并在同一列中从指定的行返回一个值
IF	如果指定的条件为 TRUE，则返回一个值；如果指定的条件为 FALSE，则返回另一个值
IFERROR	如果第一个参数返回错误，则计算并返回第二个参数。如果第一个参数不返回错误，则计算并返回第一个参数
INDEX	从表格或区域返回一个值(或对值的引用)
LOOKUP	从一行或一列构成的区域中返回值。另一种形式的 LOOKUP 函数的工作方式类似于函数 VLOOKUP，但只限于从区域的最后一列返回值
MATCH	返回区域中与指定值相匹配的项的相对位置
OFFSET	返回对距离一个单元格或单元格区域指定行数和列数的区域的引用
VLOOKUP	纵向查找。搜索表格中第一列的值，并在同一行中从指定的列返回一个值

15.2 使用 Excel 的查找函数

对于许多 Excel 公式而言，从列表或表格中找到数据是非常重要的操作。Excel 提供了一些函数，用来帮助横向、纵向、从左至右和从右至左查找数据。通过嵌套其中一些函数，能够使编写出的公式在表格的布局发生变化后，仍然能够查找到正确的数据。

下面介绍 Excel 的查找函数的一些常见用法。

配套学习资源网站

配套学习资源网站 www.wiley.com/go/excel365bible 中提供了本章使用的示例工作簿。文件名为 Performing Lookups.xlsx。

15.2.1 基于左侧查找列精确查找值

许多表格将最关键的数据，也就是使特定行变得唯一的数据，放到最左列中。在 Excel 的众多查找函数中，VLOOKUP 正是为这种场景设计的。图 15-1 显示了一个员工表。我们希望在选择员工 ID 后，从这个表中提取出需要的信息来填写一个简化的工资条。

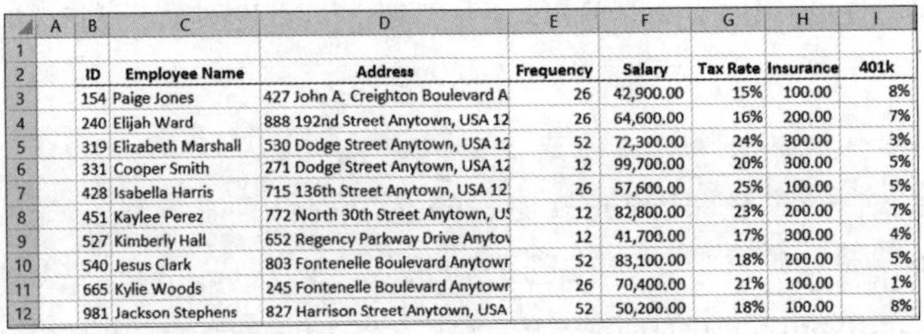

	A	B	C	D	E	F	G	H	I
1									
2		ID	Employee Name	Address	Frequency	Salary	Tax Rate	Insurance	401k
3		154	Paige Jones	427 John A. Creighton Boulevard A	26	42,900.00	15%	100.00	8%
4		240	Elijah Ward	888 192nd Street Anytown, USA 12	26	64,600.00	16%	200.00	7%
5		319	Elizabeth Marshall	530 Dodge Street Anytown, USA 12	52	72,300.00	24%	300.00	3%
6		331	Cooper Smith	271 Dodge Street Anytown, USA 12	12	99,700.00	20%	300.00	5%
7		428	Isabella Harris	715 136th Street Anytown, USA 12	26	57,600.00	25%	100.00	5%
8		451	Kaylee Perez	772 North 30th Street Anytown, US	12	82,800.00	23%	200.00	7%
9		527	Kimberly Hall	652 Regency Parkway Drive Anytov	12	41,700.00	17%	300.00	4%
10		540	Jesus Clark	803 Fontenelle Boulevard Anytowr	52	83,100.00	18%	200.00	5%
11		665	Kylie Woods	245 Fontenelle Boulevard Anytowr	26	70,400.00	21%	100.00	1%
12		981	Jackson Stephens	827 Harrison Street Anytown, USA	52	50,200.00	18%	100.00	8%

图 15-1 一个员工信息表

用户将从单元格 L3 的数据验证列表中选择一个员工 ID(参见图 15-2)。根据这条数据，将把该员工的姓名、地址和其他信息填写到工资条中。图 15-2 中的工资条用到的公式如下所示。

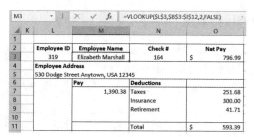

图 15-2　简化的工资条

Employee Name

```
=VLOOKUP($L$3,$B$3:$I$12,2,FALSE)
```

Pay

```
=VLOOKUP($L$3,$B$3:$I$12,5,FALSE)/VLOOKUP($L$3,$B$3:$I$12,4,FALSE)
```

Taxes

```
=(M7-O8-O9)*VLOOKUP($L$3,$B$3:$I$12,6,FALSE)
```

Insurance

```
=VLOOKUP($L$3,$B$3:$I$12,7,FALSE)
```

Retirement

```
=M7*VLOOKUP($L$3,$B$3:$I$12,8,FALSE)
```

Total

```
=SUM(O7:O10)
```

Net Pay

```
=M7-O11
```

用来获取员工姓名的公式使用了 VLOOKUP 函数。VLOOKUP 函数有 4 个参数：查找值、查找区域、列和匹配。VLOOKUP 将在查找区域的第一列向下搜索，直到找到查找值。当找到查找值后，VLOOKUP 将返回列参数指定的列中的值。在本例中，列参数为 2，所以VLOOKUP 将返回查找区域第二列中的员工姓名。

> **注意**
>
> 本例中的所有 VLOOKUP 函数的最后一个参数都为 FALSE。匹配参数为 FALSE 告诉VLOOKUP，只有当找到精确匹配时才返回一个值。如果找不到精确匹配，VLOOKUP 将返回#N/A。本章后面的图 15-7 将给出一个使用 TRUE 得到近似匹配的例子。

其他公式也使用了 VLOOKUP，但做了一些小调整。Address 和 Insurance 公式的计算方式与员工姓名公式一样，只是从不同的列中提取值。Pay 公式使用了两个 VLOOKUP 函数，并将其相除。从第五列取出员工的年工资，然后除以第四列的计算频率，得到一个工资条上的工资。

Retirement 公式从第 8 列取出百分比，然后乘以工资总额，计算出扣除额。最后，Taxes公式从工资总额中减去保险和退休金，然后乘以税率(VLOOKUP 函数从第 6 列取出)。

当然，工资计算要比这里展示的更加复杂，但是当理解了 VLOOKUP 的使用方式后，就可以构建更复杂的模型。

15.2.2 基于任意列查找精确值

与图 15-1 中使用的表格不同,并不是所有的表格都在最左列中有我们要查找的值。好在,Excel 提供了一些函数,可返回所查找的值右侧的值。

图 15-3 显示了商店所在的州和城市。当用户从下拉列表中选择一个州时,我们希望返回城市和商店编号。

```
City:  =INDEX(B3:D25,MATCH(G4,C3:C25,FALSE),1)
Store: =INDEX(B3:D25,MATCH(G4,C3:C25,FALSE),3)
```

图 15-3　商店及其所在的州和城市列表

INDEX 函数返回区域的特定行和列的值。在本例中,我们向其传递商店表,用 MATCH 函数表示的行参数和一个列参数。对于 City 公式,我们需要第一列的值,所以列参数是 1。对于 Store 公式,我们需要第三列的值,所以列参数是 3。

除非使用的区域从 A1 开始,否则其行和列不会与电子表格的行和列匹配。它们的位置相对于区域的左上角单元格,而不是电子表格。例如,公式=INDEX(G2:P10,2,2)将返回单元格 H3 中的值。单元格 H3 位于区域 G2:P10 中的第二行、第二列。

提示

MATCH 函数的第二个参数必须是一个区域,并且只能是 1 行或者 1 列。如果传递给该参数的区域是一个矩形区域,则 MATCH 将返回#N/A 错误。

为得到正确的行,我们使用了 MATCH 函数。MATCH 函数返回查找值在查找列表中的位置。它有 3 个参数。

- 查找值:想要找到的值。
- 查找数组:单行或单列,要在其中查找值。
- 匹配类型:要只进行精确匹配,需要将此参数设置为 FALSE 或 0。

我们想要匹配的值是单元格 G4 中的州,并且我们要在区域 C3:C25(州列表)中查找这个州。MATCH 将在该区域中向下搜索,直到找到 NH。它在第 12 个位置找到 NH,所以 INDEX 使用 12 作为行参数。

计算了 MATCH 后,INDEX 就有了所有必要的信息来返回正确值。它进入区域的第 12 行,然后取出第一列(City)或第三列(Store #)的值。

> **注意**
>
> 为 INDEX 传递参数时，如果行数字超出了区域中的行数，或者列数字超出了区域中的列数，INDEX 将返回#REF!错误。

15.2.3　横向查找值

如果在数据中，要查找的值位于顶行，而不是最左列，而你想在行中而不是列中找到数据，Excel 也为这种场景提供了一个函数。

图 15-4 显示了一个城市及其气温表。用户将从下拉框中选择一个城市，我们则需要返回其下方单元格中的气温。

```
=HLOOKUP(C5,C2:L3,2,FALSE)
```

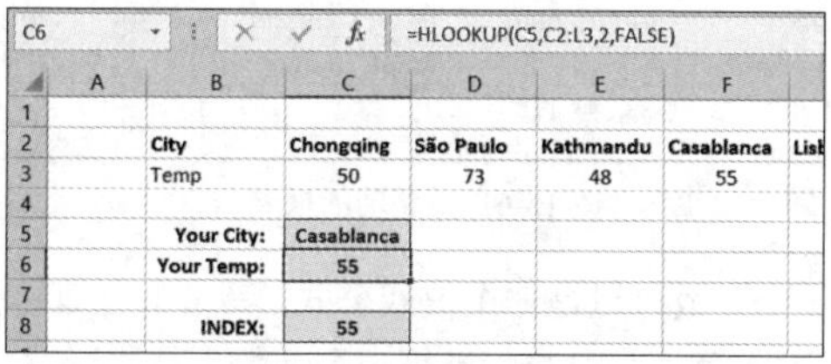

图 15-4　城市及气温表

HLOOKUP 函数的参数与 VLOOKUP 相同。HLOOKUP 中的 H 代表"horizontal"(横向)，而 VLOOKUP 中的 V 代表"vertical"(纵向)。HLOOKUP 在第一行中搜索查找值参数，而不是在第一列中搜索。当找到匹配时，就返回匹配列的第二行中的值。

15.2.4　隐藏查找函数返回的错误

到目前为止，我们为查找函数的最后一个参数使用了 FALSE，从而只返回精确匹配。当我们强制查找函数返回一个精确匹配，但是没有找到时，查找函数将返回#N/A 错误。

在 Excel 模型中，#N/A 错误很有用，可以告诉我们没有找到匹配。但是，我们可能将全部或部分模型用来创建报表，#N/A 出现在报表中很不好看。Excel 中有一些函数能够找到这些错误，并返回其他内容。

图 15-5 显示了一个公司和 CEO 的列表，还有一个列表显示了 CEO 及他们的薪金。使用一个 VLOOKUP 函数将这两个表格组合起来。但是，显然列表中并没有全部 CEO 的薪金信息，这将得到#N/A 错误。

```
=VLOOKUP(C3,$F$3:$G$11,2,FALSE)
```

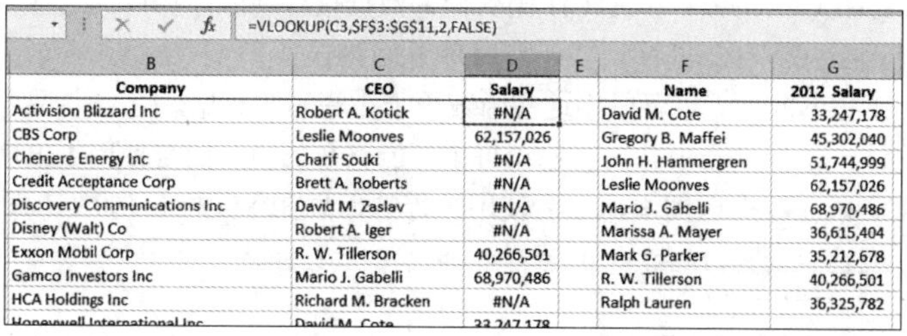

图 15-5　CEO 薪金的报表

在图 15-6 中，将上面的公式改为使用 IFERROR 函数，如果没有可用信息，就返回空。

```
=IFERROR(VLOOKUP(C3,$F$3:$G$11,2,FALSE),"")
```

| D3 | ▼ | : | × | ✓ | *fx* | =IFERROR(VLOOKUP(C3,$F$3:$G$11,2,FALSE),"") |

▲	C	D	E	F	G
1					
2	**CEO**	**Salary**		**Name**	**Salary**
3	Robert A. Kotick			David M. Cote	33,247,178
4	Leslie Moonves	62,157,026		Gregory B. Maffei	45,302,040
5	Charif Souki			John H. Hammergren	51,744,999
6	Brett A. Roberts			Leslie Moonves	62,157,026
7	David M. Zaslav			Mario J. Gabelli	68,970,486
8	Robert A. Iger			Marissa A. Mayer	36,615,404
9	R. W. Tillerson	40,266,501		Mark G. Parker	35,212,678
10	Mario J. Gabelli	68,970,486		R. W. Tillerson	40,266,501
11	Richard M. Bracken			Ralph Lauren	36,325,782
12	David M. Cote	33,247,178			
13	Richard B. Handler				

图 15-6　更整洁的报表

IFERROR 函数的第一个参数可以是一个值或公式，第二个参数是另外一个返回值。当第一个参数返回错误时，就返回第二个参数。当第一个参数不是错误时，就返回第一个参数的结果。

在本例中，我们使用空字符串(两个双引号，中间不包含内容)作为备用返回值。这使报表变得整洁。不过，你也可以返回任意内容，如"没有信息"或 0。

提示

IFERROR 函数检查 Excel 可能返回的各种错误，包括#N/A、#DIV/0!和#VALUE。注意，无法限制 IFERROR 捕捉的错误类型。

Excel 还提供了其他 3 种错误捕捉函数。

- ISERROR：当参数返回任何错误时，该函数返回 TRUE。
- ISERR：当参数返回除#N/A 之外的任何错误时，该函数返回 TRUE。
- ISNA：当参数返回#N/A 时，该函数返回 TRUE；当参数返回其他任何内容(包括其他错误)时，该函数返回 FALSE。

所有这些错误捕捉函数都返回 TRUE 或 FALSE，所以常常用在 IF 函数中。

15.2.5　在区间值列表中找到最接近匹配

VLOOKUP、HLOOKUP 和 MATCH 函数允许数据按任何顺序排序。这些函数的最后一个参数能够强制函数找到精确匹配，找不到时就返回错误。

当只想找到近似匹配时，也可以将这些函数用于排序后的数据。图 15-7 显示了一种计算收入预扣税的方法。预扣税表中并没有包含每个可能存在的值，而是使用了值区间。我们首先确定员工的工资落在哪个区间中，然后使用该行的信息在单元格 D16 中计算预扣税额。

```
=VLOOKUP(D15,B3:E10,3,TRUE)+(D15-VLOOKUP(D15,B3:E10,1,TRUE))
*VLOOKUP(D15,B3:E10,4,TRUE)
```

公式使用了 3 个 VLOOKUP 函数，从表中获取 3 条信息。每个 VLOOKUP 函数的最后一个参数被设为 TRUE，指出我们只需要近似匹配。

当最后一个参数为 TRUE 时，要获得正确的结果，查找列(在图 15-7 中为列 B)中的数据必须按从最小到最大的顺序排列。VLOOKUP 在第一列中向下查找，当下一个值比查找值更大时就停止查找。这样一来，它就找出了不大于查找值的最大值。

	B	C	D	E
2	Wages over	But not over	Base amount	Percentage
3	-	325	-	0.0%
4	325	1,023	-	10.0%
5	1,023	3,163	69.80	15.0%
6	3,163	6,050	390.80	25.0%
7	6,050	9,050	1,112.56	28.0%
8	9,050	15,906	195.56	33.0%
9	15,906	17,925	4,215.03	35.0%
10	17,925		4,921.68	39.6%
11				
12		Bi-weekly wage:	2,307.69	
13	Withholding allowances:		2	
14		Allowance:	303.80	
15	Wage less allowance:		2,003.89	
16	Withholding amount:		216.93	

图 15-7　计算收入预扣税

警告

使用查找函数找到近似匹配并不会找到最接近的匹配。相反，找到的是不大于查找值的最大匹配，即使该最大匹配下方的次大匹配更接近查找值。

如果查找列中的数据没有按照从最小到最大的顺序排列，可能不会产生错误，但是很可能会得到错误的结果。查找函数使用二分搜索来找到近似匹配。基本上，二分搜索从查找列的中间开始搜索，判断匹配值位于查找列的上半部分还是下半部分。然后，继续在中间位置将匹配值所在的部分拆分成两部分，根据中间值判断在哪个方向上进行搜索。重复这个过程，直至找到结果。

分析二分搜索可以发现，未排序的值可能导致查找函数选择错误的部分查找值，从而返回错误的结果。

在图 15-7 的示例中，VLOOKUP 在第 5 行停止查找，因为 1023 是列表中不大于查找值 2 003.89 的最大值。公式的 3 个部分的工作方式如下：

- 第一个 VLOOKUP 返回第三列的基础数额 69.80。
- 第二个 VLOOKUP 从总工资键入第一列中的"超过"额。
- 最后一个 VLOOKUP 返回第四列的百分比。这个百分比乘以"超额工资"，然后将结果加到基础数额上。

计算了全部 3 个 VLOOKUP 函数后，公式的计算如下：

```
=69.80 + (2,003.89 - 1,023.00) * 15.0%
```

提示

查找函数用来寻找近似匹配的方法比寻找精确匹配快得多。要寻找精确匹配，函数必须查看查找列中的每个值。如果你知道自己的数据总是会按从最小到最大的顺序排列，并且总是会包含一个精确匹配，就可以通过将最后一个参数设为 TRUE 来减少计算时间。如果数据经过排序，并且包含精确匹配，那么近似匹配查找总会找到精确匹配。

使用 INDEX 和 MATCH 函数找到最接近的匹配

与所有查找公式一样，可以替换 INDEX 和 MATCH 函数组合。与 VLOOKUP 和 HLOOKUP 一样，MATCH 的最后一个参数也可指定寻找近似匹配。MATCH 还多出了一个优点，它能够用于按从最大到最小顺序排序的数据(见图 15-8)。

如图 15-8 中的单元格 D6 所示，使用图 15-7 中基于 VLOOKUP 的公式会返回#N/A。这是因为 VLOOKUP 查看查找列的中间值，发现它大于查找值，所以会只查看中间值之前的值。因为数据是降序排列的，所以在中间值之前，没有哪个值会比查找值更小。

	B	C	D	E
2	**Wages over**	**But not over**	**Base amount**	**Percentage**
3	17,925		4,921.68	39.6%
4	15,906	17,925	4,215.03	35.0%
5	9,050	15,906	195.56	33.0%
6	6,050	9,050	1,112.56	28.0%
7	3,163	6,050	390.80	25.0%
8	1,023	3,163	69.80	15.0%
9	325	1,023	-	10.0%
10	-	325	-	0.0%
11				
12	Bi-weekly wage:		2,307.69	
13	Withholding allowances:		2	
14	Allowance:		303.80	
15	Wage less allowance:		2,003.89	
16	Withholding amount:		#N/A	
17				
18	INDEX and MATCH:		216.93	

图 15-8　与图 15-7 相同的预扣税表，但是数据按降序排列

图 15-8 的单元格 D18 中的 INDEX 和 MATCH 公式能够返回正确的结果，如下所示。

```
=69.80 + (2,003.89 - 1,023.00) * 15.0%
```

MATCH 的最后一个参数的值可以是-1、0 或 1。

- -1 用于从最大到最小排序的数据。它找出查找列中比查找值大的最小值。不存在使用 VLOOKUP 或 HLOOKUP 的等价方法。
- 0 用于未排序的数据，以找出精确匹配。它相当于将 VLOOKUP 或 HLOOKUP 的最后一个参数设置为 FALSE。
- 1 用于从最小到最大排序的数据。它找出查找列中比查找值小的最大值，相当于将 VLOOKUP 或 HLOOKUP 的最后一个参数设置为 TRUE。

当把最后一个参数设置为-1 时，MATCH 找出一个比查找值大的值，然后公式对其结果加 1，以得到正确的行。

15.2.6　从多个表格中查找值

有时候，根据用户做出的选择，要查找的数据可能来自多个表格。在图 15-9 中，显示了与图 15-7 类似的预扣税计算。区别在于，用户可以选择员工是未婚还是已婚。如果用户选择 Single(未婚)，则在未婚表格中查找数据；如果用户选择 Married(已婚)，则在已婚表格中查找数据。

	B	C	D	E
2	*Married person*			
3	Wages over	But not over	Base amount	Percentage
4	-	325	-	0.0%
5	325	1,023	-	10.0%
6	1,023	3,163	69.80	15.0%
7	3,163	6,050	390.80	25.0%
8	6,050	9,050	1,112.56	28.0%
9	9,050	15,906	195.56	33.0%
10	15,906	17,925	4,215.03	35.0%
11	17,925		4,921.68	39.6%
12				
13	*Single person*			
14	Wages over	But not over	Base amount	Percentage
15	-	87	-	0.0%
16	87	436	-	10.0%
17	436	1,506	34.90	15.0%
18	1,506	3,523	195.40	25.0%
19	3,523	7,254	699.65	28.0%
20	7,254	15,667	1,744.33	33.0%
21	15,667	15,731	4,520.62	35.0%
22	15,731		4,543.02	39.6%
23				
24				
25		Married or Single:	Single	
26		Bi-weekly wage:	4,038.46	
27	Withholding allowances:		3	
28		Allowance:	455.70	
29		Wage less allowance:	3,582.76	
30		Withholding amount:	716.38	

图 15-9　根据两个表格计算收入预扣税

在 Excel 中，可以使用命名区域和 INDIRECT 函数，将查找定位到合适的表格。在编写公式之前，需要命名两个区域：对应已婚人士的 Married 区域和对应未婚人士的 Single 区域，按照下面的步骤创建这两个命名区域。

(1) 选择区域 B4:E11。

(2) 在功能区的"公式"选项卡中选择"定义名称"。如图 15-10 所示的"新建名称"对话框将会显示。

(3) 在"名称"文本框中输入 Married。

(4) 单击"确定"按钮。

(5) 选择区域 B15:E22。

(6) 在功能区的"公式"选项卡中选择"定义名称"。

(7) 在"名称"文本框中输入 Single。

(8) 单击"确定"按钮。

图 15-10　"新建名称"对话框

图 15-9 的单元格 D25 中包含一个"数据验证"下拉框。该下拉框中包含词语 Married 和 Single，与我们刚刚创建的名称相同。我们将使用单元格 D25 中的值判断要在哪个表中进行查找，所以它们的值必须相同。

经过修改后，计算预扣税的公式如下所示：

```
=VLOOKUP(D29,INDIRECT(D25),3,TRUE)+
(D29-VLOOKUP(D29,INDIRECT(D25),1, TRUE))
*VLOOKUP(D29,INDIRECT(D25),4,TRUE)
```

本例中的公式与图 15-7 所示的公式非常类似。唯一的区别在于，这里使用了 INDIRECT 函数，而不是表格的位置。

INDIRECT 有一个名为 ref_text 的参数。ref_text 是一个单元格引用或命名区域的文本表示。在图 15-9 中，单元格 D25 包含文本 Single。INDIRECT 尝试将该文本转换为单元格或区域引用。如果 ref_text 不是有效的区域引用，就像本例中那样，INDIRECT 会检查命名区域中是否存在匹配。如果我们没有创建一个名为 Single 的区域，INDIRECT 将返回#REF!错误。

INDIRECT 还有一个名为 a1 的可选参数。如果 ref_text 是 A1 风格的单元格引用，a1 参数将为 TRUE；如果 ref_text 是 R1C1 风格的单元格引用，a1 参数将为 FALSE。对于命名区域，a1 可以是 TRUE 或 FALSE，INDIRECT 都将返回正确的区域。

警告

INDIRECT 也能返回其他工作表甚至其他工作簿中的区域。但是，如果它引用其他工作簿，则该工作簿必须处于打开状态。INDIRECT 不能操作关闭的工作簿。

15.2.7 基于双向矩阵查找值

双向矩阵是一个矩形单元格区域，即，这个区域有多行和多列。在其他公式中，我们使用了 INDEX 和 MATCH 组合，用来代替某些查找函数。但 INDEX 和 MATCH 其实是为双向矩阵设计的。

图 15-11 显示了一个按地区和年份记录的销售数据表格。每行代表一个地区，每列代表一个年份。我们想让用户选择一个地区和一个年份，然后返回对应行和列交汇处的销售数据。

```
=INDEX(C4:F9,MATCH(C13,B4:B9,FALSE),MATCH(C14,C3:F3,FALSE))
```

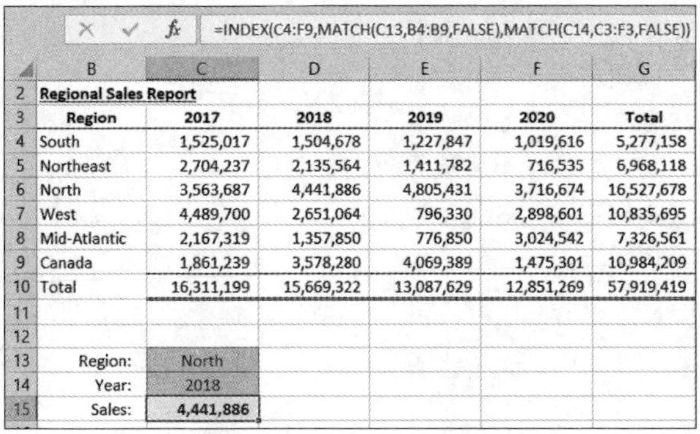

=INDEX(C4:F9,MATCH(C13,B4:B9,FALSE),MATCH(C14,C3:F3,FALSE))

	B	C	D	E	F	G
2	Regional Sales Report					
3	Region	2017	2018	2019	2020	Total
4	South	1,525,017	1,504,678	1,227,847	1,019,616	5,277,158
5	Northeast	2,704,237	2,135,564	1,411,782	716,535	6,968,118
6	North	3,563,687	4,441,886	4,805,431	3,716,674	16,527,678
7	West	4,489,700	2,651,064	796,330	2,898,601	10,835,695
8	Mid-Atlantic	2,167,319	1,357,850	776,850	3,024,542	7,326,561
9	Canada	1,861,239	3,578,280	4,069,389	1,475,301	10,984,209
10	Total	16,311,199	15,669,322	13,087,629	12,851,269	57,919,419
11						
12						
13	Region:	North				
14	Year:	2018				
15	Sales:	4,441,886				

图 15-11 按地区和年份记录的销售数据

现在你一定已经熟悉了 INDEX 和 MATCH。与其他公式不同，我们在 INDEX 函数中使用了两个 MATCH 函数。第二个 MATCH 函数返回 INDEX 的列参数，而不是硬编码一个列数字。

回忆一下，MATCH 返回匹配值在列表中的位置。在图 15-11 中，匹配 North 地区，这是列表中的第三项，所以 MATCH 返回 3。这是 INDEX 的行参数。在标题行中匹配年份 2018，而 2018 是第二项，所以 MATCH 返回 2。INDEX 将 MATCH 函数返回的 2 和 3 作为参数，返回合适的值。

使用默认匹配值

下面对销售数据查找公式做一点调整。我们将修改该公式，允许用户只选择一个地区、只选择一个年份或者二者都不选。如果忽略掉某个选项，我们将假定用户想要获得汇总值。如果二者都不选择，我们将返回整个表格的汇总值。

```
=INDEX(C4:G10,
IFERROR(MATCH(C13,B4:B10,FALSE),COUNTA(B4:B10)),
IFERROR(MATCH(C14,C3:G3, FALSE),COUNTA(C3:G3)))
```

公式的总体结构是相同的，但是我们修改了一些细节。现在为 INDEX 使用的区域包含第 10 行和列 G。每个 MATCH 函数的区域也被扩展。最后，将两个 MATCH 函数都放到 IFERROR 函数中，以返回 Total 行或列。

IFERROR 的备用值是一个 COUNTA 函数。COUNTA 可统计数字和文本，实质上将返回我们的区域中最后一行或一列的位置。也可以硬编码这些值，但是使用 COUNTA 的好处是，如果我们又插入了一行或一列，COUNTA 会进行调整，总是返回最后一行或一列。

图 15-12 显示了相同的销售数据表格，但是用户将 Year 留空。因为列标题中没有空单元格，所以 MATCH 返回#N/A。当 IFERROR 遇到这个错误时，会将控制交给 value_if_error 参数，最后一列将被传递给 INDEX。

=INDEX(C4:G10,IFERROR(MATCH(C13,B4:B10,FALSE),COUNTA(B4:B10)),IFERROR(MATCH(C14,C3:G3,FALSE),COUNTA(C3:G3)))

	B	C	D	E	F	G
2	Regional Sales Report					
3	Region	2017	2018	2019	2020	Total
4	South	1,525,017	1,504,678	1,227,847	1,019,616	5,277,158
5	Northeast	2,704,237	2,135,564	1,411,782	716,535	6,968,118
6	North	3,563,687	4,441,886	4,805,431	3,716,674	16,527,678
7	West	4,489,700	2,651,064	796,330	2,898,601	10,835,695
8	Mid-Atlantic	2,167,319	1,357,850	776,850	3,024,542	7,326,561
9	Canada	1,861,239	3,578,280	4,069,389	1,475,301	10,984,209
10	Total	16,311,199	15,669,322	13,087,629	12,851,269	57,919,419
11						
12						
13	Region:	Mid-Atlantic				
14	Year:					
15	Sales:	1,357,850				

图 15-12　从销售数据返回汇总值

15.2.8　基于多个条件查找值

图 15-13 显示了一个部门预算表格。当用户选择一个地区和一个部门时，我们希望让公式返回预算。在这个公式中，不能使用 VLOOKUP，因为它只接收一个查找值。因为存在多个地区和部门，所以我们需要两个值。

H7　=SUMPRODUCT(($B$3:$B$45=H5)*($C$3:$C$45=H6)*($E$3:$E$45))

	A	B	C	D	E	F	G	H
1								
2		Region	Department	Manager	Budget			
3		Mid-Atlantic	Legal	Jose Palmer	4,406,018			
4		Canada	Legal	Audrey Washington	2,564,165			
5		North	Logistics	Samantha Allen	1,443,535		Region:	South
6		Mid-Atlantic	Customer Service	Katherine Nichols	2,834,014		Department:	Accounting
7		Pacific Northw	Quality Asurance	David Gordon	1,119,596		Budget:	697,697
8		Mid-Atlantic	Operational	Lillian Hart	2,949,401		Manager:	Brooke Bailey
9		Mid-Atlantic	Sales	Claire Peterson	2,371,246			
10		East	Inventory	Hannah Porter	3,043,499			
11		Mid-Atlantic	Services	Victoria Gomez	1,621,716			
12		South	Accounting	Brooke Bailey	697,697			

图 15-13　部门预算表格

通过使用 SUMPRODUCT 函数，获得包含两个查找值的行，如下所示。

```
=SUMPRODUCT(($B$3:$B$45=H5)*($C$3:$C$45=H6)*($E$3:$E$45))
```

SUMPRODUCT 将区域中的每个单元格与一个值相比较，然后根据比较结果，返回一个包含 TRUE 值和 FALSE 值的数组。当与另一个数组相乘时，TRUE 变为 1，FALSE 变为 0。SUMPRODUCT 函数括号中的第三部分不包含比较，因为这个区域包含我们想要返回的值。

如果 Region 比较或者 Department 比较的结果是 FALSE，则该行的汇总值将是 0。FALSE 结果被转换为 0，任何值与 0 相乘的结果都是 0。如果 Region 和 Department 匹配，则两个比较结果都是 1。将两个 1 与列 E 中的对应行相乘，就得到了要返回的值。

在图 15-13 的示例中，当 SUMPRODUCT 到达第 12 行时，将计算 1*1*697697。这个数字将与其他行求和，而因为其他行至少包含一个 FALSE，所以都是 0。SUM 的结果将是值 697697。

使用 SUMPRODUCT 返回文本

只有当我们想要返回一个数字时，SUMPRODUCT 才会按这种方式工作。如果想返回文本，所有的文本值将被视为 0，那么 SUMPRODUCT 将总是返回 0。

不过，我们可以将 SUMRPODUCT 与 INDEX 和 ROW 函数配合使用，从而返回文本。例如，如果想要返回经理的姓名，可以使用下面的公式。

```
=INDEX(D:D,SUMPRODUCT(($B$3:$B$45=H5)*($C$3:$C$45=H6)
*(ROW($E$3:$E$45))),1)
```

公式中没有包含列 E 的值，而是使用了 ROW 函数来包含数组中的行号。现在，当到达第 12 行时，SUMPRODUCT 计算 1*1*12。然后，使用 12 作为 INDEX 的行参数，对应于整个列 D:D。因为 ROW 函数返回工作表中的行，而不是我们的表格中的行，所以 INDEX 使用整列作为其区域。

15.2.9　找出列中的最后一个值

图 15-14 显示了一个未排序的订单列表，我们希望找出列表中的最后一个订单。要找出列中的最后一项，一种简单的方法是使用 INDEX 函数，并通过统计列表中的项数来确定最后一行。

```
=INDEX(B:B,COUNTA(B:B)+1)
```

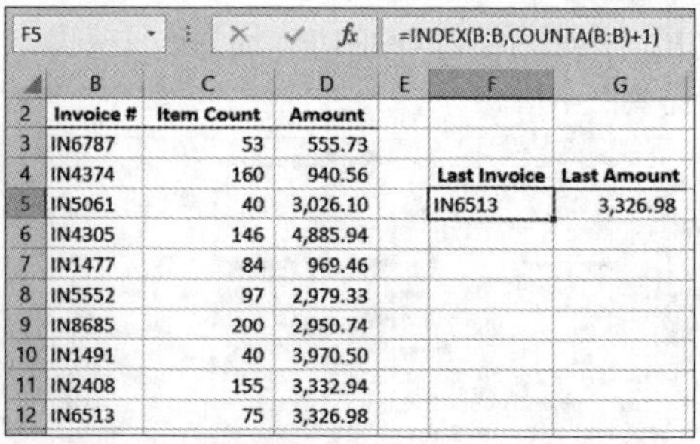

F5 =INDEX(B:B,COUNTA(B:B)+1)

	B	C	D	E	F	G
2	Invoice #	Item Count	Amount			
3	IN6787	53	555.73			
4	IN4374	160	940.56		Last Invoice	Last Amount
5	IN5061	40	3,026.10		IN6513	3,326.98
6	IN4305	146	4,885.94			
7	IN1477	84	969.46			
8	IN5552	97	2,979.33			
9	IN8685	200	2,950.74			
10	IN1491	40	3,970.50			
11	IN2408	155	3,332.94			
12	IN6513	75	3,326.98			

图 15-14　订单列表

当用于单列时，INDEX 函数只需要一个行参数。第三个参数表示列不是必要的。COUNTA 函数用来统计列 B 中的非空单元格数。将统计结果加 1，因为第一行中有一个空单元格。

INDEX 函数将返回列 B 的第 12 行。

> **警告**
> COUNTA 统计除了空单元格以外的所有单元格，包括数字、文本、日期等。如果数据中有空行，COUNTA 将无法返回期望的结果。

使用 LOOKUP 找到最后一个数字

当区域中没有空单元格时，INDEX 和 COUNTA 是找出值的好方法。如果区域中有空单元格，而要搜索的值是数字，就可以使用 LOOKUP 和一个极大的数字。图 15-14 的单元格 G5 中的公式就使用了这种方法。

```
=LOOKUP(9.99E+307,D:D)
```

查找值是 Excel 能够处理的最大数字(刚刚小于 1 后面有 308 个 0)。因为 LOOKUP 找不到这么大的值，就会在找到最后一个值的时候停止，而这就是返回的值。

> **提示**
> 9.99E+307 这样的数字是用指数表示法表示的。E 前面的数字在小数点左侧有一个数字，小数点右侧有两个数字。E 后面的数字表示要将小数点移动多少位才能得到数字的常规表示法(在本例中为 307 位)。正数意味着向右移动小数点，负数意味着向左移动小数点。4.32E-02 数字相当于 0.0432。

这种 LOOKUP 还有额外的一个好处：即使区域中包含文本、空单元格或错误，也能返回最后一个数字。

第 16 章

在表格和条件格式中使用公式

本章要点

- 突出显示满足特定条件的单元格
- 突出显示数据集之间的区别
- 基于日期的条件格式

条件格式指的是 Excel 具有的一种功能。Excel 能够根据用户定义的一组条件,动态改变值、单元格或单元格区域的格式。条件格式使我们能够在查看 Excel 报表时,根据格式快速判断哪些值是正常的,哪些值是有问题的。

本章将提供一些示例,展示在 Excel 中如何结合使用条件格式和公式来添加额外的一层可视化,方便用户进行分析。

配套学习资源网站

配套学习资源网站 www.wiley.com/go/excel365bible 中提供了本章使用的示例工作簿。文件名为 Using Functions with Conditional Formatting.xlsx。

注意
可回顾第 5 章来了解条件格式的更多信息。

16.1 突出显示满足特定条件的单元格

突出显示满足某种业务条件的单元格,是基本的条件格式规则之一。下面的例子演示了如何为值小于硬编码的 4000 的单元格设置格式(参见图 16-1)。

要创建这个基本的格式规则,可执行下面的步骤。

(1) 选择目标区域中的数据单元格(本例中为单元格 C3:C14)。

(2) 单击 Excel 功能区的“开始”选项卡,然后选择“条件格式”|“新建规则”命令。这将打开如图 16-2 所示的“新建格式规则”对话框。

(3) 在对话框上部的列表框中,单击选项“使用公式确定要设置格式的单元格”。此选项将根据指定的公式来计算值。如果特定的值计算为 TRUE,就对该单元格应用条件格式。

(4) **在公式输入框中，输入下面的公式。**注意，我们只是引用了目标区域中的第一个单元格，并不需要引用整个区域。

```
=C3<4000
```

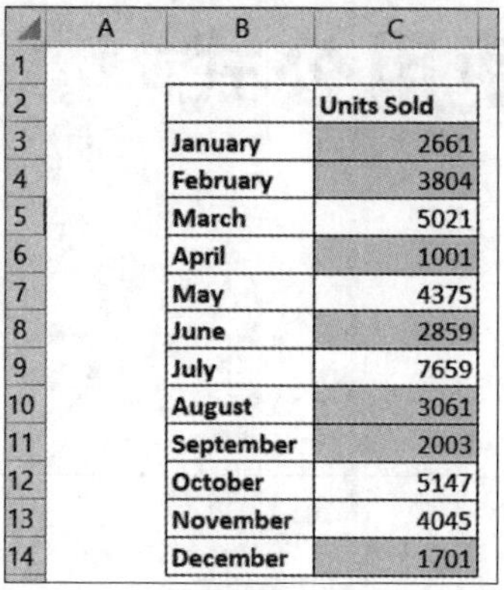

图 16-1 这个表格中的单元格设置了条件格式，
为小于 4000 的值显示灰色背景

图 16-2 配置"新建格式规则"对话框来应用
自己需要的公式规则

警告

注意，公式中没有为目标单元格(C3)使用代表绝对引用的美元符号($)。如果没有输入单元格，而是用鼠标单击单元格 C3，Excel 将自动插入绝对单元格引用。在目标单元格中不能使用绝对引用符号，这一点很重要，因为我们需要 Excel 基于每个单元格自己的值来应用此格式规则。

(5) **单击"格式"按钮，选择想要使用的格式。**这将打开"设置单元格格式"对话框，其中提供了为目标单元格设置字体、边框和填充的完整一套选项。

(6) **选择完格式选项后，单击"确定"按钮。**

(7) **在"新建格式规则"对话框中，再次单击"确定"按钮，确认自己的格式规则。**

提示

如果需要编辑条件格式规则，只需要单击格式区域内的任意数据单元格，然后在"开始"选项卡中选择"条件格式"|"管理规则"。这将打开"条件格式规则管理器"对话框。单击想要编辑的规则，然后单击"编辑规则"按钮。

基于另一个单元格的值突出显示单元格

很多时候，单元格的格式规则将基于它们与另一个单元格的值的比较结果。以图 16-3 为例。如果单元格的值小于单元格 B3 中显示的 Prior Year Average(上一年平均值)，就突出显示。

	A	B	C	D	E
1					
2		**Prior Year Average**		Month	Units Sold
3		3500		January	2661
4				February	3804
5				March	5021
6				April	1001
7				May	4375
8				June	2859
9				July	7659
10				August	3061
11				September	2003
12				October	5147
13				November	4045
14				December	1701

图 16-3　这个表格中的单元格设置了条件格式，当单元格的值小于 Prior Year Average 值时就显示灰色背景

要创建这个基本的格式规则，可执行下面的步骤。

(1) 选择目标区域中的数据单元格(本例中为单元格 E3:E14)。

(2) 单击 Excel 功能区的"开始"选项卡，然后选择"条件格式"|"新建规则"命令。这将打开如图 16-4 所示的"新建格式规则"对话框。

图 16-4　将目标单元格(E3)与比较单元格($B$3)的值进行比较

(3) 在对话框上部的列表框中，单击选项"使用公式确定要设置格式的单元格"。此选项将根据你指定的公式来计算值。如果特定的值计算为 TRUE，就对该单元格应用条件格式。

(4) 在公式输入框中，输入下面的公式。注意，我们只是将目标单元格(E3)与比较单元格($B$3)中的值进行比较。与标准公式一样，需要确保使用绝对引用，以便区域中的每个值将与合适的比较单元格进行比较。

```
=E3<$B$3
```

(5) 单击"格式"按钮，选择想要使用的格式。这将打开"设置单元格格式"对话框，其中提供了为目标单元格设置字体、边框和填充的一套完整选项。

(6) 选择完格式选项后，单击"确定"按钮。

(7) 在"新建格式规则"对话框中，再次单击"确定"按钮，确认自己的格式规则。

16.2　突出显示列表 1 中存在但列表 2 中不存在的值

常常需要比较两个列表，选中在一个列表中、但不在另一个列表中的值。条件格式是展

示结果的理想方式。图16-5显示了一个条件格式的例子，它比较2020年和2021年的客户，并突出显示2021年新增的客户，即2020年不存在的客户。

要创建这个基本的格式规则，可执行下面的步骤。

(1) 选择目标区域中的数据单元格(本例中为单元格E4:E28)。

(2) 单击 Excel 功能区的"开始"选项卡，然后选择"条件格式"|"新建规则"命令。这将打开如图16-6所示的"新建格式规则"对话框。

(3) 在对话框上部的列表框中，单击选项"使用公式确定要设置格式的单元格"。此选项将根据你指定的公式来计算值。如果特定的值计算为 TRUE，就对该单元格应用条件格式。

(4) 在公式输入框中，输入下面的公式。注意，我们使用 COUNTIF 函数来判断目标单元格(E4)中的值是否在比较区域($B$4:$B$21)中存在。如果没有找到该值，COUNTIF 函数将返回 0，触发条件格式。与标准公式一样，需要确保使用绝对引用，以便区域中的每个值将与合适的比较单元格进行比较。

```
=COUNTIF($B$4:$B$21,E4)=0
```

	A	B	C	D	E	F
1						
2		2020			2021	
3		Customer_Name	Revenue		Customer_Name	Revenue
4		GKNEAS Corp.	$2,333.60		JAMSEA Corp.	$2,324.36
5		JAMSEA Corp.	$2,324.36		JAMWUS Corp.	$2,328.53
6		JAMWUS Corp.	$2,328.53		JAYKA Corp.	$2,328.53
7		JAYKA Corp.	$2,328.53		JUSDAN Corp.	$3,801.86
8		MAKUTE Corp.	$2,334.01		MAKUTE Corp.	$2,334.01
9		MOSUNC Corp.	$2,311.70		MALEBO Corp.	$3,099.45
10		NCUANT Corp.	$2,311.79		MOSUNC Corp.	$2,311.70
11		OSADUL Corp.	$2,311.50		NCUANT Corp.	$2,311.79
12		RRCAR Corp.	$2,315.14		OSADUL Corp.	$2,311.50
13		RULLAN Corp.	$2,332.94		PUNSKE Corp.	$7,220.80
14		SMATHE Corp.	$2,336.59		REBUST Corp.	$14,224.84
15		SOFANU Corp.	$2,333.60		RRCAR Corp.	$2,315.14
16		SUMTUK Corp.	$2,321.61		RULLAN Corp.	$2,332.94
17		TULUSS Corp.	$2,311.96		RUTANS Corp.	$4,175.75
18		UDGUWU Corp.	$2,328.58		SCHOUL Corp.	$5,931.46

图16-5   可以设置条件格式，突出显示一个列表中存在、但另一个列表中不存在的值

图16-6   如果目标单元格(E4)的值在比较区域($B$4:$B$21)中没有出现，就应用条件格式

(5) 单击"格式"按钮，选择想要使用的格式。这将打开"设置单元格格式"对话框，其中提供了为目标单元格设置字体、边框和填充的一套完整选项。

(6) 选择完格式选项后，单击"确定"按钮。

(7) 在"新建格式规则"对话框中，再次单击"确定"按钮，确认自己的格式规则。

交叉引用

有关 COUNTIF 函数的更多信息，请参考第14章。

16.3   突出显示既在列表 1 中存在又在列表 2 中存在的值

有时候，需要比较两个列表，只选出同时在两个列表中存在的值。同样，条件格式是展示结果的理想方式。图16-7显示了一个条件格式的例子，它比较2020年和2021年的客户，

并突出显示既在 2020 年列表、也在 2021 年列表中的客户。

要创建这个基本的格式规则，可执行下面的步骤。

(1) **选择目标区域中的数据单元格(本例中为单元格 E4:E28)。**

(2) **单击 Excel 功能区的"开始"选项卡，然后选择"条件格式"|"新建规则"命令。**这将打开如图 16-8 所示的"新建格式规则"对话框。

(3) **在对话框上部的列表框中，单击选项"使用公式确定要设置格式的单元格"。**此选项将根据指定的公式来计算值。如果特定的值计算为 TRUE，就对该单元格应用条件格式。

(4) **在公式输入框中，输入下面的公式。**注意，我们使用 COUNTIF 函数来判断目标单元格(E4)中的值是否在比较区域($B$4:$B$21)中存在。如果找到该值，COUNTIF 函数将返回大于 0 的数字，触发条件格式。与标准公式一样，需要确保使用绝对引用，以便区域中的每个值将与合适的比较单元格进行比较。

```
=COUNTIF($B$4:$B$21,E4)>0
```

(5) **单击"格式"按钮，选择想要使用的格式。**这将打开"设置单元格格式"对话框，其中提供了为目标单元格设置字体、边框和填充的一套完整选项。

(6) **选择完格式选项后，单击"确定"按钮。**

(7) **在"新建格式规则"对话框中，再次单击"确定"按钮，确认自己的格式规则。**

图 16-7　可以设置条件格式，突出显示同时存在于两个列表中的值

图 16-8　如果目标单元格(E4)的值在比较区域($B$4:$B$21)中出现至少 1 次(>0)，就应用条件格式

16.4　基于日期突出显示

你可能会发现，用可视方式指出特定日期触发特定场景很有帮助。例如，当使用考勤卡和时间表时，能够方便地确定哪些日期是周末很有帮助。图 16-9 中显示的条件格式规则突出显示了值列表中的所有周末日期。

要创建这个基本的格式规则，可执行下面的步骤。

(1) **选择目标区域中的数据单元格(本例中为单元格 B3:B18)。**

(2) 单击 Excel 功能区的"开始"选项卡,然后选择"条件格式"|"新建规则"命令。
这将打开如图 16-10 所示的"新建格式规则"对话框。

(3) 在对话框上部的列表框中,单击选项"使用公式确定要设置格式的单元格"。此选
项将根据指定的公式来计算值。如果特定的值计算为 TRUE,就对该单元格应用条件格式。

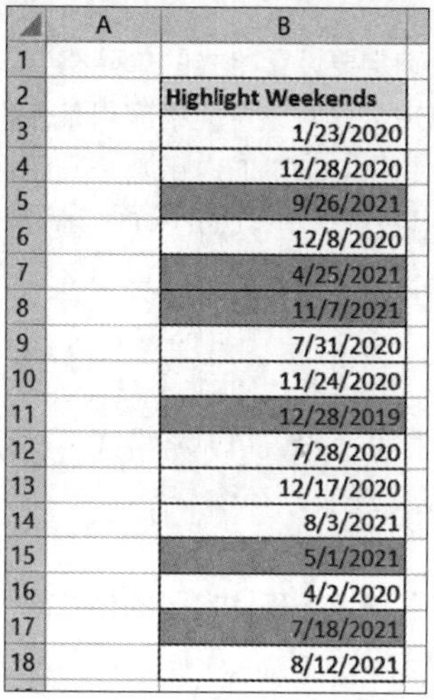

图 16-9 可以设置条件格式,突出显示日期列表中
的全部周末日期

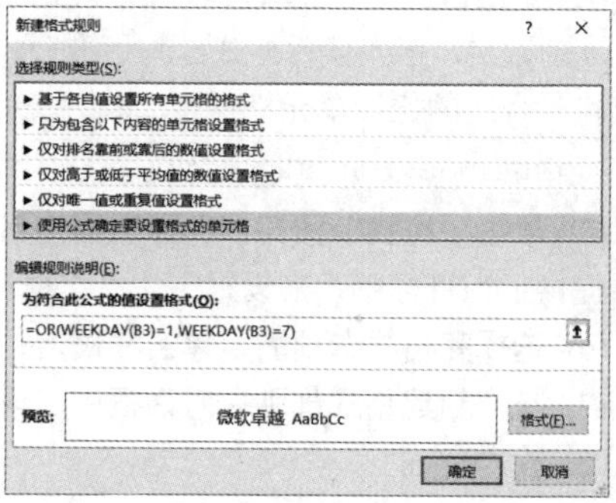

图 16-10 使用 WEEKDAY 函数来判断目标单元格(B3)
是一周中的第几天

(4) 在公式输入框中,输入下面的公式。注意,我们使用 WEEKDAY 函数来判断目标
单元格(B3)是一周中的第几天。如果返回 1 或 7,则说明 B3 中的日期是周末。此时,将应用
条件格式。

```
=OR(WEEKDAY(B3)=1,WEEKDAY(B3)=7)
```

(5) 单击"格式"按钮,选择想要使用的格式。这将打开"设置单元格格式"对话框,
其中提供了为目标单元格设置字体、边框和填充的一套完整选项。

(6) 选择完格式选项后,单击"确定"按钮。

(7) 在"新建格式规则"对话框中,再次单击"确定"按钮,确认自己的格式规则。

16.4.1 突出显示两个日期之间的日期

一些分析要求识别特定时间段内的日期。图 16-11 显示了如何应用条件格式,基于开始
日期和结束日期来突出显示日期。调整开始日期和结束时期时,条件格式也会相应发生调整。

要创建这个基本的格式规则,可执行下面的步骤。

(1) 选择目标区域中的数据单元格(本例中为单元格 E3:E18),单击 Excel 功能区的"开
始"选项卡,然后选择"条件格式"|"新建规则"命令,这将打开如图 16-12 所示的"新建
格式规则"对话框。

(2) 在对话框上部的列表框中,单击选项"使用公式确定要设置格式的单元格"。此选
项将根据指定的公式来计算值。如果特定的值计算为 TRUE,就对该单元格应用条件格式。

B	C	D	E
Start	End		Highlight Days within 2020 and 2021
1/1/2020	12/31/2021		1/23/2020
			12/28/2021
			9/26/2019
			12/8/2018
			4/25/2020
			11/7/2019
			7/31/2021
			11/24/2021
			12/28/2018
			7/28/2019
			12/17/2020
			8/3/2019
			5/1/2021
			4/2/2020
			7/17/2019
			8/12/2018

图 16-11　可以设置条件格式，突出显示开始日期和结束日期之间的日期

图 16-12　使用 AND 函数来分别比较目标单元格(E3)中的日期与单元格$B$3 中的

开始日期和单元格$C$3 中的结束日期

(3) **在公式输入框中，输入下面的公式**。注意，我们使用 AND 函数来分别比较目标单元格(E3)中的日期与单元格$B$3 中的开始日期和单元格$C$3 中的结束日期。如果目标单元格中的日期在开始日期和结束日期之间，该公式将计算为 TRUE，从而触发条件格式。

`=AND(E3>=$B$3,E3<=$C$3)`

(5) **单击"格式"按钮，选择想要使用的格式**。这将打开"设置单元格格式"对话框，其中提供了为目标单元格设置字体、边框和填充的一套完整选项。

(6) **选择完格式选项后，单击"确定"按钮**。

(7) **在"新建格式规则"对话框中，再次单击"确定"按钮，确认自己的格式规则**。

16.4.2　基于到期日突出显示日期

图 16-13 中的例子显示，通过设置条件格式，能够突出显示已经逾期特定天数的日期。在本例中，将逾期超过 90 天的日期显示为红色背景。

B	C
	Due Date
	04/25/20
	05/04/21
	05/04/21
	03/28/20
	04/22/21
	03/31/21

图 16-13 可以设置条件格式，基于到期日突出显示日期

要创建这个基本的格式规则，可执行下面的步骤。

(1) 选择目标区域中的数据单元格(本例中为单元格 C4:C9)，单击 Excel 功能区的"开始"选项卡，然后选择"条件格式" | "新建规则"命令。这将打开如图 16-14 所示的"新建格式规则"对话框。

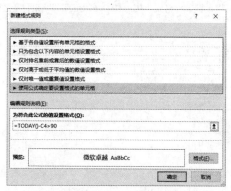

图 16-14 计算今天的日期是否比目标单元格(C4)中的日期晚 90 天

(2) 在对话框上部的列表框中，单击选项"使用公式确定要设置格式的单元格"。此选项将根据指定的公式来计算值。如果特定的值计算为 TRUE，就对该单元格应用条件格式。

(3) 在公式输入框中，输入下面的公式。在这个公式中，我们计算今天的日期是否比目标单元格(C4)中的日期晚 90 天。如果是，就应用条件格式。

```
=TODAY()-C4>90
```

(4) 单击"格式"按钮，选择想要使用的格式。这将打开"设置单元格格式"对话框，其中提供了为目标单元格设置字体、边框和填充的一套完整选项。

(5) 选择完格式选项后，单击"确定"按钮。

(6) 在"新建格式规则"对话框中，再次单击"确定"按钮，确认自己的格式规则。

第17章

避免工作表出错

本章要点

- 如何识别和更正常见的公式错误
- 使用 Excel 审核工具
- 使用公式自动更正功能
- 跟踪单元格关系
- 检查拼写和相关功能

毫无疑问，人们都希望使用 Excel 工作表得到准确结果。但令人遗憾的是，保证结果完全正确并不总是很容易，尤其在处理复杂的大型工作表时更是如此。本章将介绍可用于帮助识别、更正和避免错误的各种工具和方法。

17.1 发现并更正公式错误

对工作表进行修改(即使是非常小的改动)，可能会产生连锁反应，导致在其他单元格中产生错误。例如，很容易在原本含有公式的单元格中意外输入一个数值。这个简单的错误会对其他公式产生很大的影响，而且你可能在很久之后才会发现所出现的问题，有时甚至可能永远也发现不了问题。

公式错误通常可分为下列几种类型。

- **语法错误**：公式的语法存在问题，例如，公式中的括号可能不匹配，或者函数的参数个数可能不正确。
- **逻辑错误**：公式不返回错误，但它含有逻辑错误，会导致返回不正确的值。
- **引用错误**：公式的逻辑正确，但它使用了错误的单元格引用。举一个简单的例子：在 SUM 公式中，区域引用可能没有包括要求和的所有数据。
- **语义错误**：例如，函数名称拼写错误。Excel 会试图将其解释为一个名称，并将显示 #NAME?错误。
- **循环引用**：当公式直接或间接地引用其自身所在的单元格时，就发生了循环引用。在少数情况下，循环引用可能很有用，但大多数情况下，循环引用将导致出现问题。

- 动态数组#SPILL!错误：当动态数组公式返回的结果不能被写入指定的返回区域时，Excel 将显示#SPILL!错误。通过确保返回区域为空，没有与表格对象重叠，并且不包含合并的单元格，通常能够快速解决#SPILL!错误。

> **交叉引用**
> 请参见第 10 章了解有关数组公式的介绍。

- **未完成计算的错误**：公式的计算过程没有完成。可以使用 Ctrl+Alt+Shift+F9 键确保公式完成计算。

通常情况下，最容易被发现并改正的错误是语法错误。大多数情况下，当公式中包含有语法错误时，都会很快地发现。例如，Excel 不允许输入括号不匹配的公式。其他语法错误通常也会导致在单元格中显示错误消息。

本节的其余部分将描述一些常见的公式错误，并提供有关对这些错误的识别和更正操作的一些建议。

17.1.1 括号不匹配

在公式中，每个左括号必须要具有对应的右括号。如果公式中存在不匹配的括号，则 Excel 通常不允许输入此公式。此规则有一个例外情况，即使用一个函数的简单公式。例如，如果输入以下公式(缺少右括号)，则 Excel 将接受此公式并补上所缺的括号：

```
=SUM(A1:A500
```

一个公式中可能有相同数量的左括号和右括号，但这些括号可能没有正确匹配。例如，下面这个公式用于对文本字符串进行转换，将其第一个字符转换为大写，其余字符转换为小写。这个公式有 5 对括号，并且括号匹配正确。

```
=UPPER(LEFT(A1))&RIGHT(LOWER(A1),LEN(A1)-1)
```

下面的这个公式同样也有 5 对括号，但这些括号没有正确匹配。其结果将显示一个语法正确，但返回错误结果的公式。

```
=UPPER(LEFT(A1)&RIGHT(LOWER(A1),LEN(A1)-1))
```

通常，位置错误的括号会导致语法错误。Excel 通常会显示一条消息，提示在函数中输入了过多或过少的参数。

> **提示**
> Excel 能帮助你找出错误匹配的括号。在编辑公式时，将光标移动到括号上，Excel 将会加粗显示此括号和它的匹配括号大约 1.5 秒。另外，当编辑公式时，Excel 将改变嵌套括号对的颜色。

> **使用公式的自动更正功能**
> 当输入的公式存在语法错误时，Excel 将试图发现问题，并提出更正意见。
> 在接受 Excel 对公式的更正时务必要谨慎，因为它的建议并不总是正确的。例如，输入下面的公式(存在不匹配的括号)：
> ```
> =AVERAGE(SUM(A1:A12,SUM(B1:B12))
> ```

Excel 将建议对上述公式执行以下更正：

```
=AVERAGE(SUM(A1:A12,SUM(B1:B12)))
```

你可能很容易会接受此更改建议。而在上述这种情况下，所建议的公式在语法上是正确的，却并不是所需的公式。正确的公式应该是：

```
=AVERAGE(SUM(A1:A12),SUM(B1:B12))
```

17.1.2　单元格中显示一组井号(#)

导致单元格被井号填充的可能原因有以下两种。

- **列的宽度不够，无法容纳设置了格式的数字值**。要更正这种错误，请增大列宽或使用其他数字格式(参见第 21 章)。
- **单元格包含的公式会返回无效的日期或时间**。例如，Excel 不支持公元 1900 年以前的日期，也不支持使用负的时间值。当公式返回这样的结果值时，单元格就会被#填充。此时，增加列宽也不能解决这种问题。

17.1.3　空白单元格不为空

一些 Excel 用户会发现在按空格键时，似乎会删除单元格中的内容。但实际上，按空格键是插入了不可见的空格字符，这和删除单元格内容并不一样。

例如，以下公式用于返回区域 A1:A10 内非空单元格的数目。如果你使用空格键"删除"了其中任何单元格中的内容，则这些单元格也仍然会被计算在内，公式将返回错误的结果。

```
=COUNTA(A1:A10)
```

如果公式没有按所需方式忽略空白单元格，那么请确保空白单元格确实是没有内容的单元格。下面是一个用于搜索只包含空字符的单元格的方法：

(1) 按 Ctrl+F 键。将显示"查找和替换"对话框。
(2) 单击"选项"按钮以展开此对话框，以便使它显示其他一些选项。
(3) 在"查找内容"框中，输入"* *"。即一个星号，后面跟一个空格，再跟另一个星号。
(4) 确保"单元格匹配"复选框被选中。
(5) 单击"查找全部"按钮。如果有任何单元格只包含空格字符，则它们将会被找到。
Excel 将在"查找和替换"对话框底部列出它们的单元格地址。

17.1.4　多余的空格字符

如果公式或使用的过程依赖于文本比较，那么请注意不要在文本中包含多余的空格字符。当从其他数据源导入数据时，经常会添加多余的空格字符。

Excel 会自动删除所输入值尾部的空格，但不会删除文本输入中的空格。仅通过观察无法判断单元格尾部是否含有多余的空格字符。

可以使用 TRIM 函数，找出在文本字符串中包含前导空格、尾部空格和多个空格的值。例如，如果单元格 A1 中的文本包含前导空格、尾部空格或多个空格，下面的公式将返回 FALSE。

```
=TRIM(A1)=A1
```

17.1.5 返回错误的公式

公式可能会返回以下错误值之一:

- #DIV/0!
- #N/A
- #NAME?
- #NULL!
- #NUM!
- #REF!
- #SPILL!
- #VALUE!

下面对可能导致这些错误的问题进行了总结。

提示

Excel 允许你选择错误值的打印方式。要访问此功能,请打开"页面设置"对话框,并选择"工作表"选项卡。可以选择将错误值打印为显示值(默认选项),或者是空白单元格、短横线或#N/A。要显示"页面设置"对话框,请单击"页面布局"|"页面设置"组中的对话框启动器。

追踪错误值

通常情况下,某个单元格中的错误可能是由其前一个单元格的错误引起的。要想确定导致错误值的单元格,请激活含有错误的单元格,然后选择"公式"|"公式审核"|"错误检查"|"追踪错误"命令。Excel 将画出一些箭头以指示错误的来源。

当确定出错误之后,可以选择"公式"|"公式审核"|"删除箭头"命令来清除箭头。

---

1. #DIV/0!错误

除以零是一个非法操作。当创建一个尝试除以零的公式时,Excel 将显示错误值#DIV/0!。

由于 Excel 会将空白单元格看成 0,因此,当公式被没有值的空白单元格除时也会出现此错误。

为了避免出现此错误,可以使用 IF 函数检查空单元格。例如,如果单元格 B4 为空或包含值 0,则下面的公式将显示一个空字符串,否则,它将显示计算结果。

```
=IF(B4=0,"",C4/B4)
```

另一种方法是使用 IFERROR 函数检查任何错误条件。例如,下面的公式将在公式产生任何错误结果时显示一个空字符串:

```
=IFERROR(C4/B4,"")
```

2. #N/A 错误

如果公式所引用的任何单元格显示为#N/A,则表示发生了#N/A 错误。

注意

一些用户喜欢对缺失的数据显式地使用=NA( )或#N/A。这可以清晰地表示数据不可用,而不是被偶然删除的。

当 LOOKUP 函数(HLOOKUP、LOOKUP、MATCH 或 VLOOKUP)无法找到匹配的值时,也会产生#N/A 错误。

如果要显示空字符串而不是#N/A,可在公式中使用 IFNA 函数,如下所示。

```
=IFNA(VLOOKUP(A1,C1:F50,4,FALSE),"")
```

3. #NAME?错误

在以下几种情况下会产生#NAME?错误:

- 公式中包含未定义的区域或单元格名称。
- 公式中包含被 Excel 解释为未定义名称的文本。例如,拼写错误的函数名将产生 #NAME?错误。
- 公式中包含未用引号括起来的文本。
- 公式中包含区域引用,但单元格地址间没有冒号。
- 公式使用了在加载项中定义的工作表函数,并且尚未安装该加载项。

> **警告**
>
> Excel 对于区域名称的处理存在一些问题。如果删除了一个单元格或区域的名称,且这个名称在公式中被用到,则虽然此名称已经没有定义,但公式仍会继续使用它。这时,公式将显示#NAME?错误。你可能希望 Excel 自动将名称转换为相应的单元格引用,但实际上并不存在这种功能。

4. #NULL!错误

当公式试图使用两个区域的交集(而实际上这两个区域并没有交集)时,将产生#NULL!错误。Excel 的交集运算符为一个空格。例如,下面的公式将返回#NULL!,因为这两个区域并不相交。

```
=SUM(B5:B14 A16:F16)
```

下面的公式不会返回#NULL!,而会显示单元格 B9(即两个区域的交集)的内容。

```
=SUM(B5:B14 A9:F9)
```

如果不小心在公式中遗漏了运算符,也会看到#NULL!错误。例如,以下公式中缺少第二个运算符:

```
= A1+A2 A3
```

5. #NUM!错误

以下几种情况会导致公式返回#NUM!错误:

- 当某函数需要数字参数时,却为该函数传递了非数字参数(例如,传递$1,000 而不是 1000)。
- 为函数传递了一个无效的参数,例如尝试计算负数的平方根。以下公式将返回#NUM! 错误:

```
=SQRT(-12)
```

- 使用迭代的函数无法计算出结果。例如,函数 IRR 和 RATE 使用迭代。
- 公式返回的值太大或太小。Excel 支持-1E-307 到 1E+307 之间的值。

6. #REF!错误

当公式使用了无效的单元格引用时，将产生#REF!错误。在以下几种情况下可能发生该错误：

- 删除了被公式引用的单元格所在的行或列。例如，当第 l 行、A 列或 B 列被删除时，以下公式将显示#REF!错误。

  `=A1/B1`

- 删除了被公式引用的单元格所在的工作表。例如，如果 Sheet2 被删除，则以下公式将显示#REF!错误。

  `=Sheet2!A1`

- 将公式复制到某个位置，使得相对单元格引用变得无效。例如，如果将以下公式从单元格 A2 复制到单元格 Al，则此公式将返回#REF!错误，因为它试图引用一个不存在的单元格。

  `=A1-1`

- 剪切一个单元格(选择"开始"|"剪贴板"|"剪切"命令)，然后将其粘贴到一个被公式引用的单元格中。此时，公式将显示#REF!错误。

#SPILL!错误

当输入一个动态数组公式，但指定的返回区域(显示动态数组结果的单元格)不为空时，将发生#SPILL!错误。发生#SPILL!错误的常见原因如下所示：

- 返回区域已经包含数据。
- 返回区域与表格对象或数据透视表对象重叠。
- 返回区域包含合并的单元格。
- 返回区域超出工作表的边缘。
- 动态数组公式使用了改变返回区域的易变函数。默认情况下，在计算过程中修改时间会触发额外的计算。Excel 会执行这计算，以确保完全计算工作表。易变函数(如 RANDARRAY、RAND 和 RANDBETWEEN)可能导致数组大小改变，阻止 Excel 完成公式的计算。

7. #VALUE!错误

#VALUE!错误非常常见，通常会在以下一些情况下产生。

- 函数参数的数据类型错误，或者公式试图使用错误的数据执行操作。例如，将文本字符串与数值相加的公式会返回#VALUE!错误。
- 当函数的参数应该是一个值，而所输入的参数却是一个区域时。
- 自定义的工作表函数未经计算。可以使用 Ctrl+Alt+F9 键强制重新执行计算。
- 自定义的工作表函数试图执行无效的操作。例如，自定义函数无法修改 Excel 环境，也无法修改其他单元格。

> **注意颜色**
>
> 　　当编辑包含公式的单元格时，Excel 会对公式中的单元格和区域引用执行颜色编码。Excel 还会使用相应的颜色来显示公式中使用的单元格和区域的轮廓。因此，一眼就能了解到在公式中使用了哪些单元格。
>
> 　　也可以对彩色轮廓进行操纵，以更改单元格或区域引用。要更改在公式中所使用的引用，可以拖动轮廓的边框或填充柄(位于轮廓的右下角)。此方法往往比编辑公式的方法更加简单。

17.1.6　运算符优先级问题

　　正如在第 9 章中介绍的，Excel 有一些关于数学运算执行顺序的简单规则。当你不大清楚(或只是需要清楚表达想要的计算顺序)时，可以使用括号来确保以正确的顺序执行运算。例如，以下公式首先将 A1 乘以 A2，然后将所得结果再加 1。其中，乘法运算最先执行，因为它有最高的优先级。

```
=1+A1*A2
```

　　下面是上述公式更清晰的一个版本。括号并不是必需的，但在本例中，运算执行的先后顺序很清楚。

```
=1+(A1*A2)
```

　　请注意，负数运算符与减法运算符的符号相同，因此可能会造成混淆。请考虑以下两个公式：

```
=-3^2
=0-3^2
```

　　第一个公式会返回值 9，而第二个公式则返回值-9。对一个数求平方得到的值永远是正数，但是为什么第二个公式返回的结果为-9 呢?

　　在第一个公式中，减号是一个负数运算符，具有最高的运算优先级；而在第二个公式中，减号是一个减法运算符，它的优先级比求幂运算符低，因此，第二个公式首先计算 3 的平方，然后用 0 减去平方运算结果，所得的结果是一个负数。

　　如以下公式所示，如果使用括号，将使 Excel 把此运算符解释为一个减法运算符，而不是负数运算符。此公式会返回值-9。

```
=-(3^2)
```

17.1.7　未计算的公式

　　如果使用的是用 VBA 编写的自定义工作表函数，则可能会发现使用这些函数的公式没有重新计算，并且可能会显示错误的结果。例如，假定编写一个用于返回所引用单元格的数字格式的 VBA 函数。如果更改数字格式，该函数将继续显示先前的数字格式。这是因为更改数字格式的操作不会触发重新计算。

　　要强制重新计算单个公式，请选择单元格，按 F2 键，再按 Enter 键。要强制重新计算所有公式，请按 Ctrl+Alt+F9 键。

17.1.8　小数位精度的问题

　　从本质上看，计算机没有无限的精度，Excel 使用 8 个字节以二进制格式保存数字，能处理 15 位精度的数字。在使用 8 字节的情况下，某些数字不能被精确地表示出来，因此这些数字将以其近似值保存。

为了说明这种精度上的缺乏是如何导致问题的，请在单元格 A1 中输入下面的公式：

```
=(5.1-5.2)+1
```

结果应该是 0.9，然而，如果将单元格的显示格式设置为显示小数点后 15 位，则会发现 Excel 将该公式的结果计算为 0.899999999999999。这是因为括号内的运算将优先执行，所得到的中间结果使用二进制近似值保存，然后，公式再将 1 与该值相加，从而致使将近似值误差传递到最后的结果。

在很多情况下，这种类型的错误不会导致问题，但如果需要使用逻辑运算符测试所得的结果，就可能会出现问题。例如，以下公式(假设上一个公式位于单元格 A1 中)将返回 FALSE：

```
=A1=.9
```

用于解决这类问题的一种方法是使用 ROUND 函数。例如，以下公式将返回 TRUE，因为它是使用 A1 中四舍五入到 1 位小数后的值进行比较的。

```
=ROUND(A1,1)=0.9
```

下面是关于"精度"问题的另一个示例。请尝试输入以下公式：

```
=(1.333-1.233)-(1.334-1.234)
```

该公式应该返回 0，但它实际返回的是-2.22045E-16(一个非常接近于 0 的数)。

如果该公式位于单元格 A1 中，则下面的公式将返回 Not Zero。

```
=IF(A1=0,"Zero","Not Zero")
```

用于处理"非常接近 0"的舍入错误的一个方法是使用类似如下所示的公式：

```
=IF(ABS(A1)<1E-6,"Zero","Not Zero")
```

该公式使用小于(<)运算符对数字的绝对值和一个非常小的数值进行比较，此公式将返回 Zero。

17.1.9　"虚链接"错误

在打开一个工作簿时，可能会看到一个消息，询问是否要更新工作簿中的链接。有时，即使工作表内没有链接公式，也会出现该消息。通常，在复制含有名称的工作表时，会创建虚链接。

首先，选择"文件"|"信息"|"编辑指向文件的链接"命令以显示"编辑链接"对话框。然后选择每个链接，并单击"断开链接"按钮。如果这样不能解决问题，则表示虚链接可能是由于错误的名称所导致的。因此，选择"公式"|"定义的名称"|"名称管理器"命令，并在"名称管理器"对话框中滚动查看名称列表。如果看到一个引用#REF!的名称，则删除这个名称。"名称管理器"对话框具有一个用于筛选名称的"筛选"按钮。例如，可以筛选列表，只显示含有错误的名称。

17.2　使用 Excel 中的审核工具

Excel 包含一些用于跟踪公式错误的工具。本节将介绍 Excel 中的审核工具。

17.2.1 找出特殊类型的单元格

通过使用"定位条件"对话框,能够方便地定位特殊类型的单元格。要显示该对话框,请选择"开始" | "编辑" | "查找和选择" | "定位条件"命令。

> **注意**
>
> 如果在显示"定位条件"对话框前选定了一个多单元格区域,则此命令将只在选定的单元格内起作用。如果只选中一个单元格,则此命令将在整个工作表内执行。

可以使用"定位条件"对话框选择特定类型的单元格,这往往可以帮助识别错误。例如,如果选择"公式"选项,则 Excel 会选择所有包含公式的单元格。如果将工作表缩小,就可以很清晰地看到工作表的组织结构。

要缩放工作表,请使用状态栏右侧的缩放控件。或者,也可以在按住 Ctrl 键的同时滚动鼠标的滚轮。

> **提示**
>
> 选择公式单元格还可以帮助你发现一个很常见的错误:公式被意外地替换为数值。如果发现在一组被选中的公式单元格中有一个单元格没有被选中,则很可能该单元格原来包含的公式已经被数值代替。

17.2.2 查看公式

通过查看公式,能够比查看公式结果更容易熟悉一个之前并不熟悉的工作簿。若要切换公式的显示,请选择"公式" | "公式审核" | "显示公式"命令。

在执行该命令之前,可能需要在工作簿中创建一个新窗口。通过此种方法,可以在一个窗口中看到公式,而在另一个窗口中看到公式结果。选择"视图" | "窗口" | "新建窗口"命令可以打开一个新窗口。

> **提示**
>
> 还可以通过 Ctrl+` 键在公式视图和普通视图之间进行切换。

> **交叉引用**
>
> 请参见第 4 章了解关于该命令的更多信息。

17.2.3 追踪单元格关系

要理解如何追踪单元格关系,首先需要熟悉以下两个概念。

- **引用单元格**:只适用于含有公式的单元格。公式单元格的引用单元格是对公式结果有贡献的所有单元格。直接引用单元格是在公式中直接使用的单元格。间接引用单元格是未在公式中直接使用,但被公式中引用的单元格使用的单元格。
- **从属单元格**:这些公式单元格依赖于某个特定的单元格。一个单元格的从属单元格包括使用该单元格的所有公式单元格。同样,公式单元格也分为直接从属单元格或间接从属单元格。

例如,考虑单元格 A4 中输入的如下简单公式:

```
=SUM(A1:A3)
```

单元格 A4 有 3 个引用单元格(A1、A2 和 A3),它们都是直接引用单元格。单元格 A1、A2 和 A3 都至少有一个从属单元格 A4。

识别某个公式单元格的引用单元格通常可以揭露出公式运算发生错误的原因。反过来,了解依赖于某个特定单元格的公式单元格通常也很有帮助。例如,如果要删除一个公式,可能就需要检查它是否有任何从属单元格。

1. 识别引用单元格

可以使用以下几种方法识别活动单元格中的公式所使用的单元格。

- **按 F2 键**。由公式直接使用的单元格会用彩色边框显示出来,其颜色对应于公式中的单元格引用。该方法只限于识别与公式位于同一工作表内的单元格。
- 选择"开始"|"编辑"|"查找和选择"|"定位条件"命令以显示"定位条件"对话框。选择"引用单元格"选项,然后选择"直属"(只适用于直接引用单元格)或"所有级别"(适用于直接引用单元格和间接引用单元格)选项。接着单击"确定"按钮,Excel 将选中公式的引用单元格。该方法只限于识别与公式位于同一工作表内的单元格。
- **按 Ctrl+[键**。选择活动工作表内的所有直接引用单元格。
- **按 Ctrl+Shift+{键**。选择活动工作表内的所有引用单元格(包括直接的和间接的)。
- 选择"公式"|"公式审核"|"追踪引用单元格"命令。Excel 将画出箭头以显示单元格的引用单元格。多次单击该按钮可以看到其他级别的引用单元格。选择"公式"|"公式审核"|"删除箭头"命令,可以隐藏箭头。

2. 识别从属单元格

可以使用以下几种方法识别使用某个特定单元格的公式单元格。

- 选择"开始"|"编辑"|"查找和选择"|"定位条件"命令以显示"定位条件"对话框。选择"从属单元格"选项,然后选择"直属"(只适用于直接从属单元格)或"所有级别"(适用于直接从属单元格和间接从属单元格)选项,接着单击"确定"按钮。Excel 将选中依赖当前活动单元格的单元格。该方法只限于识别活动工作表内的单元格。
- **按 Ctrl+]键**。选择活动工作表内的所有直接从属单元格。
- **按 Ctrl+Shift+}键**。选择活动工作表内的所有从属单元格(包括直接的和间接的)。
- 选择"公式"|"公式审核"|"追踪从属单元格"命令。Excel 将画出箭头以显示单元格的从属单元格。多次单击该按钮可以看到其他级别的从属单元格。选择"公式"|"公式审核"|"删除箭头"命令可以隐藏箭头。

17.2.4 追踪错误值

如果一个公式显示的是错误值,则 Excel 可以帮助识别出导致此错误值的单元格。单元格中的错误通常是由其引用单元格导致的。激活含有错误值的单元格,并选择"公式"|"公式审核"|"错误检查"|"追踪错误"命令。Excel 将会画出箭头以指示错误的根源。选择"公式"|"公式审核"|"删除箭头"命令可以隐藏箭头。

17.2.5　修复循环引用错误

如果不小心创建了循环引用公式，则 Excel 将在状态栏中显示一条警告消息——"循环引用"，并显示单元格地址。还会在工作表中画出箭头以帮助确定问题。如果无法找到问题根源，那么请选择"公式"|"公式审核"|"错误检查"|"循环引用"命令。该命令可以显示循环引用中涉及的所有单元格的列表。首先选择列表中的第一个单元格，然后按顺序查找，直到发现问题为止。

17.2.6　使用后台错误检查功能

有些人可能会发现 Excel 的自动错误检查功能很有用。通过使用"Excel 选项"对话框的"公式"选项卡中的"允许后台错误检查"复选框(如图 17-1 所示)，可以启用或禁用这项功能。另外，可以通过使用"错误检查规则"部分的复选框来指定要检查的错误类型。

图 17-1　Excel 可检查公式中的潜在错误

当错误检查功能打开时，Excel 将不断地检查工作表中的公式。如果发现潜在的错误，则 Excel 将在单元格的左上角显示一个小的绿色三角形。当这个单元格被激活时，将出现一个下拉控件，单击此下拉控件将显示一些选项。对于不同的错误类型，相关的选项也会有所不同。

很多情况下，可以选择"忽略错误"选项忽略某个错误。选择该选项之后将不再对此单元格检查错误。然而，所有以前被忽略的错误可被重置，从而使得它们再次出现(在"Excel 选项"对话框中的"公式"选项卡中，单击"重新设置忽略错误"按钮)。

选择"公式"|"公式审核"|"错误检查"命令可以显示一个对话框，该对话框会按顺序描述每个潜在的错误单元格，这与拼写检查命令很相似。

警告

Excel 的错误检查功能并不是完美的，事实上，它在这方面做得还很不够。换言之，即使 Excel 未能识别出任何潜在错误，你也不能认为自己的工作表一定没有错误。

17.2.7　使用公式求值

通过 Excel 的公式求值功能，能够按照公式的计算顺序查看一个嵌套公式中的各个部分如何求值。要使用公式求值功能，首先请选择含有公式的单元格，然后选择"公式"|"公式审核"|"公式求值"命令，这样将显示"公式求值"对话框，如图 17-2 所示。

图 17-2　"公式求值"对话框中显示了一步步计算的公式

单击"求值"按钮，将显示公式内表达式的计算结果。每单击一次此按钮，将执行一步计算。刚开始使用时，该功能可能看上去有些复杂，但如果花些时间来使用它，就可以理解其工作原理，并看到其价值。

Excel 还提供了另一种用于对公式中的某一部分求值的方法。

(1) 选择包含公式的单元格。

(2) 按 F2 键进入单元格编辑模式。

(3) 使用鼠标选择要求值的公式部分。或者按住 Shift 键，并使用方向键选择。

(4) 按 F9 键。

公式中的突出显示部分显示了计算出的结果。还可以计算公式其他部分的结果，或者按 Esc 键取消，从而将公式返回为原来的状态。

> **警告**
>
> 使用这个方法时需要注意，如果按 Enter 键(而不是 Esc 键)，公式将被修改为使用计算出的结果。

17.3　查找和替换

Excel 具有非常强大的查找和替换功能，通过此功能可以很容易地在工作簿中的一个工作表或多个工作表间定位信息。此外，还可以查找一段文本，并将其替换为其他文本。

要访问"查找和替换"对话框，首先请选择要查找的区域。如果选择的是单个单元格，则 Excel 将查找整个工作表。然后选择"开始"|"编辑"|"查找和替换"|"查找"命令(或按 Ctrl+F 键)。

如果只是要在工作表中查找信息，请选择"查找"选项卡。如果要将现有文本替换为新文本，请使用"替换"选项卡。此外，可使用"选项"按钮显示(或隐藏)附加的一些选项。图 17-3 中的对话框显示了这些附加选项。

图 17-3 使用"查找和替换"对话框定位工作表或工作簿中的信息

17.3.1 查找信息

在"查找内容"文本框中输入要查找的信息，然后指定以下任一选项。

- **"范围"下拉列表**：指定要查找的范围(当前工作表或整个工作簿)。
- **"搜索"下拉列表**：指定方向(按行或按列)。
- **"查找范围"下拉列表**：指定要查找的单元格部分(公式、值、注释或批注)。
- **"区分大小写"复选框**：指定查找操作是否区分大小写。
- **"单元格匹配"复选框**：指定是否必须匹配整个单元格内容。
- **"格式"按钮**：单击以查找具有特殊格式的单元格(参见 17.3.3 节"查找格式")。

单击"查找下一个"按钮，可一次定位一个匹配的单元格；单击"查找全部"按钮，可一次定位所有单元格。如果使用"查找全部"按钮，则"查找和替换"对话框将扩展开来，以显示所有匹配单元格的地址的列表。当选择该列表中的一项时，Excel 会滚动工作表，以便能在上下文中对其进行查看。

> **提示**
> 使用"查找全部"按钮后，按 Ctrl+A 键可以选择所找到的全部单元格。

> **注意**
> 不必关闭"查找和替换"对话框就可以访问并修改工作表。

17.3.2 替换信息

要将现有文本替换为其他文本，可以使用"查找和替换"对话框中的"替换"选项卡。在"查找内容"文本框中输入要替换的文本，在"替换为"文本框中输入新文本。可以像上一节所述的那样指定其他选项。

单击"查找下一个"按钮，可以定位到第一个匹配的项，然后单击"替换"按钮即可进行替换。当单击"替换"按钮时，Excel 将定位到下一个匹配项。如果不执行替换操作，请单击"查找下一个"按钮。如果要替换所有项而不执行验证操作，请单击"全部替换"按钮。如果替换操作没有按照期望的那样执行，可以使用快速访问工具栏上的"撤消"按钮(或按 Ctrl+Z 键)。

> **提示**
> 要删除信息，请在"查找内容"文本框中输入要删除的文本，但将"替换为"字段保留为空。

17.3.3 查找格式

还可以使用"查找和替换"对话框查找含有特殊格式的单元格，并且可以使用另一种格式来替换原有格式。例如，假设要查找所有被设置为加粗格式的单元格，然后将格式更改为加粗加倾斜。要完成上述任务，请执行下列步骤：

(1) 选择"开始"|"编辑"|"查找和选择"|"替换"命令(或按 Ctrl+H 键)。将显示"查找和替换"对话框。

(2) 确保显示的是"替换"选项卡。如有必要，单击"选项"按钮以展开对话框。

(3) 如果"查找内容"和"替换为"字段不为空，则删除它们的内容。

(4) 单击顶部的"格式"按钮。将显示"查找格式"对话框。此对话框类似于标准的"设置单元格格式"对话框。

(5) 选择"字体"选项卡。

(6) 在"字形"列表中选择"加粗"，然后单击"确定"按钮。

(7) 单击底部的"格式"按钮。将显示"替换格式"对话框。

(8) 选择"字体"选项卡。

(9) 在"字形"列表中选择"加粗倾斜"，然后单击"确定"按钮。

(10) 在"查找和替换"对话框中，单击"全部替换"按钮。Excel 将找到所有具有加粗格式的单元格，并将格式更改为加粗倾斜格式。

还可以基于特定的单元格查找格式。方法是在"查找格式"对话框中，单击"从单元格选择格式"按钮，然后单击含有要寻找的格式的单元格。

> **警告**
> "查找和替换"对话框无法查找通过表格样式应用的表格背景色格式或基于条件格式应用的格式。

17.3.4 工作表拼写检查

如果使用文字处理程序，很可能用过其拼写检查功能。如果在电子表格中存在拼写错误，也同样是很尴尬的。幸运的是，Microsoft 在 Excel 中包含了一个拼写检查器。

要访问拼写检查器，请选择"审阅"|"校对"|"拼写检查"命令，或按 F7 键。要检查特定区域内的拼写，请首先选择区域，然后激活拼写检查器。

> **注意**
> 拼写检查器可对单元格内容、图形对象和图表中的文字、页眉及页脚进行检查，甚至还可以对隐藏的行和列的内容进行检查。

"拼写检查"对话框与你可能熟悉的其他拼写检查工具的工作方式很相似。如果 Excel 发现当前词典中不存在的或拼写错误的单词，那么它会给出一组建议。可以单击下列其中一个按钮做出响应。

- **忽略一次**：忽略此单词，并继续执行拼写检查。
- **全部忽略**：忽略此单词，以及以后出现的同一单词。
- **添加到词典**：将单词添加到词典。
- **更改**：将单词更改为在"建议"列表中选定的单词。

- **全部更改**：将单词更改为在"建议"列表中选定的单词，以后出现同一单词时也执行相同更改，且不再出现提示。
- **自动更正**：将拼写错误的单词以及它的正确拼写形式(从列表中选择)添加到自动更正列表中。

17.4 使用自动更正

"自动更正"是一个很方便的功能，可用于自动修改常见的录入错误。还可将一些词汇添加到 Excel 自动更正的列表。"自动更正"对话框如图 17-4 所示。要访问该对话框，请选择"文件"|"选项"命令。在"Excel 选项"对话框中，选择"校对"选项卡，并单击"自动更正选项"按钮。

图 17-4 使用"自动更正"对话框控制 Excel 自动执行的拼写更正操作

此对话框中包含以下一些选项。

- **更正前两个字母连续大写**：自动更正前两个字母连续大写的单词。例如，将 BUdget 改为 Budget。这是在快速打字时经常出现的错误。可以单击"例外项"按钮以定义此规则的例外项列表。
- **句首字母大写**：将句子的第一个字母大写，所有其他字母保持不变。
- **英文日期第一个字母大写**：使星期中的某一天的第一个字母大写。如果输入 monday，则 Excel 会将其转换为 Monday。
- **更正因误按大写锁定键(Caps Lock)产生的大小写错误**：更正用户打字时偶然按下 CapsLock 键所导致的错误。
- **键入时自动替换**：在你键入时，"自动更正"功能自动更正错误的单词。

Excel 针对常见的单词拼写错误有一个非常长的"自动更正"条目列表。而且，还针对一些符号有某些"自动更正"条目。例如，(c)将被替换为©，(r)将被替换为®。还可以添加自己的"自动更正"条目。例如，如果发现自己常将单词"January"错误地拼写为"Janruary"，则可以建立一个"自动更正"条目来自动更改这个错误。要创建新的"自动更正"条目，请在"替换"框中输入拼写错误的单词，然后将拼写正确的单词输入"为"框中。也可以删除不再需要的条目。

提示

还可以使用自动更正功能来创建常用单词或短语的快捷方式。例如，如果你为一家名为 Consolidated Data Processing Corporation 的公司工作，则可以创建一个用于缩写的自动更正条目，如 cdp。之后，当输入 cdp 时，Excel 会自动将它更改为 Consolidated Data Processing Corporation。但是，请确保不使用可能会经常出现在文本中的字符组合，以免它们被错误地替换。

注意

某些情况下，可能需要忽略自动更正功能。例如，确实需要输入文本(c)，而不是版权符号。此时，可以在快速访问工具栏中单击"撤消"按钮，或按 Ctrl+Z 键。

可以使用"自动更正"对话框中的"键入时自动套用格式"选项卡中的选项来控制 Excel 中的其他一些自动设置。

通过"动作"选项卡，可为工作表中的某些数据类型启用以前称为"智能标记"的功能。Excel 可识别的动作类型因系统上安装的软件而异。

第 III 部分

创建图表和其他可视化

本部分的 5 章将介绍如何处理图表和可视化。你将了解如何使用 Excel 的各种图形功能来以图表或迷你图的形式显示数据。此外，你将学使用 Excel 的其他绘图和图形工具，用有意义的数据可视化来增强工作表。

本部分内容

第 18 章

开始创建 Excel 图表

本章要点

- Excel 如何处理图表
- 图表的组成部分
- 创建图表的基本步骤
- 使用图表
- 了解类型图表的示例

图表提供了数值的视觉表示。它们是一目了然的视图，使你能够说明数据值之间的关系，指出数据值的差异，并观察商业趋势。很少有哪种机制能够比图表更快地让用户理解数据；在仪表板中，图表可能成为关键的组成部分。

人们想到电子表格产品(如 Excel)时，通常会想到用它来处理很多行和列的数字。但 Excel 也非常擅长于以图表形式显示数据。本章将概述 Excel 的图表功能，展示如何使用 Excel 创建和自定义自己的图表。

> **配套学习资源网站**
> 本章的大多数示例都可以在配套学习资源网站 www.wiley.com/go/excel365bible 中找到。文件名是 Intro to Charts.xlsx。

18.1 图表的概念

图表是数值的可视化表示。从早期的 Lotus 1-2-3 开始，图表(也称为图形)就已经成为电子表格的一部分。从如今的标准看，早期的电子表格产品所生成的图表非常粗糙，但是这些年来其质量和灵活性已经得到显著改善。Excel 提供了用于创建各种可高度自定义的图表的工具，能够帮助你有效地传递信息。

在经过精心设计的图表中显示数据时，能使数字更加容易理解。因为图表呈现的是一幅图，所以特别适用于概括一系列数字和这些数字之间的相互关系。通过生成图表，常常有助于发现某些在其他情况下容易被忽视的趋势和模式。

图 18-1 显示了一个工作表，其中包含一个用于描述一家公司每月销售量的简单柱形图。

通过查看图表，可以很直观地看出销售量在夏季的几个月(6 月到 8 月)中下降，但在年度的最后 4 个月稳步增长。当然，仅通过分析数字也可以得出相同的结论，但通过查看图表则可以更快地得出这个结论。柱形图只是 Excel 可以创建的许多图表类型中的一种。

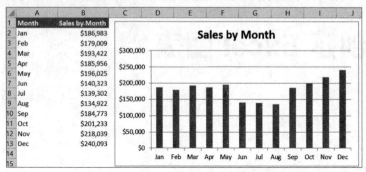

图 18-1　一个简单的柱形图显示每月销售量

注意:

在工作簿中，图表可以位于两个位置: 位于工作表中(这种图表被称为嵌入式图表)，或者位于单独的图表工作表中。

要快速创建一个嵌入式图表，可以选择数据，然后按 Alt+F1 键。或者，可以按 F11 键，在单独的图表工作表中创建图表。

18.1.1　了解 Excel 的图表处理方式

在创建图表前，必须具有一些数字(数据)。当然，这些数据是存储在工作表的单元格中的。通常，图表使用的数据保存在单个工作表中，但这并不是严格的要求。图表也可以使用存储在不同工作表中的数据，甚至还可以使用存储在不同工作簿中的数据。要决定使用一个工作表还是多个工作表中的数据，取决于数据模型、数据源的性质以及想让仪表板具备的交互性。

图表本质上是 Excel 按照要求创建的对象。此对象由一个或多个以图形方式显示的数据系列组成。这些数据系列的外观取决于选择的图表类型。例如，如果创建一个使用两个数据系列的折线图，则图表包含两条线，每条线分别代表一个数据系列。每个系列的数据存储在一个单独的行或列中。线上的每个点由单个单元格中的值决定，并以一个标记表示。可以通过线的粗细、线型、颜色或数据标记来区别每一条线。

图 18-2 显示的是一个折线图，绘制了 9 年间的两个数据系列。如图表底部的图例所示，这里是使用不同的数据标记(方和圆)来区分两个数据系列。折线还使用了不同的颜色，但是在本书的灰度图里不容易看出来。

需要记住的一点是，图表是动态的。换句话说，图表系列将链接到工作表中的数据。如果工作表中的数据发生改变，则图表会自动更新，以反映这些变化，从而使仪表板能够显示最新的信息。

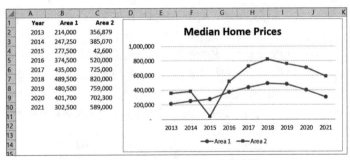

图 18-2　此折线图显示了两个数据系列

　　创建一个图表后，还可以更改其类型和格式、向其添加新数据系列或者更改现有数据系列，以便它使用不同区域中的数据。

18.1.2　嵌入式图表

　　嵌入式图表浮动在工作表上面，位于工作表的绘图层中。本章前面显示的图表都是嵌入式图表。

　　与其他绘图对象(如文本框或形状)一样，可以移动嵌入式图表，或调整其大小、比例、边框，以及添加效果(如阴影)。通过使用嵌入式图表，可以在图表使用的数据旁边查看图表。也可以将几个嵌入式图表放到一起，以便在一个页面中打印它们。

　　创建图表时，它一开始总会是嵌入式图表，但有一个例外情况。此例外情况是通过选择数据区域并按 F11 键来创建默认图表的情况。在这种情况下，将在图表工作表上创建图表。

　　要对一个嵌入式图表对象中的实际图表进行任何更改，必须单击激活该图表。当图表被激活时，Excel 将显示如图 18-3 所示的两个上下文选项卡："图表设计"和"格式"。

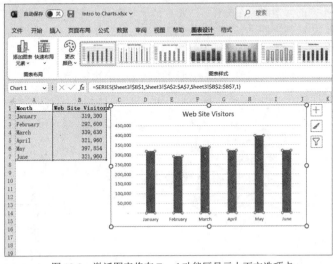

图 18-3　激活图表将在 Excel 功能区显示上下文选项卡

18.1.3　图表工作表

　　将嵌入式图表移动到图表工作表上后，可以通过单击其工作表选项卡来查看它。此时，该图表将占据整个工作表。如果计划在一页中单独地打印图表，则最好使用图表工作表。如果有许多图表，则可能需要在单独的图表工作表中创建每个图表，以避免将工作表弄乱。这种方法也使得你能够更轻松地定位某个特定的图表，因为你可以改变图表工作表选项卡的名称，以描述其包含的图表。虽然在传统仪表板中，一般不使用图表工作表，但是当创建报表并在包含多个选项卡的工作簿中查看时，图表工作表可能很方便。

图 18-4 显示了一个图表工作表。注意，图表工作表上唯一包含的对象就是图表自身；它不包含工作表区域。

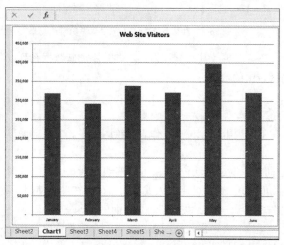

图 18-4　图表工作表上的图表

18.1.4　图表的组成部分

图表由许多不同的元素组成，所有这些元素都是可选的。没错，你可以创建一个不包含图表元素的图表，实际上就是一个空图表。空图表并不怎么有用，但 Excel 允许创建空图表。

在阅读后面对各个图表元素的说明时，请参考图 18-5 中的图表。

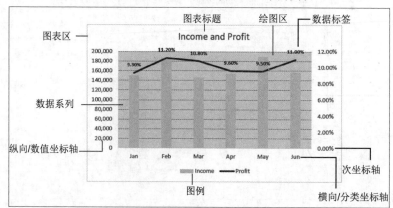

图 18-5　图表的组成部分

这个特定的图表是一个组合图表，其中显示了柱形和折线。它有两个数据系列：Income 和 Profit Margin。Income 绘制为纵向的柱形图，Profit Margin 绘制为折线。每个柱形表示一个数据点(单元格中的值)。

图表中有一个横坐标轴，也称为分类坐标轴，这个坐标轴表示每个数据点的分类(一月、二月等)。它没有标签，因为分类单位很明显。

请注意，这个图表有两个纵坐标轴，称为数值坐标轴，每个坐标轴有不同的刻度。左侧的坐标轴供柱形系列(Income)使用，右侧的次坐标轴供折线系列(Profit Margin)使用。

数值坐标轴还显示了刻度值。左侧的坐标轴可显示 0～200 000 的值，单位增量为 20 000。右侧的数值坐标轴使用的是不同的刻度：0%～12%，以 2%为增量。

对于图 18-5 中的图表，带有两个数值坐标轴是合适的，因为两个数据系列在刻度上有很大区别。如果使用左侧的坐标轴来绘制 Profit Margin 数据，则折线会不可见。

如果图表中有多个数据系列，通常需要有一种方式来标识数据系列或数据点。例如，经常会使用图例来标识图表中的各种系列。在此例中，图例出现在图表的底部。一些图表也会显示数据标签来标识特定的数据点。此示例图表为 Profit Margin 系列显示了数据标签，但没有为 Income 系列显示。此外，大多数图表(包括此示例图表)都包含一个图表标题和其他一些标签来标识坐标轴或分类。

示例图表也包含横向网格线(对应于左数值坐标轴)。网格线基本上是数值坐标轴刻度的扩展，它可以帮助查看者更轻松地确定数据点的量级。

所有图表都有一个图表区域(图表的整个背景区域)和绘图区。绘图区显示了实际图表，包括绘制的数据、坐标轴和坐标轴标签。

图表可具有更多或更少的组成部分，具体取决于图表的类型。例如，饼图(见图 18-6)具有扇区，但是没有坐标轴。3-D 图表可能有壁和基底(见图 18-7)。

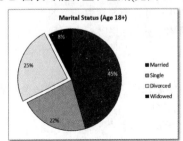

图 18-6　饼图

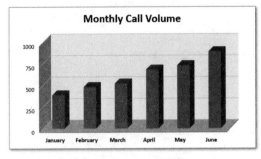

图 18-7　3-D 柱形图

还可以将其他类型的项目添加到图表中。例如，可以添加趋势线或显示误差线。

18.1.5　图表的限制

与 Excel 的大部分功能一样，图表能够处理和展示的数据量是有限制的。表 18-1 列出了 Excel 图表的限制。

表 18-1　Excel 图表的限制

项	限制
工作表中的图表数	受可用内存限制
图表引用的工作表	255
图表中的数据系列	255
数据系列中的数据点	32 000
数据系列中的数据点(3-D 图表)	4000
图表中的总数据点	256 000

18.2　创建图表的基本步骤

创建图表相对来说很简单。下面介绍如何创建及自定义一个基本图表，以有效传达自己的商业目标。

18.2.1　创建图表

使用图 18-8 中的数据，按照下面的步骤创建一个图表。

(1) **选择想要在图表中使用的数据**。如果数据有列和/或行标题，一定要选择它们(在本例中需要选择 A1:C4)。另一种方法是选择数据区域中的一个单元格。Excel 将为图表使用整个数据区域。

(2) **单击"插入"选项卡，然后单击"图表"组中的一个图表图标**。该图标将展开，显示所选图表类型的一个子类型列表(见图 18-9)。

图 18-9　"插入" | "图表"组中的图标展开后会显示一个图表子类型列表

(3)单击一个图表子类型，Excel 将创建指定类型的图表。图 18-10 显示了从数据创建的柱形图。

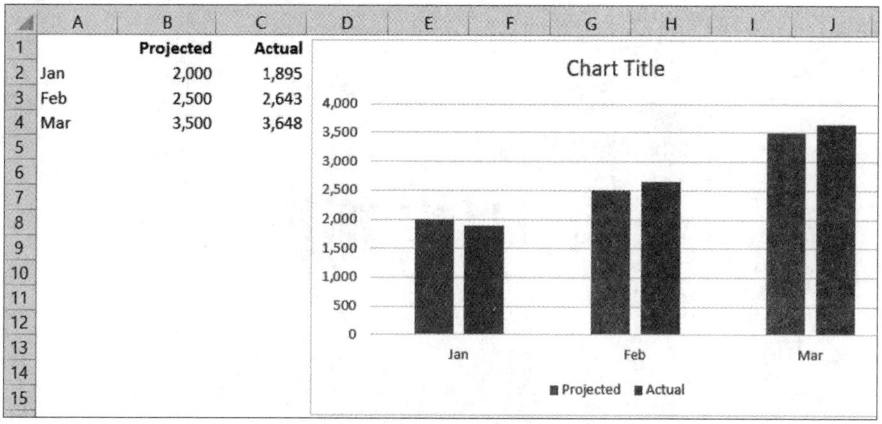

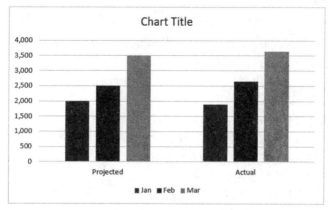

图 18-10　有两个数据系列的柱形图

18.2.2　切换行和列的方向

Excel 在创建一个图表时，会使用一个算法来决定将数据显示在列中或行中。大多数时候，Excel 的猜测是正确的，但如果创建的图表使用了错误的方向，就可以选择该图表，然后使用"图表设计" | "数据" | "切换行/列"来快速纠正。这是一个开关命令，如果改变数据方向后，图表并没有改善，只需要再次选择该命令(或者单击快速访问工具栏上的"撤消"按钮)。

数据的方向对图表的外观和可理解性有巨大影响。修改图 18-10 中的数据方向，得到图 18-11 中的柱形图。注意，现在图表有 3 个数据系列，分别对应每个月份。如果仪表板的目标是比较每个月的实际值和预测值，则图表的这个版本更难理解，因为相隔的列彼此不相邻。

图 18-11　切换了行/列方向后的柱形图

18.2.3　更改图表类型

创建图表后，很容易改变图表的类型。虽然对于特定数据集，柱形图的效果可能很好，

但是试试其他图表类型并没有坏处。选择"图表设计"|"类型"|"更改图表类型"命令，打开"更改图表类型"对话框，并试用其他图表类型。图 18-12 显示了"更改图表类型"对话框。

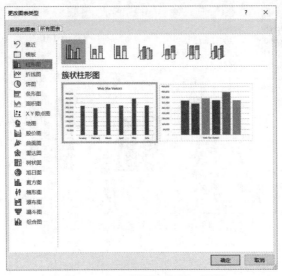

图 18-12　"更改图表类型"对话框

　　在"更改图表类型"对话框中，左边列出了主分类，子类型则显示为图标。选择一个图标，然后单击"确定"按钮，Excel 将使用新图表类型显示图表。如果不喜欢结果，则单击"撤消"按钮。

18.2.4　应用图表布局

　　每一个图表类型都有许多预定义的布局，通过单击鼠标就可以应用它们。一个布局中包含其他一些图表元素，如标题、数据标签、坐标轴等。这个步骤是可选的，不过某个预定义的设计可能已经能够满足你的需要。即使布局并不完全符合你的要求，也可能非常接近于你想要的布局，只需要做一些小调整。

　　要应用布局，可选择图表，然后使用"图表设计"|"图表布局"|"快速布局"库。图 18-13 显示了使用各种布局时的一个柱形图。

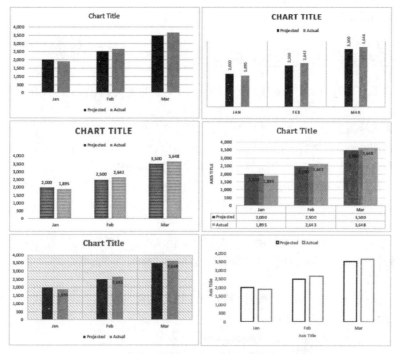

图 18-13 单击一次鼠标，就可为柱形图使用不同的设计

18.2.5 应用图表样式

"图表设计" | "图表样式" 库包含许多样式，可用于图表。样式包含各种颜色选项和特殊效果。同样，这是一个可选的步骤。

> **提示：**
> 库中显示的样式取决于工作簿的主题。当选择"页面布局" | "主题"命令，应用另一种主题时，将看到新的一组为所选主题设计的图表样式。

18.2.6 添加和删除图表元素

有些时候，通过应用图表布局或图表样式(如前所述)，得到的图表就具备了你所需要的全部元素。然而，大部分时候，需要添加或删除一些图表元素，并微调布局。通过使用"图表设计"和"格式"选项卡中的控件，可实现这些操作。

例如，要给图表提供一个标题，可以单击图表，然后选择"图表设计" | "图表布局" | "添加图表元素" | "图表标题"命令。该控件将显示一些选项，决定在什么地方放置标题。Excel 将插入一个标题框，显示文本"图表标题"。单击文本，将其替换为实际的图表标题。

18.2.7 设置图表元素的格式

可以设置图表中每个元素的格式，并以多种方式对其进行自定义。对于使用本章前面介绍的步骤创建的图表，许多用户已经感到满意。但是，因为你在阅读本书，可能想知道如何自定义图表来获得最佳效果。

Excel 提供了两种方式来设置图标元素的格式及进行自定义。下面的两种方法都需要先选择图表元素：

- 单击目标图表元素，然后使用"格式"选项卡中的功能区控件。
- 单击图表元素，然后按 Ctrl+1 键显示特定于所选图表元素的"设置格式"任务窗格。

还可以双击图表元素，打开该元素的"设置格式"任务窗格。

例如，假设想要更改图表中某个系列的柱形的颜色。单击系列的任何柱形(这将选择整个系列)，然后选择"格式"|"形状样式"|"形状填充"命令，并从显示的列表中选择一种颜色。

要更改柱形轮廓的属性，可使用"格式"|"形状样式"|"形状轮廓"控件。

要更改柱形中使用的效果(例如添加阴影)，可使用"格式"|"形状格式"|"形状效果"控件。

另外，可以选择图表中的一个系列，按 Ctrl+1 键，使用"设置数据系列格式"任务窗格，如图 18-14 所示。

图 18-14　使用"设置数据系列格式"任务窗格

注意图 18-14 中的图标。它们实际上是选项卡，提供了各种格式选项。单击顶部的图标，然后展开左侧的小节，可看到更多控件。它也是一个停靠窗格，允许单击图表中的其他元素。换句话说，不必关闭该任务窗格，就可以看到你指定的更改。

18.3　修改和自定义图表

接下来将介绍常见的图表更改操作。

18.3.1　移动图表和调整图表大小

如果图表是一个嵌入式图表，则可以使用鼠标随意地移动和改变其大小。单击图表的边框并拖动，可以移动图表。拖动 8 个"手柄"中的任何一个，可调整图表的大小。单击图表的边框时，将在图表的各个角和边上出现白色的圆形手柄。当鼠标指针变为双箭头时，单击并拖动鼠标就可以调整图表的大小。

另外，在单击图表的边框后，可以使用"格式" | "大小"控件来更加精确地调整图表的高度和宽度。调整的方法是使用微调框，或者在"高度"和"宽度"控件中直接输入尺寸。

要移动嵌入式图表，只需要单击图表的其中一个边框(注意不能单击其 8 个大小调整手柄)，然后将图表拖动到新位置即可。可以使用标准的剪贴方法来移动嵌入式图表。选择图表，然后选择"开始" | "剪贴板" | "剪切"命令(或者按 Ctrl+X 键)。然后激活目标位置附近的单元格，并选择"开始" | "剪贴板" | "粘贴"命令(或按 Ctrl+V 键)。

图表的新位置可以位于其他工作表，甚至是其他工作簿中。如果将图表粘贴到其他工作簿中，它将链接到原工作簿中的数据。要将图表移动到其他位置，还有一种方法：选择"图表设计" | "位置" | "移动图表"命令，将显示"移动图表"对话框，在这里可以为图表指定新工作表(可以是图表工作表或普通工作表)。

18.3.2　将嵌入式图表转换为图表工作表

当使用"插入" | "图表"组中的图标创建一个图表时，将总是创建一个嵌入式图标。如果希望自己的图表位于一个图表工作表中，则可以方便地进行移动。

要将嵌入式图表转换为图表工作表上的图表，先选择该图表，然后选择"图表设计" | "位置" | "移动图表"命令，打开如图 18-15 所示的"移动图表"对话框。选择"新工作表"选项，并为图表工作表提供一个不同的名称(可选步骤)。

要将图表工作表上的图表转换为一个嵌入式图表，可激活该图表工作表，然后选择"图表设计" | "位置" | "移动图表"命令，打开"移动图表"对话框。选择"对象位于"选项，并使用下拉控件指定工作表。

图 18-15　使用"移动图表"对话框将嵌入式图表移动到图表工作表(或执行反向操作)

18.3.3　复制图表

要创建嵌入式图表的精确副本，可选择图表，然后选择"开始" | "剪贴板" | "复制"命令(或按 Ctrl+C 键)。在目标位置附近激活一个单元格，然后选择"开始" | "剪贴板" | "粘贴"命令(或按 Ctrl+V 键)。新位置可以位于不同的工作表甚至不同的工作簿中。如果将图表粘贴到不同的工作簿，则图表将链接到原工作簿中的数据。

要复制图表工作表上的图表，可在按下 Ctrl 键的同时，将图表工作表的选项卡拖动到选项卡列表中的一个新位置。

18.3.4 删除图表

要删除嵌入式图表，只需要单击图表并按 Delete 键。可以在按住 Ctrl 键时选择多个图表，然后按一次 Delete 键将它们都删除。

要删除图表工作表，可以右击它的工作表选项卡，然后从快捷菜单中选择"删除"命令。要删除多个图表工作表，可通过按住 Ctrl 键并单击工作表选项卡来同时选定这些图表工作表。

18.3.5 添加图表元素

要向图表添加新元素(如标题、图例、数据标签或网格线)，可激活图表并使用"图表元素+"图标(显示在图表右侧)中的控件。请注意，每个项目将展开以显示其他选项。

也可以使用"图表设计"|"图表布局"组中的"添加图表元素"控件。

18.3.6 移动和删除图表元素

可以移动图表中的某些元素：如标题、图例和数据标签。要移动图表元素，只需要单击并选中此元素，然后拖动其边框即可。

用于删除图表元素的最简单的方法是，选中相应的图表元素，然后按 Delete 键。也可以使用"图表元素"图标(显示在图表右侧)中的控件来改变图表元素的位置。

> **注意**
> 一些图表元素由多个对象组成。例如，数据标签元素由每个数据点的一个标签组成。要移动或删除一个数据标签，需要先单击一次以选定整个元素，再单击一次以选定特定的数据标签。然后，就可以移动或删除选定的数据标签。

18.3.7 设置图表元素的格式

许多用户愿意使用预定义的图表布局和图表样式。但为了实现更精确的自定义，Excel 允许用户对单个图表元素进行处理并应用其他格式。可以使用功能区中的命令进行一些修改，但是用于设置图表元素格式的最容易的方法是右击图表元素，然后从快捷菜单中选择"设置<元素>格式"。具体命令取决于所选的元素。例如，如果右击的是图表标题，则快捷菜单命令是"设置图表标题格式"。

"设置格式"命令将显示出一个任务窗格，其中含有适用于选定元素的选项。所做的更改将在图表中立即显示出来。当选择新的图表元素时，任务窗格将随之更改，显示新选中元素的属性。可以在处理图表时保持显示此任务窗格。此任务窗格可位于窗口左侧或右侧，并且可以浮动和调整大小。

> **提示**
> 如果未显示"设置格式"任务窗格，则可以双击图表元素以显示它。

稍后的提要栏解释了"设置格式"任务窗格的工作方式。

> **提示**
> 如果在对图表元素应用格式之后认为此格式并不好，那么可以恢复到特定图表样式的原始格式。为此，需要右击图表元素，然后从快捷菜单中选择"重设以匹配样式"。要重设整个图表的格式，需要在执行该命令前选择整个图表区。

了解"设置格式"任务窗格

"设置格式"任务窗格可能具有一些欺骗性。它包含许多不可见的选项，有时必须通过执行很多单击操作才能找到所需的格式设置选项。

"设置格式"任务窗格的名称取决于所选中的图表元素。例如，图 18-14 显示了数据系列的任务窗格。"设置格式"任务窗格中的可用选项可能会变化很大，具体取决于所选中的图表元素。

但是，无论选择哪个图表元素，"设置格式"任务窗格顶部都会显示几个图标。每个图标有自己的一组控件，展开它们能够看到一组格式设置和自定义选项。

"设置格式"任务窗格一开始看起来可能很复杂，很难理解。但是，熟悉之后，使用这个任务窗格就变得容易多了。

18.3.8　复制图表的格式

如果你创建了一个格式很好的图表，并意识到需要创建另外几个具有相同格式的图表，那么有下面 3 种选择。

- 创建原图表的一个副本，然后修改副本图表使用的数据。修改图表使用的数据的一种方法是选择"图表设计"|"数据"|"选择数据"命令，然后在"选择数据源"对话框中做相应的修改。
- 创建其他图表，但是不应用任何格式。然后，激活原图表，并按 Ctrl+C。选择其他图表，然后选择"开始"|"剪贴板"|"粘贴"|"选择性粘贴"命令。在"选择性粘贴"对话框中，单击"格式"选项，然后单击"确定"按钮。为其他每个图表重复此操作。
- 创建一个图表模板，然后使用该模板作为新图表的基础，也可以将新模板应用到现有图表。

交叉引用：

第 19 章将详细介绍有关自定义图表和设置图表格式的更多信息，还将介绍图表模板。

18.3.9　重命名图表

激活嵌入式图表时，其名称将显示在"名称"框中(位于编辑栏左侧)。要更改嵌入式图表的名称，只需要选择该图表，然后在"名称"框中输入期望的名称即可。

为什么要重命名图表？如果工作表中有许多图表，就可能希望通过名称激活特定的图表。只需要在"名称"框中输入图表的名称，然后按 Enter 键即可激活该图表。记住"Monthly Sales"这种名称要比记住"Chart9"这种名称容易多了。

注意：

重命名图表时，Excel 允许使用已经用于现有的另一个图表的名称。通常，多个图表具有相同的名称并没有关系，但如果使用 VBA 宏来按名称选择图表，就可能出现问题。

18.3.10 打印图表

打印嵌入式图表没有特殊之处；可以像打印工作表一样打印它们。只要在要打印的区域中包括嵌入式图表，Excel 就会按屏幕中所显示的那样打印图表。当打印一个包含嵌入式图表的工作表时，最好先预览一下(或者使用"页面布局"视图)，以确保图表没有跨越多个页面。如果是在图表工作表中创建的图表，则 Excel 总是会在一页上单独打印图表。

> **提示**
>
> 如果选择一个嵌入式图表，并选择"文件" |"打印"命令，则 Excel 将在一页纸上单独打印图表，而不打印工作表数据。

如果不想打印特定的嵌入式图表，可访问"设置图表区格式"任务窗格，选择"大小与属性"图标。然后展开"属性"部分，并清除"打印对象"复选框。

18.4 了解图表类型

人们创建图表的目的通常是为了表达一个观点，或传递特定的信息。通常将在图表的标题或文本框中显式地陈述信息，而图表自身则能够提供可视化支持。

通常，选择正确的图表类型是信息表达效果的一个关键因素。因此，你应该花一些时间去试用各种图表类型，以便确定哪一种类型能最好地表达信息。

几乎在每种情况中，图表中的基本信息都是某些类型的比较。下面是一些常见的比较类型的示例：

- **将一项和其他项进行比较**。例如，图表可以比较公司每个销售地区的销售额。
- **比较一段时间内的数据**。例如，图表可以按月显示销售额，并表明趋势。
- **进行相对比较**。例如，使用饼图可以描述相对比例。
- **比较数据关系**。XY 散点图适用于这种比较。例如，可以显示每月营销花费和销售额之间的关系。
- **频率比较**。例如，可以使用普通的直方图来显示特定分数范围内的学生人数(或百分比)。
- **识别离群值或异常情况**。如果有成千上万个数据点，则可以创建一个图表以帮助识别不具代表性的数据。

18.4.1 选择图表类型

Excel 用户的一个常见问题是："如何知道应为数据使用哪一种图表类型？"令人遗憾的是，对于这个问题并没有一个现成的答案。也许最好的答案就是以下这个含糊的答案：使用能够以最简单的方式传达信息的图表类型。Excel 推荐的图表是一个不错的起点。选择你的数据，并选择"插入" |"图表" |"推荐的图表"命令，查看 Excel 推荐的图表类型。请注意，这些推荐的图表并不总是最佳的选择。

注意

在功能区中，"插入"选项卡的"图表"组显示了"推荐的图表"按钮，以及另外 9 个下拉按钮。所有这些下拉按钮都显示了多个图表类型。例如，柱形图和条形图都可以在一个下拉按钮中访问。与此类似，散点图和气泡图也共用一个按钮。可能在选择某种图表类型时，最简单的方式是选择"插入"|"图表"|"推荐的图表"命令，这将打开"插入图表"对话框的"推荐的图表"选项卡。选择"所有图表"选项卡，将看到所有图表类型和子类型的简洁列表。

图 18-16 显示的是使用 6 种不同图表类型绘制的同一组数据。尽管 6 个图表表现的都是相同的信息(网站每月的访问人数)，但是它们看起来却大不一样。

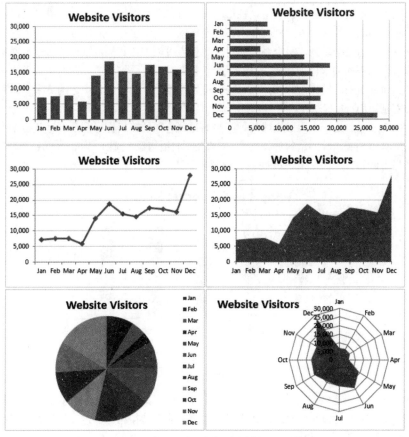

图 18-16　使用 6 种图表类型绘制的同一组数据

对于这组特定数据，柱形图(左上角)可能是最好的选择，因为它用离散单元清晰地显示出每月的信息。条形图(右上角)类似于柱形图，不同之处在于交换了坐标轴。但大多数人更习惯于从左到右(而不是从上到下)来查看基于时间的信息，因此这不是最佳选择。

折线图(中左)可能不是最好的选择，因为在该图中，数据看上去像是连续的——即似乎在 12 个实际数据点之间还存在其他点。面积图(中右)也存在这样的问题。

饼图(左下角)简直就是让人产生迷惑，完全没有表达出数据基于时间的本质。饼图最适于以下数据系列：需要强调较少的数据点中各数据点所占的比例。如果数据点太多，则很难看懂饼图要表达的信息。

雷达图(右下角)很明显不适合于此数据。人们并不习惯于以圆形方向查看基于时间的信息。

幸运的是，改变图表类型的操作非常容易完成，因此可以试用各种图表类型，直到找到一个可以精确、清晰、简单地表达数据的图表类型为止。

本章其余部分包含了关于各种 Excel 图表类型的详细信息。这些示例和讨论可以帮助你更好地确定最适合于数据的图表类型。

18.4.2 柱形图

柱形图也许是最常见的图表类型。柱形图可以将每个数据点显示为一个纵向柱形，柱形的高度对应于相应的数值。值的刻度显示在纵坐标轴上，该坐标轴通常位于图表的左侧。可以指定任意数目的数据系列，每个系列的对应数据点可以堆在其他数据点的上面。通常，每个数据系列会以不同的颜色或模式进行描绘。

柱形图通常用来比较离散的项，而且它们可以描绘一个系列的各项之间或多个系列的各项之间的差别。Excel 提供了 7 种柱形图子类型。

图 18-17 显示的是一个用于描述两种产品的月销售额的簇状柱形图示例。从这个图表中可以清楚地看出 Sprocket 的销售额始终超过 Widget 的销售额。另外，Widget 的销售额在这 5 个月期间呈下降趋势，而 Sprocket 的销售额则在上升。

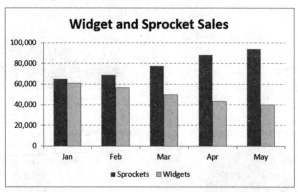

图 18-17 这个簇状柱形图图表比较了两种产品的每月销售额

图 18-18 显示的是以相同的数据生成的堆积柱形图。此图表有一个额外优点，即描绘了一段时间内的合并销售额。它显示出每个月的总销售额保持得相当稳定，但这两种产品的销售额的相对比例发生了变化。

图 18-19 显示的是以相同的销售数据生成的百分比堆积柱形图。此图表类型显示了每种产品每月销售额的相对比例。请注意，纵坐标轴显示的是百分比值，而不是销售额。这个图表未提供关于实际销售额的信息，但是可以使用数据标签提供此信息。此类型图表通常可用于代替使用几个饼图。此图表并不是使用饼图来显示每年的相对销售额，而是对每年使用了一个柱形。

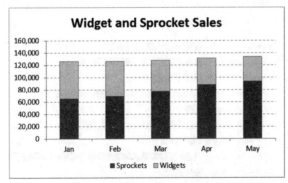

图 18-18　该堆积柱形图可按产品显示销售额并描绘总销售额

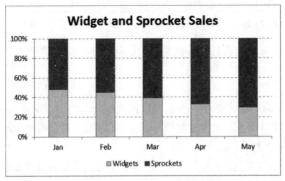

图 18-19　该百分比堆积柱形图可将每月销售额显示为一个百分比

　　图 18-20 显示的是以相同数据生成的三维簇状柱形图。许多人使用这种图表类型是因为它具有更多的视觉吸引力，但一般认为使用三维图表不是好的实践，因为在三维图表中，视角发生了扭曲，导致很难进行精准比较。

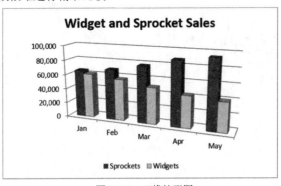

图 18-20　三维柱形图

18.4.3　条形图

　　条形图实际上是按顺时针方向旋转 90 度。条形图的一个显著优势是分类标签更清晰。图 18-21 显示了一个为 10 个调查项目显示值的条形图。分类标签很长，在柱形图中清楚地显示它们是很困难的。Excel 提供了 6 种条形图子类型。

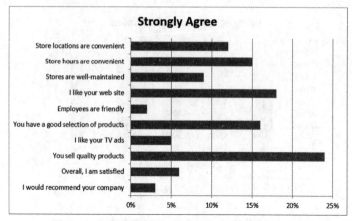

图 18-21　如果有冗长的分类标签，则可以选择使用条形图

可以在条形图中包含任意数目的数据系列。另外，条形图也可以从左到右"堆积"。

18.4.4　折线图

折线图通常用于绘制连续的数据，并且可以很好地标识趋势。例如，以折线图描绘每日销售量可以识别出一段时间内的销售波动情况。通常，折线图的分类坐标轴显示相等的间隔。Excel 支持 7 种折线图子类型。

请参见图 18-22 所示的折线图示例，该示例描述了每月数据(675 个数据点)。尽管每月的数据变化相当大，但这个图表清晰地显示了周期。

图 18-22　折线图可以帮助发现数据中的趋势

折线图可以使用任意数目的数据系列。可以通过使用不同的颜色、线型或标记来区分折线。图 18-23 显示的折线图有 3 个数据系列。这些数据系列使用不同的标记(圆形、方形、三角形)和线条颜色来区分。在非彩色打印机中打印图表时，标记是用于识别线条的唯一方式。

图 18-24 显示了最后一个折线图示例，这是一个三维折线图。虽然它有很好的视觉吸引力，但它肯定不是最清晰的数据呈现方式。事实上，这种折线图没多少价值。

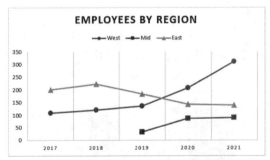

图 18-23　这个折线图显示了 3 个数据系列

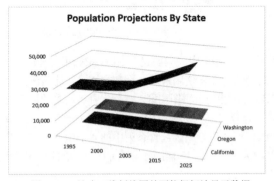

图 18-24　这个三维折线图并不能很好地显示数据

18.4.5　饼图

当要显示相对比例或所占整体的分量时，饼图很有用。饼图只能使用一个数据系列。饼图对于少量数据点的情况最为有效。通常，饼图应使用不超过 5 或 6 个数据点(或饼扇区)。具有过多数据点的饼图很难清楚地说明信息。

> **警告**
> 在饼图中使用的值必须都为正数。如果创建一个使用了一个或多个负值的饼图，则这些负值将被转换为正值，而这可能并不是你所需要的。

为了达到强调目的，可以将饼图中的一个或多个扇区"分解"出来(参见图 18-25)。激活图表，单击任一饼图扇区以选择整个饼图，然后单击要分解的扇区，并将其从中心拖出来即可。

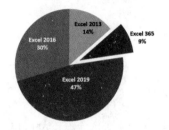

图 18-25　已"分解"出一个扇区的饼图

复合饼图和复合条饼图子类型允许显示一个辅助图表，为其中一个扇区提供更详细的信息。图 18-26 显示了一个复合条饼图示例。这个饼图显示了 Rent、Supplies、Utilities 和 Salary 这 4 个开支分类的细分。辅助条形图提供了 Salary 分类的一个额外区域细分。

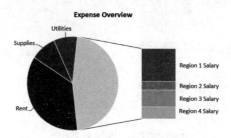

图 18-26　复合条饼图显示了一个饼图扇区的细节

图表所使用的数据位于 A2:B8 中。当创建图表时，Excel 将猜测属于辅助图表的分类。在此例中，Excel 会猜测为辅助图表使用最后 3 个数据点——此猜测是不正确的。

要改正图表，可以右击任意一个饼图扇区，然后选择"设置数据系列格式"。在"设置数据系列格式"任务窗格中选择"系列选项"图标，然后进行修改。在此例中，选择"系列分隔依据：位置"，然后指定第二个绘图区包含系列中的 4 个值。

有一种饼图子类型称为圆环图，基本上就是中间有一个洞的饼图。但是，与饼图不同的是，圆环图能够显示多个系列。

18.4.6　XY(散点图)

另一个常见的图表类型是 XY 散点图。XY 散点图不同于其他大多数图表类型的地方在于，两个坐标轴显示的都是数值(XY 散点图中没有分类坐标轴)。

此图表类型通常用于显示两个变量间的关系。图 18-27 显示的是一个用于描绘减重计划的周数(横坐标轴)和减重数(纵坐标轴)之间关系的 XY 散点图示例。

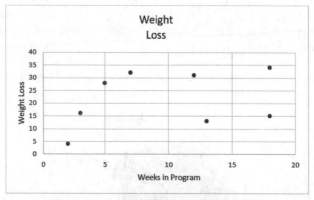

图 18-27　XY 散点图显示了两个变量之间的关系

注意

尽管这些数据点与时间相对应，但此图表并不表达任何与时间相关的信息。换句话说，该图表只基于数据点的两个值来绘制数据点。

18.4.7　面积图

可以将面积图视为一个在折线下填充颜色的折线图。图 18-28 显示了一个堆积面积图示例。通过将数据系列堆积起来，可以清晰地看到整体以及每个数据系列所占的比例。

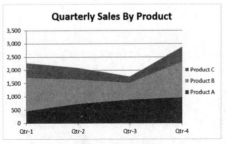

图 18-28 堆积面积图

图 18-29 显示的是以相同的数据绘制的三维面积图。正如你所看到的，它并不是一个很有效的图表。产品 B 和 C 的数据被部分遮挡。有些情况下，可通过旋转图表或使用透明效果来解决上述问题。但通常情况下，改进此类图表的最好方法是选择新的图表类型。

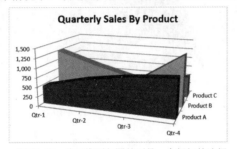

图 18-29　此三维面积图并不是一个很好的选择

18.4.8　雷达图

你可能不熟悉这种类型的图表。雷达图是一种特殊的图表，它为每个分类都使用一个单独的坐标轴，且各坐标轴从图表的中心向外伸展。每个数据点的值被绘制在相应的坐标轴上。

图 18-30 的左侧显示了一个雷达图示例。这个图表描绘了 12 个分类(月)中的两个数据系列，并显示了滑雪板和滑水板的季节性需求。注意，滑水板系列部分遮挡了滑雪板系列。

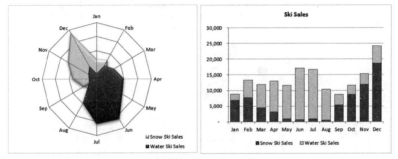

图 18-30　使用含有 12 个分类和两个系列的雷达图描绘滑板销售数据

使用雷达图来显示季节性销售额是一种有趣的方法，但肯定不是最好的图表类型。正如你所看到的，右侧的堆积条形图能更清晰地显示上述信息。

18.4.9 曲面图

曲面图可以在曲面上显示两个或更多的数据系列。如图 18-31 所示，这些图表非常有趣。与其他图表不同，Excel 使用颜色来区分数值，而不是区分数据系列。所使用的颜色数目由数值坐标轴的主要单位刻度设置所确定。每种颜色对应于一个主要单位。

> **注意**
> 曲面图不绘制三维数据点。曲面图的系列坐标轴与所有其他三维图表一样，是分类坐标轴而不是数值坐标轴。换句话说，如果有以 x、y 和 z 坐标表示的数据，那么除非 x 和 y 值间距相等，否则就不能在曲面图中精确地绘制这些数据。

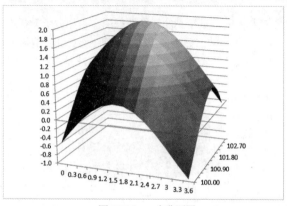

图 18-31　一个曲面图

18.4.10 气泡图

可将气泡图看成可以显示额外的数据系列的 XY 散点图。这些额外的数据系列以气泡的大小来表示。与 XY 散点图一样，气泡图的两个坐标轴都是数值坐标轴(没有分类坐标轴)。

图 18-32 显示了一个气泡图示例，它描述了一个减重计划的结果。横向数值坐标轴代表的是原始体重，纵向数值坐标轴显示的是减重计划的周数，气泡的大小代表的是减少的体重。

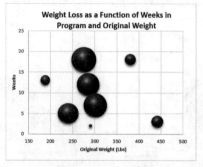

图 18-32　一个气泡图

18.4.11　股价图

　　股价图对于显示股票市场信息最有用。这些图表需要 3～5 个数据系列，具体取决于子类型。

　　图 18-33 显示了所有 4 种股价图类型的示例，底部的两个图表显示了交易量，并且使用了两个数值坐标轴。由柱形表示的日成交量使用左侧的坐标轴。上涨柱线(有时称为烛台)是用于描绘开盘价和收盘价之差的纵向线。黑色的上涨柱线表示收盘价低于开盘价。

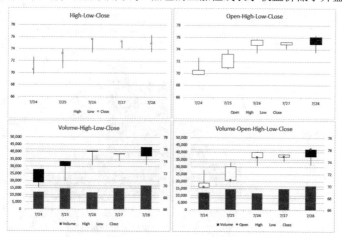

图 18-33　4 种股价图子类型

　　股价图并不仅限于股价数据。图 18-34 显示的是一个描绘了五月份每天最高、最低和平均气温的股价图。这是盘高-盘低-收盘图形。

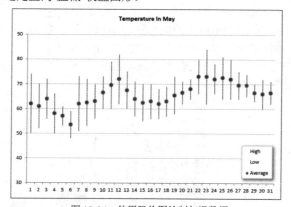

图 18-34　使用股价图绘制气温数据

18.5　Excel 的较新图表类型

　　如果你在升级到 Excel 2013 后没有再次升级，那么需要知道的是，在 Excel 2016 和 Excel 2019 中，Microsoft 新增了一些图表类型。本节将给出每种新图表类型的示例，并解释所需的数据类型。

18.5.1 直方图

直方图显示数据项在几个离散的箱中的数量。使用过"分析工具包"创建直方图(参见第 30 章)的用户会告诉你,创建一个好看的图表并不容易。但是,使用新增的直方图类型让这个任务变得简单得多。

图 18-35 显示了使用 105 个学生的考试分数创建的直方图。各箱显示为分类标签。可通过使用"设置坐标轴格式"任务窗格的"坐标轴选项"部分控制箱的数量。本例中指定了 8 个箱,Excel 会处理好细节。

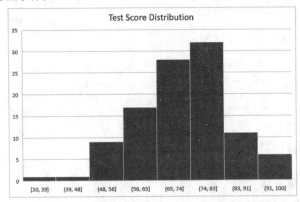

图 18-35 使用直方图显示学生的成绩分布情况

18.5.2 排列图

排列图是一种组合图表,其中的柱形按降序显示,使用左边的坐标轴。线条显示了累积百分比,使用右边的坐标轴。

图 18-36 显示了使用区域 A2:B14 中的数据创建的排列图。注意 Excel 会对图表中的数据项排序。例如,线条显示了大约 50%的投诉落在前三个分类中。

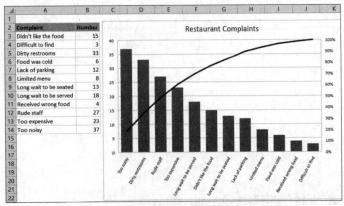

图 18-36 排列图以图形方式显示了投诉数量

> **注意:**
> 排列图图表类型实际上是直方图的一种子类型。在"插入"|"图表"|"插入统计图表"下可找到排列图子类型。

18.5.3 瀑布图

瀑布图用于显示一系列数字的累积效果，这些数字通常既包括正数，也包括负数。结果得到一个类似于楼梯的显示。瀑布图是在 Excel 2016 中引入的。

图 18-37 显示的瀑布图使用了 D 列的数据。瀑布图通常将最终的汇总值显示为最后的柱形，其原点为 0。要正确显示汇总柱形，需要选择该柱形，右击，然后从快捷菜单中选择"设置为汇总"。

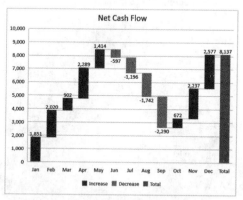

图 18-37 瀑布图显示了正的和负的净现金流

18.5.4 箱形图

箱形图常用于以可视化形式汇总数据。过去也能够使用 Excel 创建这种图表图形，但是需要大量设置工作。现在，创建箱形图非常简单。

图 18-38 显示了为 4 组对象创建的箱形图。数据来自一个具有两列的表中。在图表中，从箱子延伸出的纵向线代表数据的数值范围(最大值和最小值)。"箱子"代表第 25 个到第 75 个百分位。箱子内的横向线代表中位数(或第 50 个百分位)，X 代表平均值。这种图表允许观察者快速比较数据组。

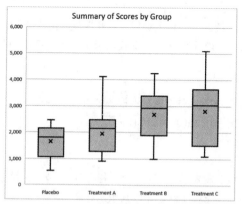

图 18-38 这个箱形图汇总了 4 组数据

"设置数据系列格式"任务窗格的"系列选项"部分包含了可用于这类图表的一些选项。

18.5.5　旭日图

　　旭日图类似于一个饼图，具有多个同心层。这种图表对于以分层形式组织的数据最有用。图 18-39 中的旭日图描述了一个音乐选集。该图表按流派和子流派显示了曲目数。例如，在图 18-39 中可以看到，爵士乐是一种音乐流派，在该流派中，有人声和器乐子流派。还要注意，一些流派没有子流派。

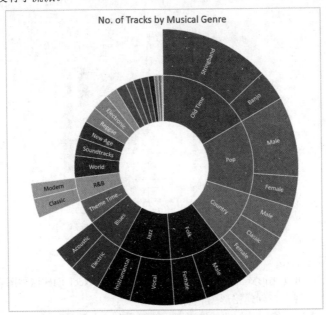

图 18-39　这个旭日图按照流派和子流派显示了音乐选集

　　这种图表类型有一个潜在的问题：一些扇区太小，以至于无法显示数据标签。

18.5.6　树状图

　　Excel 2016 引入了树状图。与旭日图类似，树状图也很适合表示分层数据。但是，树状图将数据表示为矩形。图 18-40 用树状图的形式显示了上个示例中的数据。

18.5.7　漏斗图

　　Excel 2019 新引入了漏斗图。对于表示流程各个阶段的相对值，漏斗图是理想的选择。这种图表通常用于可视化销售管道(如图 18-41 所示)。

18.5.8　地图

　　Excel 2019 新引入了地图图表类型。地图图表利用 Bing 地图来渲染基于地理位置的可视化。你只需要提供位置指示，Excel 就会完成其余工作。
　　地图图表非常灵活，允许基于省份名称、县名称、城市名称甚至邮政编码来创建图表。只要 Bing 能够识别你提供的标识地理位置的值，图表就能够无缝渲染。

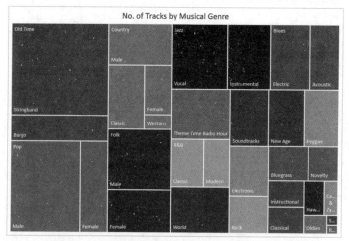

图 18-40　这个树状图按照流派和子流派显示了一个音乐选集

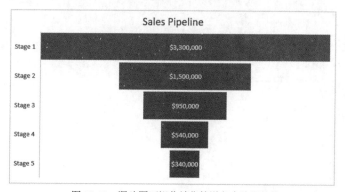

图 18-41　漏斗图可视化销售管道各个阶段的值

　　双击地图将激活"设置数据系列格式"任务窗格(如图 18-42 所示)，显示一些特殊的格式选项。这些选项允许修改地图投影(平面或曲面地图)、地图区域(显示所有位置或仅显示包含数据的位置)以及系列颜色(基于值应用颜色)。

图 18-42　地图图表有特殊的自定义选项

使用高级图表技术

本章要点

- 了解图表的自定义方法
- 更改基本的图表元素
- 使用数据系列
- 学习一些图表制作技巧

Excel 使创建基本图表的工作变得非常容易，只需要选择数据并选择图表类型即可完成任务。可以再花一点时间来选择其中一个预置的图表样式或图表布局。但是，如果要创建尽可能生动有效的图表，则可能需要使用 Excel 中的其他一些自定义技巧。

自定义图表的过程不仅包括更改其外观，可能还需要在其中添加新的元素。这些改动既可以是纯粹用于装饰(如更改颜色、修改线宽或者添加阴影效果)，也可以是重要的变化(如更改坐标轴刻度或添加一个数值坐标轴)。可添加到图表中的元素包括数据表、趋势线或误差线等组件。

第 18 章介绍了 Excel 中的图表的基本内容，以及如何创建基本的图表。本章将继续把这个主题提升到一个更高的层次。你不仅将学习如何尽量自定义图表，从而使图表完全符合你的要求，而且可以学到一些高级的图表制作技巧，以制作出更加令人印象深刻的图表。

19.1 选择图表元素

修改图表的操作与在 Excel 中执行其他操作非常类似：首先要进行选择(在这里应选择一个图表元素)，然后执行命令以对所选内容执行操作。

既可以一次只选择一个图表元素，也可以一次选择一组图表元素。例如，如果要改变两个坐标轴标签的字体，就必须单独操作这两个标签。

Excel 提供了 3 种用于选择特定图表元素的方法(接下来的小节中将分别介绍)：

- 使用鼠标
- 使用键盘
- 使用"图表元素"控件

19.1.1 使用鼠标进行选择

要使用鼠标选择图表元素，只需要单击相应的元素即可。选中后，会在图表元素的各个角点出现一个小圆圈。

> **提示**
>
> 有一些图表元素在选择时要困难一些。为了确保所选择的图表元素是你想要的，可查看位于功能区的"格式"|"当前所选内容"分组中的"图表元素"控件(参见图 19-1)。或者，如果显示了"设置格式"任务窗格，则可以通过任务窗格的标题来确定选定的图表元素。按 Ctrl +1 可显示"设置格式"任务窗格。

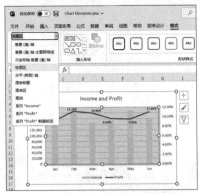

图 19-1 "图表元素"控件(位于左上角)可以显示所选图表元素的名称。在这个示例中，所选的是图表区

当将鼠标移动到图表上时，会出现一条小的图表提示，其中会显示出鼠标指针下面的图表元素的名称。当将鼠标移动到数据点上时，此图表提示还会显示数据点的值。

> **提示**
>
> 如果不希望显示这些图表提示信息，那么可关闭它。为此，可以选择"文件"|"选项"命令，并单击"Excel 选项"对话框中的"高级"选项卡。定位到"图表"部分，然后清除"悬停时显示图表元素名称"和/或"悬停时显示数据点的值"复选框中的复选标记。

有些图表元素(如系列、图例和数据标签)由多项组成。例如，图表系列元素由各个数据点组成。要选择某个特定的数据点，则需要单击两次：第一次单击以选中整个系列，然后在系列内单击要选择的具体元素(例如，柱形图或折线图的标记)。选择元素后，用户即可将格式应用到系列中的特定数据点上。

你可能会发现一些图表元素难以用鼠标选择。如果依靠鼠标来选择某个图表元素，则可能需要多次单击才能选中想要的元素。幸运的是，Excel 提供了其他一些用于选择图表元素的方法。你有必要花一点时间来学习这些方法。因此请仔细阅读下文，看看如何使用这些方法。

19.1.2 使用键盘进行选择

当一个图表处于活动状态时，可以在按住 Ctrl 键的同时，使用键盘上的上下方向键在图表的各元素之间切换。同样，需要查看"图表元素"控件来确保选中的图表元素是你想要的。

● **当选中图表系列时**：可以用左右方向键选择系列中的单项。

- 当选中一组数据标签时：可以用左右方向键来选择具体的数据标签。
- 当选中一个图例时：可以用左右方向键在图例中选择单个元素。

19.1.3　使用"图表元素"控件进行选择

可以在"格式" | "当前所选内容"组中访问"图表元素"控件。该控件会显示当前选定图表元素的名称。也可以使用它的下拉列表来选择活动图表中的某个特定元素。

"图表元素"控件也显示在浮动工具栏中。当你右击一个图表元素时，将显示浮动工具栏(参见图 19-2)。

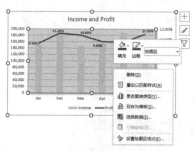

图 19-2　使用浮动工具栏中的"图表元素"控件

"图表元素"控件只能用于选择图表中最上一级的元素。例如，如果要选择系列中的一个单独的数据点，则需要先选择系列，然后使用方向键(或鼠标)选择所需的数据点。

> **注意**
> 当选择一个单独的数据点时，"图表元素"控件会显示所选元素的名称，即使该名称在下拉列表中不可见也是如此。

> **提示**
> 如果需要大量处理图表，那么你可能就需要向快速访问工具栏添加"图表元素"控件。这样，无论选中哪个功能区选项卡，它都会保持可见。要向快速访问工具栏中添加此控件，可以右击"图表元素"控件中的向下箭头，并选择"添加到快速访问工具栏"。

19.2　用于修改图表元素的用户界面选项

用于处理图表元素的方式主要有 4 种："设置格式"任务窗格、显示在图表右侧的图标、功能区、浮动工具栏。

19.2.1　使用"设置格式"任务窗格

当选择一个图表元素时，可以使用该元素的"设置格式"任务窗格来对该元素设置格式或选项。每个图表元素都有自己唯一的"设置格式"任务窗格，其中包含特定于该元素的控件(虽然许多"设置格式"任务窗格都有一些共同的控件)。可以通过以下任一种方法打开此任务窗格。

- 双击图表元素。
- 右击图表元素并从快捷菜单中选择"设置 xxxx 格式"命令(其中 xxxx 是元素的名称)。
- 选择图表元素，然后选择"格式" | "当前所选内容" | "设置所选内容格式"命令。
- 选择图表元素并按 Ctrl+1 键。

以上所有操作都将显示"设置格式"任务窗格。你可以在该任务窗格中对所选图表元素进行很多更改。例如，图 19-3 显示了在选中图表的数值坐标轴时出现的任务窗格。该任务窗格可自由浮动，不会停靠住。

> **提示**
>
> 通常情况下，"设置格式"任务窗格停靠在窗口右侧。但是，可以单击标题并拖动到所需的任意位置，也可以调整其大小。要重新停靠此任务窗格，可最大化 Excel 窗口，将其拖动到窗口右侧。如果选择了其他图表元素，则"设置格式"任务窗格会更改为显示适用于新元素的选项。

图 19-3   使用"设置格式"任务窗格设置选定图表元素的属性(在本例中是图表的数值坐标轴)

19.2.2   使用图表自定义按钮

当选择图表后，将在图表的右侧出现 3 个按钮(见图 19-4)。如果单击这些按钮，它们会展开以显示各种选项。下面逐一介绍这些图标。

- **图表元素**：可使用这些工具隐藏或显示图表中的特定元素。请注意，可以展开每项，以显示更多选项。若要展开"图表元素"列表中的项，可将鼠标悬停在相应项上方，并单击出现的箭头。
- **图表样式**：可使用此图标从预置的图表样式中进行选择，或更改图表的颜色方案。
- **图表筛选器**：可使用此图标隐藏或显示数据系列和数据系列中的特定点，或隐藏和显示类别。一些图表类型不显示"图表筛选器"按钮。

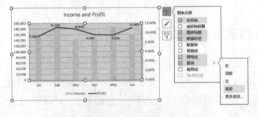

图 19-4   图表自定义按钮

19.2.3 使用功能区

"格式"选项卡中的控件可用于修改选中图表元素的外观。虽然功能区中的命令并不包括全部能够处理图表元素的工具,但是能够用它们来修改图表中大部分元素的形状填充、形状轮廓和形状效果设置。

当选择图表元素后,能够使用功能区中的命令执行以下操作。

修改填充颜色: 选择"格式"|"形状样式"|"形状填充"命令,然后选择一种颜色。

修改边框或轮廓颜色: 选择"格式"|"形状样式"|"形状轮廓"命令,然后选择一种颜色。

修改线条的宽度和样式: 选择"格式"|"形状样式"|"形状轮廓"命令,然后选择粗细或线型。

修改视觉效果: 选择"格式"|"形状样式"|"形状效果"命令,然后添加一种或多种效果。

修改字体颜色: 选择"开始"|"字体"|"字体颜色"命令。

19.2.4 使用浮动工具栏

当右击图表中的一个元素时,Excel 会显示一个快捷菜单和浮动工具栏。浮动工具栏中包含一些图标(样式、填充、轮廓),单击这些图标将显示一些格式选项。对于某些图表元素,样式图标不适用,因此浮动工具栏将显示"图表元素"控件(可以用来选择另一个图表元素)。

19.3 修改图表区

图表区是包含图表中所有其他元素的对象。可以将它看成图表的主背景或容器。

可以对图表区执行的唯一修改是对其进行修饰。可以更改它的填充颜色、轮廓或效果(如阴影、柔化边缘)。

> **注意**
>
> 如果将嵌入图表的"图表区"设置为使用"无填充",则图表将变得透明,位于其下层的单元格将会变得可见。除了指定填充颜色,还可以向图表元素添加效果,例如阴影。图 19-5 对图表的绘图区使用了填充颜色和阴影效果,使其看上去像是浮在工作表上一样。

"图表区"元素也可以控制在图表中使用的所有字体。例如,如果要更改图表中的所有字体,则不必单独对每个文本元素设置格式。只要选择"图表区",然后使用"开始"|"字体"组中或者"设置图表区格式"任务窗格中的选项进行更改即可。

图 19-5 设置"绘图区"的格式,使其与图表的其余部分能够区分开

重设图表元素的格式

如果不喜欢为图表元素所设置的格式,则总是可以将其重设为其初始状态。为此,只需要选择相应的元素,然后选择"格式"|"当前所选内容"|"重设以匹配样式"命令,或者右击图表元素,然后从快捷菜单中选择"重设以匹配样式"即可。

要重设整个图表中的所有格式,可以在执行"重设以匹配样式"命令之前先选择整个"图表区"。

19.4 修改绘图区

绘图区是包含实际图表的图表部分。更具体地说,绘图区是图表数据系列的容器。

提示

如果将"形状填充"设置为"无填充",则"绘图区"将会变得透明。因此,应用到"图表区"的填充颜色就会显示出来。

可以移动"绘图区"并调整"绘图区"的大小。选择"绘图区",然后拖动边框即可移动它。如要调整"绘图区"的大小,可以拖动其中一个角点手柄。

不同的图表类型对"绘图区"尺寸变化的响应方式也不同。例如,不能改变饼图或雷达图的相对尺寸。这些图表的"绘图区"总是方形的。但是,对于其他图表类型,则可以通过改变高度或宽度来改变"绘图区"的高宽比。

图 19-6 显示了一个图表,该图表已经调整了其中的"绘图区"大小,以便为插入的包含文本的"形状"留出空间。

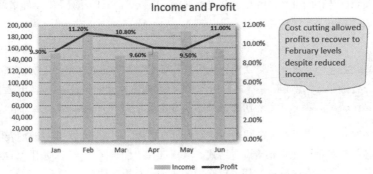

图 19-6 减小绘图区大小以便为"形状"留出空间

某些情况下,当调整图表的其他元素时,"绘图区"的大小可以自动更改。例如,如果在图表中添加一个图例,则"绘图区"的大小就可能会减小以容纳该图例。

提示

更改"绘图区"的大小和位置可以对图表的整体外观产生很大的影响。因此,当调整图表时,可能需要尝试绘图区的多种大小和位置以获得最佳的效果。

19.5　处理图表中的标题

图表可以具有以下几种不同类型的标题：

● 图表标题

● 类别坐标轴标题

● 数值坐标轴标题

● 次类别坐标轴标题

● 次数值坐标轴标题

● 深度坐标轴标题(适用于真正的三维图表)

可以使用的标题数目取决于图表的类型。例如，饼图只支持图表标题，因为它没有坐标轴。

用于添加图表标题的最简单的方法是使用"图表元素"按钮(加号)，该按钮显示在图表的右侧。激活图表，单击"图表元素"按钮并启用"图表标题"项。要指定一个位置，可将鼠标移到"图表标题"项上，然后单击箭头。然后，可以指定图表标题的位置。单击"更多选项"可显示"设置图表标题格式"任务窗格。

此基本步骤也适用于坐标轴标题。可以使用其他一些选项来指定所需的坐标轴标题。

添加标题后，可以对默认的文本进行替换，并可以将标题拖放到其他位置。但不能通过拖动边框更改标题的大小。用于更改标题大小的唯一方式是更改字号。

提示

图表标题及任何坐标轴标题也可以使用单元格引用。例如，可以创建一个链接，使图表总是将单元格 A1 中的文本显示为标题。要创建链接，可以选择标题，单击编辑栏，输入等号(=)，然后选择包含想要在标题中看到的数据的单元格，再按 Enter 键。创建链接后，当选择标题时，编辑栏中将显示单元格引用。

在图表中添加自由浮动的文本

图表中的文本并不只限于标题。事实上，可以在图表的任意位置添加自由浮动的文本。为此，请激活图表，并选择"插入"|"文本"|"文本框"命令。单击图表以创建文本框，并输入文本。可以调整文本框大小、移动文本框、更改文本框格式等。此外，也可以向图表添加一个"形状"，然后向"形状"中添加文本(前提是"形状"可接受文本)。请参见图 19-6 了解关于插入包含文本的形状示例。

19.6　处理图例

图表的图例由文本和符号组成，用于标示图表中的数据系列。符号是对应于图表中的各系列的小图形(一个符号对应于一个系列)。

要为图表添加图例，请激活图表，并单击图表右侧的"图表元素"图标。在"图例"旁边放置一个复选标记。要指定图例的位置，请单击"图例"项旁边的箭头，并选择一个位置(右、顶部、左或底部)。添加图例后，可以将其拖动到所需位置。

提示

如果要手动移动图例，则可能需要调整"绘图区"的大小。

用于删除图例的最快捷的方法是选中图例，并按 Delete 键。

可以选择图例中的各项，并单独为它们设置格式。例如，可能需要将文本显示为粗体，以突出显示特定的数据系列。要选择图例中的元素，请首先选择图例，然后单击所需的元素即可。

如果在最初选择单元格创建图表时没有包括图例文本，那么 Excel 将在图例中显示"系列 1""系列 2"等。要添加系列名称，可以选择"图表设计"|"数据"|"选择数据"命令以显示"选择数据源"对话框(参见图 19-7)。在该对话框中选择数据系列名称并单击"编辑"按钮。然后在"编辑数据系列"对话框中，输入系列名称或输入含有系列名称的单元格引用。可以对需要命名的所有系列重复上述输入操作。

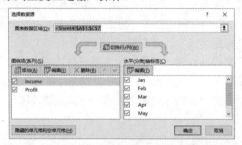

图 19-7　使用"选择数据源"对话框更改数据系列名称

某些情况下，你可能喜欢忽略图例，而使用标注来标识数据系列。图 19-8 显示了一个无图例的图表。该图表使用"形状"来标识每个系列。这些"形状"位于"格式"|"插入形状"库的标注部分中。

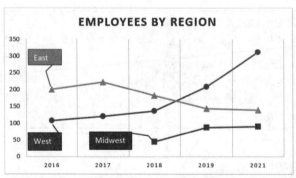

图 19-8　使用"形状"作为标注代替图例

复制图表格式

如果你已创建一个非常优秀的图表，并花费了很长时间对它进行了自定义。现在，需要创建一个与该图表类似的图表，只是数据不同，该怎么办呢？你有以下几种选择：

- **复制格式**。首先使用默认的格式创建新图表，然后选择原图表，并选择"开始"|"剪贴板"|"复制"命令(或按 Ctrl+C 键)。接着单击新图表，选择"开始"|"剪贴板"|"粘贴"|"选择性粘贴"命令。在"选择性粘贴"对话框中选择"格式"选项。

- **复制图表并更改数据源**。在单击原图表时按住 Ctrl 键，并对其进行拖动。这将创建图表的精确副本。然后使用"图表设计" | "数据" | "选择数据"命令。在"选择数据源"对话框的"图表数据区域"字段中为新图表指定数据。
- **创建图表模板**。选择图表，右击"图表区"，并从快捷菜单中选择"另存为模板"。Excel 将提示输入一个名称。在创建下一个图表时，即可使用这个模板作为图表类型。有关使用图表模板的更多信息，参见本章后面的 19.10 节"创建图表模板"。

19.7　处理网格线

网格线可以帮助用户确定图表系列所代表的数值。网格线只是对坐标轴上的刻度线进行了延伸。对于某些图表，使用网格线有助于更好地表达信息，而对于有些图表则会导致混乱。有时候，仅使用水平网格线就已经足够，而 XY 散点图常常能从水平和垂直网格线获益。

要添加或删除网格线，请激活图表，单击图表右侧的"图表元素"按钮。在"网格线"旁边放置一个复选标记。要指定网格线的类型，请单击"网格线"项右侧的箭头。

注意
每个坐标轴有两组网格线：主要网格线和次要网格线。主要网格线用于显示标签，次要网格线位于标签之间。

要修改一组网格线的颜色和粗细，请单击其中一条网格线，并使用"格式" | "形状样式"组中的命令。或者使用"设置主要网格线格式"(或"设置次要网格线格式")任务窗格中的控件。

如果网格线看起来太混乱，则可以考虑使用更浅一些的颜色，或者使用一个虚线选项。

19.8　修改坐标轴

各种图表所使用的坐标轴数量有所不同。饼图、圆环图、旭日图和树状图没有坐标轴。所有二维图表都有两个坐标轴；但是，如果使用次数值坐标轴，则有 3 个坐标轴；如果在 XY 散点图中使用了次类别坐标轴，则有 4 个坐标轴。真正的三维图表有 3 个坐标轴。

在"设置坐标轴格式"任务窗格中，Excel 提供了很多对坐标轴的控制。该任务窗格的内容取决于所选的坐标轴类型。

19.8.1　更改数值坐标轴

要更改一个数值坐标轴，请右击它并选择"设置坐标轴格式"。图 19-9 显示了"设置坐标轴格式"任务窗格中用于数值坐标轴的面板("坐标轴选项")。在此示例中，"坐标轴选项"部分已展开，其他三个部分已折叠。任务窗格顶部的其他图标用于处理坐标轴的外观和数字格式。

图 19-9　用于数值坐标轴的"设置坐标轴格式"任务窗格

　　默认情况下，Excel 会根据数据的数值范围自动确定坐标轴的最小值和最大值。要覆盖此自动坐标轴刻度，请在"边界"部分中输入自己的最小值和最大值。如果更改这些值，"自动"一词将更改为"重置"按钮。单击"重置"按钮可恢复为自动坐标轴刻度。

　　Excel 也会自动调整主要和次要坐标轴单位。同样，可以覆盖 Excel 的选择，并指定不同的单位。

　　通过调整数值坐标轴的边界值，可以影响图表的外观。在一些情况下，对刻度的操作可能会导致错误地理解数据。图 19-10 显示了两个描述相同数据的折线图。左侧的图表使用的是 Excel 的默认(自动)坐标轴边界值。在右侧的图表中，最小边界值被设为 20 000，最大边界值被设为 400 000。第一个图表使数据中的差距看上去更明显，而第二个图表则让人感觉数据差距不大。

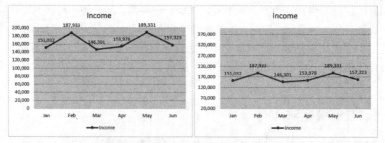

图 19-10　这两个图表显示的是相同的数据，但使用的是不同的数值坐标轴边界

　　所使用的实际刻度取决于实际场合。对于刻度设置，除了不能操纵图表来错误地表示数据，意图证明不合理的观点之外，并没有其他严格准则。

提示
如果要使用多个具有相似刻度值的图表，则最好保持相同的边界，以便更容易比较各图表。

"设置坐标轴格式"任务窗格中的另一个选项是"逆序刻度值"。图 19-11 中左侧的图表使用的是默认的坐标轴设置。右侧的图表使用的是"逆序刻度值"选项，该选项将翻转刻度的方向。可以注意到"类别坐标轴"位于右侧。如果希望在翻转坐标轴时，将类别坐标轴的标签保留在原来的位置，请为"横坐标轴交叉"设置选择"最大坐标轴值"选项。

如果要绘制的值覆盖了很大的数值范围，则可能需要为数值坐标轴使用对数刻度。对数刻度最常用于科学应用。图 19-12 显示了两个图表，其中顶部的图表使用的是标准刻度，底部的图表使用的是对数刻度。

> **注意**
>
> 对于对数刻度，底数的设置是 10，因此图表中的每个刻度值是其下面那个值的 10 倍。将主要刻度单位增加到 100 将产生一个新刻度，在该刻度中，每个刻度线值是下面那个值的 100 倍。可将底数指定为 2～1000 之间的任意值。

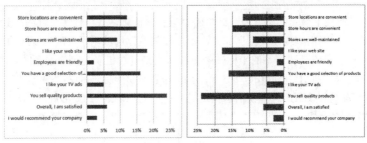

图 19-11 右侧图表使用的是"逆序刻度值"选项

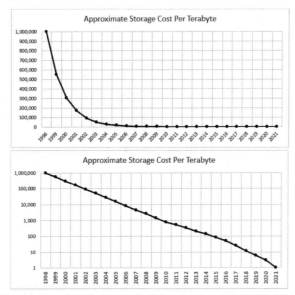

图 19-12 这些图表显示了相同的数据，但底部的图表使用了对数刻度

配套学习资源网站

配套学习资源网站 www.wiley.com/go/excel365bible 中提供了该工作簿——log scale.xlsx。

如果要在图表中使用很大的数字，则可能需要更改"显示单位"设置。图 19-13 显示了一个使用很大数字的图表(左图)。右边的图表使用了"千"作为"显示单位"设置，并使用了"在图表上显示单位标签"选项。

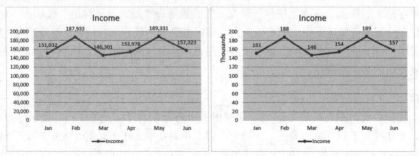

图 19-13　右边的图表使用"千"作为显示单位

要调整在坐标轴上显示的刻度线，请单击"设置坐标轴格式"任务窗格的"刻度线"部分，以展开该部分。"主刻度线类型"和"次刻度线类型"选项用于控制刻度线的显示方式。主刻度线是通常在旁边具有标签的坐标轴刻度线；次刻度线位于主刻度线之间。

如果展开"标签"部分，可以在以下 3 个不同的位置放置坐标轴标签："轴旁""高"和"低"。

如果对"横坐标轴交叉"选项使用这些设置，则可以获得很大的灵活性，如图 19-14 所示。

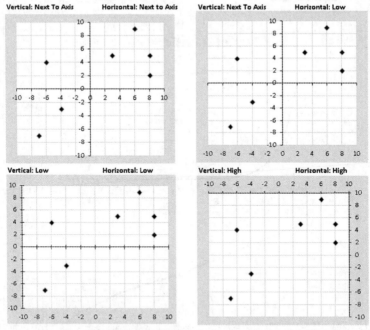

图 19-14　在显示坐标轴标签和交叉点时，Excel 提供了很大的灵活性

任务窗格中的最后一个部分是"数字"，可用于指定数值坐标轴的数字格式。通常情况下，数字格式链接到源数据，但你可以覆盖它。

19.8.2　更改类别坐标轴

图 19-15 显示了在选择类别坐标轴时，"设置坐标轴格式"任务窗格中的"坐标轴选项"区域的一部分。其中的一些选项与数值坐标轴的选项相同。

一项重要的设置是"坐标轴类型"："文本"或"日期"。当创建图表时，Excel 可以识别类别坐标轴是包含日期或时间值。如果识别出日期或时间，Excel 会使用日期类别坐标轴。图 19-16 显示了这样的一个简单示例。A 列包含日期，B 列包含在柱形图中描绘的值。数据中只包含 10 个日期的数值，但 Excel 创建的图表中的类别坐标轴含有 30 个时间间隔。Excel 会认为类别坐标轴值是日期，并创建等间隔的刻度。

图 19-15　可用于类别坐标轴的部分选项

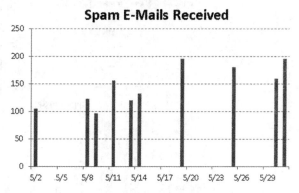

图 19-16　Excel 识别出日期并创建
基于时间的类别坐标轴

通过对"坐标轴类型"选项选择"文本坐标轴"，可以覆盖 Excel 使用日期类别的决定。图 19-17 显示的是经过上述更改之后的图表。这个使用基于时间的类别坐标轴(如图 19-16 所示)的示例显示了更符合实际的数据情形。

Excel 会确定类别标签的方向，但你可以覆盖 Excel 的选择。图 19-18 显示了一个带有时间标签的 XY 散点图。由于类别标签很长，因此 Excel 会按一定的角度显示标签。如果增加图表宽度，则这些标签将会以水平方向显示出来。还可以使用"设置坐标轴格式"任务窗格中的"大小与属性"部分中的"对齐方式"控件来调节标签。

注意，类别坐标轴标签可以包含多列。图 19-19 显示了一个图表，其中显示了类别坐标轴的 3 列文本。在示例中，选择了区域 A1:E10，创建了一个柱形图，Excel 自己确定了类别坐标轴。

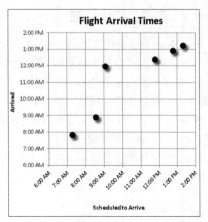

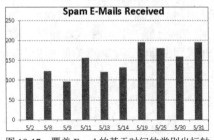

图 19-17 覆盖 Excel 的基于时间的类别坐标轴

图 19-18 Excel 确定类别坐标轴标签的显示方式

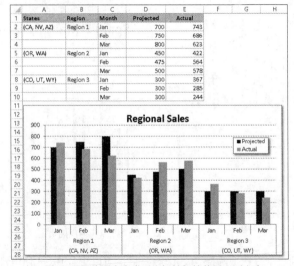

图 19-19 此图表为类别坐标轴标签使用 3 列文本

不要害怕尝试(但应在副本上尝试)

掌握 Excel 图表的关键在于尝试执行各种操作,这也称为试错法(或反复试验法)。Excel 中用于图表的选项非常多,这使得用户掌握起来比较困难,即使对于经验丰富的用户也是如此。本书不可能涉及有关图表的所有功能和选项。因此,如果你想成为制作图表的高手,就需要深入发掘并尝试使用各种图表选项。通过在工作中融入创意,就可以创建出与众不同的图表。

在创建基础图表后,可为图表生成一个副本,以用于试验。这样,即使执行了错误的操作,也可以返回原图表,然后重新开始。要为嵌入式图表生成副本,请单击图表,并按 Ctrl+C 键。然后激活一个单元格,并按 Ctrl+V 键。要为图表工作表生成副本,请在按住 Ctrl 键的同时单击工作表选项卡,然后将其拖动到其他选项卡中的新位置。

19.9　处理数据系列

每个图表都包含一个或多个数据系列。这些数据将转换为图表中的柱、条、线、饼扇区等。本节将讨论对图表的数据系列执行的一些常见操作。

当选择图表中的数据系列时，Excel 会执行下列操作。

- 在"图表元素"控件(位于"格式" | "当前所选内容"组)中显示系列名称
- 在编辑栏中显示"系列"公式
- 用某种颜色突出显示所选系列所使用的单元格

可以使用功能区或"设置数据系列格式"任务窗格中的选项来更改数据系列。由于所使用的数据系列类型(柱、线、饼等)不同，"设置数据系列格式"任务窗格将有所不同。

> **警告**
>
> 如果未显示"设置格式"任务窗格，则显示"设置数据系列格式"任务窗格的最简单方式是，双击图表的数据系列。但是，请注意：如果某个数据系列已被选中，则双击时将会显示"设置数据点格式"任务窗格。在其中执行的更改将只影响数据系列中的一个点。要编辑整个系列，请确保先选择数据系列以外的一个图表元素，然后双击数据系列，或者直接按 Ctrl+1 键以显示任务窗格。

19.9.1　删除或隐藏数据系列

要删除图表中的数据系列，可以选择数据系列，然后按 Delete 键。执行上述操作后，数据系列将从图表中移除。当然，工作表中的数据会完整地保留下来。

> **注意**
>
> 可以从图表中删除所有数据系列。如果这样，图表将显示为空。然而，图表仍将保留其设置。因此，可以将数据系列添加到空的图表中，从而使其又显示为一个图表。

要临时隐藏数据系列，可激活图表，然后单击右侧的"图表筛选器"按钮。删除要隐藏的数据系列的复选标记，单击"应用"，该数据系列将被隐藏，但它仍与图表相关联，所以可在以后取消隐藏。但是，不能隐藏所有的系列。必须至少有一个系列是可见的。"图表筛选器"按钮还允许隐藏系列中的个别点。注意，Excel 2016 和 Excel 2019 中新引入的图表类型不显示"图表筛选器"按钮。

19.9.2　为图表添加新数据系列

如果要为现有图表添加其他数据系列，一个方法是重新创建图表，并包含新的数据系列。但是，更简单的方法通常是在现有图表中添加数据系列，并且这样做图表将会保留已执行的所有自定义。

Excel 提供了以下 3 种用于向图表添加新数据系列的方法。

- **使用"选择数据源"对话框。** 激活图表并选择"图表设计" | "数据" | "选择数据"命令。在"选择数据源"对话框中，单击"添加"按钮，Excel 会显示"编辑数据系列"对话框。在其中指定"系列名称"(以单元格引用或文本的形式)和含有"系列值"

的区域即可。也可以从通过右击图表中的许多元素而显示的快捷菜单中访问"选择数据源"对话框。

- **拖动区域轮廓**。如果要添加的数据系列与图表中的其他数据是相邻的,可以单击图表中的"图表区"。Excel 将突出显示工作表中的数据并画出其轮廓。单击轮廓的角并拖动以选择新数据。此方法仅适用于嵌入式图表。
- **复制和粘贴**。选择要添加的区域并按 Ctrl+C 键将其复制到"剪贴板"。然后,激活图表,并按 Ctrl+V 键将数据粘贴到图表中。

> **提示**
>
> 如果图表最初是通过表格(通过"插入"|"表格"|"表格"创建)中的数据生成的,那么在表格中添加新行或列(或删除行或列)时,图表会自动更新。如果需要经常使用新数据来更新图表,则从表格中的数据来创建图表将可以节省许多时间和精力。

19.9.3 更改数据系列所使用的数据

可能需要修改用于定义数据系列的区域。例如,如果需要添加新数据点,或者需要从数据集中删除旧数据点,就存在这种情况。下面几节将介绍用于更改数据系列所使用的区域的各种方法。

1. 通过拖动区域轮廓线来更改数据区域

对于嵌入式图表,用于更改数据系列的数据区域的最简单方法是拖动区域的轮廓线。当选择图表中的一个系列时,Excel 会为系列所使用的数据区域加上轮廓线。可以拖动区域轮廓线右下角的小点来扩展或缩小数据区域。在图 19-20 中,将拖动区域轮廓以包括其他两个数据点。

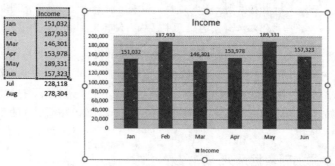

图 19-20 通过拖动区域的轮廓线更改图表的数据系列

也可以通过单击并拖动轮廓线的边来将轮廓线移动到其他单元格区域。

在某些情况下,可能还需要调整含有类别标签的区域。这种情况下,这些标签也会被加上轮廓线,而且可以拖动轮廓线以扩展或缩小在图表中使用的标签区域。

如果图表位于图表工作表上,则需要使用下面将要介绍的两种方法之一。这些方法也适用于嵌入式图表。

2. 使用"编辑数据系列"对话框

另一种用于更新图表以反映不同数据区域的方法是使用"编辑数据系列"对话框。要快速显示该对话框，可以在图表中右击数据系列并从快捷菜单中选择"选择数据"。将显示"选择数据源"对话框。从列表中选择数据系列，并单击"编辑"即可显示"编辑数据系列"对话框，如图 19-21 所示。

图 19-21　"编辑数据系列"对话框

可以通过调整"选择数据源"对话框的"图表数据区域"字段中的区域引用来更改图表所使用的整个数据区域。此外，也可以从列表中选择系列，并单击"编辑"以修改所选的系列。

3. 编辑系列公式

图表中的每个数据系列都有一个关联的 SERIES 公式。当选择图表中的数据系列时，会在编辑栏中显示此公式。如果了解 SERIES 公式的构建方式，就可以直接编辑 SERIES 公式中的区域引用，以更改图表所使用的数据。

> **注意**
> SERIES 公式并不是一个真正的公式。换句话说，不能在单元格中使用它，也不能在 SERIES 公式内使用工作表函数，但可以在 SERIES 公式中编辑参数。

SERIES 公式的语法如下：

```
=SERIES(series_name,category_labels,values,order,sizes)
```

可以在 SERIES 公式中使用以下参数。

- series_name：(可选)。对含有在图例中使用的系列名称的单元格的引用。如果图表只有一个系列，则此名称参数会被用作标题。该参数也可以由引号中的文本组成。如果忽略，则 Excel 会创建一个默认的系列名称(如"系列 1")。
- category_labels：(可选)。对含有类别坐标轴标签的区域的引用。如果忽略，则 Excel 会使用以 1 开始的连续整数。对于 XY 散点图，该参数指定为 X 值。不相邻的区域引用也是有效的。区域地址用逗号隔开，并括在括号中。此参数也可以由一组括在花括号中的由逗号分隔的值(或引号中的文本)组成。
- values：(必需)。对包含系列值的区域的引用。对于 XY 散点图，该参数指定为 Y 值。不相邻的区域引用也是有效的。区域地址用逗号隔开，并括在括号中。该参数也可以由一组括在花括号中的由逗号分隔的值组成。
- order：(必需)。一个用于指定系列的绘图次序的整数。只有当图表具有多个系列时，该参数才有用。不允许使用单元格引用。
- sizes：(只适用于气泡图)。对包含气泡图中气泡大小值的区域的引用。不相邻的区域引用也是有效的。区域地址用逗号隔开，并括在括号中。该参数也可以由一组括在花括号中的值组成。

SERIES 公式中的区域引用总是绝对引用(包含两个美元符号),并且总是包括工作表的名称。例如:

```
=SERIES(Sheet1!$B$1,,Sheet1!$B$2:$B$7,1)
```

提示

可以使用区域名称替代区域引用。如果执行该操作,则 Excel 会更改 SERIES 公式中的引用,以包含工作簿名称(如果它是工作簿级别的名称)或包含工作表名称(如果它是工作表级别的名称)。例如,如果使用一个名为 MyData 的工作簿级别区域(位于工作簿 budget.xlsx 中),则 SERIES 公式如下:

```
=SERIES(Sheet1!$B$1,,budget.xlsx!MyData,1)
```

交叉引用

有关命名区域的详细信息,请参阅第 4 章。

19.9.4 在图表中显示数据标签

有时,可能需要在图表中显示每个数据点的实际数值。要向图表中的数据系列添加标签,请选择系列,然后单击图表右侧的"图表元素"按钮。选中"数据标签"旁边的复选标记。单击"数据标签"项旁边的箭头来指定标签的位置。

要为所有系列添加数据标签,可使用相同的步骤,但在开始时选择数据系列以外的地方。

图 19-22 显示了 3 个具有数据标签的最简单的图表。

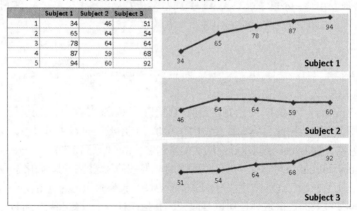

图 19-22 这些图表使用了数据标签且未显示坐标轴

要更改数据标签中显示的信息类型,可以选择系列的数据标签,并使用"设置数据标签格式"任务窗格(如果该任务窗格未显示,请按 Ctrl+1 键)。然后使用"标签选项"部分自定义数据标签。例如,可以包含系列名称、类别名称和值。

数据标签会被链接到工作表,所以当数据发生更改时,标签也会随之更改。如果要用其他文本覆盖数据标签,只需要选择标签并输入新文本即可。

在一些情况下,可能需要为系列使用其他数据标签。在"设置数据标签格式"任务窗格中,选择"单元格中的值"(位于"标签选项"部分),然后,在"数据标签区域"对话框中,指定包含数据点标签的区域。

图 19-23 显示了一个 XY 散点图，其使用存储在区域内的数据标签。

图 19-23　链接到任意区域中的文本的数据标签

19.9.5　处理丢失的数据

有时，要制图的数据可能丢失了一个或多个数据点。Excel 提供了 3 种方法来处理丢失的数据，如图 19-24 所示。

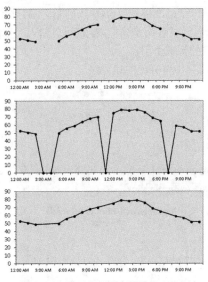

图 19-24　用于处理缺失数据的 3 种方法

● **空距**：忽略丢失的数据。数据系列中会存在空距。此为默认选项。
● **零值**：丢失的数据被视为零值。

- **用直线连接数据点**：丢失的数据以插值进行替换，插值是使用丢失数据两边的值进行计算的。此选项只对折线图、面积图、XY 散点图有效。

　　要指定如何处理图表中的丢失数据，可选择"图表设计"|"数据"|"选择数据"命令。在"选择数据源"对话框中，单击"隐藏的单元格和空单元格"按钮，Excel 会显示"隐藏和空单元格设置"对话框，在该对话框中进行相应的设置即可。所选项会应用到整个图表。不能给同一个图表中的不同系列设置不同的选项。

> **提示**
> 正常情况下，图表不会显示隐藏行或列中的数据。但是，可以使用"隐藏和空单元格设置"对话框来强制图表使用隐藏的数据。

19.9.6　添加误差线

　　有些图表类型支持误差线。"误差线"经常用于指示可以反映数据中不确定因素的"加或减"的信息。误差线只适用于面积图、条形图、柱形图、折线图和 XY 散点图。

　　要添加误差线，可以选择数据系列，然后单击图表右侧的"图表元素"图标。在误差线旁边添加一个复选标记。单击"误差线"项旁边的箭头以指定误差线的类型。如果有必要，可以使用"设置误差线格式"任务窗格调整误差线设置。误差线类型如下所示。

- **固定值**：误差线固定为所指定的数值。
- **百分比**：误差线是每个值的百分比。
- **标准偏差**：误差线位于所指定的标准偏差单位的数字之内(Excel 将计算数据系列的标准偏差)。
- **标准误差**：误差线是一个标准误差单位(Excel 将计算数据系列的标准误差)。
- **自定义**：为上或下误差线设置误差线单位。既可以输入一个值，也可以输入包含要绘制为误差线的误差值的区域引用。

　　图 19-25 中的图表显示了基于百分比的误差线。

> **提示**
> XY 散点图中的数据系列可以包含 X 值和 Y 值的误差线。

> **配套学习资源网站**
> 配套学习资源网站 www.wiley.com/go/excel365bible 中提供了包含另外几个误差线示例的工作簿。文件名为 error bars example.xlsx。

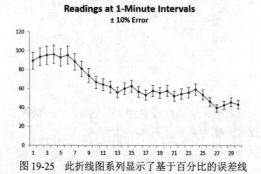

图 19-25　此折线图系列显示了基于百分比的误差线

19.9.7 添加趋势线

当绘制一段时间内的数据时，可能需要显示用于描述数据的趋势线。趋势线指出了数据的整体趋势。在一些情况下，可以通过趋势线预测将来的数据。

要添加趋势线，请选择数据系列，并单击图表右侧的"图表元素"按钮。在趋势线旁边放置一个复选标记。或者，可以右击数据系列，并从快捷菜单中选择"添加趋势线"命令。

要指定趋势线的类型，请单击"趋势线"项右侧的箭头。所选择的趋势线类型取决于你的数据。线性趋势线(如图 19-26 所示)是最常用、也是最容易应用的趋势线类型。

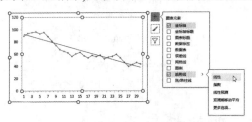

图 19-26 应用趋势线

右击趋势线，然后从快捷菜单中选择"设置趋势线格式"命令。这将打开如图 19-27 所示的"设置趋势线格式"任务窗格。在这里可以应用更高级的趋势线，如对数、指数和移动平均趋势线。

图 19-27 使用"设置趋势线格式"任务窗格自定义趋势线

19.9.8 创建组合图

组合图是由使用不同图表类型的系列组成的单个图表。组合图也可以包含次数值坐标轴。例如，图表中可包括柱形和折线，并带有两个数值坐标轴。柱形的数值坐标轴位于左侧，折线的数值坐标轴位于右侧。组合图至少需要两个数据系列。

图 19-28 显示了一个含有两个数据系列的柱形图。Precipitation 系列的值很小，几乎无法在值坐标轴刻度上显示。因此该图是组合图的一个非常好的候选图表。

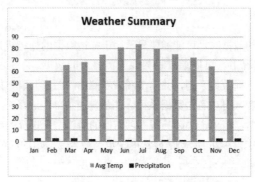

图 19-28　Precipitation 系列隐约可见

下列步骤将介绍如何将这个图表转换为使用次数值坐标轴的组合图(柱形图和折线图)。

(1) 激活图表，然后选择"图表设计"|"类型"|"更改图表类型"。将显示"更改图表类型"对话框。

(2) 选择"所有图表"选项卡。

(3) 在图表类型列表中，单击"组合图"。

(4) 对于 Avg Temp 系列，指定"簇状柱形图"作为图表类型。

(5) 对于 Precipitation 系列，指定"折线图"为图表类型，然后单击"次坐标轴"复选框。

(6) 单击"确定"按钮，对图表应用这些修改。

图 19-29 显示了在为各个系列指定参数之后的"更改图表类型"对话框。

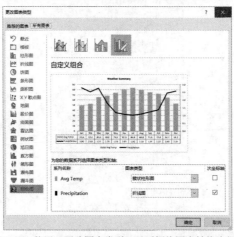

图 19-29　使用"更改图表类型"对话框将图表转换为组合图

配套学习资源网站

配套学习资源网站 www.wiley.com/go/excel365bible 中提供了该工作簿。文件名是 weather combination chart.xlsx。

注意

某些情况下，不能对图表类型进行组合。例如，不能创建包含气泡图或三维图表的组合图。在"更改图表类型"对话框中，Excel 只会显示可以使用的图表类型。

19.9.9 显示数据表

一些情况下，在绘制的数据点旁边显示所有数据值能够提供很大帮助。但是，添加数据标签可能在图表中添加大量数字，使用户不容易看懂图表。

除了使用数据标签，还可以为 Excel 图表附加一个数据表。数据表允许在图表下方查看图表中绘制的每个数据点的数据值，在显示数据的同时，不会使图表本身变得拥挤。

要向图表添加数据表，请激活图表，然后单击图表右侧的"图表元素"按钮。在"数据表"旁边放置一个复选标记。单击"数据表"项右侧的箭头，可看到几个选项。图 19-30 显示了一个含有数据表的组合图。

并非所有图表类型都支持数据表。如果"数据表"选项不可用，则意味着图表不支持此功能。

> **提示**
> 数据表可能最适用于图表工作表上的图表。如果需要显示嵌入式图表中所使用的数据，可以使用单元格中的数据完成此任务，这将提高格式设置的灵活性。

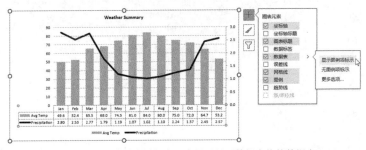

图 19-30 此组合图包含一个用于显示数据点值的数据表

19.10 创建图表模板

本节将介绍如何创建自定义图表模板。模板包括自定义的图表格式和设置。在创建新图表时，可以选择使用自定义的模板，而不是内置的图表类型。

如果要频繁使用同一种方式自定义图表，则可以通过创建模板来节省时间。此外，如果要创建大量组合图表，那么可以创建组合图模板，这样就可以避免对组合图表进行手动调整。

要创建图表模板，请执行以下步骤。

(1) **创建一个要作为模板基础的图表**。在图表中使用的数据并不重要，但如果要得到最好的效果，则数据应是最终使用自定义图表类型进行绘制的典型数据。

(2) **应用所需的任何格式和自定义**。这一步骤决定了使用模板创建的图表的外观。

(3) **激活图表，右击"图表区"或"绘图区"，并从快捷菜单中选择"另存为模板"**。将显示"保存图表模板"对话框。

(4) **为模板定义名称，并单击"保存"按钮**。请确保不要更改为文件所建议的目录。

要基于模板创建图表，请执行以下步骤。

(1) 选择要在图表中使用的数据。

(2) 选择"插入"|"图表"|"推荐的图表"命令，将显示"插入图表"对话框。

(3) 选择"所有图表"选项卡。

(4) 在"插入图表"对话框的左侧选择"模板"。Excel 将为已创建的每个自定义模板显示一个缩略图。

(5) 单击代表要使用的模板的缩略图，然后单击"确定"按钮。Excel 将根据所选模板创建图表。

> **注意**
> 也可以对现有图表应用模板。为此，可选择图表，然后选择"图表设计"|"类型"|"更改图表类型"来显示"更改图表类型"对话框，它与"插入图表"对话框相同。

第 **20** 章

创建迷你图

本章要点

- 迷你图功能简介
- 在工作表中添加迷你图
- 自定义迷你图
- 使迷你图只显示最新数据

迷你图(sparkline)是显示在单个单元格中的一个小图表。迷你图能够使你快速识别基于时间的趋势或数据变化。因为它们很紧凑，所以几乎总是成组地使用。

虽然迷你图看起来像小型的图表(有时可代替图表)，但是此功能与图表完全独立。例如，图表放置在工作表上的绘图层中，并且单个图表可以显示多个数据系列。而迷你图则显示在一个单元格中，并且只显示一个数据系列。

交叉引用

有关图表的信息，请参见第 18 章及第 19 章。

本章将介绍迷你图，并提供一些示例，用于说明如何在工作表中使用它们。

配套学习资源网站

本章中的所有示例都可以在配套学习资源网站 www.wiley.com/go/excel365bible 中找到，文件名是 sparkline examples.xlsx 。

20.1 迷你图类型

Excel 支持 3 种类型的迷你图。图 20-1 展示了这 3 种类型的迷你图示例(显示在最后一列中)。每个迷你图都描绘了左边的 6 个数据点。

- **折线迷你图**：类似于折线图。作为一个选项，该折线可以为每个数据点显示一个标记。图 20-1 中的第一组显示了具有标记的折线迷你图。一眼就可以发现，除 Fund Number W-91 之外，其他基金都在 6 个月里逐渐贬值。

- **柱形迷你图**：类似于柱形图。图 20-1 中的第二组显示了由相同数据所生成的柱形迷你图。
- **盈亏迷你图**：一种"二元"类型的图表，可将每个数据点显示为高位块或低位块。第三组显示了盈亏迷你图。请注意，其显示的数据与前两种迷你图所显示的数据是不同的。每个单元格显示的是自上月以来的变化。在该迷你图中，每个数据点被描绘成一个高位块(盈)或低位块(亏)。在这个示例中，自上月以来的正变化表示盈利，自上月以来的负变化表示亏损。

Line Sparklines

Fund Number	Jan	Feb	Mar	Apr	May	Jun	Sparklines
A-13	103.98	98.92	88.12	86.34	75.58	71.2	
C-09	212.74	218.7	202.18	198.56	190.12	181.74	
K-88	75.74	73.68	69.86	60.34	64.92	59.46	
W-91	91.78	95.44	98.1	99.46	98.68	105.86	
M-03	324.48	309.14	313.1	287.82	276.24	260.9	

Column Sparklines

Fund Number	Jan	Feb	Mar	Apr	May	Jun	Sparklines
A-13	103.98	98.92	88.12	86.34	75.58	71.2	
C-09	212.74	218.7	202.18	198.56	190.12	181.74	
K-88	75.74	73.68	69.86	60.34	64.92	59.46	
W-91	91.78	95.44	98.1	99.46	98.68	105.86	
M-03	324.48	309.14	313.1	287.82	276.24	260.9	

Win/Loss Sparklines

Fund Number	Jan	Feb	Mar	Apr	May	Jun	Sparklines
A-13	#N/A	-5.06	-10.8	-1.78	-10.76	-4.38	
C-09	#N/A	5.96	-16.52	-3.62	-8.44	-8.38	
K-88	#N/A	-2.06	-3.82	-9.52	4.58	-5.46	
W-91	#N/A	3.66	2.66	1.36	-0.78	7.18	
M-03	#N/A	-15.34	3.96	-25.28	-11.58	-15.34	

图 20-1　3 组迷你图

为什么叫"迷你图"

Edward Tufte 创造了"迷你图"（Sparkline）这个术语，并在他的著作 *Beautiful Evidence*(Graphics Press，2006)中将其描述为：

迷你图(Sparkline)：强烈、简单、字大小的图形。

在 Excel 中，迷你图是单元格大小的图形。正如你将在本章所看到的，迷你图并不仅限于折线。

20.2　创建迷你图进行汇总

图 20-2 显示的是将要使用迷你图进行汇总的一些数据。

	A	B	C	D	E	F	G	H	I	J	K	L	M
1	Average Monthly Precipitation (Inches)												
2													
3		Jan	Feb	Mar	Apr	May	Jun	Jul	Aug	Sep	Oct	Nov	Dec
4	ASHEVILLE, NC	4.06	3.83	4.59	3.5	4.41	4.38	3.87	4.3	3.72	3.17	3.82	3.39
5	BAKERSFIELD, CA	1.18	1.21	1.41	0.45	0.24	0.12	0	0.08	0.15	0.3	0.59	0.76
6	BATON ROUGE, LA	6.19	5.1	5.07	5.56	5.34	5.33	5.96	5.86	4.84	3.81	4.76	5.25
7	BILLINGS, MT	0.81	0.57	1.12	1.74	2.48	1.89	1.28	0.85	1.34	1.26	0.75	0.67
8	DAYTONA BEACH, FL	3.13	2.74	3.84	2.54	3.26	5.69	5.17	6.09	6.61	4.48	3.03	2.71
9	EUGENE, OR	7.65	6.35	5.8	3.66	2.66	1.53	0.64	0.99	1.54	3.35	8.44	8.29
10	HONOLULU,HI	2.73	2.35	1.89	1.11	0.78	0.43	0.5	0.46	0.74	2.18	2.26	2.85
11	ST. LOUIS, MO	2.14	2.28	3.6	3.69	4.11	3.76	3.9	2.98	2.96	2.76	3.71	2.86
12	TUCSON, AZ	0.99	0.88	0.81	0.28	0.24	0.24	2.07	2.3	1.45	1.21	0.67	1.03

图 20-2　将要使用迷你图进行汇总的数据

要创建迷你图，请执行以下步骤：

(1) **选择将要描述的数据**(仅限数据，不包括列或行标题)。如果要创建多个迷你图，则选择所有数据。在这个示例中，选择的是 B4:M12。

(2) 在选中数据后，选择"插入" | "迷你图"，并单击 3 个迷你图类型之一：折线迷你图、柱形迷你图、盈亏迷你图。将显示"创建迷你图"对话框，如图 20-3 所示。

图 20-3　使用"创建迷你图"对话框指定迷你图的数据区域和位置

(3) **指定迷你图的位置**。通常情况下，可将迷你图放置在数据后面，但这不是必需的。大多数时候，需要使用空的范围来包含迷你图。但是，Excel 不会禁止你在已经包含数据的单元格中插入迷你图。为迷你图所指定的范围必须与源数据的行数或列数匹配。在这个示例中，指定 N4:N12 作为位置范围。

(4) **单击"确定"**。Excel 将创建所指定的迷你图类型。

迷你图将会链接到数据，因此，如果更改数据范围中的任何值，则迷你图将更新。通常，需要增大列宽或行高度，以提高迷你图的易读性。

提示

大多数时候，你可能会在包含数据的同一个工作表中创建迷你图。如果想在不同的工作表中创建迷你图，可首先激活要在其中显示迷你图的工作表。然后，在"创建迷你图"对话框中，通过指向或输入完整的工作表引用(例如，Sheet1A1:C12)来指定源数据。在"创建迷你图"对话框中可以为数据范围指定不同的工作表，但不能为位置范围指定不同的工作表。或者，可以只在与数据相同的工作表中创建迷你图，然后将单元格剪切和粘贴到不同的工作表中。

图 20-4 显示了降雨数据的柱形迷你图。

	A	B	C	D	E	F	G	H	I	J	K	L	M	N
1	**Average Monthly Precipitation (Inches)**													
2														
3		Jan	Feb	Mar	Apr	May	Jun	Jul	Aug	Sep	Oct	Nov	Dec	
4	ASHEVILLE, NC	4.06	3.83	4.59	3.5	4.41	4.38	3.87	4.3	3.72	3.17	3.82	3.39	
5	BAKERSFIELD, CA	1.18	1.21	1.41	0.45	0.24	0.12	0	0.08	0.15	0.3	0.59	0.76	
6	BATON ROUGE, LA	6.19	5.1	6.07	5.56	5.34	5.33	5.96	5.86	4.84	3.81	4.76	5.26	
7	BILLINGS, MT	0.81	0.57	1.12	1.74	2.48	1.89	1.28	0.85	1.34	1.26	0.75	0.67	
8	DAYTONA BEACH, FL	3.13	2.74	3.84	2.54	3.26	5.69	5.17	6.09	6.61	4.48	3.03	2.71	
9	EUGENE, OR	7.65	6.35	5.8	3.66	2.66	1.53	0.64	0.99	1.54	3.35	8.44	8.29	
10	HONOLULU, HI	2.73	2.35	1.89	1.11	0.78	0.43	0.5	0.46	0.74	2.18	2.26	2.85	
11	ST. LOUIS, MO	2.14	2.28	3.6	3.69	4.11	3.76	3.9	2.98	2.96	2.76	3.71	2.86	
12	TUCSON, AZ	0.99	0.88	0.81	0.28	0.24	0.24	2.07	2.3	1.45	1.21	0.67	1.03	

图 20-4　柱形迷你图汇总了 9 个城市的降雨量数据

了解迷你图组

在大多数情况下，你可能需要创建迷你图组——为每一行或每一列数据都创建一个迷你图。一个工作表可以容纳任意数量的迷你图组。Excel 会记住每个组。可以将迷你图组作为一个单元进行处理。例如，可以选择组中的一个迷你图，然后修改该组中所有迷你图的格式。

当选择一个迷你图单元格时，Excel 会显示组中所有其他迷你图的边框。

但是，也可以对组中的单个迷你图执行某些操作：

- **更改迷你图的数据源。** 选择迷你图单元格，并选择"迷你图"|"迷你图"|"编辑数据"|"编辑单个迷你图的数据"命令。Excel 会显示一个对话框，允许更改所选迷你图的数据源。
- **删除迷你图。** 选择迷你图单元格，并选择"迷你图"|"组合"|"清除"|"清除所选的迷你图"命令。

还可以取消组合迷你图组，方法是选择组中的任意迷你图，并选择"迷你图"|"组合"|"取消组合"命令。当取消组合迷你图组后，就可以单独处理每个迷你图。

注意，如果想重新从头创建迷你图组，还可以删除整个迷你图组。只需要选择"迷你图"|"组合"|"清除"|"清除所选的迷你图组"命令即可。

提示

上面提到的所有迷你图操作，也可以通过快捷菜单执行。选择一个迷你图单元格并右击。然后在快捷菜单中选择"迷你图"选项，这将显示用于编辑、删除和管理迷你图的命令。

20.3 自定义迷你图

当激活某个包含迷你图的单元格时，Excel 会在其组中的所有迷你图周围显示轮廓。然后，可以使用"迷你图"选项卡中的命令自定义迷你图组。

20.3.1 调整迷你图单元格的大小

当改变包含迷你图的单元格的宽度和高度时，迷你图将相应地调整。此外，可以在合并后的单元格中插入迷你图。

图 20-5 显示了在 4 个因列宽、行高不同以及单元格合并而导致大小不同的单元格中显示的同一个迷你图。如你所见，单元格(或合并的单元格)的大小和比例将使其外观有很大不同。

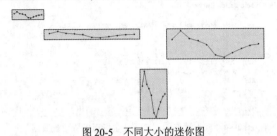

图 20-5　不同大小的迷你图

20.3.2 处理隐藏或丢失的数据

默认情况下，如果隐藏在迷你图中使用的行或列，那么所隐藏的数据就不会出现在迷你图中。此外，丢失的数据(空单元格)会在图形中显示为空距。

要更改这些设置，可选择"迷你图"|"迷你图"|"编辑数据"|"隐藏和清空单元格"命令。在显示的"隐藏和空单元格设置"对话框(见图 20-6)中，可以指定对隐藏数据和空单元格的处理方式。

图 20-6　"隐藏和空单元格设置"对话框

20.3.3　更改迷你图类型

正如前面提到的，Excel 支持 3 种迷你图类型：折线迷你图、柱形迷你图、盈亏迷你图。创建迷你图或迷你图组后，可以轻松地更改迷你图类型，方法是选择迷你图并单击"迷你图"|"类型"分组中的这 3 个图标之一。如果所选的迷你图是一个迷你图组的一部分，则该组中的所有迷你图都将更改为新类型。

> **提示**
> 如果对外观进行过自定义，那么当在不同的迷你图类型之间进行切换时，Excel 将会记住你对每一种类型所做的自定义设置。

20.3.4　更改迷你图的颜色和线宽

创建迷你图后，可很轻松地更改其颜色。只需要使用"迷你图"|"样式"组中的控件即可。

注意，在迷你图中所用的颜色与文档主题相关联。因此，如果改变主题(通过选择"页面布局"|"主题"|"主题"命令)，则迷你图颜色将更改为新的主题颜色。

> **注意：**
> 更改文档主题不会影响使用默认颜色的迷你图。即，切换文档主题只会修改应用了新颜色的迷你图的颜色。

> **交叉引用**
> 有关文档主题的更多信息，请参见第 5 章。

对于折线迷你图，还可以指定线宽。为此，只需要选择"迷你图"|"样式"|"迷你图颜色"|"粗细"命令即可。

20.3.5　突出显示某些数据点

使用"迷你图"|"显示"组中的命令可以自定义迷你图，以突出显示数据的某些方面。这些选项如下所述。

- **高点**：为迷你图中的最高数据点应用不同的颜色。
- **低点**：为迷你图中的最低数据点应用不同的颜色。
- **负点**：为迷你图中的负值数据点应用不同的颜色。

- **首点**：为迷你图中的第一个数据点应用不同的颜色。
- **尾点**：为迷你图中的最后一个数据点应用不同的颜色。
- **标记**：在迷你图中显示数据标记。此选项仅适用于折线迷你图。

可以通过使用"迷你图"|"样式"组中的"标记颜色"控件来控制标记突出显示的颜色。令人遗憾的是，不能改变折线迷你图中的标记大小。

图 20-7 显示的是应用了不同的突出显示类型的折线迷你图。

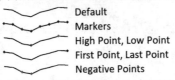

图 20-7 折线迷你图的突出显示选项

20.3.6 调整迷你图坐标轴刻度

与图表一样，Excel 在创建迷你图时，会使用默认的坐标轴刻度。换句话说，Excel 将根据迷你图所使用的数据的数值范围，自动为迷你图组中的每个迷你图确定最小和最大垂直坐标轴值。

通过"迷你图"|"组合"|"坐标轴"中的命令可以覆盖此自动行为，并控制每个迷你图或迷你图组的最小和最大值。要执行更多的控制，可以使用"自定义值"选项，为迷你图组指定最小值和最大值。

> **注意**
>
> 尽管迷你图有坐标轴刻度，但它们不会像图表中那样显示垂直坐标轴，所以你实质上是在调整不可见的坐标轴。

图 20-8 显示了两组迷你图。顶部一组使用的是默认坐标轴设置("自动设置每个迷你图")。每个迷你图显示了产品 6 个月的趋势，但没有指示值的量级。

Each Sparkline has its own scale						
	Jan	Feb	Mar	Apr	May	Jun	Sparklines
Product A	100	113	113	117	126	129	
Product B	300	301	297	308	309	314	
Product C	600	614	624	624	628	624	

All Sparklines use the same scale						
	Jan	Feb	Mar	Apr	May	Jun	Sparklines
Product A	100	113	113	117	126	129	
Product B	300	301	297	308	309	314	
Product C	600	614	624	624	628	624	

图 20-8 底部的迷你图组显示了对组中所有迷你图使用相同坐标轴最小值和最大值的效果

对于底部的迷你图组(使用的是相同数据)，将垂直坐标轴最小值和最大值选项改为使用"适用于所有迷你图"设置。在这些设置生效后，可清楚看出所有产品的值的量级，但无法显示产品在各月之间的趋势。

所选择的坐标轴刻度选项取决于想要强调数据的哪个方面。

20.3.7　伪造参考线

Excel 中的迷你图缺少一个有用的功能：参考线。例如，如果能够相对于目标来显示业绩会很有用。如果目标在迷你图中显示为一条参考线，那么查看者将可以很快看出一段时期内的业绩是否超出目标。

但是，可以转换数据，然后使用迷你图坐标轴作为假的参考线。图 20-9 展示了一个示例。学生每月需要阅读 500 页的内容。数据范围显示了实际阅读的页数，迷你图显示在最后一列中。这些迷你图显示了 6 个月的页数数据，但无法看出超出目标的学生，以及他们什么时候超出了目标。

Pages Read

	Jan	Feb	Mar	Apr	May	Jun
Ann	450	412	632	663	702	512
Bob	309	215	194	189	678	256
Chuck	608	783	765	832	483	763
Dave	409	415	522	598	421	433
Ellen	790	893	577	802	874	763
Frank	211	59	0	0	185	230
Giselle	785	764	701	784	214	185
Henry	350	367	560	583	784	663

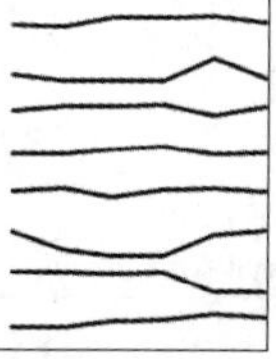

图 20-9　使用迷你图显示每月阅读的页数

图 20-10 显示了另外一种方法：转换数据，从而将达到目标的月份表示为 1，未达到目标的月份表示为-1。可以使用下面的公式(位于单元格 B18 中)转换原始数据：

```
=IF(B6>$C$2,1,-1)
```

	A	B	C	D	E	F	G
1	Pages Read						
2	Monthly Goal:		500				
3							
4				Pages Read			
5		Jan	Feb	Mar	Apr	May	Jun
6	Ann	450	412	632	663	702	512
7	Bob	309	215	194	189	678	256
8	Chuck	608	783	765	832	483	763
9	Dave	409	415	522	598	421	433
10	Ellen	790	893	577	802	874	763
11	Frank	211	59	0	0	185	230
12	Giselle	785	764	701	784	214	185
13	Henry	350	367	560	583	784	663
14							
15							
16				Pages Read (Did or Did Not Meet Goal)			
17		Jan	Feb	Mar	Apr	May	Jun
18	Ann	-1	-1	1	1	1	1
19	Bob	-1	-1	-1	-1	1	-1
20	Chuck	1	1	1	1	-1	1
21	Dave	-1	-1	1	1	-1	-1
22	Ellen	1	1	1	1	1	1
23	Frank	-1	-1	-1	-1	-1	-1
24	Giselle	1	1	1	1	-1	-1
25	Henry	-1	-1	1	1	1	1

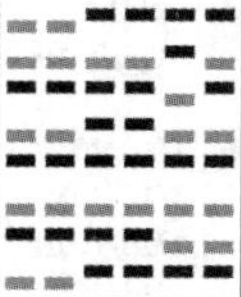

图 20-10　使用盈亏迷你图显示的目标实现情况

本例中已将此公式复制到了区域 B18:G25 的其他单元格中。

利用转换后的数据，本例创建了一些盈亏迷你图来显示结果。这种方法要比原来的方法好，但它不能表达任何量级差异。例如，不能说明某个学生是少阅读了 1 页还是 500 页。

图 20-11 显示了一种更好的方法。在这里，通过从阅读的页数中减去目标值来转换原始数据。单元格 B31 中的公式是

```
=B6-$C$2
```

	A	B	C	D	E	F	G	H
1	**Pages Read**							
2	Monthly Goal:		500					
3								
4					**Pages Read**			
5		**Jan**	**Feb**	**Mar**	**Apr**	**May**	**Jun**	
6	Ann	450	412	632	663	702	512	
7	Bob	309	215	194	189	678	256	
8	Chuck	608	783	765	832	483	763	
9	Dave	409	415	522	598	421	433	
10	Ellen	790	893	577	802	874	763	
11	Frank	211	59	0	0	185	230	
12	Giselle	785	764	701	784	214	185	
13	Henry	350	367	560	583	784	663	
14								
29					**Pages Read (Relative to Goal)**			
30		**Jan**	**Feb**	**Mar**	**Apr**	**May**	**Jun**	
31	Ann	-50	-88	132	163	202	12	
32	Bob	-191	-285	-306	-311	178	-244	
33	Chuck	108	283	265	332	-17	263	
34	Dave	-91	-85	22	98	-79	-67	
35	Ellen	290	393	77	302	374	263	
36	Frank	-289	-441	-500	-500	-315	-270	
37	Giselle	285	264	201	284	-286	-315	
38	Henry	-150	-133	60	83	284	163	

图 20-11　迷你图中的坐标轴代表目标

本例已将该公式复制到了区域 B31:G38 的其他单元格中，并创建了一个已启用坐标轴的折线迷你图组。此外，还启用了"负点"选项，以便能清楚地显示出负值(没能完成目标)。

20.4　指定日期坐标轴

通常会假定在迷你图中所显示的数据具有相等的时间间隔。例如，一个迷你图可能会显示日账户余额、月销售额或年利润。但是，如果数据具有不同的时间间隔，情况会怎么样呢？

图 20-12 按日期显示了一些数据，以及一个通过 B 列数据创建的迷你图。请注意，图中缺失了一些日期，但迷你图仍然会等间隔地显示各列值。

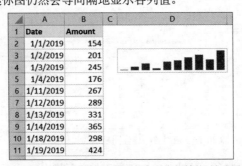

	A	B	C	D
1	**Date**	**Amount**		
2	1/1/2019	154		
3	1/2/2019	201		
4	1/3/2019	245		
5	1/4/2019	176		
6	1/11/2019	267		
7	1/12/2019	289		
8	1/13/2019	331		
9	1/14/2019	365		
10	1/18/2019	298		
11	1/19/2019	424		

图 20-12　迷你图将各个值显示为具有相等的时间间隔

为了更好地描绘数据，解决方案是指定一个日期坐标轴。选择迷你图，并选择"迷你图"|"组合"|"坐标轴"|"日期坐标轴类型"命令。Excel 会显示"迷你图日期范围"对话框，要求你指定一个包含日期的区域。在这个示例中，指定区域 A2:A11。然后单击"确定"按钮，迷你图将为缺少的日期显示空距(见图 20-13)。

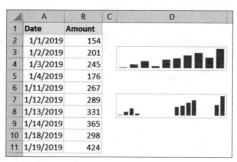

图 20-13 在指定日期坐标轴后，迷你图可准确地显示值

20.5 自动更新迷你图

如果迷你图使用的是普通单元格区域中的数据，则在区域的开头或结尾添加新数据不会强制迷你图使用此新数据。你需要使用"编辑迷你图"对话框来更新数据范围(选择"迷你图"|"迷你图"|"编辑数据"命令)。但是，如果迷你图数据位于表格对象(通过选择"插入"|"表格"|"表格"命令创建)的列内，那么迷你图将使用添加到表格末尾的新数据。

图 20-14 显示了一个示例。使用表格中的 Rate 列创建了迷你图。当添加九月的新利率时，迷你图将会自动更新它的数据范围。

图 20-14 根据表格中的数据创建迷你图

20.6 显示动态区域的迷你图

本节中的示例将介绍如何创建只显示区域内最新数据点的迷你图。图 20-15 显示了一个用于跟踪日销售情况的工作表。合并单元格 E4:E5 中的迷你图仅显示了 B 列中最新的 7 个数据点。当向 B 列添加新数据时，该迷你图将调整为只显示最近 7 天的销售情况。

下面将创建一个动态区域名称。具体方法如下。

(1) 选择"公式"|"定义的名称"|"定义名称"命令，指定 Last7 作为名称，并在"引用"字段中输入下列公式：

```
=OFFSET($B$2,COUNTA($B:$B)-7-1,0,7,1)
```

此公式使用 OFFSET 函数来计算区域。第一个参数是区域的第一个单元格(B2)。第二个参数是列中单元格的数目(减去要返回的数字，然后减 1，即 B1 中的标签不算在内)。该名称总是会引用 B 列中的最后 7 个非空单元格。要显示其他数量的数据点，只需要将 7 改为其他值即可。

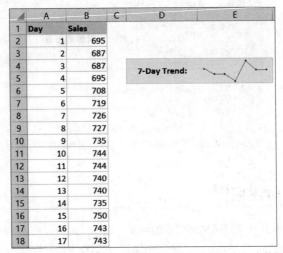

图 20-15　在迷你图中使用动态区域名称仅显示最新的 7 个数据点

(2) 选择"插入"|"迷你图"|"折线图"命令，将打开"创建迷你图"对话框。

(3) 在"数据范围"字段中，键入 Last7(动态区域的名称)。指定单元格 E4 作为位置范围。迷你图将显示区域 B11:B17 中的数据。

(4) 在 B 列中添加新的数据。迷你图将调整为只显示最后 7 个数据点。

第21章

使用自定义数字格式和
形状实现可视化

本章要点

- 自定义数字格式
- 使用形状和图标创建可视化
- 创建自己的信息图元素
- 概述 Excel 的其他图形工具

可视化是指通过某种图形展示，用视觉语言表达抽象概念或数据。例如，交通灯是对抽象概念"停"和"行"的可视化。

在商业领域，相比简单的数字表格，可视化能够帮助我们更加快速地表达和处理数据的含义。Excel 提供了众多功能，可用来为仪表板和报表添加可视化。

通过使用本章介绍的格式设置技术，可以添加多层可视化，将数据转变为有意义的视图。

配套学习资源网站

配套学习资源网站 www.wiley.com/go/excel365bible 中提供了本章使用的示例工作簿，文件名为 Visualizations.xlsx。

21.1 使用数字格式进行可视化

在单元格中输入数字时，可以用多种不同的格式来显示数字。Excel 内置了许多数字格式，但有时这些格式都不能精确满足需要。

本章将介绍如何创建自定义数字格式，并提供了许多示例。你可以在自己的工作中直接使用这些示例，也可以加以调整来满足自己的需要。

21.1.1 设置基本数字格式

功能区"开始"选项卡的"数字"组包含一些控件，可用来快速应用常见数字格式。在"数字格式"下拉控件中可访问 11 种常见数字格式。另外，"数字"组还包含一些按钮。单击这些按钮时，选中单元格将采用指定的数字格式。表21-1总结了这些按钮所应用的格式。

表21-1 功能区中的数字格式按钮

按钮名称	应用的格式
会计数字格式	在左侧添加一个美元符号，使用逗号分隔千位，并在小数点右侧显示两位小数。这是一个下拉控件，可以从中选择其他常用的货币符号
百分比样式	将值显示为一个百分比，不带小数位。此按钮对单元格应用样式
千位分隔样式	使用逗号分隔千位，并在小数点右侧显示两位小数。这与会计数字格式类似，但是不带货币符号。此按钮对单元格应用样式
增加小数位数	将小数点右侧的小数位数加1
减小小数位数	将小数点右侧的小数位数减1

> **注意**
> 其中一些按钮实际上会对选中单元格应用预定义的样式。通过使用"开始"选项卡的"样式"组中的"单元格样式"库，可以访问 Excel 的样式。通过右击样式名称，并从快捷菜单中选择"修改"命令，可以修改样式。更多信息请参见第5章。

1. 使用快捷键设置数字格式

应用数字格式的另一种方法是使用快捷键。表21-2总结了一些快捷键组合，使用它们可以对选中的单元格或区域应用常见的数字格式。注意，这里的数字对应的是典型键盘上部的数字键，并且需要按下 Shift 键。

表21-2 数字格式设置的键盘快捷键

键组合	应用的格式
Ctrl+Shift+~	常规数字格式(即不带格式的值)
Ctrl+Shift+!	两个小数位，有千位分隔符，用横线指示负数值
Ctrl+Shift+@	时间格式，包含小时、分钟和 AM 或 PM
Ctrl+Shift+#	日期格式，包含日、月、年
Ctrl+Shift+$	货币格式，带两位小数位(负数放在括号内)
Ctrl+Shift+%	百分比格式，不带小数位
Ctrl+Shift+^	科学记数法数字格式，带两个小数位

2. 使用"设置单元格格式"对话框设置数字格式

使用"设置单元格格式"对话框的"数字"选项卡，可以实现对数字格式的最大控制。使用下面的几种方式可打开该对话框：

- 单击"开始"|"数字"组右下角的对话框启动器。
- 选择"开始"|"数字"|"数字格式"|"其他数字格式"命令。
- 按 Ctrl+1 键。
- 右击单元格或区域，选择"设置单元格格式"命令。

"设置单元格格式"对话框的"数字"选项卡包含12类数字格式。从列表框中选择一个分类时，对话框的右侧将显示合适的选项。

下面列出了这些数字格式分类，并分别加以说明。

常规：这是默认格式，将数字显示为整数或小数，当值太大，无法放到单元格中时，将使用科学记数法。

数值：指定小数位数，是否使用系统的千位分隔符(如逗号)来分隔千位，以及如何显示负数。

货币：指定小数位数，选择货币符号，以及显示负数。此格式总是使用系统的千位分隔符(如逗号)来分隔千位。

会计：与货币格式不同的地方是，在会计格式中，货币符号总是垂直对齐，不管数值中显示的小数位数是多少。

日期：选择多种日期格式，并为日期格式选择区域设置。

时间：选择多种时间格式，并为时间格式选择区域设置。

百分比：选择小数位数；总是显示百分号。

分数：选择 9 种分数格式。

科学记数：以指数表示法显示数字(带一个 E)：2.00E+05 = 200 000。可以选择在 E 的左侧显示的小数位数。

文本：应用于数值时，Excel 将把数值视为文本(即使看起来是一个数值)。对于零件编号或者信用卡号码等数字，这种功能很有用。

特殊：包含其他数字格式。根据选择的区域不同，列表中的项也会不同。对于 "英语(美国)" 区域，格式选项为 Zip Code、Zip Code +4、Phone Number 和 Social Security Number。

自定义：定义其他分类中不包含的自定义数字格式。

21.1.2　创造性设置自定义数字格式

你可能不知道，当应用数字格式时，实际上是使用数字格式字符串对 Excel 发出指令。数字格式字符串是一个代码，告诉 Excel 你希望给定区域中的数值如何显示。

要查看这种代码，可执行下面的步骤来应用基本数字格式。

(1) **右击单元格或区域，选择 "设置单元格格式" 命令**，将打开 "设置单元格格式" 对话框。

(2) **打开 "数字" 选项卡。选择 "数值" 分类，然后选中 "使用千位分隔符" 复选框，0个小数位，以及将负数放到括号内。**

(3) **单击 "自定义" 分类**，如图 21-1 所示。界面中将显示刚才选择的格式的语法。

数字格式字符串由不同的数字格式组成，各数字格式之间用分号隔开。本例包含两个不同的格式：分号左边的格式和分号右边的格式。

```
#,##0_);(#,##0)
```

默认情况下，第一个分号左侧的格式将用于正数，第一个分号右侧的格式将用于负数。因此，在本例中，正数则是一个简单的数字，而负数将被放到括号内，如下所示：

```
1,982
(1,890)
```

图 21-1　"类型"输入框允许自定义数字格式的语法

注意：
注意上面的例子中，正数格式的语法用_)结束。这告诉 Excel，在正数最后留下一个括号字符宽度的间距。这保证了当负数被放到括号内时，正数和负数能够很好地对齐。

可以编辑"类型"输入框中的语法，使数字使用不同的格式。例如，试着将语法改为如下所示：

```
+#,##0;-#,##0
```

应用此语法时，正数将用+符号开头，负数将以负号开头，如下所示：

```
+1,200
```

```
-15,000
```

当设置百分数的格式时，这一点很方便。例如，通过在"类型"输入框中输入下面的语法，可以应用自定义百分比格式：

```
+0%;-0%
```

这种语法得到的百分数的格式如下所示：

```
+43%
```

```
-54%
```

可以进行发挥，使用下面的语法将负百分数放到括号内：

```
0%_);(0%)
```

这种语法得到的百分数的格式如下所示：

```
43%
```

```
(54%)
```

注意：
如果只包含一种格式语法，也就是说，不使用分号分隔符来添加第二个格式选项，那么该格式将用于所有数字，无论该数字是正数还是负数。

1. 设置千级和百万级数字的格式

将数字设置为以千级或百万级显示，能够在表示极大值时，避免使用太多数字。要将数字显示为千级，可突出显示数字，右击，然后选择"设置单元格格式"命令。

当"设置单元格格式"对话框打开后，单击"自定义"分类，看到如图 21-1 所示的界面。在"类型"输入框中，输入下面的语法：

`#,##0,`

确定修改后，数字将自动以千级格式显示。

这种方法的优点在于，并不会以任何方式修改或截断数值。Excel 只是对数字应用了一种显示效果。查看图 21-2 可了解这句话的意思。可以对比编辑栏中显示的值和单元格中显示的值。

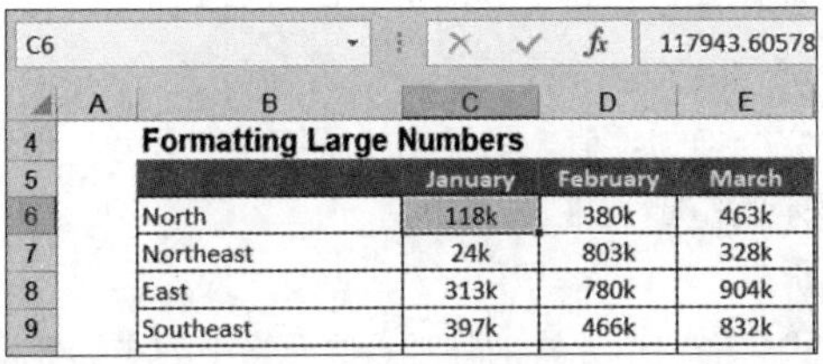

图 21-2　设置数字格式只会应用显示效果。在编辑栏可看到真正的、没有格式的数字

选中的单元格已被设置为用千级显示数字。显示的数字是 118k，但是查看上方的编辑栏，将看到真正的、没有格式的数字(117943.60578)。在单元格中看到的 118k，实际上是编辑栏中的真正数字在设置了显示格式后的显示结果。

> **注意**
>
> 相比使用其他方法将数字设置为显示千级，自定义数字格式且有明显优势。例如，可以使用公式将数字除以 1000，来将其转换为千级数字。但这样做会显著改变数字的完整性。在单元格中执行数学运算时，实际上修改了该单元格表示的值。这样一来，仅仅为了实现一种显示效果，你不得不认真跟踪和维护自己引入的公式。自定义数字格式只是改变了数字的显示，但实际的数字值保持不变，所以避免了上述问题。

如有需要，甚至可以在数字语法中加上"k"，来指出数字采用了千级表示。

`#,##0,"k"`

这样一来，数字将显示为：

`118k`

`318k`

对正数和负数都可以使用这种方法。

`#,##0,"k"; (#,##0,"k")`

应用这种语法后，负数也会以千级显示。

`118k`

`(318k)`

如果要以百万级显示数字，也很简单。只需要在"类型"输入框中输入数字格式语法时添加两个逗号。

```
#,##0.00,, "m
```

注意，语法中使用了额外的小数位(.00)。将数字转换为百万级时，显示额外的精度位常常很有帮助，如下例所示：

```
24.65 m
```

2. 隐藏和抑制零值

除了设置正数和负数的格式，Excel 还允许设置零值的格式。这是通过在自定义数字语法中再添加一个分号实现的。默认情况下，第二个分号后的格式语法将用于任何计算结果为 0 的数字。

例如，应用下面的格式语法后，包含 0 的单元格将显示 n/a：

```
#,##0_);(#,##0);"n/a"
```

还可以使用这种语法完全抑制零值。如果添加了第二个分号，但是后面不跟任何语法，那么包含 0 的单元格将显示为空单元格。

```
#,##0_);(#,##0);
```

同样，自定义数字格式只影响单元格的外观。单元格中的实际数据不受影响。图 21-3 显示了这一点。所选单元格的格式被设置为将 0 显示为 n/a，但如果查看编辑栏，会看到实际的、未格式化的单元格内容。

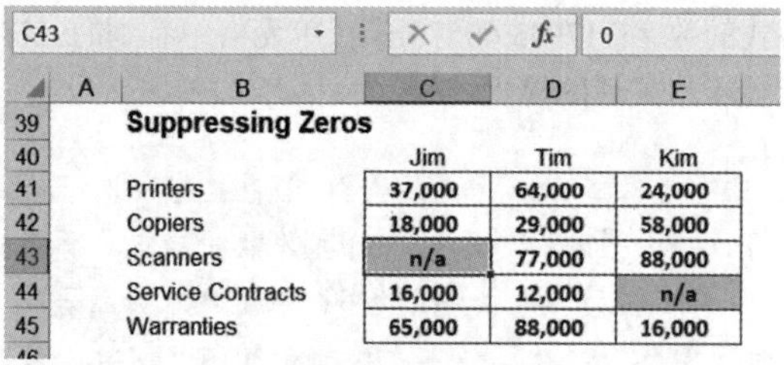

图 21-3　自定义数字格式将 0 显示为 n/a

3. 应用自定义格式颜色

使用自定义数字格式，除了能够控制数字的显示，还能控制它们的颜色。例如，要设置百分数的格式，使正百分数显示为蓝色，且带一个正号，使负百分数显示为红色，且带一个负号，就可以在"类型"输入框中输入下面的语法：

```
[蓝色]+0%;[红色]-0%
```

注意，要应用一种颜色，只需要在方括号内输入颜色名称即可。

能够通过名称应用的颜色只有几种(8 种 Visual Basic 颜色)，如下所示。这些颜色是 Excel 老调色板(2007 之前的版本中默认有 56 种标准颜色)中的前 8 种颜色。

```
[Black]
[Blue]
[Cyan]
[Green]
[Magenta]
[Red]
[White]
[Yellow]
```

虽然通常会按名称指定一种自定义颜色，但并非所有 Visual Basic 颜色在视觉上都很美观。Visual Basic 的绿色看起来让人感到不舒服，是一种明亮的霓虹绿。通过在"类型"输入框中输入下面的代码，可以查看其效果。

`[绿色]+0%;[红色]-0%`

好消息是，标准调色板中按数字定义了 56 种颜色。标准的 56 色调色板中的每种颜色都用一个数字表示。要通过数字使用颜色，需要使用[颜色 N]，其中 N 代表 1~56 的数字。

在本例中，可以使用[颜色 10]代表一种更容易接受的绿色。

`[颜色 10]+0%;[红色]-0%`

4．设置日期和时间的格式

自定义数字格式并非只用于数字，还可以用来设置日期和时间的格式。如图 21-4 所示，使用"设置单元格格式"对话框的"类型"输入框，也可以应用日期和时间格式。

图 21-4　使用"设置单元格格式"对话框也可以设置日期和时间格式

用于表示日期和时间格式的代码相当直观。例如，ddd 语法表示用 3 个字母表示天，mmm 语法表示用 3 个字母表示月，yyyy 语法表示用 4 个数字表示年。

天、月、年、小时和分钟的格式有几种变化。花一些时间尝试不同的语法字符串组合很有帮助。

表 21-3 列出了一些常用的日期和时间格式代码，你可以在自己的报表和仪表板中将它们作为一个起点。

表 21-3　常用的日期和时间格式代码

格式代码	1/31/2022 7:42:53 PM 显示为
m	1
mm	01
mmm	Jan

(续表)

格式代码	1/31/2022 7:42:53 PM 显示为
mmmm	January
mmmmm	J
dd	31
ddd	Mon
dddd	Monday
yy	22
yyyy	2022
mmm-yy	Jan-22
dd/mm/yyyy	31/01/2022
dddd mmm yyyy	Monday Jan 2022
mm-dd-yyyy h:mm AM/PM	01-31-2022 7:42 PM
h AM/PM	7 PM
h:mm AM/PM	7:42 PM
h:mm:ss AM/PM	7:42:53 PM

21.1.3 使用符号增强报表

符号本质上就是小图形，与使用 Wingdings、Webdings 或其他新奇的字体时看到的效果类似。但是，符号并不真的是字体，它们是 Unicode 字符。Unicode 字符是行业标准的一个文本元素集合，其设计目的是提供一个可靠的字符集，使得无论国际字体间存在什么差异，这个字符集在任何平台上都是可用的。

版权符号(©)是常用符号的一个例子。这个符号是一个 Unicode 字符。你可以在中文、土耳其文、法文或英文电脑上使用这个符号，它都会可靠地显示，并不存在国际差异。

就 Excel 使用而言，Unicode 字符(或符号)能够用在条件格式起不到作用的地方。例如，在图 21-5 所示的图表标签中，y 坐标轴显示的趋势箭头允许做另外一层分析。这是使用条件格式做不到的。

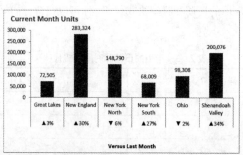

图 21-5 使用符号为图表添加额外的一层分析

我们花一些时间看如何得到图 21-5 中的图表。

初始数据如图 21-6 所示。注意，我们指定了一个单元格来保存将要使用的符号(这里为单元格 C1)。这个单元格其实没那么重要，它只是用来保存将插入的符号。

	A	B	C	D
1		Symbols>>		
2				
3		vs. Prior Month	Market	Current Month
4		3%	Great Lakes	72,505
5		30%	New England	283,324
6		-6%	New York North	148,790
7		27%	New York South	68,009
8		-2%	Ohio	98,308
9		34%	Shenandoah Valley	200,076

图 21-6　初始数据，用一个单元格保存符号

现在，请执行下面的步骤。

(1) **单击单元格 C1，然后在"插入"选项卡中选择"符号" | "符号"命令**。将打开如图 21-7 所示的"符号"对话框。在这里，通过滚动来找到自己想要使用的符号。注意，可以使用对话框上部的"字体"和"子集"下拉列表快速定位到特定的符号集(在本例中为 Arial 和几何图形符)。

图 21-7　使用"符号"对话框在单元格中插入希望使用的符号

(2) **找到并选择希望使用的符号，然后单击"插入"按钮**。在本例中，选择向上三角形，然后单击"插入"。然后，选择向下三角形，再单击"插入"。完成后，关闭该对话框。此时，单元格 C1 中将包含向上三角形和向下三角形，如图 21-8 所示。

	A	B	C	D
1		Symbols>>	▲▼	
2				
3		vs. Prior Month	Market	Current Month
4		3%	Great Lakes	72,505
5		30%	New England	283,324
6		-6%	New York North	148,790
7		27%	New York South	68,009
8		-2%	Ohio	98,308
9		34%	Shenandoah Valley	200,076

图 21-8　将新插入的符号复制到剪贴板

(3) 单击单元格 C1，在编辑栏中选中两个符号，并按键盘上的 Ctrl+C 键，复制这两个符号。

(4) 在数据表格中，右击百分数，选择"设置单元格格式"。

(5) 在"设置单元格格式"对话框中，通过将向上和向下三角形符号粘贴到合适的语法位置，创建一个新的自定义格式，如图 21-9 所示。在本例中，正百分数前面将带有向上三角形符号，负百分数前面将带有向下三角形符号。

图 21-9　使用符号创建自定义数字格式

(6) 单击"确定"按钮。现在，符号就成为数字格式的一部分。

图 21-10 演示了百分数的显示效果。将任何百分数从正数改为负数(或反过来操作)，Excel 将自动应用合适的符号。

	A	B	C	D
1		Symbols>>	▲▼	
2				
3		vs. Prior Month	Market	Current Month
4		▲3%	Great Lakes	72,505
5		▲30%	New England	283,324
6		▼6%	New York North	148,790
7		▲27%	New York South	68,009
8		▼2%	Ohio	98,308
9		▲34%	Shenandoah Valley	200,076

图 21-10　符号现在成为数字格式的一部分

因为图表自动采用数字格式，所以使用这些数据创建的图表将在标签中显示符号。只需要将这些数据用作图表的数据源即可。

这只是在报表中使用符号的一种方式。通过这种简单的技术，可以插入符号，为表格、数据透视表、公式或其他你能想到的对象增加视觉吸引力。

21.2　将形状和图标用作视觉元素

包括 Excel 在内的 Microsoft Office 应用程序都允许使用很多可自定义的图形，通常将其称为形状。你可能想要通过插入形状来创建简单的图表、显示文本，或仅改善工作表外观。

请注意，形状可能会在工作表中增加不必要的混乱。最好是有节制地使用形状。理想情况下，形状可以帮助人们注意到工作表的某些方面。不应将形状作为主要的吸引人之处。

21.2.1　插入形状

可通过选择"插入"|"插图"|"形状"命令来向工作表插入形状。这将打开形状库，列出可选项，如图 21-11 所示。

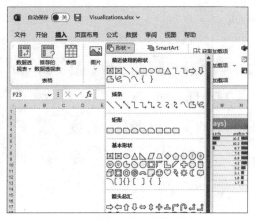

图 21-11　形状库

形状按类别进行了分组，最上面的类别显示的是最近使用过的形状。要在工作表中插入形状，可以执行下列操作之一。

- **在形状库中单击所需形状，然后在工作表中单击**。这时会向工作表添加一个默认大小的形状。
- **单击形状，然后在工作表中拖动**。这将允许创建更大或更小的形状，或者与默认比例不同的形状。

在创建形状时，应该记住下面的提示。

- 每个形状都有一个描述性名称(如"直角箭头")。要修改形状的名称，可选择该形状，在"名称"框(位于编辑栏左侧)中键入一个新名称，然后按 Enter 键。
- 要选择工作表中的某个形状，只需要单击该形状。
- 当通过拖动创建形状时，按住 Shift 键可保持对象的默认比例。
- 在"Excel 选项"对话框(选择"文件"|"选项")的"高级"选项卡中，可控制对象在屏幕上的显示方式。相关设置包含在"此工作簿的显示选项"部分。通常，在"对于对象，显示："下面，选中的是"全部"选项。通过选择"无内容(隐藏对象)"，可以隐藏全部对象。如果工作表中包含复杂的对象，需要很长时间才能重绘，那么隐藏对象能够提高速度。

21.2.2　插入 SVG 图标图形

Office 365 包含一个新的图标库，提供了可缩放矢量图形(Scalable Vector Graphics，SVG)图标。在调整 SVG 图形的大小及设置其格式时，不会损失图形的质量。这些图标图形本质上就是一个现代图形文件集合，能够用来为 Excel 仪表板和信息图添加视觉元素。

要在工作表中添加图标，可选择"插入"|"插图"|"图标"命令，将打开如图 21-12 所示的对话框。在该对话框中，可以按类别浏览，或者搜索主题。找到想要使用的图标后，选择该图标，然后单击"插入"按钮。也可以双击想要使用的图标。Excel 将把该图标插入工作簿中。

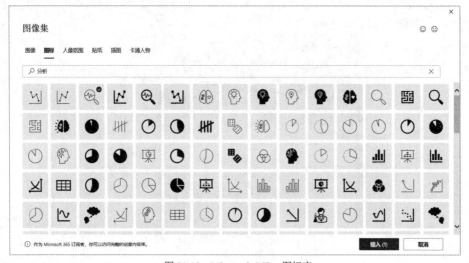

图 21-12　Microsoft Office 图标库

21.2.3　插入 3D 模型

3D 模型是可被动态旋转，从不同角度查看的图形。要在工作表中添加 3D 模型，可以选择"插入"|"插图"|"3D 模型"。

与图标一样，可以使用"联机 3D 模型"对话框来浏览或搜索特定的对象。找到想要使用的图形后，选择它，然后单击"插入"按钮或者双击图形。Excel 将把该图形添加到工作簿中。图 21-13 演示了如何旋转 3D 模型，从各个角度查看它。

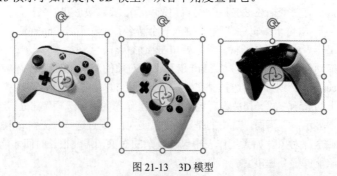

图 21-13　3D 模型

你很快会发现，对于大部分 Excel 用户来说，库存 3D 模型没有太大作用。但是，经常使用自己的 3D 模型的用户会从这项功能受益良多。Excel 允许使用库存选项没有提供的自定义 3D 模型文件。下面的文件类型都是有效的：

.3mf：3D Manufacturing Format

.fbx：Filmbox 格式

.glb：Binary GL Transmission 格式

.obj：Object 格式

.ply：Polygon 格式

.stl：STereoLighography 格式

要插入自定义的 3D 模型图形，可以选择"插入"|"插图"，然后单击"3D 模型"命令旁边的向下箭头。选择"此设备"选项。Excel 将打开一个对话框，允许你在自己的设备上浏览找到想要插入的文件。

选择和隐藏形状对象

"选择"任务窗格允许方便地找到和管理形状对象。当工作表中包含大量形状对象，但你只想处理其中少数几个形状的时候，这个任务窗格特别有用。通过选择"开始"|"编辑"|"查找和选择"|"选择窗格"命令激活"选择"任务窗格。

活动工作表上的每个对象都将在"选择"任务窗格中列出。只需要单击对象名称即可将其选中。要选择多个对象，可以在按住 Ctrl 键的同时单击各个名称。

要隐藏某个对象，可单击其名称右侧的"眼睛"图标。还可以使用该任务窗格顶部的按钮来快速隐藏(或显示)所有项。

21.2.4　设置形状和图标的格式

虽然图标在外观和行为上与标准形状类似，但是它们有不同的上下文菜单。

当选择一个形状时，"形状格式"上下文选项卡将变得可用，该选项卡包含如下一些命令组。

- **插入形状**：插入新形状；更改形状。
- **形状样式**：修改形状的整体样式；修改形状的填充、轮廓或效果。
- **艺术字样式**：修改形状内的文本的外观。
- **辅助功能**：为视觉有障碍的用户提供文本描述。
- **排列**：调整形状的"叠放顺序"、对齐形状、组合多个形状，以及旋转形状。
- **大小**：通过键入尺寸来更改形状的大小。

当选择一个图标时，"图形格式"上下文选项卡将变得可用，该选项卡包含如下一些命令。

- **更改图形**：用文件、Microsoft 图标库或联机资源中的图形替换现有图形。
- **图形样式**：修改形状的整体样式；修改形状的填充、轮廓或效果。
- **辅助功能**：为视觉有障碍的用户提供文本描述。
- **排列**：调整图形的"叠放顺序"，对齐图形，组合多个图形，以及旋转图形。
- **大小**：通过键入尺寸来更改图形的大小。

当选择 3D 模型时，"3D 模型"上下文选项卡将变得可用，该选项卡包含如下一些命令：

- **播放 3D**：控制 3D 模型的动画。

- **调整**：用另外一个 3D 模型替换 3D 模型，或者将 3D 模型重置为原始位置。
- **3D 模型视图**：将 3D 模型快速定位到预设的角度。
- **辅助功能**：为视觉有障碍的用户提供文本描述。
- **排列**：调整 3D 模型的"叠放顺序"，对齐 3D 模型，以及组合多个 3D 模型。
- **大小**：通过键入尺寸来更改 3D 模型的大小；通过平移和缩放来聚焦到 3D 模型的特定部分。

除了使用功能区，还可以右击形状、图标或 3D 模型，然后从快捷菜单中选择"设置格式"选项。这将打开包含格式设置选项的任务窗格。在该任务窗格中所做的更改将立即显示出来，而且你可以在工作时一直保持打开"设置格式"任务窗格。

你可以阅读 20 页的内容来了解如何设置形状、图标和 3D 模型的格式，但这并不是最有效的学习方式。要学习如何设置形状、图标和 3D 模型的格式，最好的方法是实际动手去做实验。格式设置命令都很直观，而且如果发现命令的效果不符合期望，总是可以使用"撤消"命令撤消操作。

21.2.5　使用形状增强 Excel 报表

大部分人都认为 Excel 形状只是有一定用途的对象，当需要在工作表中显示方形、箭头、圆形等时，就添加 Excel 形状。但是，如果发挥想象力，就可以使用 Excel 形状来创建有风格的界面，大大增强仪表板。下面的几个例子演示了如何使用 Excel 形状来增强仪表板和报表。

1. 使用形状创建有视觉吸引力的容器

夹式选项卡允许用一个标签标记仪表板的一部分，并使该标签看起来好像夹住了仪表板组件。在图 21-14 显示的例子中，使用夹式选项卡来标记一组组件，指出它们属于 North 地区。

从图 21-15 可以看到，这里并没有什么神奇的操作。只是使用了一组形状和文本框，并把它们巧妙地排列起来，使得标签看起来夹住了组件，以显示地区名称。

如果想把用户的注意力吸引到一些关键指标，可以用一个夹式横幅来夹住关键指标。图 21-16 中显示的横幅让你不受枯燥的文本标签的拘束，而是创建一种假象，让用户以为有一个横幅夹住了数字。同样，通过分层排列一些 Excel 形状，让它们合理地堆叠起来，彼此协调，创建出了这种效果。

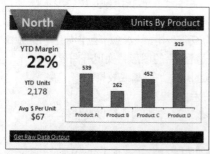

图 21-14　夹式选项卡

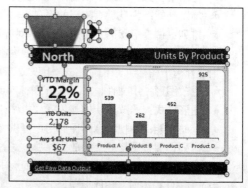

图 21-15　夹式选项卡的分解图

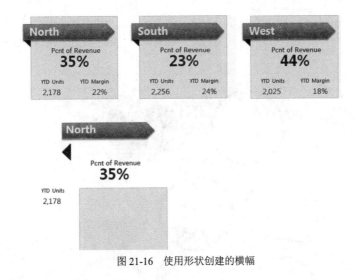

图 21-16　使用形状创建的横幅

2. 分层排列形状来节约空间

下面这种方法能够充分利用仪表板上的空间。通过堆叠饼图和柱形图，能够创建一组独特的视图，如图 21-17 所示。

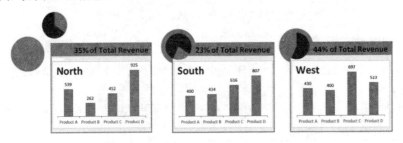

图 21-17　将形状与图表组合起来，以节约仪表板空间

每个饼图代表总收入的百分比，柱形图则显示了各地区的一定程度的细节。只需要将饼图置于圆形形状和柱形图之上，即可得到这里的效果。

3. 使用形状创建自己的信息图小组件

在 Excel 中，通过编辑锚点，可以改变形状。这就使创建自己的信息图小组件成为可能。右击形状，然后选择"编辑顶点"。这将在形状的边上显示小点，如图 21-18 所示。拖动这些点，就可以改变形状。

图 21-18　使用"编辑顶点"功能来构造自己的形状

可以将构造出的形状与其他形状组合起来，创建出有趣的信息图元素，用在 Excel 仪表板中。在图 21-19 中，将新构造的形状与标准的椭圆形和文本框组合起来，创建出美观的信息图小组件。

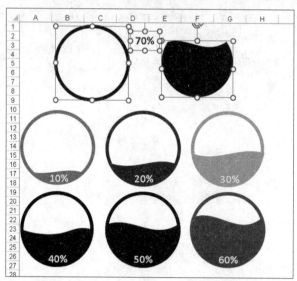

图 21-19　使用新构造的形状来创建自定义信息图元素

21.2.6　创建动态标签

说动态标签是 Excel 的一种功能，不如说它是一种概念。动态标签指的是标签会随查看的数据发生改变。

图 21-20 演示了这种概念的一个例子。所选的文本框形状链接到单元格 C3(注意编辑栏中的公式)。当单元格 C3 中的值改变时，文本框会显示更新后的值。

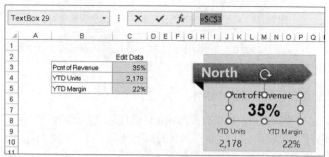

图 21-20　文本框形状能够链接到单元格

注意

需要注意，文本框形状对象显示的字符数不能超过 255。

21.2.7　创建链接的图片

链接的图片是一种特殊的形状，能够显示给定区域内的所有内容的实时图片。可以将链接的图片想象成一个照相机，监控着一个单元格区域。

要给一个区域"照相"，可执行下面的步骤。

(1) 选择区域。

(2) 按 Ctrl+C 键以复制区域。

(3) 激活另一个单元格。

(4) 选择"开始"|"剪贴板"|"粘贴"|"链接的图片"命令，如图 21-21 所示。

生成的结果是在步骤(1)中选择的区域的实时图片。

链接的图片使你能够自由测试不同的布局和图表大小，而不需要担心列宽、隐藏的行等问题。而且，链接的图片能够访问"图片工具"格式选项。单击某个链接的图片时，可以访问"图片格式"上下文选项卡，试用不同的图片样式。

图 21-22 演示了两个链接的图片，它们显示了左侧区域的内容。当这些区域改变时，右侧链接的图片将会更新。可移动这些图片，调整它们的大小，甚至把它们放到完全不同的工作表上。

图 21-21　粘贴链接的图片

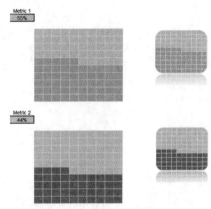

图 21-22　使用链接的图片来增强可视化

提示

Excel 的"照相机"工具为创建链接的图片提供了一种更简单的方法。遗憾的是，功能区中没有提供该工具。通过将 Excel 的"照相机"工具添加到快速访问工具栏中，可以节省一些时间。

(1) 右击快速访问工具栏，并在出现的快捷菜单中选择"自定义快速访问工具栏"。将打开"Excel 选项"对话框，并且已选中"快速访问工具栏"选项卡。

(2) 从左侧下拉列表中选择"不在功能区中的命令"。

(3) 从列表中选择"照相机"并单击"添加"。

(4) 单击"确定"关闭"Excel 选项"对话框。

在快速访问工具栏中添加"照相机"功能后，可以选择一个区域，单击"照相机"工具为区域"照相"。然后单击工作表，Excel 将在工作表的绘图层放置所选区域的实时图片。如果更改了原始区域，则所做的更改将显示在该区域的图片中。

21.3　使用 SmartArt 和艺术字

通过使用 SmartArt，你可以在工作表中插入多种多样的高度自定义示意图。这个功能可能对 PowerPoint 用户最有用，因为示意图更适合用来进行演示。但是，Excel 也提供了 SmartArt，作为向报表解决方案添加可视化的另一种方法。

21.3.1　SmartArt 基础

要向工作表中插入 SmartArt，可以选择"插入"|"插图"|"SmartArt"命令。Excel 将显示如图 21-23 所示的"选择 SmartArt 图形"对话框。可以使用的示意图在对话框的左侧进行了分类。如果发现所需的类型，单击它即可在右侧面板中浏览较大的视图，同时可查看一些使用提示。单击"确定"按钮即可插入图形。

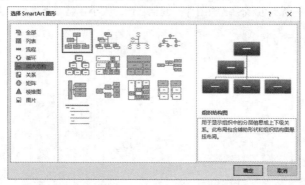

图 21-23　插入 SmartArt 图形

> **注意**
> 不用关注 SmartArt 图形中的元素数量。可以对 SmartArt 进行自定义以显示所需的元素数量。

在插入或选择 SmartArt 图形时，Excel 将显示"在此处键入文字"窗口，引导你输入文本，如图 21-24 所示。

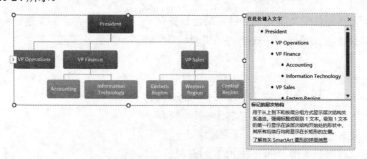

图 21-24　为组织图输入文本

要在 SmartArt 图形中添加元素，可选择"SmartArt 设计"|"创建图形"|"添加形状"命令。

在处理 SmartArt 时，可以对图形中的每个元素单独地执行移动、调整大小或设置格式等操作。为此，可以选择元素，然后使用"格式"选项卡中的工具进行设置。

可以很容易地更改 SmartArt 图形的布局。为此，可以选定对象，然后选择"SmartArt 设计"|"版式"命令。所输入的所有文本都将保持完整。

选定布局后，可能需要使用"SmartArt 设计"|"SmartArt 样式"组中的其他样式或颜色。

21.3.2　艺术字基础

可以使用艺术字在文本中创建图形效果。

要在工作表中插入艺术字图形，可以选择"插入"|"文本"|"艺术字"命令，然后从库中选择一种样式。Excel 将插入一个带有"请在此放置你的文字"占位符文本的对象。可以将该文本替换为你自己的内容，调整其大小，并根据需要应用其他格式。

当选择一个艺术字图形时，Excel 将显示其"形状格式"上下文菜单。可以使用其中的控件来改变艺术字的外观。

21.4　使用其他图形类型

Excel 可以将很多类型的图形导入工作表中。可以使用以下几种选择。

- **从你的计算机中插入图像**：如果要插入的图形包含在某个文件中，那么可以很容易地将该文件导入工作表中。为此，可以选择"插入"|"插图"|"图片"|"此设备"命令。将显示"插入图片"对话框，可以在该对话框中浏览所需的文件。奇怪的是，不能从这个对话框中将图片拖放到工作表中，但有时候可以把图片从 Web 浏览器拖放到工作表中。
- **从联机来源插入图像**：选择"插入"|"插图"|"图片"|"联机图片"命令。将显示"插入图片"对话框，可以在该对话框中搜索图像。图片将被插入当前工作表中，并用一个文本框说明图片的来源。
- **复制和粘贴图像**：如果图像位于 Windows 剪贴板上，那么可以通过选择"开始"|"剪贴板"|"粘贴"命令(或按 Ctrl+ V 组合键)将其粘贴到工作表中。

21.4.1　图形文件简介

图形文件分为两类。

- **位图**：位图由离散的点组成。它们通常在以原始大小显示时很漂亮，但如果增大其大小，就会损失清晰度。常见的位图文件格式包括 BMP、PNG、JPEG、TIFF 和 GIF。
- **矢量图**：基于矢量的图像由以数学公式表达的点和路径组成。因此，无论图片大小如何，它们都可以保持清晰度。常见的矢量文件格式包括 CGM、WMF 和 EPS。

向工作表中插入图片时，可通过选择"图片格式"上下文选项卡(此选项卡会在选择图片时出现)使用多种方法修改图片。例如，可以调整颜色、对比度和亮度。此外，也可以添加边框、阴影、映像效果等——这些操作与可用于形状的操作非常类似。

此外，可以右击并选择"设置图片格式"以使用"设置图片格式"任务窗格中的控件。

"艺术效果"是一种有趣的功能。此命令可以向图像应用许多类似于 Photoshop 的效果。要访问此功能，请选择一个图像，然后选择"图片格式"｜"调整"｜"艺术效果"命令。每种效果都可以进行一定程度的自定义，因此，如果你不满意默认效果，那么可以尝试调整一些选项。

21.4.2　插入屏幕快照

Excel 还可以捕获并插入当前正在计算机上运行的任何程序(包括另一个 Excel 窗口)的屏幕截图。要使用屏幕截图功能，请执行以下步骤。

(1) 确保要使用的窗口中显示的是所需内容。

(2) 选择"插入"｜"插图"｜"屏幕截图"命令。这时将显示一个库，其中包含在你计算机上打开的所有窗口的缩略图(当前 Excel 窗口除外)。

(3) 单击所需的图像。Excel 会将此图像插入工作表中。

可以使用任何普通图片工具来处理屏幕截图。

21.4.3　显示工作表背景图像

如果要将图片设为工作表的背景(类似于 Windows 的桌面墙纸)，请选择"页面布局"｜"页面设置"｜"背景"命令，然后选择一个图形文件。选中的文件将平铺在工作表中。

令人遗憾的是，工作表背景图像只能用于在屏幕上进行显示。在打印工作表时，不会打印这些图像。

21.5　使用公式编辑器

本章的最后一节介绍公式编辑器。使用此功能，可以将设置好格式的数学公式作为一个图形对象插入。选择"插入"｜"符号"｜"公式"。Excel 将创建一个文本框，并显示"形状格式"和"公式"上下文选项卡。

从图 21-25 可以看到，"公式"选项卡看起来很复杂，但你很快就能熟悉它。这里的想法是，通过在图 21-25 中显示的选项中选择需要的符号，来"编写"公式。

图 21-25　使用"公式"选项卡中的符号来编写公式

一般来说，你会添加一个结构，然后通过添加文本或符号来编辑该结构的不同部分。你可以在结构中嵌套结构，对于公式的复杂度，并没有限制。因为公式对象与你前面使用过的其他形状对象相似，所以用不了多久，就可以熟练地创建自己的公式。

如果这个任务看起来有点让你心生畏惧，则可以使用"墨迹公式"功能，使用它可以很轻松地绘制公式。在"公式"选项卡中选择"工具"|"墨迹公式"，打开"数学输入控件"对话框，如图 21-26 所示。在这里，可以绘制公式，然后将其翻译成文本。从图 21-26 可以看到，Excel 的接受度很高，能够识别不清晰的笔画。

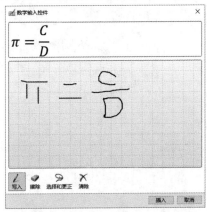

图 21-26　通过绘制公式可以节约时间

质检04